Oldenbourgs

Technische Handbibliothek

Band I:

Neuere Kühlmaschinen

von

Dr. Hans Lorenz und Dr.-Ing. C. Heinel

München und Berlin
Druck und Verlag von R. Oldenbourg
1913

Neuere Kühlmaschinen

ihre Konstruktion Wirkungsweise und industrielle Verwendung

Ein Leitfaden
für
Ingenieure, Techniker und Kühlanlagen-Besitzer

von

Dr. Hans Lorenz und **Dr.-Ing. C. Heinel**

Professor a. d. Techn. Hochschule zu Danzig

Professor a. d. Techn. Hochschule zu Breslau

Fünfte, ergänzte Auflage

Mit 316 Figuren im Text und auf Tafeln

München und Berlin
Druck und Verlag von R. Oldenbourg
1913

Vorwort zur vierten Auflage.

Das Buch verfolgt auch in der neuen Form den Zweck, unter Vermeidung weitgehender theoretischer Ableitungen nicht nur dem Fachingenieur sondern auch anderen Kreisen, insbesondere den Betriebsleitern und Führern von Kältemaschinenanlagen, dasjenige zu bieten, was sie zur Lösung der ihnen gestellten praktischen Aufgaben brauchen.

Dabei wurde weniger Wert auf eine erschöpfende und alle Möglichkeiten umfassende Darstellung gelegt, als vielmehr darauf, daß sich der Leser an Hand des Buches in jedem Sonderfalle ein vollständiges Urteil bilden kann.

Hierzu erschien es nötig, in der neuen Auflage die Konstruktionsfragen eingehender zu behandeln, indem zuerst die an jeden Teil der Kälteanlage zu stellenden Anforderungen gekennzeichnet, dann die zu ihrer Befriedigung möglichen Mittel genannt und endlich untersucht wurde, welche Vor- und Nachteile den hauptsächlich in Betracht kommenden Ausführungsformen praktisch und wirtschaftlich anhaften.

Es ist an dieser Stelle mit besonderem Danke anzuerkennen, daß eine große Zahl von Kältemaschinen-Bauanstalten die Erreichung dieses Zieles durch Einsendung von Konstruktionszeichnungen und anderem geeigneten Stoff in weitestgehender Weise unterstützt haben. Daneben wurde noch eine große Anzahl von Darstellungen selbst entworfen, besonders zur Anregung von Neukonstruktionen.

Ein besonderes Kapitel behandelt den Betrieb von Kältemaschinenanlagen; die hierin gegebenen Anweisungen finden ihre Ergänzung in der Besprechung der Einzelkonstruktionen

*

bzw. deren Bedienung und Instandhaltung in den vorhergehenden Kapiteln.

Fachgenossen, die sich eingehender mit der Theorie befassen wollen, finden Näheres hierüber in folgenden Schriften: Technische Wärmelehre von H. Lorenz. Vergleichende Theorie und Berechnung der Kompressions-Kühlmaschinen von demselben; Zeitschr. f. d. ges. Kälte-Ind. 1897. Prüfung und Berechnung ausgeführter Ammoniak-Kompressions-Kältemaschinen von Dr. Gust. Döderlein. Die Wirkungsweise und Berechnung der Ammoniak-Absorptionsmaschinen von H. Lorenz; Zeitschr. f. d. ges. Kälte-Ind. 1899.

Eine weitere Ergänzung des vorliegenden Buches bietet: Bau und Betrieb von Kältemaschinenanlagen von C. Heinel. In dem genannten Buche findet sich ein umfangreicher Zahlenstoff und eine eingehendere Behandlung von solchen Fragen, die in der vorliegenden Schrift des zur Verfügung stehenden Raumes wegen nur kurz berührt werden konnten.

Endlich sei noch auf die statistische Arbeit: Die wirtschaftliche Bedeutung der deutschen Kälte-Industrie im Jahre 1908 hingewiesen.

Das Kapitel »Erzeugung und Verwendung von Kälte bei abnorm tiefen Temperaturen« wurde gestrichen, weil es im Rahmen dieses Buches keine seiner modernen Bedeutung entsprechende Darstellung mehr finden konnte.

Die unterzeichneten Verfasser würden sich freuen, wenn das Buch, dessen ältere Auflagen in die französische, russische und englische Sprache übersetzt wurden, auch in dieser vollständig umgearbeiteten Ausgabe sich in der Praxis als nützlich erweisen würde.

Danzig und Charlottenburg, August 1909.

H. Lorenz. C. Heinel.

Vorwort zur fünften Auflage.

Die neue Form, in welcher das Buch bei der vierten Auflage erschien, hat eine Änderung in der jetzigen Auflage nicht zu erfahren brauchen. Dank des weitgehendsten Interesses der Kältemaschinen-Industrie, für welches hier ausdrücklich gedankt wird, konnten aber eine größere Zahl neuerer Ausführungsformen im Bild gezeigt werden, wogegen die Bilder einiger inzwischen verlassener Formen ausgeschaltet wurden. Einige auch heute noch gültige Figuren mußten herausgenommen werden, um ohne Vergrößerung des Umfanges des Buches Platz für interessante neue Bilder zu schaffen.

Im Text haben die Ergebnisse einiger neuerer Forschungen, des Kältekongresses in Wien sowie der Jahresversammlungen der deutschen Kälte-Ingenieure Berücksichtigung gefunden.

Bei der Durchsicht der Korrektur wurden wir durch Herrn Dipl.-Ing. K. Lapp in Danzig-Langfuhr wirksam unterstützt.

Danzig und Breslau, November 1912.

H. Lorenz. **C. Heinel.**

Inhaltsverzeichnis.

Seite

Kapitel I. Die Hauptsätze der Wärmelehre.

Kapitel II. Methoden und Energieverbrauch der Kälteerzeugung.

Kapitel III. Die Konstruktion der Druckverdichter.

Kapitel IV. Antrieb der Druckverdichter.

Kapitel V. Die Apparate zur Abgabe und Aufnahme der Wärme.

Kapitel VI. Kleinkühlmaschinen.

Kapitel VII. Bau und Betrieb der Ammoniak-Absorptionsmaschine.

Kapitel VIII. Die Eiserzeugung.

Kapitel IX. Die Luftkühlung.

Kapitel X. Die Abkühlung und Kühlhaltung von Flüssigkeiten.

Kapitel XI. Wahl und Verwendung der Kälteschutzmittel.

Kapitel XII. Die hauptsächlichsten Verwendungsgebiete der Kältemaschine.

Kapitel I.

Die Hauptsätze der Wärmelehre.

1. Die Temperatur.

Die Aufgabe der Kälteerzeugung ist im allgemeinen eine doppelte; zunächst die Erniedrigung der Temperatur eines festen, flüssigen oder gasförmigen Körpers unter diejenige seiner Umgebung und weiterhin die Erhaltung dieser tieferen Temperatur gegen äußere und innere Einflüsse, welche den ursprünglichen Zustand wiederherzustellen streben. Ganz analog liegen die Verhältnisse bei der Heizung; nur daß wir es bei dieser mit der Erzielung und Erhaltung von höheren Temperaturen gegenüber der Umgebung zu tun haben. In beiden Fällen handelt es sich also um die Bekämpfung des Bestrebens der Natur nach einem Temperaturausgleich.

Zum Verständnis der Aufgabe der Kälteerzeugung und der Mittel zu ihrer Lösung wird es darum notwendig sein, die Vorgänge, mit denen ein solcher Temperaturausgleich verknüpft ist, näher kennen zu lernen und sich zunächst über den Begriff der Temperatur Klarheit zu verschaffen. Derselbe ist aus unserem Gefühls- oder Tastsinne hervorgegangen, der uns die verschiedene Wirkung von höher- oder niedertemperierten Körpern auf unsere Haut kenntlich macht. Bringen wir nun zwei solche Körper miteinander in Berührung, so finden wir, daß der uns als wärmer erscheinende sich hierbei zusammenzieht, der kältere dagegen sich ausdehnt, ein Vorgang, der so lange andauert, bis wir mit unserem Gefühl keinen Unterschied mehr empfinden. Bedienen wir uns aber statt unserer Haut eines anderen Körpers, z. B. eines in eine feine Glasröhre mit konstantem Querschnitt eingeschlossenen Quecksilberfadens, so finden wir, daß dieser in Berührung mit dem wärmeren Körper länger, mit dem kälteren dagegen kürzer wird, während er nach dem Temperaturausgleich mit beiden Körpern berührt eine und dieselbe, jedenfalls zwischen den beiden vorher gemessenen liegende Länge anzeigt. Benutzen wir dann die Länge dieses Quecksilberfadens als Maß für die Temperatur und berücksichtigen, daß derselbe ebenso wie die beiden beobachteten Körper dem Temperaturausgleich bei der Berührung mit ihnen unterworfen ist, so haben wir zunächst den wichtigen Erfahrungssatz: Zwei Körper haben dieselbe Temperatur, wenn ein dritter, das sog. Thermometer, mit jedem getrennt in Berührung gebracht, unter sonst gleichbleibenden Verhältnissen ein und dasselbe Volumen annimmt. Um nun zu einem Ausgangspunkte für unsere Temperaturmessung zu gelangen, bringen wir unser Thermometer mit schmelzendem Eis in Berührung und markieren den entsprechenden Fadenendpunkt. Dieser Punkt wird vom Quecksilberfaden immer wieder erreicht, wenn wir dieses Verfahren z. B. mit einer anderen Menge von Eis oder an anderer Stelle wiederholen, wenn nur der Atmosphärendruck (Barometerstand) immer derselbe ist. Wir können mithin den so erhaltenen Fadenendpunkt als Nullpunkt unserer Skala festhalten. Einen weiteren Punkt erhalten wir z. B. durch Eintauchen des Thermometers in siedendes Wasser, auch dieser Punkt wird immer wieder erreicht, wenn der auf dem siedenden Wasser lastende Atmosphärendruck derselbe bleibt. Wir wählen denselben zu 760 mm Quecksilbersäule und markieren den Siedepunkt an unserem Thermometer. Alsdann teilen wir den Zwischenraum des Eis- und Siedepunktes in eine Anzahl gleicher Teile, sog. Grade (am bequemsten 100 nach dem Vorschlage von Celsius), setzen diese Einteilung sowohl unterhalb des Eispunktes, wie oberhalb des Siedepunktes fort und haben so eine, sowohl von unserem mannigfachen Wechselfällen unterworfenem Gefühl als auch von den Dimensionen des

Thermometers unabhängige Skala für die Temperatur. Dieselbe ist, wie aus der Betrachtung des Weges, auf dem wir zu ihr gelangten, hervorgeht, zweifellos ganz willkürlich, sie gewinnt aber eine allgemeinere physikalische Bedeutung, wenn wir mit ihr das Verhalten einiger Gase, z. B. der atmosphärischen Luft, untersuchen. Diese Gase dehnen sich nämlich unter gleichbleibendem Drucke bei Erhöhung ihrer Temperatur um 1^0 unserer Skala immer um $\frac{1}{273}$ desjenigen Volumens aus, welches sie beim Nullpunkte besitzen, und ziehen sich bei entsprechender Erniedrigung um denselben Betrag wieder zusammen (Gesetz von Gay-Lussac). Den Wert $\frac{1}{273} = 0{,}00367$ bezeichnen wir auch als ihren Ausdehnungskoeffizienten, welcher hiernach für diese Gase als unveränderlich und insbesondere unabhängig von unserer Temperaturskala zu betrachten ist. Nehmen wir unter Vernachlässigung sehr kleiner Abweichungen, welche uns hier nicht interessieren, an, daß dieses Gesetz auch bei den höchsten und tiefsten Temperaturen gültig bleibt, so folgt daraus, daß bei einer Temperatur von 273^0 unter dem Nullpunkte (-273^0) das Volumen der Gase auf nichts zusammengeschrumpft sein würde. Trotzdem nun eine solche Verdichtung materieller Körper auf einen Punkt im höchsten Grade unwahrscheinlich und auch infolge des bei tiefen Temperaturen immer stärker werdenden Einflusses der schon erwähnten Abweichungen vom Gasgesetze ausgeschlossen ist, haben wir doch hinreichenden Anlaß, die überhaupt denkbar tiefste Temperatur in der Nähe von -273^0 zu suchen und wollen darum diese Temperatur als absoluten Nullpunkt zum Ausgangspunkte der absoluten Temperaturskala annehmen. Dann entspricht z. B. einer Temperatur in Zentigraden von

$$-273^0 \quad -100^0 \quad 0^0 \quad +100^0 \quad +200^0$$

eine absolute Temperatur von

$$0^0 \quad 173^0 \quad 273^0 \quad 373^0 \quad 473^0$$

usw.

2. Die Wärme.

Mit dem Temperaturausgleich ist der zwischen zwei miteinander in Berührung gebrachten Körpern von anfänglich verschiedener Temperatur sich abspielende Vorgang noch nicht erschöpft. Vollzieht sich dieser Austausch z. B. zwischen zwei gleich großen Wassermengen von verschiedener Temperatur, so wird die Endtemperatur das arithmetrische Mittel der beiden anfänglichen sein. Sind dagegen auch die Wassermengen verschieden groß, z. B. 1 kg mit 100^0 C, 3 kg mit 20^0, so ergibt sich die Endtemperatur der Gesamtmasse von 4 kg aus

$$1\,\text{kg} \times 100^0 + 3\,\text{kg} \times 20^0 = 4\,\text{kg} \times 40^0,$$

also zu 40^0, und es hat zwischen den beiden Wassermengen ein Übergang von

$$1\,\text{kg}\ (100 - 40)^0 = 3\,\text{kg}\ (40 - 20)^0 = 60^0\text{-kg}$$

stattgefunden. Man erkennt jedenfalls hieraus, daß die Endtemperatur bei der Berührung nicht allein von den Anfangstemperaturen, sondern auch von den Körpermengen abhängt. Dasjenige nun, was der eine Körper hierbei verloren, der andere gewonnen hat, wollen wir allgemein als Wärme bezeichnen und diese entsprechend unserem Beispiel durch die Temperaturzunahme einer gewissen Wassermenge messen. Unter einer Wärmeeinheit (WE) oder Kalorie (Kal.) sei daher der zur Erwärmung von 1 kg Wasser um 1^0 C notwendige Wärmebetrag[1]) verstanden.

Bringen wir nun einen andern Körper, etwa aus Metall, mit Wasser in Berührung, so wird die Änderung der Temperatur des letzteren im allgemeinen eine andere sein, als wenn wir das dem Körper gleiche Wassergewicht von derselben Temperatur benutzt hätten. Dieser Tatsache wird man am einfachsten dadurch gerecht, daß man diejenige Wassermenge angibt, welche bei derselben Anfangstemperatur dasselbe Ergebnis liefern würde, wie der angewandte Körper, und sie als den Wasserwert des Körpers bezeichnet. Da dieser Wasser-

[1]) Genau genommen müßte man die Temperaturgrenzen, innerhalb welcher die Messung vollzogen wird, angeben; für technische Zwecke genügt dagegen die obige Definition vollkommen.

wert aber auch laut unserer Definition der Wärmeeinheit angibt, wie viel solcher Einheiten zur Erwärmung eines bestimmten Gewichts des angewandten Körpers von 1^0 notwendig sind, so erhalten wir durch Division mit dem Gewichte die zur Erwärmung von 1 kg des Körpers um 1^0 nötige Wärmemenge, die sog. s p e z i f i s c h e W ä r m e. Kennt man diesen Wert für die einer Erwärmung oder Abkühlung unterworfenen Körper, so ergibt sich leicht die ihnen zugeführte oder entzogene Wärme.

Beispielsweise fasse ein Blechgefäß von 1000 kg Gewicht 7000 l einer Salzlösung, deren spez. Gewicht 1,15 und deren spez. Wärme 0,83 beträgt, während die spez. Wärme des Eisenbleches 0,11 sei. Bei Beginn der Messung habe das Gefäß mit Inhalt eine Temperatur von 0^0, am Ende von -5^0; es soll die hierbei entzogene Wärme berechnet werden.

Zunächst ergibt der W a s s e r w e r t des ganzen Gefäßes mit Inhalt zu

$$1000 \times 0{,}11 + 7000 \times 1{,}15 \times 0{,}83 = 6791{,}5$$

und daraus die entzogene W ä r m e zu

$$6791{,}5 \times 5 = 33958 \text{ WE.}$$

Der Versuch, welchen wir unserer Entwicklung des Begriffs der spez. Wärme zugrunde gelegt dachten, kann nun auch direkt zu ihrer Ermittlung für die verschiedensten Körper benutzt werden. Dabei sind die Temperaturen, zwischen denen die Erwärmung bzw. Abkühlung stattgefunden hat, genau zu beachten, weil erfahrungsgemäß die spez. Wärme der Körper keine unter allen Verhältnissen unveränderliche Größe ist. Für feste und flüssige Körper kann indessen diese Veränderlichkeit bei technischen Fragen immer dann vernachlässigt werden, wenn die Temperaturintervalle nicht zu groß und genügend weit von dem Erstarrungs- oder Schmelzpunkte bzw. dem Siedepunkte entfernt sind.

Bei Gasen und Dämpfen dagegen kommen noch andere Einflüsse in Betracht, auf die wir weiter unten eingehen werden.

Ein ganz eigentümliches Verhalten zeigen nun alle Körper bei sog. Ä n d e r u n g e n i h r e s A g g r e g a t z u s t a n d e s, d. h. beim Übergange aus dem festen in den flüssigen Zustand (Schmelzen) bzw. aus dem flüssigen in den dampfförmigen Zustand (Verdampfen) und umgekehrt (Erstarren bzw. Niederschlagen oder Kondensieren). Erwärmt man nämlich eine bestimmte Eismenge in einem Gefäße, so steigt deren Temperatur bis zu 0° C, dann beginnt das Eis zu schmelzen, ohne daß die Temperatur trotz erheblicher Wärmezufuhr (ca. 80 WE für 1 kg) weiter zunimmt. Erst wenn alles Eis zu Wasser geworden ist, steigt sie wieder, und zwar bis zum Siedepunkte, also unter atmosphärischem Drucke bis 100° C. Alsdann beginnt die Verdampfung ohne weitere Temperaturerhöhung unter noch bedeutenderer Wärmeaufnahme, als beim Schmelzprozeß (ca. 600 WE für 1 kg). Die Wärmemengen, welche beim Schmelzen und Verdampfen verbraucht, beim Erstarren und Kondensieren wieder frei werden, sind übrigens, wie die entsprechenden Temperaturen selbst, abhängig vom äußeren Drucke und werden als latente Wärme oder auch als Schmelz- bzw. Verdampfungswärme bezeichnet. Für die Kälteerzeugung sind diese Vorgänge von der größten Bedeutung, da bei ihnen außerordentlich große Wärmemengen gebunden bzw. wieder freigegeben werden.

3. Die Äquivalenz von Wärme und mechanischer Arbeit.

Unsere bisherigen Betrachtungen zeigten uns die Wärme als eine Naturerscheinung ohne jeden Zusammenhang mit andern Energieformen. Ein solcher Zusammenhang aber ergibt sich schon aus der alten Erfahrung, daß durch Aufwendung mechanischer Arbeit, z. B. bei der Reibung fester Körper aneinander, Wärme entsteht. Daß diese beiden Größen zueinander in einem bestimmten, von der des Vorganges selbst gänzlich unabhängigen Verhältnisse standen, stellte sich erst durch genaue Messungen im Jahre 1842 heraus und führte zur Erkenntnis des Satzes von der Äquivalenz der Wärme und Arbeit (Satz von Mayer und Joule). Es entsprach hierbei die Entstehung von 1 WE dem Aufwand von rund 427 mkg. Durch diese Feststellung war die Wärme gleichzeitig als eine Energieform gekennzeichnet und die Möglichkeit geschaffen, mechanische und thermische Vorgänge rechnerisch im Zusammenhange zu behandeln. Versteht man unter der Eigenenergie oder Energie kurzweg die gesamte in einem Körper latent aufgespeicherte und durch seine Temperatur erkennbar vorhandene Wärme, so läßt sich dieser Zusammenhang dahin aussprechen, daß die Zufuhr einer bestimmten Wärmemenge gleich ist der Summe aus dem Zuwachse seiner Energie und dem Äquivalent der von ihm während der Wärmezufuhr geleisteten Arbeit. Hiernach sind, je nach der Art der Arbeitsabgabe eine große Zahl von Zustandsänderungen bei gegebener Wärmezufuhr denkbar. Das Studium derselben ist Gegenstand der mechanischen Wärmetheorie oder Thermodynamik, als deren ersten Hauptsatz man die Erkenntnis der Äquivalenz wohl auch bezeichnet.

Eine einfache Anwendung unseres Satzes erlaubt das Verhalten der schon oben besprochenen Gase. Schließt man z. B. 1 kg Luft von 0° C in einem Zylinder von 1 qm Querschnitt durch einen reibungslos verschiebbaren dichten Kolben (Fig. 1) ab, so lastet auf demselben und damit auch auf dem Gase der Atmosphärendruck von 10333 kg/qm. Das Volumen von 1 kg Luft bei 0° C ist aber dann 0,772 cbm. Erwärmt man nun die Luft im Zylinder um etwa 1°, so wird das Volumen (siehe oben § 1) um $\frac{1}{273}$ zunehmen, also der Kolben um $\frac{0,772}{273} = 0,00283$ m verschoben, wodurch eine Arbeit von $0,00283 \times 10333 = 29,24$ mkg, entsprechend einem Wärmeäquivalent von $\frac{29,24}{427} = 0,068$ WE gegen den Atmosphärendruck geleistet wird. Die zur Erwärmung um 1° nötige Wärme, die wir als spez. Wärme bei konstantem Druck bezeichnen wollen, ist aber 0,238 WE, von denen 0,068 WE auf die äußere Arbeit entfallen. Man darf also schließen, daß bei konstantem Volumen (also festgehaltenem Kolben) nur

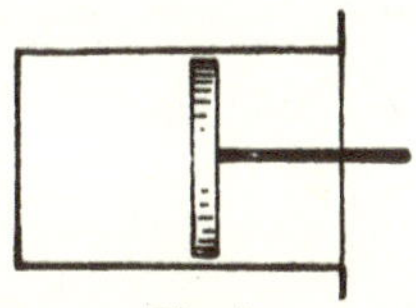
Fig. 1.

0,238 — 0,068 = 0,170 WE verbraucht worden wären. In der Tat geht aus anderen Versuchen hervor, daß dieser Wert die spez. Wärme der Luft bei konstantem Volumen darstellt.

Durch weitgehende Versuche, die man vorwiegend dem Franzosen Regnault verdankt, ist festgestellt worden, daß diese spez. Wärme der Gase nahezu konstante Werte besitzt, so daß der Energieinhalt von 1 kg eines Gases innerhalb weiter Grenzen einfach durch seine absolute Temperatur multipliziert mit der spez. Wärme für konstantes Volumen gegeben ist.

Die bei einer Ausdehnung auf das der Temperatur entsprechende Volumen geleistete Arbeit kommt für den Energieinhalt nicht mehr in Frage, da sie ja zur Überwindung äußeren Widerstandes (z. B. des Atmosphärendruckes) verbraucht, also auch nicht mehr in dem Gase enthalten ist. Diese Erfahrungstatsache gewinnt für die Kälteerzeugung eine gewisse Bedeutung, wenn wir sie mit dem von dem Engländer Boyle und dem Franzosen Mariotte durch Versuche ermittelten Gesetze verbinden, daß der Druck[1]), der auf einem Gase lastet, mit seinem jeweiligen Volumen multipliziert bei derselben Temperatur immer denselben Wert ergibt. Da nun das Volumen, wie wir oben (§ 1) gesehen haben, proportional der absoluten Temperatur zunimmt, so wird auch das Produkt aus Druck und Volumen dieser Temperatur und folglich auch dem Energieinhalte des

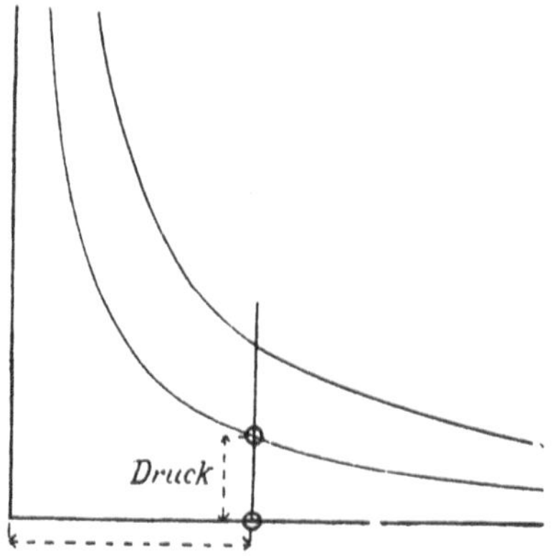

Fig. 2.

[1]) Der Druck ist hier immer absolut, d. h. nicht als Überdruck zu verstehen.

Gases proportional sein. Ein anschauliches Bild dieses Verhaltens ergibt sich durch Aufzeichnung des Zusammenhanges von Druck und Volumen für verschiedene Temperaturen, wie es in Fig. 2 geschehen ist. Die so erhaltenen, jedesmal für eine bestimmte Temperatur geltenden Kurven (gleichseitige Hyperbeln) bezeichnet man als die Isothermen des fraglichen Gases. Soll sich ein Gas isothermisch ausdehnen, d. h. so, daß sein Druck und Volumen stets einer solchen Kurve folgen, und wird dabei eine gewisse äußere Arbeit geleistet, so muß ihm, damit die Temperatur konstant bleibt, das dieser Arbeit entsprechende Wärmeäquivalent wieder zugeführt werden.

Geschieht dies nicht, so wird eine dieser Arbeit entsprechende Temperaturerniedrigung auftreten, welche bei einigermaßen nennenswerten Arbeitsbeträgen sehr erheblich ausfällt und, wenn die Anfangstemperatur des Gases nicht viel über dem Eispunkte liegt, ganz bedeutend unter denselben sinken kann.

Dieser Temperaturerniedrigung entspricht naturgemäß eine kleinere Volumzunahme als bei der Isotherme, so daß die Zustandskurve in unserem Druckvolumendiagramm rasch abfällt, d. h. steiler verläuft als die Isotherme. Gerade umgekehrt liegen die Verhältnisse bei der Verdichtung eines Gases, die, wenn das Wärmeäquivalent der Kompressionsarbeit nicht abgeleitet wird, mit einer starken Temperaturerhöhung verbunden sein muß. Derartige Zustandsänderungen bezeichnet man, da sie nur in Gefäßen mit wärmedichten Wandungen durchführbar sind, als adiabatische und die zugehörigen Zustandskurven kurz als Adiabaten.

Läßt man weiterhin ein unter konstantem Druck eingeschlossenes Gas in einen Raum mit niederer, aber ebenfalls konstanter Pressung ausströmen, so ist hierbei, nachdem der ausgeströmte Teil wieder zur Ruhe gelangt ist, die vom eingeschlossenen Gase auf denselben übertragene Arbeit gleich der von diesem abgegebenen Verdrängungsarbeit, so daß keine Änderung des Energieinhaltes und damit der Temperatur eintreten kann. Diese Folgerung der oben entwickelten Sätze wurde von dem Engländer Thomson und Joule geprüft und bis auf kleine, erst in der Neuzeit technisch benutzte Abweichungen für richtig befunden.

Der Zustand eines Körpers, insbesondere seine Energie, ist, wie aus dieser Betrachtung der Gase hervorgeht, jedenfalls durch den Druck und sein Volumen vollständig bestimmt, da mit beiden Werten ja auch die Temperatur gegeben ist (siehe das Isothermendiagramm Fig. 2). Weiterhin aber zeigt sich, daß man jeden Körper aus einem Zustand A in einen andern B auf sehr verschiedene Weise überführen kann, z. B. indem man ihn erst ohne Wärmeentziehung bzw. Zufuhr verdichtet und ihm dann Wärme entzieht bzw. zuführt oder indem man beide Vorgänge vereinigt usw. Führt man den Übergang auf einem dieser Wege durch und läßt den Körper unter andern Verhältnissen (siehe Fig. 3) wieder expandieren, bis der ursprüngliche Zustand wieder erreicht ist, so hat der Körper offenbar einen Kreisprozeß durchlaufen, nach welchem seine Energie denselben Wert besitzt wie vorher. Das Wärmeäquivalent der bei einem solchen Kreisprozeß gewonnenen Arbeit muß demnach gleich sein der Differenz der zu- und abgeführten Wärme. Ist aber diese Differenz negativ, so ist beim Kreisprozeß Arbeit von außen einzuleiten, d. h. aufzuwenden.

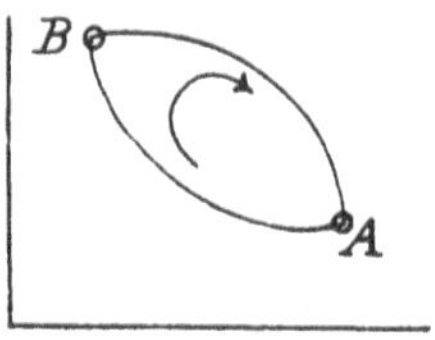

Fig. 3.

Kreisprozesse der ersten Art, bei denen ein Arbeitsgewinn sich ergibt, benutzt die Technik in den Motoren, solche der zweiten Art, welche einen Aufwand von Arbeit erfordern, in den Kühlmaschinen. In beiden Fällen haben wir es nach dem vorstehenden Satze mit zugeführten und abgeleiteten Energiegrößen zu tun, welche sich analog den Aktiven und Passiven der kaufmännischen Buchführung in der Bilanz, welche man hier als Wärmebilanz bezeichnet, ausgleichen müssen.

4. Der Verwandlungswert der Wärme.

Während die Erfahrung gezeigt hat, daß man unter allen Umständen imstande ist, eine beliebige Arbeitsmenge vollständig in Wärme überzuführen, ist dies umgekehrt nicht allgemein möglich. Bei allen praktisch durchführbaren Prozessen ergibt sich nämlich nur die Umwandlung eines Teiles von Wärme in Arbeit, während der Rest der zugeführten Wärme als solche, und zwar bei niederer Temperatur als vor der Arbeitsleistung wieder erscheint. Als Beispiel sei an die Dampfmaschine erinnert, welcher im Dampfe Wärme bei hoher Temperatur zugeführt wird. Nach der Arbeitsleistung tritt die um das Äquivalent derselben verminderte Wärme in den Kondensator über, dessen Temperatur jedenfalls bedeutend niederer liegt als diejenige des Dampfes im Kessel. Es ist nun zweifellos wünschenswert, denjenigen Betrag von Wärme kennen zu lernen, welcher bei einem solchen Übergang von einem höheren Temperaturniveau zu einem niederen bestenfalls in Arbeit verwandelt werden kann.

Zu diesem Zwecke wollen wir uns einer mechanischen Analogie für den Vorgang bedienen, welche von Zeuner herrührt. Da die Wärme der mechanischen Arbeit äquivalent ist, so wollen wir sie wie diese durch ein Gewicht multipliziert mit einer Hubhöhe darstellen. Als letztere bietet sich uns zwanglos die Differenz der absoluten Temperatur dar, so daß wir setzen dürfen

$$\text{Wärmegewicht} = \frac{\text{Wärmemenge}}{\text{absolute Temperatur}}.$$

Stellen wir uns nun vor, dieses ideelle Wärmegewicht sinke vom Niveau einer absoluten Temperatur T_1 auf das einer niederen T_2, welch letzteres etwa dem Erdboden beim Herabfallen eines Körpers entsprechen möge, herab, so wird jedenfalls, wenn nicht unterwegs Teile des Gewichtes (etwa durch Ausstrahlung von Wärme) verloren gehen, das Wärmegewicht vor und nach dem Herabsinken dasselbe sein (Fig. 4). Wir haben infolgedessen den Satz, daß im günstigsten Falle beim Übergange einer Wärmemenge Q_1 von einem höheren Temperaturniveau T_1 zu diesem tieferen T_2, wobei eine Arbeit

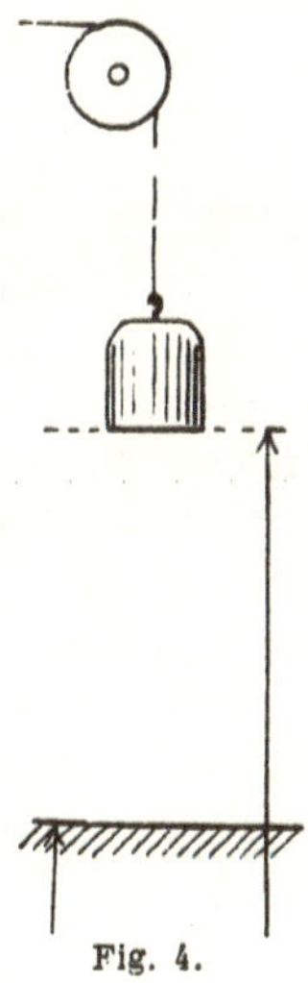

Fig. 4.

L mkg geleistet wurde, dort nur noch die Wärmemenge $Q_2 = Q_1 - \frac{L}{427}$ ankommt, während nach der obigen Definition des hierbei unveränderten Wärmegewichtes

$$\frac{Q_1}{T_1} = \frac{Q_2}{T_2}$$

ist, d. h. die beiden Wärmemengen Q_1 und Q_2 sich zueinander verhalten wie die entsprechenden absoluten Temperaturen[1]) T_1 und T_2 (Satz von Carnot und Clausius oder auch zweiter Hauptsatz der Thermodynamik). Wird beim Herabsinken keine Nutzarbeit geleistet, d. h. stürzt das Gewicht einfach herab, so kommt beim Aufschlag auch die gesamte Energie als Wärme wieder zum Vorschein, ganz wie beim Übergang von Wärme von einem höher temperierten Körper auf einen solchen von niederer Temperatur. Da hierbei die übertretende Wärme sich nicht ändert, also $Q_1 = Q_2$ ist, während die Temperatur sich erniedrigt, so wird $\frac{Q_2}{T_2} \doteq \frac{Q_1}{T_2}$ größer als $\frac{Q_1}{T_1}$ sein, d. h. beim einfachen Übergang der Wärme nimmt das Wärmegewicht zu.

Für die Kälteerzeugung ist nun der umgekehrte Vorgang von größter Bedeutung. Ebenso wie es unmöglich ist, ein Gewicht ohne Arbeitsaufwand von einem tieferen Niveau auf ein höheres zu bringen, erfordert auch die entsprechende Überführung von Wärme von einem kälteren Körper nach einem wärmeren eine dem Gewinne beim umgekehrten Übergang mindestens gleiche Arbeit oder auch eine derselben äquivalente Wärmezufuhr. Die an den wärmeren Körper abgegebene Wärme ist alsdann um dieses Wärmeäquivalent größer als die vom kälteren aufgenommene Wärme. Auch bei diesem Vorgange sind Verluste denkbar, welche

[1]) Es möge noch ausdrücklich hervorgehoben werden, daß die obige Darstellung kein Beweis, sondern nur eine Veranschaulichung des zweiten Hauptsatzes der Thermodynamik sein soll.

einerseits durch beim Schlusse des Hebens nicht ausgeglichene Geschwindigkeiten, anderseits durch hinzutretende Belastungen (entsprechend Einstrahlungen von Wärme) während des Hebeprozesses entstehen können, so daß jedenfalls die oben ermittelte Arbeit immer dann den kleinsten Betrag darstellt, wenn die Temperaturen des wärmeabgebenden und des wärmeaufnehmenden Körpers sich nicht ändern.

Treten dagegen derartige Temperaturänderungen ein, so würde man hinreichend genau die Minimalarbeit durch Einsetzen der Mitteltemperaturen beider Körper erhalten.

Für die Kälteerzeugung bedient man sich nun stets vermittelnder Körper, sog. Kältemedien oder Kälteträger, welche imstande sind, bei niederen Temperaturen größere Wärmemengen aufzunehmen und bei höheren wieder abzugeben. Es erscheint dann für die Annäherungsrechnung zweckmäßig, wenn während der Aufnahme und Abgabe der Wärme die Kälteträger ihre Temperatur selbst gar nicht oder nur unerheblich ändern, diese Temperaturen statt derjenigen des wärmeabgebenden und wärmeaufnehmenden Körpers einzuführen.

Zur Verdeutlichung wollen wir unsere Ergebnisse in einigen Zahlenbeispielen verwerten. Es sei einer Salzlösung bei -10^0 C, also $T_2 = 273 - 10 = 263^0$ absoluter Temperatur stündlich $Q_2 = 100\,000$ WE zu entziehen und diese einmal auf Kühlwasser bei $+10^0$, dann $+20^0$ und schließlich $+30^0$ entsprechend absoluten Temperaturen von $T_1 = 283^0$, 293^0, 303^0 zu übertragen. Die hierzu nötige Arbeit ergibt sich dann, nachdem man aus den Verhältnissen $Q_1 : Q_2 = T_1 : T_2 = 283 : 263$, bzw. $293 : 263$ und $303 : 263$ die abzuliefernde Wärmemenge Q_1 zu 107 600 WE bzw. 111 400 WE und 115 200 WE stündlich bestimmt hat, aus den Äquivalenten $Q_1 - Q_2 =$ 7600 WE, 11 400 WE und 15 200 WE durch Multiplikation mit 427 zu 3 245 000 mkg, 4 863 000 mkg und 6 490 000 mkg. Da eine Pferdestärke (1 PS) stündlich $75 \times 3600 = 270\,000$ mkg leistet, so ergeben sich die diesen Zahlen entsprechenden Werte zu 12, 18 und 24 PS.

Die hier betrachteten Vorgänge sind ganz unabhängig von der Natur des vermittelnden Körpers. Dies ist indessen nur so lange richtig, als der Prozeß, durch den wir den Wärmeübergang vermitteln, vollständig umkehrbar bleibt, d. h. als wir imstande sind, ihn jederzeit zu unterbrechen und in umgekehrter Richtung verlaufen zu lassen. Würde nämlich mit einem andern Körper dann ein anderes Ergebnis erzielt werden, so brauchte man nur den Vorgang des Wärmeüberganges vom höheren zum tieferen Niveau mit einem Körper vorzunehmen, welcher mehr Arbeit ergibt, als ein anderer zum umgekehrten Vorgang erfordert, um so ein Perpetuum mobile zu erhalten. Die Unmöglichkeit eines solchen ergibt aber den wichtigen Satz, daß der vermittelnde Körper keinen Einfluß auf das Endresultat ausüben würde, wenn man imstande wäre, die Kälteerzeugung vollständig durch umkehrbare Kreisprozesse zu bewältigen. Unter diesen nimmt nun der sog. Carnotsche Kreisprozeß eine besondere Stellung ein, weil wir unter Zuhilfenahme von gesättigten Dämpfen als vermittelnder Körper uns demselben recht nahe anschließen können. Lassen wir nämlich eine bei normaler Temperatur (zwischen + 10 und 30°) gebildete, aus einem Dampfe unter Entziehung der Wärme Q_1 niedergeschlagene Flüssigkeit in einem Arbeitszylinder von ihrem Energieinhalt so viel in Form von Arbeit abgeben, bis ihre Temperatur auf ein gewünschtes niederes Niveau gesunken ist, so können wir sie bei dieser Temperatur und dem ihr entsprechenden niederen Druck unter Zuführung der Wärme Q_2 (Kälteleistung) verdampfen, nachher durch einen Kompressor ansaugen und wieder auf den höheren Druck bzw. die höhere Temperatur ohne Wärmezufuhr, d. h. adiabatisch, verdichten, worauf sie schließlich unter Entziehung der Wärmemenge Q_1 von neuem verflüssigt wird. Wir erhalten auf

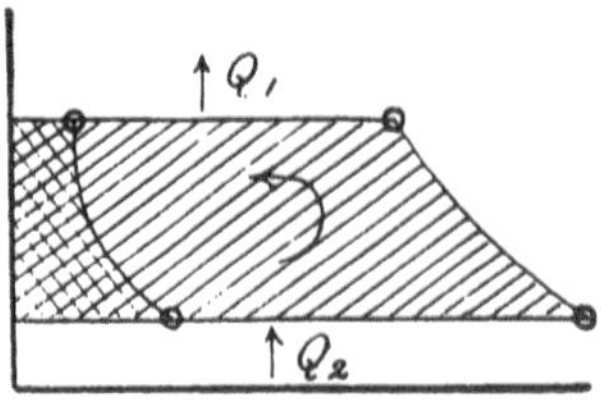

Fig. 5.

diese Weise ein Diagramm, Fig. 5, in welchem die einfach schraffierte Fläche den idealen Arbeitsbedarf darstellt, während die doppelt schraffierte diejenige Arbeit ergibt, welche man durch den Arbeitszylinder aus der Flüssigkeit wieder gewinnen konnte.

Diesem Kreisprozesse entsprechen auch die oben durchgeführten Zahlenbeispiele. Die wichtigste Abweichung der praktischen Ausführung hiervon ist zunächst der Wegfall des eben genannten Arbeitszylinders, die für bestimmte Kälteträger in der geringen Ausbeute, für andere in gewissen Konstruktionsschwierigkeiten begründet ist. Die wirklich ausgeführten Maschinen des Kompressionssystems werden darum einen wenigstens um die Arbeit dieses Zylinders höheren Energiebedarf erfordern.

5. Wärmeleitung und Wärmestrahlung.

In § 1 und 2 haben wir gesehen, daß bei der Berührung von Körpern verschiedener Temperatur der höher temperierte an den niederer temperierten Wärme abgibt. Genau dasselbe tritt auch zwischen zwei Teilen eines und desselben Körpers ein, wenn diese verschiedene Temperaturen haben, und dauert so lange an, bis ein vollständiger Temperaturausgleich eingetreten ist. Erhalten wir dagegen beide Stellen immer auf denselben, voneinander verschiedenen Temperaturen, verhindern also den Temperaturausgleich durch entsprechende Wärmezufuhr und -ableitung, so wird offenbar ständig ein Wärmestrom von der wärmeren zur kälteren Stelle des Körpers gehen. Dieser Wärmestrom wird auch noch aufrechterhalten, wenn wir eine Reihe von Körpern aneinanderketten, von denen der am einen Ende befindliche auf einer anderen Temperatur erhalten wird als der am entgegengesetzten Ende. Vorgänge dieser Art, welche wir als *Wärmeleitung* bezeichnen, treten überall auf, wo es sich um Übergang von Wärme handelt. Sind die Temperaturunterschiede nicht groß, wie es ja den Aufgaben der Kälteerzeugung durchgängig entspricht, *so ist die durch Leitung in Bewegung gesetzte Wärmemenge proportional dem zu ihrer Bewegungsrichtung senkrechten Querschnitt des Körpers und dieser Temperaturdifferenz, dividiert durch die Länge* des Weges selbst. Stellen wir diesen Versuch mit mehreren Körpern an, so finden wir, daß bei gleichen Temperaturdifferenzen, gleichen Querschnitten und Stromlängen doch verschiedene Wärmemengen von ihnen übertragen werden, so daß wir annehmen müssen, daß die einzelnen Körper der Wärmebewegung einen verschiedenen Widerstand entgegenstellen. Diesem Widerstand werden wir durch Einführung eines Zahlenfaktors, des sog. Wärmeleitungskoeffizienten, gerecht, der uns angibt, welche Wärmemenge in Kalorien stündlich durch einen Würfel von 1 m Seitenlänge hindurchgeht, wenn eine Würfelfläche (von 1 qm) genau 1^0 wärmer ist als die ihr gegenüberstehende. Je nach der Größe dieses Koeffizienten unterscheiden wir nunmehr gute und schlechte Wärmeleiter oder Leiter schlechtweg und Isolatoren, welch letztere wir in der Technik dazu benutzen, den Wärmedurchgang dort möglichst zu vermindern, wo es uns unerwünscht ist.

Die Wärmeleitung ist an das Vorhandensein einer Temperaturdifferenz geknüpft und verläuft immer in der Richtung vom höheren zum niederen Temperaturniveau. Da ein umgekehrter Wärmestrom nicht ermöglicht werden kann, so bezeichnen wir die Wärmeleitung als einen nicht umkehrbaren Vorgang. Wichtig ist dabei, daß die Wärme auf ihrem Wege keine Arbeit leistet, sondern in unveränderter Menge das niedere Niveau erreicht. Wollten wir sie wieder auf höheres Niveau bringen, d. h. einen Wärmeübergang von einem kälteren auf einen wärmeren Körper vermitteln, so müssen wir dazu Energie aufwenden. Diese Tatsache faßt man nach Clausius in den Satz zusammen, daß ein Wärmeübergang von einem kälteren nach einem wärmeren Körper ohne Kompensation nicht durchführbar ist.

Praktisch lassen sich derartige nicht umkehrbare Vorgänge niemals vollständig vermeiden, so daß tatsächlich die Erzielung eines vollkommen umkehrbaren Kreisprozesses unmöglich ist. Wenn wir denselben oben trotzdem betrachteten und ihn als Vergleichsmaßstab für wirkliche Prozesse weiterhin benutzen, so ist dies darin begründet, daß man einerseits durch Vergrößerung der Wärmedurchgangsflächen das zur Wärmeleitung nötige Temperaturgefälle beliebig verkleinern, anderseits aber diese selbst da, wo sie unzweckmäßig ist, durch reichliche Isolation beliebig verringern kann.

Auch zwischen Körpern von verschiedener Temperatur, welche nicht miteinander in Berührung stehen, findet erfahrungsgemäß ein Wärmeübergang statt, den wir als Wärmestrahlung bezeichnen. Dieser Vorgang könnte vollkommen rein nur im absoluten Vakuum sich abspielen und läuft darauf hinaus, daß an der Oberfläche des warmen Körpers die Wärme sich in strahlende Energie (deren Unterschied gegenüber den Licht- und elektrischen Strahlen lediglich in der Wellenlänge beruht) verwandelt, an der Oberfläche des kälteren dagegen diese wieder in Wärme übergeht. Da nun der Zwischenraum zwischen den in solcher Weise wärmeaustauschenden Körpern stets mit Gasen, z. B. Luft, ausgefüllt ist, diese aber einen Teil der sie durchdringenden Strahlen absorbiert und ihre Energie in Wärme verwandelt, so gelangt niemals die ganze ausgestrahlte Wärme an ihr Ziel. Für technische Anwendungen ist diese Absorption von Wärmestrahlen ohne erhebliche Bedeutung, da hier nur diejenigen Wärmemengen interessieren, welche ein warmer Körper an seine Umgebung wirklich verliert bzw. ein kalter Körper von dieser erhält.

Gegen die Aus- und Einstrahlung von Wärme kann man sich nur durch Oberflächen schützen, welche eine äußerst geringe Absorption der Wärme gestatten, wie Metallspiegel oder weißen Anstrich.

Mit spiegelnden Metallflächen pflegt man heiße Körper (z. B. Dampfzylinder) zu isolieren, da der Spiegel auch die aus dem Innern kommenden Wärmestrahlen zurückwirft. Zur Isolierung von Körpern, deren Temperatur tiefer liegt als die der umgebenden Luft, sind die Metallspiegel unbrauchbar, da sich an ihnen Wasser aus der Luft niederschlägt und zu Oxydbildungen Anlaß bietet, welche den Spiegel fast vollständig zerstören. Man begnügt sich daher in diesem Falle mit einem hellen Anstrich der im übrigen durch schlechte Wärmeleiter umhüllten kalten Körper, z. B. der Rohrleitungen von Kühlmaschinen.

Kapitel II.

Methoden und Energieverbrauch der Kälteerzeugung.

6. Methoden der Kälteerzeugung.

Die Kälteerzeugung beruht in neuerer Zeit fast ausschließlich auf der kräftigen Bindung von Wärme infolge der Verdampfung mehr oder weniger flüchtiger Flüssigkeiten (kondensierter Gase) bei niederer Temperatur. Die früher häufig, jetzt aber nur noch selten zur Kälteerzeugung verwendete Abkühlung atmosphärischer Luft während ihrer Expansion unter Leistung äußerer Arbeit in sog. Kaltluftmaschinen hat sich dagegen als sehr unökonomisch erwiesen, weil hierbei wegen der geringen Wärmebindungsfähigkeit der Luft (für 1° C nur 0,2377 WE pro 1 kg oder rund 0,3 WE pro 1 cbm) einerseits die untere Temperaturgrenze auf Kosten des Arbeitsverbrauches sehr erniedrigt werden muß und anderseits beträchtliche Luftmengen zu bewältigen sind, denen dann ganz unförmige Abmessungen der Maschinen und damit auch enorme Reibungsverluste entsprechen[1]).

[1]) Diese Maschinen bestehen immer aus einem Kompressor zur Verdichtung der Luft, aus einem Kühlapparate, in welchem die Kompressionswärme an Kühlwasser übertragen und dadurch die Temperatur der Luft bis nahe auf die Wassertemperatur erniedrigt werden kann, und schließlich aus einem Expansionszylinder, in welchem sie arbeitend eine so tiefe Temperatur erreicht, um beträchtliche Wärmemengen aufnehmen zu können. Kompressor und Expansionszylinder sind gewöhnlich durch eine Kurbelwelle vereinigt, wenn ihre Kolben nicht schon

Außerdem wurde die Stetigkeit des Betriebes durch die niemals zu vermeidenden Schneebildungen aus dem Feuchtigkeitsgehalt der Luft und deren Reinheit, wenn sie, aus der Maschine austretend, zu Kühlzwecken verwendet werden sollte, durch mitgerissenes Schmiermaterial beeinträchtigt. Da alle diese Nachteile den auf dem Verdampfungsprinzip basierten Kaltdampfmaschinen bei zweckmäßiger Wahl der in ihnen zirkulierenden Flüssigkeit, des sog. Kältemediums oder Kälteträgers, entweder gar nicht oder doch nur in sehr beschränktem Maße innewohnen, so hat diese Maschinengattung die Kaltluftmaschinen z. Z. vollständig verdrängt, und es besteht für uns keine Veranlassung mehr, auf deren oft sinnreiche Konstruktion hier näher einzugehen.

Die Kaltdampfmaschinen, mit denen wir uns in der Folge allein zu beschäftigen haben, zerfallen nun in drei Gruppen, und zwar:

I. In reine Kompressionsmaschinen, in denen Ammoniak, Kohlensäure oder schweflige Säure, seltener (in Frankreich) Chlormethyl, sämtlich wasserfrei, nach ihrer Verdampfung in einem Röhrenapparat, dem sog. Verdampfer oder Refrigerator, von einem Kompressor angesaugt, verdichtet und in einem zweiten Röhrenapparat, dem Kondensator, durch Wasserkühlung verflüssigt werden, um schließlich vermittelst eines zur Abdrosselung der Druckdifferenz einge-

---

eine gemeinsame Stange besitzen. Da der arbeitsleistende, ganz wie ein Dampfzylinder mit Steuerung versehene Expansionszylinder allein nicht imstande ist, den Kompressor zu treiben, so muß die Differenz durch einen Motor gedeckt werden, der ebenfalls gewöhnlich an derselben Kurbelwelle angreift.

Näheres über derartige ältere Maschinen siehe in der Abhandlung von A. G. Kirk. »On the mechanical production of cold« in den Proceedings of the Institution of Civil Engineers 1874. Neuere Versuche siehe in Schröters »Untersuchungen an Kältemaschinen verschiedener Systeme«. I. Bericht. München 1887. Für die nähere Begründung der Unwirtschaftlichkeit siehe Lorenz »Die Wirtschaftlichkeit der Kaltluftmaschinen mit Arbeitskolben und Kreiselrädern«, Zeitschrift f. d. ges. Kälte-Industrie 1911.

schalteten Regulierventils wieder in den Verdampfer zurückzutreten.

Bei Verwendung von Wasserdampf als Kälteträger, der bei den in Frage kommenden Temperaturen sehr niedere Drücke besitzt und außerordentlich große Kompressorvolumina erfordern würde, bedient man sich zur Verdichtung zweckmäßiger eines Dampfstrahlgebläses, dessen Austrittsdampf mit dem aus dem Verdampfer abgesaugten vermischt im Kondensator niedergeschlagen und durch eine Pumpe, die ebenfalls als Strahlapparat ausgebildet sein kann, ins Freie gefördert wird.

II. In reine Absorptionsmaschinen, in denen als Kälteträger ausschließlich Ammoniak zur Anwendung gelangt, welches nach der Verdampfung von Wasser absorbiert, in dieser Lösung durch eine kleine Pumpe auf höheren Druck gebracht und unter diesem durch unmittelbare Wärmezufuhr (gewöhnlich Dampfheizung) wieder aus der Lösung ausgetrieben wird, um schließlich, von mitgerissenem Salmiakgeist tunlichst befreit, durch Kühlwasser verflüssigt und vermittelst eines Überströmventils in der Verdampfer zu erneuter Wärmeaufnahme zurückgeführt zu werden.

III. In aus I und II kombinierte Maschinen, in denen als Kälteträger wie unter II zunächst Ammoniak verwendet wird, welches von einem Kompressor wie in der Gruppe I aus dem Verdampfer angesaugt und auf den der Absorption entsprechenden Sättigungsdruck verdichtet wird, ohne daß an der Absorptionsmaschine sonstige Änderungen vorgenommen sind.

Eine andere hierher gehörige Kombination bilden die Wasserdampfabsorptionskühlmaschinen, auch kurzweg Vakuummaschinen genannt, weil in ihnen Wasserdampf unter einem der niedrigen Temperatur entsprechenden Vakuum aus einer hierdurch abgekühlten Salzlösung gebildet und alsdann zum kleineren Teile durch die zur Aufrechterhaltung des Vakuums (1 bis 2 mm Quecksilbersäule) nötige Luftpumpe ins Freie geschafft, größtenteils aber in einem besonderen Raum (dem Absorber) von konzentrierter Schwefelsäure aufgenommen wird. Zur Wiederverwendung der letzteren muß der Wasserdampf schließlich wieder ausgetrieben, die Säure also von neuem konzentriert werden, was bei den älteren, gänzlich verlassenen Maschinen dieser Gattung durch Dampfheizung erfolgte, bei neueren dagegen durch direkte Berührung der Schwefelsäure mit den heißen Abgasen einer Koksfeuerung geschieht, worauf die ebenfalls miterhitzte Säure durch Wasser abgekühlt und dem Absorber wieder zugeführt werden kann. Das so aus der Maschine entfernte, der Salzlösung im Verdampfer entzogene Wasser muß zur Aufrechterhaltung des Beharrungszustandes natürlich immer ersetzt werden.

Von diesen verschiedenen Systemen gelangte die reine Absorptionsmaschine, um deren Ausbildung sich Carré die größten Verdienste erwarb, zuerst zu einer weitgehenden industriellen Anwendung, wurde aber, nachdem das Kompressionssystem durch Pictet und Linde zu hoher Vollkommenheit gebracht worden war, von diesem stark verdrängt, so daß man heute nur noch selten Absorptionsmaschinen bei uns im Betriebe vorfindet, während sie sich in wärmeren Klimaten aus Gründen, die wir noch kennen lernen werden, erhalten haben. Die unter III zuerst genannte, von A. Osenbrück vorgeschlagene Vereinigung der Absorptionsmaschine mit einem Kompressor ist überhaupt nicht aus dem Versuchsstadium hinausgelangt, während die Vakuummaschine in der von Windhausen vorgeschlagenen Gestalt an den Schwierigkeiten der chemischen Wirkungen der Schwefelsäure und eines nur intermittierenden Betriebes gescheitert ist. Die unter I erwähnten Wasserdampfstrahl-Kühlmaschinen wurden neuerdings von dem Franzosen Leblanc vorgeschlagen und erfuhren durch die gemeinsame Tätigkeit von Professor Josse und Dr. Gensecke eine erhebliche Vereinfachung, haben indessen bis jetzt noch nicht in größerem Umfange in die technische Praxis Eingang gefunden. Jedenfalls haben wir festzustellen, daß augenblicklich die reine Kompressionsmaschine das Feld fast ausschließlich beherrscht, so daß wir uns im folgenden vorwiegend mit dieser, auch den praktischen Anforderungen der Betriebssicherheit und der Gleichartigkeit in der Erhaltung der Temperaturen in hohem Maße genügenden Maschinengattung beschäftigen werden.

Die vorstehende schematische Fig. 6 verdeutlicht den Zusammenhang der Hauptapparate der Kompressions-Kaltdampfmaschinen. Der zur Verdichtung des dampfförmig angesaugten Kälteträgers dienende Kompressor ist im wesentlichen eine mit selbsttätigen Ventilen (seltener mit einem Schieber) versehene Luftpumpe.

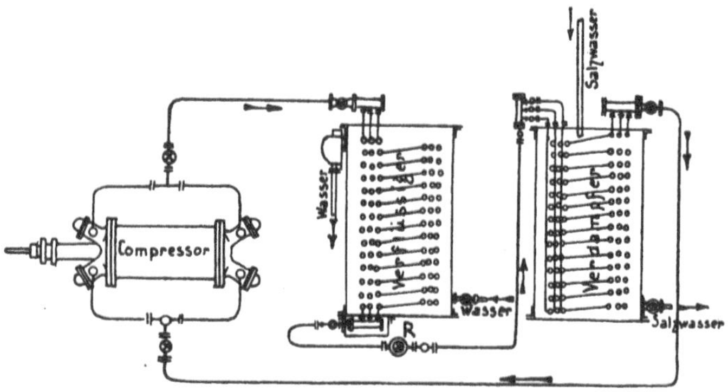

Fig. 6.

Die Druckleitung führt vom Kompressor in den Kondensator (Verflüssiger) und mündet dort in ein Spiralrohrsystem, welches vom Kühlwasser, das unten eintritt und das Gefäß oben verläßt, umspült wird. Ein im Innern des Kondensators angebrachtes, in der Figur nicht gekennzeichnetes Rührwerk sorgt für die fortwährende Bewegung des Wassers, welches selbst von einer Pumpe etwa aus einem Brunnen herbeizuschaffen ist. Den Übertritt des im Kondensator verflüssigten Kälteträgers in das Spiralrohrsystem des Verdampfers vermittelt das Regulierventil *R*. Der Verdampfer selbst entspricht in seiner Bauart genau dem Kondensator, enthält wie dieser ein Rührwerk und wird im allgemeinen von einer oben ein- und unten austretenden, schwer gefrierbaren Salzlösung durchströmt. Diese Salzlösung wird, nachdem sie im Verdampfer abgekühlt worden ist, durch besondere Pumpen der Verwendungsstelle (z. B. den Brauereikellern) zugeführt und kehrt erwärmt in den Verdampfer zurück, während der in diesem Apparat in Dampfform übergegangene Kälteträger durch die S a u g l e i t u n g dem Kompressor zuströmt, um den Kreislauf von neuem zu beginnen.

Bei der D a m p f s t r a h l k ü h l m a s c h i n e in der vereinfachten Bauart Josse-Gensecke, Fig. 7, saugt das Strahlgebläse *D* unmittelbar aus dem Verdampfer, der ein Spiralrohrsystem für den Soleumlauf enthält. Der in der Rohrerweiterung des Gebläses verdichtete Wasserdampf tritt alsdann mit dem Treibdampf vermischt in den Oberflächenkondensator, dessen Einrichtung mit der bei Dampfmaschinen

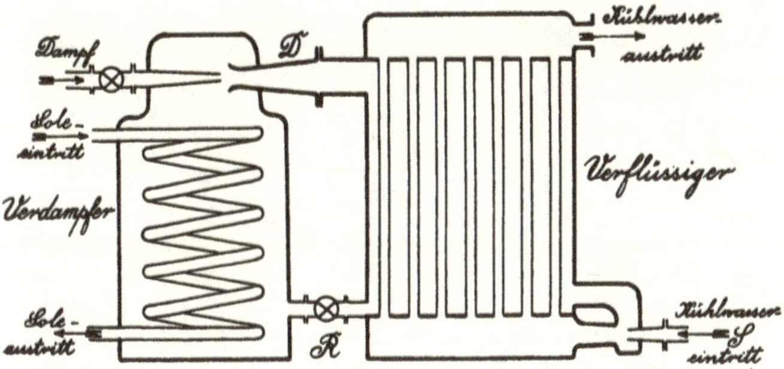

Fig. 7.

gebräuchlichen nahe übereinstimmt. Der zur Kälteerzeugung nötige Teil des Kondensats strömt von da durch das Regelventil *R* zum Verdampfer zurück, während der Rest durch das Kühlwasser vermittels eines Strahlapparates *S* abgesaugt wird, an dessen Stelle L e b l a n c eine eigentümlich gestaltete Schleuderpumpe verwendet.

Erheblich verwickelter gestaltet sich schon der Aufbau der A b s o r p t i o n s m a s c h i n e , da in derselben nicht nur für Kühlung des Kondensators, sondern auch für eine hiervon getrennte Abfuhr der Absorptionswärme gesorgt werden muß, damit das zum Transport des Ammoniaks vom Verdampfer in den Kondensator dienende Wasser nicht durch zu hohe Steigerung der Temperatur in seiner Aufnahmefähigkeit im Absorber beeinträchtigt werde. In der einfachsten Form der Absorptionsmaschine Fig. 8 empfängt der K o n -

d e n s a t o r C die im K o c h e r K aus der Lösung (Salmiakgeist) ausgetriebenen heißen Dämpfe, kühlt sie ab und verflüssigt sie wie in den Kompressionsmaschinen. Der Übertritt in den Verdampfer V vollzieht sich ebenso wie dort durch ein Regulierventil R. Das unter Aufnahme von Wärme bei niederer Temperatur wieder verdampfte Ammoniak wird nunmehr

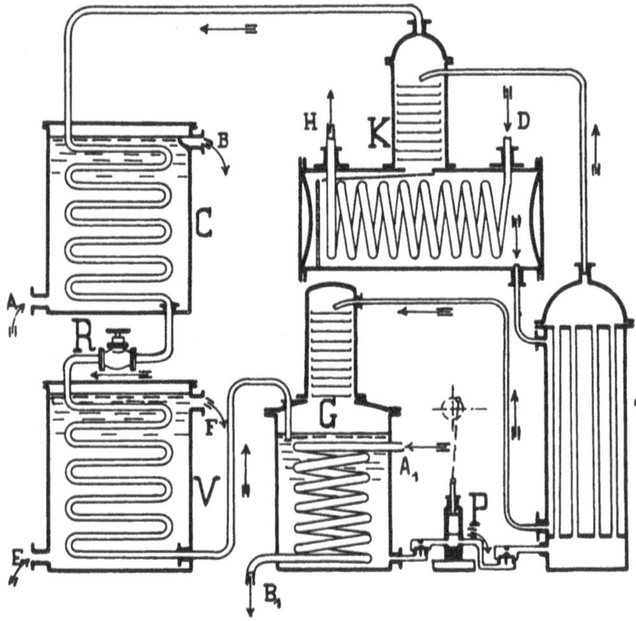

Fig. 8.

in ein Gefäß G, den sog. A b s o r b e r , geleitet und vereinigt sich hier mit der vom Kocher herfließenden armen Lösung, wobei die Absorptionswärme durch kaltes, bei A_1 in ein Spiralrohrsystem ein- und bei B_1 austretendes Kühlwasser entfernt wird. Die so entstehende reiche Lösung wird dann durch eine Pumpe P in den Kocher K gedrückt, wo aus ihr das Ammoniak durch eine Dampfheizungsspirale $D\ H$ ausgetrieben und dem Kondensator C wieder zugeführt wird, worauf der Kreislauf wieder von neuem beginnt. Der so beschriebene Vorgang würde erfordern, die heiß vom Kocher ablaufende arme Lösung etwa durch Kühlwasser auf die niedere Absorbertemperatur zu bringen; anderseits muß auch die kalt dem Absorber entnommene reiche Lösung im Kocher bis auf diejenige Temperatur gebracht werden, bei welcher die Ammoniakentwicklung beginnt. Beide Vorgänge können indessen in einem sog. Temperaturwechsler *T* vereinigt werden, der den Wärmeaustausch der Flüssigkeiten im Gegenstrom vermittelt.

Aus dieser kurzen Beschreibung erkennt man, daß sich in der Absorptionsmaschine zwei Kreisprozesse abspielen, welche teilweise ineinander übergreifen. Neben dem Kreislauf des Ammoniaks vollzieht sich noch derjenige des Lösungs- oder Transportmittels in der Reihenfolge Absorber, Pumpe, Temperaturwechsler, Kocher, Temperaturwechsler, Absorber, wobei von außen Wärme im Kocher zugeführt, im Absorber aber solche entzogen wird. Da die eigentliche Kälteleistung, d. i. der Transport der Wärme aus dem Verdampfer in den Kondensator, einen Energieaufwand erfordert, welcher jedenfalls bedeutend größer ausfällt als die von der Pumpe zu leistende Arbeit (siehe unter § 10), so muß die im Kocher zugeführte Wärme ungefähr um den fraglichen Energiebedarf größer sein als die im Absorber entzogene, da ja im Temperaturwechsler nur ein Austausch innerhalb des Apparates stattfindet. Der Kocher entspricht also, verglichen mit einer Kompressionskühlmaschine mit Dampfmaschinenantrieb, dem Dampfkessel, der Absorber dem Dampfkondensator, während der Temperaturwechsler etwa die Rolle eines Speisewasservorwärmers spielt.

Neuerdings ist übrigens noch eine weitere Verbesserung dieses Prozesses durch Einschaltung eines 2. Temperaturwechslers für die aus dem Kocher und dem Flüssigkeitswechsler entweichenden Dämpfe vorgeschlagen worden. In demselben werden diese in einem Rohrsystem von einem Teile oder auch der ganzen Menge der vom Absorber kommenden kalten Lösung, bevor dieselbe in den 1. Temperaturwechsler tritt, im Gegenstrom umspült und gelangen so mit einer etwas niederen Temperatur in den Kondensator, als wenn sie direkt vom Kocher kämen. Auf diese Weise wird nicht nur das zu ihrer späteren Abkühlung notwendige Kühlwasser erspart, sondern auch die nochmalige nutzlose Erhitzung des im Temperaturwechsler entwickelten Dampfes beim Passieren des Kochers verhütet.

Der niederen Temperatur wegen muß bei beiden Systemen sowohl der Verdampfer als auch die Saugleitung gegen das Eindringen unerwünschter Wärme von außen durch Isolation, d. h. Umhüllung mit schlecht leitenden Substanzen, geschützt werden.

7. Chemische Eigenschaften der wichtigsten Kälteträger.

Die chemischen Eigenschaften der in Kühlmaschinen zur Wärmeübertragung verwendeten Körper verlangen zunächst wegen ihres Einflusses auf die Lebensdauer der ganzen Anlage eine besondere Beachtung. In zweiter Linie kommt dann die Möglichkeit, daß infolge chemischer Wirkungen die Betriebssicherheit leidet, in Frage. Wir haben schon oben gesehen, daß gerade die Vereinigung beider Übelstände den Vakuum- oder Wasserdampfkühlmaschinen, in denen die chemisch außerordentlich aktionsfähige Schwefelsäure (H_2SO_4) als Absorptionsflüssigkeit dient, verhängnisvoll wurde. Es dürfte sich darum auch empfehlen, die zurzeit vorwiegend als Kälteträger dienenden Körper auf ihre chemischen Eigenschaften hier einer kurzen Prüfung zu unterwerfen. Es sind dies, wie wir sahen, Ammoniak (NH_3), Kohlensäure (CO_2), schweflige Säure (SO_2) und Wasser (H_2O), von denen das erstere in den Kompressionsmaschinen allein, in den Absorptionsmaschinen aber mit Wasser zusammenwirkt, während in einzelnen Fällen die Kohlensäure der schwefligen Säure nach Pictets Vorschlag früher beigemischt wurde. Jetzt werden diese beiden Körper in eigens hierzu konstruierten Maschinen, auf die wir noch zu sprechen kommen, allein verwendet.

Ammoniak, Kohlensäure und schweflige Säure sind unter atmosphärischem Drucke innerhalb weiter Temperaturgrenzen gasförmige Körper, welche sich in reinem Zustande gegenüber den in der Maschine vorwiegend verwendeten Kohle-Eisenlegierungen (Gußeisen, Stahl, Schmiedeeisen) so gut wie gänzlich neutral verhalten. Bei einer so kräftigen Base, wie Ammoniak, erscheint dies überraschend, ebenso bei der relativ starken schwefligen Säure, während die Kohlensäure wegen ihrer chemischen Inaktivität ja bekannt ist. Ein Angriff auf Metalle, insbesondere auf Kupfer und seine Legierungen (Bronze, Messing), durch Ammoniak findet indessen nur in Gegenwart von Sauerstoff (Luft) bzw. von Wasser statt, deren Eindringen in die Maschine darum tunlichst zu vermeiden ist. In ganz geringen Mengen sind indessen solche Beimengungen, die sich bei den im Handel erhältlichen flüssigen NH_3 stets vorfinden, nicht bedenklich. Immerhin wird man zweckmäßig von der Verwendung des Kupfers bei Ammoniakmaschinen gänzlich absehen, da kleine Undichtheiten und mit ihnen der Anlaß zur gemeinsamen Wirkung von Luft und Wasserdampf kaum zu umgehen sind. Die besonders in Amerika, wo man mit hoher Überhitzung der Dämpfe in den Kompressorzylindern arbeitet, gefürchtete Explosionsgefahr des Ammoniaks[1]) besteht tatsächlich nicht, da die Zersetzung des NH_3 und mit ihr das Freiwerden des explosiven Wasserstoffes erst bei Glühhitze erfolgt. Derartige Explosionen sind darum auch nur im Falle von Feuersbrünsten, bei denen größere Teile der Maschinen bis zur Glut erhitzt werden, möglich und somit für den normalen Betrieb ohne jeden Belang.

Nichtsdestoweniger ist es wichtig, etwaige Verunreinigungen des Ammoniaks sowohl vor seiner Einfüllung in die Maschinen als auch während des Betriebes leicht feststellen zu können. Hierfür eignet sich am besten ein von der Gesellschaft für Lindes Eismaschinen eingeführtes, oben offenes, zylindrisches Glasgefäß (Fig. 9) von etwa 25 mm Durchmesser,

---

[1]) Siebel, Störungen im Kühlmaschinenbetrieb, Ice and Refrigeration 1894 und Zeitschrift für Kälte-Industrie 1894. Dagegen sind Explosionen von Kompressorzylindern infolge Schmierölentzündung nicht ausgeschlossen bei deren Verwendung als Luftverdichter zum Prüfen der Dichtheit des Rohrsystems. Deshalb sollte davon gänzlich abgesehen werden, wenn man nicht vorher alles Öl aus den Leitungen und dem Kompressor selbst entfernt hat.

an dessen Boden ein ca. 1 cm weites und mit Teilung versehenes Rohr von 3 ccm Inhalt angeschmolzen ist. Das ganze Gefäß faßt etwa 30 ccm; es wird mit dem zu prüfenden flüssigen NH_3 gefüllt und dann die Verdunstung des NH_3 abgewartet. Dieselbe kann durch eine schwache Anwärmung (z. B. durch Aufstellung des Gefäßes auf einem Dampfmaschinenzylinder) noch beschleunigt bzw. gründlicher durchgeführt werden. Der Rückstand, welcher nach Versuchen von Bunte und Eitner[1]) sowie von Lange[2]) aus Wasser, alkoholartigen Substanzen sowie höher siedenden organischen Körpern besteht, ermöglicht ein Urteil über den Grad der Verunreinigung.

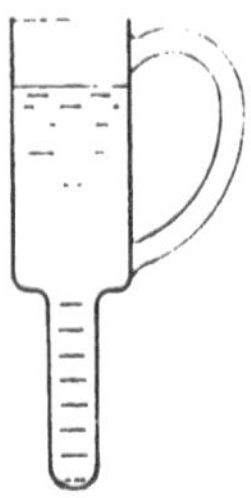

Fig. 9.

Es sei gleich hier bemerkt, daß die organischen Substanzen wahrscheinlich von dem Schmieröl, welches in der Kompressionspumpe bei der Fabrikation des Ammoniaks verwendet wird, bzw. von Kompressoröl der Kühlmaschine selbst herrühren, während das Wasser entweder während des Betriebes durch die gegen Abtropfen nicht geschützte Ölpumpe hineingelangt ist oder auch Rückstände beim Ausdämpfen der Rohrschlangen darstellt. Beide Übelstände können natürlich durch sorgfältige Behandlung leicht vermieden werden.

Die Verunreinigungen der Kohlensäure, welche besonders durch den Geruch kenntlich werden, sind von Grünhut[3]) studiert worden. Derselbe fand bei künstlich hergestellter, nachher komprimierter und verflüssigter CO_2 zunächst erhebliche Mengen von Eisenoxydhydrat sowie Chloride und Sulfate des Eisens. Diese Verbindungen sind zweifellos bei der Darstellung des CO_2 in Gegenwart von Wasser und Luft bzw. anderer Säuren, z. B. Salz- und Schwefelsäure, entstanden. Sind solche Säuren, wenn auch in Spuren, der in die Maschinen eingefüllten CO_2 beigemengt,

[1]) Zeitschrift für Kälte-Industrie 1897, Journal für Gasbeleuchtung und Wasserversorgung 1897.

[2]) Zeitschrift für Kälte-Industrie 1897 und Wochenschrift für Brauerei 1897.

[3]) Chemiker-Ztg. 1895, Zeitschr. für Kälte-Industrie 1895.

so können sie in hohem Grade zerstörend wirken. Es empfiehlt sich darum, für den Kühlmaschinenbetrieb, wenn irgend möglich nur natürliche CO_2 zu verwenden, welche von derartigen Beimengungen erfahrungsgemäß frei ist und überhaupt einen hohen Grad von Reinheit besitzt. Die Beimengung von Luft ist nur dann schädlich, wenn gleichzeitig Wasser in der Maschine sich befindet, dessen Wirkung übrigens durch das zur Schmierung fast allgemein übliche Glyzerin, mit dem es sich in allen Verhältnissen mischt, vermindert wird. Da das Glyzerin auch häufig zur Schmierung der Kompressionspumpen bei der Herstellung der CO_2 benutzt wird, so ist sein Auftreten als Verunreinigung der in Flaschen käuflichen CO_2 ebenso begreiflich wie unbedenklich.

Über die Wirkung der Verunreinigungen der schwefligen Säure bestanden bis vor kurzem noch große Meinungsverschiedenheiten, welche von Lange[1]) nur teilweise aufgeklärt wurden. Derselbe wies nach, daß reine flüssige SO_2 erst bei $+96^0$ C in minimaler, aber doch nachweisbarer Weise das Eisen angreift, während eine Beimischung von Wasser, von dem die SO_2 bis 1% aufzunehmen vermag, den Angriffspunkt bis zu 70^0 erniedrigte. Da nun solche Temperaturen, wie wir noch sehen werden, nur nach der Kompression in den Maschinen auftreten, wobei die schon verdichtete SO_2 vollkommen gasförmig ist, d. h. keine Spur von Flüssigkeit mehr enthält, so besteht tatsächlich keine Gefahr. In der Tat sind denn auch bei dieser Maschinengattung chemische Angriffe der Zylinderwandungen und Ventile bisher auch nach langem Betriebe nicht zu konstatieren gewesen, was Lange der Wirkung der Kompressorkühlung zuschreibt, obwohl diese die Druckventile nicht zu schützen vermag. Auch die von Venator[2]) geäußerte Befürchtung, daß in dem unter Vakuum stehenden Verdampfer der Schwefligsäuremaschinen Luft und Wasserdampf eindringt und zur Bildung von kristallisierten Schwefligsäurehydraten ($SO_2 + nH_2O$) führt, welche nicht nur den

[1]) Zeitschr. f. d. ges. Kälte-Ind. 1899. S. 81 ff.

[2]) Ebenda S. 132.

Wärmedurchgang durch die Rohrwandungen beeinträchtigen, sondern auch beim Eindringen in den Kompressor ausschleifend wirken sollen, hat sich in der Praxis nirgends bestätigt.

Wir können demnach aus den vorstehenden Erörterungen den Schluß ziehen, daß die drei wichtigsten Kälteträger NH_3, CO_2 und SO_2 bei genügender Reinheit keine chemischen Wirkungen auf die Organe der Kühlmaschinen ausüben. Auf ihren Einfluß auf die Schmiermaterialien kommen wir bei Gelegenheit der Besprechung der Stopfbüchsenkonstruktionen noch zurück.

8. Physikalische Eigenschaften der wichtigsten Kälteträger.

Bevor wir zur Besprechung der Konstruktion und des Betriebes der mit Ammoniak, Kohlensäure und schwefliger Säure[1])

[1]) Abgesehen von der im vorigen Paragraphen schon erwähnten Mischung aus SO_2 mit einigen Prozenten CO_2 (sog. Flüssigkeit Pictet), deren physikalische Eigenschaften sich wenig von denen der reinen SO_2 unterscheiden, findet man noch vereinzelt nach einem älteren, von ihm selbst jedoch bald wieder aufgegebenen Vorschlag Prof. Lindes Methyläther auch Schwefelkohlenstoff, dessen Feuergefährlichkeit seiner Anwendung indessen hindernd im Wege steht. Diese letztere ist im Verein mit den relativ großen Kompressordimensionen wohl auch der Grund für das frühzeitige Verschwinden der Äther-Maschinen, in denen Schwefeläther nach dem Vorschlage von Siebe zirkulierte, gewesen. In Frankreich werden neuerdings Maschinen mit Chlormethyl (CH_3Cl) betrieben, welche sich nach einem Aufsatze von L. Zigliani (Zeitschr. f. d. gesamte Kälte-Industrie 1898 und 1899) gut bewährt haben. Nach den Tabellen von Landolt und Börnstein (2. Aufl. Berlin 1894) beträgt die Verdampfungswärme 96,9 WE bei 0°, während (nach Regnault)

einer Temperatur von	—20°	—10°	0°	+10°	+20°	+30°	
ein abs. Druck von	1,20	1,78	2,57	3,63	4,99	6,71	kg/qcm

entspricht. Damit kommt dieser Körper der SO_2 am nächsten, erfordert indessen (dem Molekulargewicht nach zu schließen) noch größere Kompressorvolumina, wogegen unter normalen Verhältnissen kein Vakuum in der Maschine zu befürchten ist. Da über die

arbeitenden Maschinen übergehen, wird es sich daher empfehlen, die Eigenschaften dieser Körper im Hinblick auf ihre Kälteleistungsfähigkeit kurz festzustellen, und zwar erscheint dies um so notwendiger, als gerade über diesen Punkt in der Praxis nur wenig Klarheit herrscht und er zum Ausgang heftiger Streitfragen zwischen den Lieferanten der einzelnen Kühlmaschinen geworden ist, denen der Abnehmer gewöhnlich ratlos gegenübersteht. Wenn es auch praktisch nicht von gleicher Bedeutung ist, so wollen wir doch das Wasser bzw. den Wasserdampf (H_2O) in unsere Betrachtung mit einschließen, da, wie sich zeigen wird, dieser Körper einen sehr bequemen Vergleichsmaßstab darbietet.

Für die Beurteilung der Kälteleistungsfähigkeit eines Körpers ist nun vor allem die Kenntnis zweier Werte von Bedeutung, der sog. Flüssigkeitswärme, welche angibt, wieviel Kalorien einem Kilogramm der Flüssigkeit von 0^0 C zuzuführen sind, um es auf eine andere Temperatur zu erwärmen, und weiter der sog. latenten oder Verdampfungswärme, welche die Anzahl von Kalorien angibt, die zur vollständigen Verdampfung der Flüssigkeit benötigt werden. Auch dieser Wert schwankt mit der Temperatur, so zwar, daß er mit dem Ansteigen derselben stets abnimmt, und im kritischen Zustande des Körpers, in welchem zwischen Flüssigkeit und Dampf ein Unterschied nicht mehr wahrnehmbar, und bei dessen Überschreiten (auf die Temperatur bezogen) eine Verflüssigung ausgeschlossen ist, verschwindet. Mit der Kenntnis dieser beiden Werte, welche durch zahlreiche Experimentatoren für verschiedene Temperaturen und eine große Anzahl von Körpern festgestellt und in Tabellen vereinigt wurden, ist man dann sofort imstande, bei gegebener Temperatur des Kälteträgers vor und hinter dem — allen Kaltdampfmaschinen gemeinsamen — Regulierventil die von der Gewichtseinheit (1 kg) des Kälteträgers zu erwartende Kälteleistung ohne jede Rechnung zu ermitteln. Die letztere

---

Flüssigkeitswärme und das Dampfvolumen keine Angaben vorliegen, so können wir den Vergleich des CH_3Cl mit anderen Kälteträgern nicht weiter durchführen.

bestimmt sich nämlich fast genau[1]) als die latente Wärme bei der Verdampfertemperatur, vermindert um die Differenz der den beiden Temperaturen entsprechenden Flüssigkeitswärmen, welche Wärmemenge ja in den Verdampfer mitgenommen wird. Daraus erhellt sofort, daß von der Verdampfungswärme um so weniger nutzbar gemacht werden kann, je größer die Flüssigkeitswärme in ihrem Verhältnis zu dieser ist. Die nachstehende kleine Tabelle I enthält für einige Temperaturen die Werte der beiden hier in Betracht kommenden Größen.

Tabelle I.[2])

Temp. in °C.	Verdampfungswärme pro kg in WE				Flüssigkeitswärme pro 1 kg in WE			
	NH_3	CO_2	SO_2	H_2O	NH_3	CO_2	SO_2	H_2O
— 30	325,2	70,40	103,08	626	— 32,7	— 13,78	— 9,26	— 30
— 20	318,3	65,35	99,41	620	— 22,0	— 9,55	— 6,23	— 20
— 10	310,7	61,47	95,68	614	— 11,1	— 5,00	— 3,14	— 10
0	302,6	55,45	91,87	607	0	0	0	0
+ 10	293,7	47,74	88,00	600	+ 11,4	+ 5,71	+ 3,20	+ 10
+ 20	284,2	36,93	84,05	593	+ 22,9	+ 12,82	+ 6,45	+ 20
+ 30	274,0	15,00	80,04	585	+ 34,8	+ 25,75	+ 9,76	+ 30
+ 40	252,9	—	75,47	579	+ 46,9	—	+ 13,13	+ 40

[1]) Es ist besonders hervorzuheben, daß diese einfache Überlegung keine Rücksicht auf den — allerdings meist geringen — Arbeitsbetrag nimmt, welcher der Druckdifferenz der Flüssigkeit zwischen Kondensator und Verdampfer entspricht, mithin nur eine angenäherte Gültigkeit besitzt.

[2]) Die Dampftabellen für CO_2, SO_2 und H_2O sind der »Technischen Wärmelehre« von H. Lorenz (Lehrbuch d. Techn. Physik Bd. II. München 1904) entnommen, die für NH_3 einer neuen Zusammenstellung von Hybl, Zeitschr. f. d. g. Kälteindustrie 1911, S. 161. Die Drücke in der folgenden Tabelle II sind, wie ausdrücklich noch hervorgehoben werden muß, als absolute zu verstehen, d. h. vom absoluten Vakuum aus gerechnet. Von den in der Technik gebräuchlichen Überdrücken (vom Atmosphärendruck aus gerechnet) unterscheidet sich der absolute Druck um rund 1 kg/qcm.

Hieraus folgt, daß durch die unvermeidliche Mitnahme der Flüssigkeitswärme in den Verdampfer das Wasser als Kälteträger am wenigsten in seiner Leistungsfähigkeit beeinträchtigt wird, etwas mehr, aber immerhin nur unbedeutend, Ammoniak und schweflige Säure, sehr erheblich dagegen die Kohlensäure. Trotz dieser Tatsachen finden wir, daß man den scheinbar geeignetsten Körper, das Wasser, in Kompressionsmaschinen mit Arbeitskolben überhaupt nicht, sondern nur schweflige Säure, Kohlensäure und bei weitem am häufigsten Ammoniak verwendet. Eine annähernde, wenn auch noch nicht vollkommen hinreichende Erklärung hierfür gewährt uns die Betrachtung der Pressungen, unter denen die fraglichen Körper bei den obigen Temperaturen stehen, und die Volumina, welche sie als gerade trocken gesättigte Dämpfe einnehmen würden. Die letzteren Zahlen, wieder bezogen auf 1 kg, sind alsdann im Verein mit der aus Tab. I hervorgehenden Kälteleistung bestimmend für die Dimensionen der Kompressorzylinder. Sie sind mit den zugehörigen Pressungen in die Tab. II aufgenommen worden.

Tabelle II.

Temp. in °C.	Pressung absol. in kg pro qcm				Volumen von 1 kg in cbm			
	NH_3	CO_2	SO_2	H_2O	NH_3	CO_2	SO_2	H_2O
— 30	1,19	15,0	0,39	—	0,986	0,0270	0,794	—
— 20	1,91	20,3	0,65	0,0012	0,631	0,0195	0,503	994,78
— 10	2,93	27,1	1,03	0,0028	0,422	0,0143	0,329	451,42
0	4,34	35,4	1,58	0,0060	0,291	0,0104	0,221	210,68
+ 10	6,24	45,7	2,34	0,0121	0,205	0,0075	0,152	108,52
+ 20	8,73	58,1	3,35	0,0229	0,148	0,0052	0,107	58,73
+ 30	11,92	73,1	4,66	0,0415	0,109	0,0030	0,076	33,27
+ 40	15,93	—	6,35	0,0722	0,081	—	0,055	19,65

Die Tab. II enthält, wie schon Tab. I für CO_2, keine Werte mehr für die in Frage stehenden Größen bei $+ 40^0$, da der kritische Punkt für diesen Körper schon bei $+ 31,35^0$ mit einer absoluten Pressung von 75,3 kg/qcm überschritten ist.

Der Umstand, daß oberhalb dieses Zustandes keine Änderung des Aggregatzustandes mehr erfolgt, also die Verdampfungswärme verschwindet, gab früher zu der Vermutung Anlaß, daß die Kohlensäuremaschine dann unwirksam würde, wenn ihr Kondensatordruck über dem kritischen liegt, bzw. wenn es nicht möglich wäre, die Temperatur vor dem Regelventil unter die kritische herabzudrücken.

Diese Ansicht stand mit der Erfahrung in Widerspruch, nach welcher auch in den extremsten Fällen kein Versagen dieser Maschinen eintrat, obgleich ihre Leistungsfähigkeit gegenüber derjenigen bei normalen Kondensatordrücken und Temperaturen erheblich geringer ausfiel. Es liegt dies, worauf hier nicht weiter eingegangen werden kann, an dem in diesem Bereiche *sehr hohen und mit der Temperatur stark veränderlichen Werte der spezifischen Wärme der CO_2 bei konstantem Drucke*, welche die Entziehung ganz bedeutend größerer Wärmemengen, als das Äquivalent der Kompressorarbeit beträgt, im Kondensator ermöglicht und damit die Kälteleistungsfähigkeit[1]) aufrecht erhält.

Mit Hilfe unserer beiden Tabellen ist es nun leicht, die theoretische Kälteleistung und die Kompressordimensionen der mit verschiedenen Kälteträgern arbeitenden Maschinen bei gegebenen Temperaturen (und Pressungen) im Kondensator und im Verdampfer sowie vor dem Regelventil zu vergleichen. Diese letztere Temperatur braucht nämlich durchaus nicht mit der Sättigungstemperatur im Kondensator übereinzustimmen, da der Kälteträger ja im Gegenstrom bis auf die Zuflußtemperatur des Kühlwassers heruntergekühlt werden kann. Um gleichzeitig auch den Einfluß dieser *Unterkühlung* festzustellen, wollen wir die gesuchten Werte für zwei Fälle den Tabellen entnehmen, und zwar soll für beide im Verdampfer eine Temperatur von — 10° C, im Kondensator eine Verflüssi-

---

[1]) Näheres hierüber siehe *Lorenz*: Techn. Wärmelehre. Kap. IV. Dort findet sich auch unter § 29 eine auf die neuesten Forschungsergebnisse aufgebaute Theorie der Kompressionsmaschinen.

gungstemperatur von + 20° herrschen, mit welcher im ersten Fall der Kälteträger unmittelbar dem Regelventil zuströmt, während er im zweiten vorher auf eine Temperatur von + 10° herabgekühlt werden soll. Dann erhalten wir die folgende Tabelle III, aus welcher sowohl die Kälteleistung pro 1 kg jedes einzelnen der in Frage stehenden Körper für beide Fälle sich ergibt, wie auch die zur Erzielung einer stündlichen Verdampferleistung von 100 000 WE bei — 10° nötige Menge derselben und das durch Multiplikation mit dem in Tab. II enthaltenen Dampfvolumen folgende Hubvolumen des Kompressors, d. i. der von dem Kolben in der Stunde durchstrichene Raum, entnommen werden kann.

Die Tabelle III lehrt nun sofort, daß die unter der mit der jetzt üblichen Praxis gut übereinstimmenden Voraussetzung gerade trocken angesaugter Dämpfe im Kompressor ermittelten Hubvolumina für eine gegebene Kälteleistung (hier also stündlich 100 000 WE) bei CO_2 am kleinsten, größer schon bei NH_3 und SO_2 ausfallen und schließlich unter Anwendung von H_2O auf ganz enorme Kompressordimensionen führen würden. Damit aber hätte man analog den verlassenen Kaltluftmaschinen bei Wasserdampf außerordentliche Reibungsverluste zu erwarten, welche die sonst vortrefflichen Eigenschaften dieses Körpers vollkommen aufheben, ganz abgesehen von der mit den äußerst niederen Pressungen (hohes Vakuum) verbundenen Gefahr des Eindringens von äußerer Luft in die Maschine. Aus diesen Gründen ist der Wasserdampf kaum jemals ernstlich als Kälteträger für reine Kompressionsmaschinen mit Arbeitskolben in Betracht gezogen worden.

9. Der indizierte Arbeitsverbrauch der Kompressionskühlmaschinen,

welcher für deren praktische vergleichende Beurteilung in erster Linie maßgebend ist, setzt sich aus einzelnen Posten zusammen, die je nach der Anordnung und Verwendung der Maschinen sehr verschieden ausfallen können. Diese einzelnen Beträge zerfallen in solche, welche vorwiegend durch die Wahl des Systems bei gegebenen unteren und oberen Temperaturen

Tabelle III.

Temperatur vor dem Regelventil	$+20^{0}$				$+10^{0}$			
Kälteträger	NH_3	CO_2	SO_2	H_2O	NH_3	CO_2	SO_2	H_2O
Verdampferdruck in kg pro qcm	2,93	27,1	1,03	0,0028	2,93	27,1	1,03	0,0028
Kondensatordruck » » » »	8,73	58,1	3,357	0,0229	8,73	58,1	3,35	0,0229
Verdampfungswärme im Verdampfer in WE	310,7	61,47	95,68	614	310,7	61,47	95,68	614
Mitgebrachte Flüssigkeitswärme in WE . .	34,1	17,82	9,59	30	22,5	10,71	6,34	20
Kälteleistung pro 1 kg in WE	276,6	43,65	86,09	584	288,2	50,76	89,34	594
Umlaufende Menge pro 100 000 WE stündlicher Kälteleistung in kg ca.	362	2300	1160	172	347	1970	1120	168
Stündliches Hubvolumen des Kompressors pro 100 000 WE in cbm ca.	153	32,8	382	77300	146	27,2	368	76000
Verhältnis der stündlichen Hubvolumina, das der CO_2 gleich 1 gesetzt.	4,7	1	11,6	2380	5,4	1	13,5	2800

bestimmt sind, und andere, die wesentlich von der Gesamtdisposition der Anlage, insbesondere deren Rohrleitungen abhängen.

Unter den erstgenannten Posten spielt nun die durch den Indikator meßbare sog. indizierte Kompressorarbeit die Hauptrolle. Es ist hier nicht der Ort, deren Größe auf rechnerischem Wege mit Hilfe der Thermodynamik festzustellen; dagegen läßt sich leicht nachweisen, daß dieselbe, bezogen auf eine bestimmte Kälteleistung, für verschiedene Kälteträger unter sonst gleichen Verhältnissen andere Werte annehmen wird. Denkt man sich nämlich zunächst einen Kälteträger, dessen Flüssigkeitsvolumen gegen das des Dampfes und dessen in den Verdampfer mitgebrachte Flüssigkeitswärme gegenüber der Verdampfungswärme vernachlässigt werden kann, Bedingungen, wie sie nach dem vorigen Paragraphen der Wasserdampf[1]) nahezu erfüllt, so wird mit dem Durchströmen durch das Regulierventil kein nennenswerter Verlust verbunden sein, und die unter solchen Verhältnissen ermittelte Kompressorarbeit kann als ein Minimum betrachtet werden, dem sich die Praxis tunlichst zu nähern streben wird.

Für unser in Tabelle III enthaltenes Beispiel würde sich dieser kleinste Arbeitsbedarf für 100 000 WE Kälteleistung im Verdampfer, wie aus unseren früheren Berechnungen (Kap. 1 § 4) hervorgeht, auf ca. 18 Pferde stellen, wobei es natürlich gleichgültig ist, ob eine Unterkühlung vor dem Regelventil stattfindet oder nicht, da der hierauf entfallende Betrag gegenüber der Verflüssigungswärme bei dem gedachten Kälteträger verschwindet. Ebenso ist dabei vorausgesetzt, daß der Kälteträger sowohl durch die Ventile des Kompressors wie auch durch die Rohrleitungen der ganzen Anlage widerstandslos hindurchtreten kann.

Um nun aus dem kleinsten Arbeitsverbrauche den wirklichen für die einzelnen Kälteträger zu ermitteln, haben wir zunächst zu berücksichtigen, daß der obige Wert unter der Voraussetzung erhalten wurde, daß unter Wegfall der Flüs-

[1]) Dies ist auch der Grund, warum wir den Wasserdampf als Vergleichskörper in unsere Tabellen aufgenommen haben.

sigkeitswärme die ganze Verdampfungswärme[1]) zur Kälteleistung nutzbar gemacht wird. Da dies der Wirklichkeit nicht entspricht, so ergibt sich zunächst eine Erhöhung des Arbeitsverbrauches im Verhältnis der Verdampfungswärme zur wirklich nutzbaren, bezogen auf 1 kg der zirkulierenden Masse, wobei, wie ein Blick auf die frühere Tabelle III lehrt, die Unterkühlung vor dem Regulierventil schon eine erhebliche Rolle spielt.

Man kann die vom Kompressor verbrauchte Arbeit auch direkt berechnen, wenn man für jede Saugspannung p_2 und Druckspannung p_1, deren Werte ja durch die Temperaturen im Verdampfer (abgesehen von den weiter unten zu erwähnenden Ventilüberdrücken) gegeben sind, den mittleren Druck p_m kennt. Legt man, was angenähert zutrifft, für alle Kälteträger dasselbe Gesetz der adiabatischen Kompression zugrunde, so ergibt sich der Mitteldruck bei gegebenem Verhältnis der absoluten Kondensator- zur Verdampferspannung $p_1 : p_2$ durch Multiplikation der letzteren mit den Zahlen der 2. Spalte der folgenden Tabelle IV. Dieser

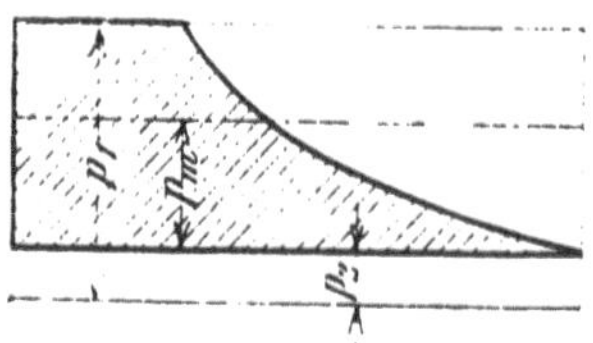

Fig. 10.

[1]) Wir nehmen, wie schon im vorigen Paragraphen, an, daß der vom Kompressor angesaugte Dampf immer gerade trocken gesättigt ist. Es hat sich dies als ökonomischer erwiesen, als das Ansaugen nasser Dämpfe, wenn dies letztere auch für den Maschinisten selbst bequemer war, da er nur darauf zu achten hat, daß die Druckrohrleitung nicht mehr als gut handwarm wurde. Diese Regel findet sich auch in den meisten, von den Lieferanten ihren Maschinen beigegebenen Betriebsvorschriften. Der Mehraufwand an Arbeit beim trockenen Ansaugen wird, wie sich auch theoretisch nachweisen läßt (siehe Lorenz: Techn. Wärmelehre § 29), reichlich durch die größere Kälteleistung aufgewogen, während die an die hiermit verbundene Überhitzung geknüpften Befürchtungen sich als nicht stichhaltig erwiesen haben. Selbstverständlich darf die Überhitzung nicht zu weit getrieben werden und sollte für die angesaugten Dämpfe möglichst vermieden werden.

theoretische Mitteldruck stellt in Fig. 10 nichts anderes dar als die Höhe desjenigen Rechteckes, welches mit dem schraffierten Diagramme selbst flächengleich ist. Die 3. Spalte gibt dann (wenn anfangs trocken gesättigte Dämpfe angesaugt werden) das Verhältnis der absoluten Endtemperatur zur Anfangstemperatur (Verdampfertemperatur) $T_1 : T_2$ an, bietet also einen Maßstab für die in der Maschine auftretende Überhitzung.

Tabelle IV.

$\frac{p_1}{p_2}$	$\frac{p_m}{p_2}$	$\frac{T_1}{T_2}$	$\frac{p_1}{p_2}$	$\frac{p_m}{p_2}$	$\frac{T_1}{T_2}$
1,0	0	1,000	4,0	1,684	1,389
1,2	0,186	1,043	4,2	1,711	1,395
1,4	0,350	1,081	4,4	1,766	1,408
1,6	0,487	1,115	4,6	1,829	1,423
1,8	0,630	1,145	4,8	1,891	1,437
2,0	0,752	1,173	5,0	1,947	1,450
2,2	0,865	1,200	5,2	2,006	1,463
2,4	0,970	1,224	5,4	2,062	1,476
2,6	1,070	1,247	5,6	2,116	1,489
2,8	1,163	1,268	5,8	2,168	1,501
3,0	1,249	1,288	6,0	2,216	1,512
3,2	1,344	1,308	7,0	2,454	1,567
3,4	1,414	1,327	8,0	2,666	1,616
3,6	1,491	1,344	9,0	2,858	1,660
3.8	1,564	1,361	10,0	3,036	1,701

Multipliziert man den aus dieser Tabelle entnommenen Mitteldruck mit der Kolbenfläche in qcm, so ergibt sich der mittlere theoretische Kolbendruck, und weiter multipliziert mit dem vom Kolben in 1 Sekunde zurückgelegten Wege die Arbeit in mkg/Sek. bzw. mit dem Kolbenweg pro Stunde auch die Arbeit in mkg/Stunde. Es läuft dies auch, wie man erkennt, auf dasselbe hinaus, wenn man den Mitteldruck in kg/qm mit dem pro Sekunde bzw. pro Stunde vom Kolben durchstrichenen Volumen in cbm multipliziert.

Dividiert man schließlich diese Werte mit 75 mkg/Sek. bezw. 270 000 mkg/Stunden, so erhält man die Arbeit in Pferdestärken.

Für eine Ammoniakmaschine unseres Beispiels ohne Unterkühlung ist der absolute Verdampferdruck laut Tab. II 2,93 kg/qcm, der Kondensatordruck 8,73 kg/qcm, das Verhältnis beider also rund 3, demnach haben wir nach Tab. IV den Anfangsdruck 2,93 kg/qcm mit 1,249 zu multiplizieren und erhalten so den Mitteldruck von 3,66 kg/qcm = 36 600 kg/qm. Da 1 kg NH_3 beim Ansaugen nach Tab. II ein Volumen von 0,422 cbm besitzt, und nach Tab. III 362 kg NH_3 stündlich zirkulieren, so ist das stündliche Hubvolumen 0,432 · 362 = 153 cbm und die Arbeit 153 · 36 630 = 5 600 000 mkg/Std., oder 5 600 000 : 270 000 = 20,75 Pferdestärken. Das Verhältnis dieses Wertes zum Minimalarbeitsverbrauch von 18 PS ist rund 1,15 und steht angesichts der nur rohen Näherungsrechnung in leidlicher Übereinstimmung mit dem Verhältnis der Verdampfungswärme zur nutzbaren Kälteleistung in der folgenden Tab. V (2. Zeile).

Schließlich ergibt sich noch die Endtemperatur der Kompression bei einer Anfangstemperatur von − 10° absolut, also $T_2 = 263^0$ zu $T_1 = 263 \cdot 1,288 = 338,7^0$ oder $+ 65,7^0$ C.

Der nach diesem Verfahren bestimmte Mitteldruck p_m ist übrigens nicht etwa mit dem aus dem Indikatordiagramm durch Auswertung der Fläche desselben (sog. Planimetrieren) gewonnenen Werte identisch, da in unserer Fig. 10 der schädliche Raum nicht berücksichtigt wurde. Dieser hat zur Folge, daß einerseits die Drucklinie am linken Ende des Diagramms wegen der Rückexpansion des im schädlichen Raum eingeschlossenen und nicht durch die Druckventile entwichenen Dampfes nicht vertikal abfällt, sondern nach Fig. 11 erst nach Durchlauf eines bestimmten Kolbenweges die Saugdrucklinie erreicht. Ganz entsprechend wird auch die Kompressionslinie

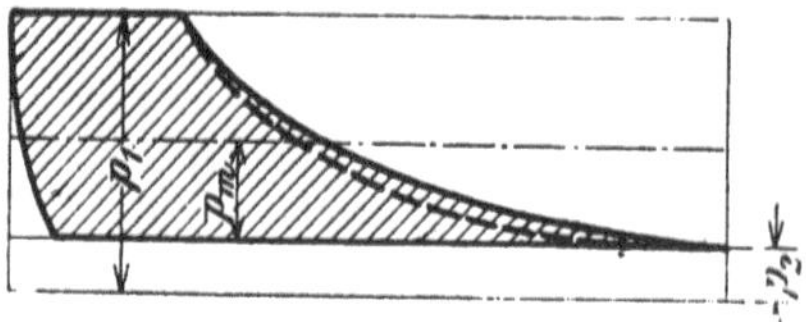

Fig. 11.

Tabelle V.

Temperatur vor dem Regelventil	$+20^0$				$+10^0$			
Kälteträger	NH_3	CO_2	SO_2	H_2O	NH_3	CO_2	SO_2	H_2O
Kleinster Arbeitsverbrauch pro 100 000 WE in Pferdestärken	18	18	18	18	18	18	18	18
Verhältnis der Verdampfungswärme zur nutzbaren Kälteleistung	1,12	1,408	1,11	1,051	1,06	1,211	1,07	1,033
Vermehrung durch die Widerstandsarbeit in den Ventilen	1,075	1,075	1,075	1,075	1,075	1,075	1,075	1,075
Verhältnis der totalen indizierten zur kleinsten Arbeit	1,204	1,513	1,183	1,130	1,150	1,302	1,15	1,110
Totale indizierte Arbeit pro 100 000 WE in Pferdestärken	21,7	27,2	21,3	20,2	20,7	23,4	20,7	19,9
Stündliche Kälteleistung pro 1 indiz. Pferdestärke in WE	4610	3670	4700	4950	4830	4280	4830	5020

flacher verlaufen, so daß das wirkliche Indikatordiagramm Fig. 11 gegenüber dem theoretischen bei gleichem schraffierten Inhalt länger ausfällt. Die größere Länge hat naturgemäß auch eine Vergrößerung des aus Tab. III ersichtlichen Hubvolumens und eine Verminderung des mittleren Druckes zur Folge, während die indizierte Arbeit hiervon unberührt bleibt.

Berücksichtigen wir weiter, daß die Widerstände in den Ventilen der Kompressoren erfahrungsgemäß je nach der Umdrehungszahl und Größe der Maschine ca. 5 bis 10%, im Mittel also 7,5% der Kompressorarbeit absorbieren, so erhalten wir den fraglichen indizierten Arbeitsbedarf aus Tabelle V (S. 41) für die in Tabelle III aufgestellten Beispiele.

Vergleicht man die zuletzt erhaltenen Werte mit zuverlässigen Versuchsresultaten an guten Maschinen, so wird man sie immer noch zu günstig finden. Es liegt das an dem Einfluß der inneren Undichtheiten, d. h. an der Unmöglichkeit, vollkommen dicht schließende Ventile und Kolben herzustellen. Diese Undichtheiten, welche naturgemäß an neuen, gerade eingelaufenen Maschinen nicht bedeutend sind, wirken mit der Zeit bei allen Systemen störend, indem sowohl während der Verdichtungsperiode ein Teil der schon vorher hinausgeschobenen Masse durch das undichte Druckventil zurücktritt und teils durch das Saugventil, teils am Kolben vorbei nach dem Saugraum gelangt, als auch während der Saugperiode in den Zylinder schleichend dessen Saugvolumen teilweise einnimmt. Dieser verschlichene Teil hat aber stets Verdichtungsarbeit aufgenommen, ohne daß er zur Kälteleistung wieder herangezogen werden kann. Der so entstehende Arbeitsverlust kann sehr beträchtlich (10—20%) werden, und ist nicht nur von der ursprünglichen Ausführung sowie der späteren Instandhaltung der Maschine, sondern auch von deren Umdrehungszahl abhängig.

Die vorstehende Tabelle erlaubt nun, trotz der Unberechenbarkeit des eben erwähnten Verlustes im Verein mit Tabelle III, die einzelnen Kälteträger unter sich zu vergleichen. Man erkennt, daß — abgesehen von dem hier nur der Vollständigkeit halber noch aufgenommenen Wasserdampf — der Arbeitsverbrauch einer unter den erwähnten Temperaturen funktionierenden Ammoniak- oder Schwefligsäuremaschine miteinander nahezu übereinstimmt und nur die Kohlensäure eine größere Minderleistung gegen beide aufweist. Beim Arbeiten ohne Unterkühlung wird dieser Unterschied recht beträchtlich, so daß diese für Kohlensäuremaschinen immer dann als unbedingt erforderlich zu bezeichnen ist, wenn kaltes Kühlwasser, wenn auch nur in geringer Menge, zur Verfügung steht. Alsdann fällt die Minderleistung dieser Maschinengattung gegenüber den beiden anderen Systemen unter normalen Verhältnissen kaum noch ins Gewicht, da überdies der Verlust infolge der inneren Undichtheiten bei Kohlensäurekompressoren mit Lederstulpkolben relativ geringer wird, als bei anderen Maschinen mit metallischer Kolbenliderung.

Die Unterkühlung selbst wird am zweckmäßigsten durch Anordnung eines besonderen Flüssigkeitskühlers hinter dem Kondensator erreicht; derselbe wird wie letzterer als Röhrenapparat mit ca. $^1/_{10}$ bis $^1/_3$ der Kondensatorheizfläche ausgebildet, dessen Rohrsysteme im Innern von dem aus dem Kondensator kommenden, schon flüssigen Kälteträger durchströmt, außen dagegen von dem frischen Kühlwasser im Gegenstrom umspült werden. Das letztere tritt alsdann erst in den Kondensator zur Weiterverwendung über.

Zu der Tabelle V ist noch zu bemerken, daß die erhaltenen Vergleichswerte durchaus nicht etwa als allgemein gültig betrachtet und auf andere Kondensator- und Verdampfertemperaturen ausgedehnt werden dürfen. In dem Verhältnis zwischen Ammoniak und schwefliger Säure ändert sich unter anderen Bedingungen allerdings nicht viel, dagegen verschlechtert sich mit steigender Kondensationstemperatur die Leistungsfähigkeit der Kohlensäuremaschine recht beträchtlich, so daß sie — unter normalen Verhältnissen vollkommen konkurrenzfähig — bei höheren Temperaturen (z. B. $+25^0$ bis 30^0) vor dem Regulierventil nur ausnahmsweise berechtigt sein dürfte.

Die vorstehenden Überlegungen behalten ihre Gültigkeit auch für den Fall des Ersatzes der Kolbenverdichter durch Kreiselgebläse, wenn auch in diesen die indizierte Arbeit nicht durch ein Diagramm an der Maschine selbst ermittelt werden kann. Da solche Anlagen indessen nur für sehr große Kälteleistungen ausführbar sind und unseres Wissens bisher in die Praxis keinen Eingang gefunden haben, so wollen wir von einer weiteren Besprechung an dieser Stelle absehen[1]).

Für die in § 6 erwähnten ebenfalls als reine Kompressionsmaschinen anzusprechenden Dampfstrahlkühlmaschinen ist die indizierte Arbeit noch weniger festzustellen, da die Vorgänge der aufeinanderfolgenden Expansion des Arbeitsdampfes unter Verwandlung seiner Energie in kinetische sowie der darauffolgenden Ansaugung aus dem Verdampfer bei sehr niedrigen Drücken (99,4% Vakuum) und Rückverwandlung der Energie in potentielle unter Verdichtung des Gemisches auf den Kondensatordruck (94 bis 96% Vakuum) theoretisch noch nicht hinreichend geklärt sind[2]). Durch Versuche ist bisher nachgewiesen worden, daß man mit 1 kg Arbeitsdampf von 12—13 kg/qcm Druck etwa 0,5—0,6 kg aus dem Verdampfer absaugen, also eine Kälteleistung von 300—360 WE erzielen kann, während man mit dem Dampfbetrieb der Kolbenkompressoren dabei bequem 500 WE erzielt. Dazu kommt noch bei der Strahlmaschine der Arbeitsbedarf zur Aufrechterhaltung des tiefen Vakuums im Kondensator, über den überhaupt noch keine Angaben vorliegen.

10. Der totale Arbeitsverbrauch der Kompressionskühlmaschinen.

Mit der indizierten Kompressorarbeit ist indessen der Arbeitsbedarf einer Kompressionskühlmaschine bei weitem noch nicht erschöpft, und darum muß es als unzulässig bezeichnet werden, wenn, wie es häufig geschieht, die einzelnen Systeme nur mit Rücksicht auf die Verschiedenartigkeit dieser

---

[1]) Lorenz, »Die Möglichkeit der Verwendung von Kreiselgebläsen als Kühlmaschinen-Verdichter«. Zeitschr. f. d. ges. Kälte-Industrie 1910.

[2]) R. Linde, »Über Vakuum-Kältemaschinen«. Ebenda 1910, Josse: Über die Verwendung von Wasserdampf als Kälteträger in Kältemaschinen. Ebenda 1911.

Größe gegenseitig abgewogen werden, während doch für den Besitzer einer Kühlanlage deren Totalarbeitsbedarf allein in Frage kommen kann. Dieser aber schließt z. B. in einer Brauereikühlanlage neben der oben ermittelten Arbeit noch folgende Beträge ein, welche jedoch von der Wahl des Systems nahezu unabhängig und in ihrer Größe vorwiegend durch die Gesamtdisposition der Anlage bedingt sind:

a) Die Reibungsarbeit der Maschine, welche gewöhnlich, allerdings nicht exakt, mit dem Unterschiede der indizierten Betriebsarbeit am Motor und am Kompressor identifiziert wird[1]). Je nach der Größe der Anlage wird diese Arbeit 15 bis 25% der indizierten Kompressorarbeit betragen.

Wieviel von dieser Reibungsarbeit auf den Kompressor allein entfällt, läßt sich praktisch fast niemals nachweisen, und daher sollte die sog. effektive Kompressorarbeit als unsicherer und zu Täuschungen Anlaß bietender Begriff z. B. in Garantieangeboten nicht mehr benutzt werden.

b) Die Antriebsarbeit der Rührwerke im Kondensator und Verdampfer im Falle, daß der erstere durch Wasser, dessen Temperatur hierbei steigt, gekühlt und die erzeugte Kälte im Verdampfer auf eine Salzlösung übertragen wird, welche dann selbst in Rohrleitungen Wärme den abzukühlenden Räumen bzw. Körpern entzieht.

Unter normalen Betriebsverhältnissen soll jeder dieser Arbeitsbeträge nicht mehr als 2 bis 3% der gesamten Arbeit absorbieren.

c) Die Arbeit der Kühlwasserpumpen fällt nur dann einigermaßen ins Gewicht, wenn die Bezugsquelle des Wassers (z. B. der Brunnen) sehr weit von der Kühlanlage entfernt ist und eine öfters gebogene Rohrleitung erfordert. Letzteres trifft schon zu, wenn die Kondensatoren der Kühlanlage nicht in Maschinenräumen, sondern, um die Verdunstung auszunutzen, auf dem Dache der Gebäude auf-

[1]) Dies ist nur dann richtig, wenn die weiter folgenden Arbeiten nicht, wie es meistens geschieht, ebenfalls von der Antriebsmaschine zu leisten sind.

gestellt werden müssen. Alsdann machen sich die hydraulischen Bewegungswiderstände sehr stark geltend. Im allgemeinen wird man nicht sehr fehl gehen, wenn man diese Pumpenarbeit einfach aus dem Gewicht des stündlichen Wasserbedarfs und der totalen Hubhöhe berechnet und diesen Betrag mit Rücksicht auf die Bewegungswiderstände etwa verdoppelt. Wesentlich ungünstiger gestaltet sich dieses Verhältnis, wenn das Wasser aus tiefen Bohrlöchern mit Hilfe sog. Mammutpumpen, das sind Luftstrahlapparate, entnommen werden muß. Diese Pumpen erfordern zu ihrem Betriebe einen Luftkompressor, welcher am besten unabhängig von der Betriebsmaschine durch eigene Dampfzylinder angetrieben wird. Nach eingehenden Versuchen[1]) darf man bei diesen Pumpen ein Verhältnis der Nutzarbeit (gemessen in gefördertem Wasser und der Förderhöhe) zur indizierten Kompressorarbeit von 30 bis 40% erwarten. Wenn sich auch dieser Wirkungsgrad durch das Verhältnis der indizierten Kompressor- zur Dampfarbeit auf 25 bis 35% noch vermindert und außerdem die Ausnutzung des Dampfes in so kleinen direkt wirkenden Pumpen nicht gerade günstig sein kann, so muß doch diese Pumpengattung als sicher wirkender Notbehelf mit Genugtuung begrüßt werden.

d) Die Arbeit der Salzwasserzirkulationspumpen ist in hohem Grade abhängig von der Disposition der Leitungsnetze in den Kühlräumen (Kellern) und spielt jedenfalls neben der Kompressorarbeit die Hauptrolle. Wird die Salzlösung mit großer Geschwindigkeit durch kleine Querschnitte (oder was auf dasselbe hinauskommt, durch zahlreiche, mit Krümmern hintereinander geschaltete Kühlrohre) hindurchgetrieben, so kann die Pumpenarbeit leicht bis zu 30% der ganzen Betriebsenergie verschlingen, während sie bei geschickter Anordnung der Kühlrohrsysteme (teilweise Parallelschaltung der einzelnen Kühlrohre) mit

[1]) Josse, »Versuche mit Mammutpumpen (Druckluftwasserheber)«, Zeitschr. d. Ver. D. Ingenieure 1898 und Lorenz, »Die Arbeitsweise und Berechnung der Druckluftflüssigkeitsheber«. Ebenda 1909.

reichlichen Querschnitten kaum die Hälfte dieses Betrages erfordert. Bei der großen Schwierigkeit der Abschätzung wird man jedoch am sichersten gehen, für die Bestimmung der Stärke des Betriebsmotors den genannten Höchstwert einzusetzen.

e) Die Arbeit der Süßwasserzirkulationspumpe für die Gärbottichschwimmer braucht nicht besonders in Rechnung gestellt zu werden, da sie nicht nur im Vergleich zu den anderen Beträgen wenig ins Gewicht fällt und auch selten mit ihnen zugleich aufzuwenden ist. In den meisten Brauereien wird das Süßwasser, welches sich nach dem Durchlaufen der Schwimmer in einem tief gelegenen Reservoire sammelt, einfach nach Füllung des letzteren in kurzer Zeit in den hochgelegenen Süßwasserkühler zurückgefördert.

f) Die Betriebsarbeit des Eisgenerators bildet ebenfalls nicht immer einen integrierenden Bestandteil der Totalarbeit der Anlage, da der Generator häufig mit dem Verdampfer (Salzwasserkühler) vereinigt wird, wobei allerdings das Salzwasser auf eine tiefere Temperatur herabzukühlen ist, als es der übrige Betrieb erfordert, so daß die Kompressorarbeit sich hierbei etwas erhöht. Da nun der Kältebedarf einer Brauereianlage naturgemäß in verschiedenen Tagesstunden verschieden ist (schon wegen der kühleren Nachtzeit), so kann die Eiserzeugung mit Vorteil als Betriebs- und Temperaturregulator dienen. Zu diesem Zwecke verlegt man nicht selten, auch wenn der Eisbedarf nur einen Bruchteil der Kälteleistung absorbiert, sämtliche Verdampferrohre in den Generator, der somit befähigt ist, den Überschuß der Maschinenleistung aufzunehmen bzw. aufzuspeichern.

g) Die Betriebsarbeit der Transmission läßt sich, da sie vorwiegend von der zweckmäßigen Disposition und der Instandhaltung (Schmierung) abhängig ist, kaum von vornherein abschätzen.

Von den vorstehend aufgeführten Arbeitsmengen sind die Posten b) c) d) dadurch noch bemerkenswert, daß sie durch ihre Vernichtung in Wärme übergehen[1])

---

[1]) Durch Vernichtung von 1 PS werden stündlich rund 632 WE frei.

und somit einerseits zur Erwärmung des Kühlwassers beitragen, anderseits in der Salzlösung einen Teil der Kälteleistung nutzlos absorbieren. Dies gilt vor allem vom Posten d), welcher sehr leicht die Kälteleistung um 10% und noch mehr herabzuziehen geeignet ist. Diese selbst wird noch durch die Einstrahlung von atmosphärischer Wärme in den Verdampfer vermindert, und zwar bei kleinen Anlagen infolge der relativ größeren Oberfläche der Apparate stärker als bei größeren. Man kann diesen Einfluß auf 5% bei letzteren, steigend bis zu 10% bei sehr kleinen Anlagen, abschätzen.

Hat man es mit einer Luftkühlung zu tun, bei welcher die Luft in einem besonderen Apparate abgekühlt, getrocknet und durch Ventilatoren den kühl zu haltenden Räumen zuzuführen ist, so verschlechtert auch hier die vollständig zur Überwindung von Bewegungswiderständen verbrauchte Ventilatorenarbeit die Kälteleistung, so daß auf die zweckmäßige Führung der Luftleitungen eine ebenso große Sorgfalt aufgewendet werden muß, wie auf die Disposition der Salzwasserrohrsysteme.

Die nachstehende Tabelle VI soll für die einzelnen Kälteträger NH_3, CO_2, SO_2 den Einfluß der verschiedenen Arbeitsgrößen auf die effektive Betriebsarbeit verdeutlichen. Dieselbe basiert auf den Werten der Tabelle V, setzt also eine theoretische Kälteleistung von 100 000 WE voraus. Durch Undichtheiten innerhalb der Maschine werde diese Kälteleistung bei NH_3- und SO_2-Maschinen um 10%, also auf 90 000 WE, bei CO_2-Maschinen wegen der geringeren inneren Undichtheit um 5%, d. h. auf 95 000 WE pro Stunde erniedrigt, ohne daß die indizierte Arbeit des Kompressors sich ändert.

Aus dieser, normalen Betriebsverhältnissen angepaßten und gleich gute Anordnung und konstruktive Ausführung voraussetzenden Tabelle kann man entnehmen, daß zwischen den einzelnen Kühlmaschinensystemen keine nennenswerten Unterschiede in der Betriebsarbeit für die an der Verwendungsstelle wirklich nutzbare Kälteleistung bestehen, daß dieselben also als gleichwertig zu bezeichnen sind. Treten gelegentlich in der Praxis größere

Tabelle VI.

Temperatur vor dem Regelventil	+20°			+10°		
Kälteträger	NH_3	CO_2	SO_2	NH_3	CO_2	SO_2
Totale indizierte Arbeit (nach Tab. V) in Pferdestärken	21,7	27,2	21,3	20,7	23,4	20,7
Reibungsarbeit des Kompressors und der Betriebsmaschine in Pferdestärken	3,3	4,1	3,2	3,1	3,5	3,1
Antriebsarbeit der Rührwerke » »	1,0	1,0	1,0	1,0	1,0	1,0
Arbeit der Kühlwasserpumpen » »	1,5	1,5	1,5	1,5	1,5	1,5
» » Salzwasserpumpen » »	8,0	8,0	8,0	8,0	8,0	8,0
Betriebsarbeit der Transmission » »	2,0	2,0	2,0	2,0	2,0	2,0
Effektive totale Betriebsarbeit » »	37,5	43,8	37,0	36,3	39,4	36,2
Kälteverlust durch die Rührwerksarbeit » »	632	632	632	632	632	632
» » » Salzwasserpumpen » »	5056	5056	5056	5056	5056	5056
» » » Einstrahlung » »	4500	4500	4500	4500	4500	4500
Restliche nutzbare Kälteleistung » »	79812	84812	79812	79812	84812	79812
Kälteleistung pro 1 effektive Pferdestärke » »	2130	1940	2160	2200	2150	2200

Unterschiede auf, so ist daraus entweder auf mangelhafte Ausführung, unzweckmäßige Anordnung oder unrichtige bzw. nachlässige Wartung der Maschinen zu schließen.

II. Der Energiebedarf der Absorptionskühlmaschinen.

Wir haben schon oben (§ 6) gesehen, daß die bei Absorptionsmaschinen nötige Energie vorwiegend in Form von Wärme zugeführt wird im Gegensatz zu dem Arbeitsbedarfe der Kompressionsmaschinen. Die Bestimmung dieser Wärmemenge ist von vornherein nur möglich, wenn wir die physikalischen Eigenschaften der Lösungen von Ammoniak in Wasser (sog. Salmiakgeist) kennen. Hierüber liegen nun neuere Versuche von H. Mollier vor, deren Ergebnisse in den Tabellen VII und VIII zusammengefaßt sind. Die zweite dieser

Tabelle VII.

Temperatur in °C	Ammoniakgehalt von 1 kg Lösung						
	Druck in kg/qcm						
	1	2	3	5	7	10	13
— 10	0,53	—	—	—	—	—	—
0	0,47	—	—	—	—	—	—
+ 10	0,40	—	—	—	—	—	—
+ 20	0,34	0,45	—	—	—	—	—
+ 30	0,29	0,39	0,46	—	—	—	—
+ 40	0,23	0,33	0,39	0,49	—	—	—
+ 50	0,18	0,28	0,34	0,43	0,50	—	—
+ 60	0,136	0,23	0,29	0,38	0,44	0,52	—
+ 70	0,095	0,182	0,24	0,33	0,39	0,46	0,51
+ 80	0,058	0,137	0,196	0,28	0,34	0,41	0,48
+ 90	0,025	0,096	0,151	0,23	0,29	0,36	0,43
+ 100	—	0,060	0,110	0,185	0,24	0,31	0,38
+ 110	—	0,027	0,072	0,143	0,198	0,26	0,31
+ 120	—	—	0,039	0,102	0,156	0,22	0,28
+ 130	—	—	0,008	0,066	0,115	0,174	0,23
+ 140	—	—	—	0,033	0,079	0,135	0,190
+ 150	—	—	—	0,003	0,045	0,097	0,145

Tabellen liefert die Lösungswärme von 1 kg NH_3 in Ammoniaklösungen in ihrer Abhängigkeit von dem ursprünglichen NH_3-Gehalt, die erste den NH_3-Gehalt gesättigter Lösungen vom Druck und der Temperatur[1]), deren Einfluß auf die Lösungswärme selbst unmerklich zu sein scheint.

Wir gehen nunmehr sogleich zur Berechnung einer Absorptionsmaschine mit einer stündlichen Kälteleistung von 100 000 WE bei einer Verdampfertemperatur von -10^0 über, wobei wir einmal sowohl im Kondensator wie auch im Absorber eine Temperatur von $+20^0$, dann von $+30^0$ voraussetzen, von einer Unterkühlung aber in beiden Fällen absehen wollen. Die entsprechenden absoluten Drucke sind dann im Verdampfer 2,93 kg/qcm, im Kondensator aber 8,73 bzw. 11,92 kg/qcm.

Tabelle VIII.

NH_3-Gehalt der Lösung	Spez. Gewicht	Lösungswärme in WE des flüssigen NH_3	Lösungswärme in WE des gasförm. NH_3
0	1	193	493
0,10	0,95	171	471
0,20	0,90	144	444
0,30	0,85	113	413
0,40	0,80	79	379
0,50	0,78	39	339
0,60	0,76	0	300
0,80	—	0	300
1,00	—	0	300

Aus Tab. I ergibt sich nun, daß 1 kg NH_3 bei $+20^0$ Kondensatortemperatur eine Flüssigkeitswärme von 34,0, bei 30^0 dagegen von 45,9 WE in den Verdampfer mitbringt, so daß es dort zur vollständigen Verdampfung nur noch ca. 277 bzw. 265 WE aufnehmen kann.

[1]) Zeitschr. f. d. ges. Kälte-Industrie 1909, S. 51, sowie 1910, S. 141. Die letzte Spalte der Tab. VII wurde extrapoliert und die Werte unter $+10^0$ nach Versuchen von Mallet (American Chem. Journal 1897) zugefügt.

Mithin werden zur Leistung von 100 000 WE stündlich 361 bzw. 377 kg Ammoniak zirkulieren müssen. Im Absorber herrscht nun ein niedrigerer Druck als im Verdampfer, da ja der Übertritt der Dämpfe aus diesem von selbst erfolgt, wir schätzen ihn auf rund 2 kg/qcm.

Ebenso muß der Druck im Kocher höher liegen als im Kondensator; wir setzen ihn für die ins Auge gefaßten Beispiele zu 10, bzw. 13 kg/qcm fest und nehmen an, daß unter der Wirkung des Heizdampfes die arme Lösung den Kocher mit einer Temperatur von 150° verläßt. Dieser Temperatur entsprechen nach Tab. VII für die beiden Kocherdrücke NH_3-Gehalte von 0,097 bzw. 0,145, die wir auf 0,1 bzw. 0,15 abrunden dürfen. Ebenso liefert diese Tabelle für die beiden Absorbertemperaturen von 20° und 30° bei 2 kg/qcm Sättigungsgehalte von 0,45 und 0,39, denen für die Kocherdrücke wiederum die Temperatur von rund 70° und 100° zugehören. Mit diesen Temperaturen möge dann die reiche Lösung in den Kocher eintreten, in dem sie alsdann im Gegenstrom mit dem aus ihr entbundenen NH_3-Gas auf 150° erwärmt wird, so daß dieses Gas den Kocher selbst nahezu mit der Eintrittstemperatur der Lösung verläßt. Nun enthält

die reiche Lösung von	0,45	bzw.	0,39	Sättigungsgehalt
für 1 kg H_2O	0,82	»	0,64	kg NH_3
die arme Lösung von	0,1	»	0,15	Sättigungsgehalt
für 1 kg H_2O	0,11	»	0,18	kg NH_3
Mithin werden				
für 1 kg H_2O	0,71	»	0,46	kg NH_3 entwickelt
oder es entfallen				
auf 1 kg NH_3	2,57	»	3,57	kg reiche Lösung
und	1,57	»	2,57	kg arme Lösung,

deren spezifische Wärme wir hinreichend genau derjenigen des Wassers gleichsetzen dürfen. Aus dem mittleren Sättigungsgrade der Lösungen, nämlich

$$\frac{0,45 + 0,1}{2} = 0,275 \text{ bzw. } \frac{0,39 + 0,18}{2} = 0,285$$

folgt dann nach Tab. VIII für 1 kg NH_3 eine Lösungswärme von 421 bzw. 420 WE.

Diese Wärme vermindert sich im Absorber durch die Erwärmung des vom Verdampfer herankommenden Ammoniakdampfes, der mit einer spez. Wärme von 0,54 um 30° bzw. 40° erwärmt rd. 16 bzw. 22 WE aufnimmt, so daß nur mehr 405 bzw. 399 WE im Absorber zu entziehen sind. Hierzu tritt die Verflüssigungswärme von 284 bzw. 274 WE und die Überhitzungswärme des vom Kocher kommenden Gases

mit 0,54 · 130 = 70 bzw. 0,54 · 120 = 65 WE.

Mithin sind im ganzen

759 bzw. 738 WE für 1 kg NH_3

zu entziehen. Dem gegenüber erfordert der Kocher außer der Zufuhr der schon oben ermittelten Lösungswärme von 421 bzw. 420 WE noch die Wärme zur Erhitzung der armen Lösung um 80 bzw. 50°, wozu für 1 kg NH_3 1,57 · 80 = 126 bzw. 2,57 · 50 = 128 WE erforderlich wird.

Hierzu tritt noch die Kälteleistung mit 277 bzw. 265 WE, so daß sich eine totale Wärmezufuhr von 824 bzw. 813 WE für 1 kg NH_3 ergibt. Die nur unvollkommene Übereinstimmung dieser Werte mit den oben ermittelten für die Wärmeentziehung liegt — abgesehen von der nur ungenauen Überschlagsrechnung — an der Vernachlässigung der Rolle des vom NH_3-Gas stets mitgerissenen Wasserdampfes[1]), während die ebenfalls unterdrückte Pumpenarbeit keinen nennenswerten Beitrag liefert. Bemerkenswert ist jedenfalls, daß die totale Energiezufuhr im Kocher, nämlich 547 bzw. 548 WE für 1 kg NH_3, nahezu unabhängig von der Kondensator- bzw. Absorbertemperatur ausfällt. Demgemäß ergibt sich in den beiden Fällen für 100 000 WE Kälteleistung eine totale Wärmezufuhr von 197 000 bzw. 206 000 WE im Kocher.

Bei einem Vergleiche dieser Zahlen mit den früher erhaltenen für Kompressionsmaschinen ist nun zu berücksichtigen, daß die letzterhaltenen nicht nur rohe Annäherungen

[1]) Eine genauere »Thermodynamische Untersuchung des Vorgangs in der Absorptions-Kältemaschine auf Grund der Theorie der binären Gemische« lieferte R. Plank, Zeitschrift f. d. ges. Kälte-Industrie 1910. Diese abschließende Arbeit stützt sich ebenfalls auf die von uns benutzten Versuchswerte von H. Mollier.

darstellen, sondern auch ohne Rücksicht auf die in der Maschine zweifellos auftretenden Energieverluste berechnet wurden. Diese Verluste lassen sich nur abschätzen, sie dürften die Energiezufuhr auf mindestens 250 000 WE erhöhen.

Man erkennt übrigens, daß bei Absorptionsmaschinen die Energiezufuhr nicht in demselben Maße mit der Verflüssigungstemperatur wächst wie bei Kompressionsmaschinen; hierin liegt auch die Erklärung dafür, daß in heißen Gegenden diese Maschinengattung sich recht wohl behaupten konnte. Der außerordentlich hohen Energiezufuhr entspricht naturgemäß auch die Notwendigkeit einer ententsprechend großen Wärmeentziehung und damit großer Kühlwassermengen.

Immerhin steht die Energieausnutzung in diesen Maschinen nicht zu stark hinter derjenigen in Kompressionsmaschinen zurück, wenn man bei letzteren eine Dampfmaschine als Motor voraussetzt und diese in die Betrachtung einbezieht. Rechnen wir pro 1 kg Dampf eine Wärmezufuhr von rund 650 WE im Kessel, so erfordert unsere Absorptionsmaschine etwa 400 kg Dampf pro Stunde für eine Leistung von 100 000 WE, was bei 10 kg Dampfverbrauch pro Pferdestärke einer motorischen Leistung von etwa 40 Pferden entsprechen dürfte.

Günstiger würde sich das Verhältnis beim Betrieb mit dem Abdampf einer anderweitig nötigen großen Dampfmaschine stellen, da diese gleichzeitig die kleine Pumpe mit übernehmen würde, welche, für sich vom Kessel betrieben, mit relativ sehr hohem Dampfverbrauch arbeitet. Bei der heute fast überall verfügbaren elektrischen Energie spielt dieser Umstand indessen kaum noch eine praktische Rolle.

Die für den gesamten Energiebedarf noch zu berücksichtigenden Nebenbetriebe, wie Rührwerke, Salzwasserpumpen, können mit denselben Werten eingesetzt werden wie bei Kompressionsmaschinen, dagegen wäre der großen hier notwendigen Kühlwassermenge wegen die zu ihrer Förderung nötige Arbeit entsprechend zu erhöhen.

12. Bezeichnung der Kühlmaschinen in der Praxis nach ihrer Leistung.

Wie wir im § 9 gesehen haben, hängt die Leistung einer Kompressionskühlmaschine bei gegebenen Verdampfer- und Kondensatortemperaturen vom stündlichen Hubvolumen des Kompressors, d. h. von den Dimensionen desselben und seiner Umdrehungszahl ab. Diese Zahlengrößen werden nun von den Fabriken im allgemeinen nicht veröffentlicht, wenn sie auch nach dem Bezuge einer Anlage jeder Besitzer sich selbst entnehmen kann. Es würde nun keine Schwierigkeiten bieten, dieselben aus unseren früheren Darlegungen mit Hilfe einiger Annahmen ebenso abzuleiten, wie wir dies mit dem Arbeitsverbrauche getan haben. Indessen würden derartige Ergebnisse bei der Verschiedenartigkeit der Annahmen, welche sich hauptsächlich auf das Verhältnis zwischen Zylinderdurchmesser und Kolbenhub beziehen, keinen allgemeinen Wert besitzen. Dagegen erscheint es wünschenswert, diejenigen Bezeichnungen hier kennen zu lernen, unter denen die Maschinen hauptsächlich verkauft werden. Hierüber gibt die nachstehende Tabelle, welche für die meisten Fabriken mit Ausschluß der Gesellschaft für Lindes Eismaschinen mit geringen Abweichungen gültig ist, Auskunft. Die Bezeichnung der Kühlmaschinen geschieht hierin durch römische Ziffern, zwischen die man im Laufe der Zeit noch Zwischennummern eingeschoben hat. Die Tabelle enthält weiter die Leistung der Maschine in 1000 WE pro Stunde, und zwar für Süßwasserkühlung ($+ 10^0$ bis $+ 1^0$) und Solekühlung ($- 2^0$ bis $- 5^0$), sowie die stündliche Eiserzeugung, welche gewöhnlich bei einer Soletemperatur von $- 5^0$ bis $- 6^0$ erfolgt. Schließlich ist derselben noch der tägliche Eisersatz in Zentnern (à 50 kg) hinzugefügt, welcher — nach amerikanischem, auch bei uns hie und da befolgtem Muster — diejenige Natureismenge angibt, deren Abschmelzen die Leistung der Kühlmaschine ersetzen würde. Dieselbe ist, wie man sofort sieht, durchaus nicht mit der täglichen Eiserzeugung der Anlage identisch, sondern stets viel größer, was einerseits in der relativ hohen Schmelztemperatur des Natureises (0^0), anderseits aber in seiner wechselnden

Tabelle IX.

Modell Nr.		I	II	III	IIIa	IV	IVa	V	Va	VI	VIa	VII
Leistung in 1000 WE stündlich	von $+10^0$ bis $+1^0$	3,3	7	16	30	42	60	84	120	170	210	270
	von -2^0 bis -5^0	2,5	5	13	25	35	50	70	100	140	180	225
Eiserzeugung pro Stunde in kg .		20	40	100	175	250	375	500	750	1000	1500	2000
Eisersatz pro Tag in Ztr. à 50 kg		15	30	80	140	200	300	420	600	840	1100	1400

Tabelle X.

Modell Nr.		1	2	3	4	5	6	7	8	9	10	11	12	13	14	15	16	17	18
Leistung in 1000 WE stündlich	von $+10^0$ bis $+1^0$	2,4	3,6	4,8	6	7,2	12	15,5	22	26	48	66	96	144	180	220	270	330	400
	von -2^0 bis -5^0	2	3	4	5	6	10	13	18	22	40	55	80	120	150	190	220	275	330

und im allgemeinen wenig gleichmäßigen Beschaffenheit begründet ist. Daraus erklären sich auch die ziemlich weitgehenden Abweichungen in der Angabe des Eisersatzes.

Für die Eiserzeugung bedient sich auch die Gesellschaft für Lindes Eismaschinen einer der Tabelle IX entsprechenden Nummernbezeichnung, nur mit dem Unterschiede, daß sie die hier mit VI a und VII bezeichneten Größen mit VII bzw. VIII benennt. Für Kühlmaschinenbetrieb dagegen numeriert diese Firma nach dem Schema Tabelle X.

Für die in den Tabellen aufgeführten Nummern sind in den besseren Fabriken Modelle vorhanden, so daß die Herstellung meist keine neuen Konstruktionen erfordert. Fällt die erforderliche Leistung zwischen zwei Tabellenwerte, so hilft man sich nicht selten durch weiteres Ausbohren des Verdichterzylinders der nächst niederen Nummer oder durch eine mäßige Erhöhung der Umdrehungszahl. Natürlich müssen die Hilfsapparate (Verdampfer und Verflüssiger) den wirklichen Leistungen und nicht bloß den Tabellenangaben entsprechen, wenn die Maschine wirklich ökonomisch arbeiten soll.

Kapitel III.

Die Konstruktion der Druckverdichter.

13. Zylinder.

Die Grundgestalt desselben ergibt sich aus folgenden Betriebsrücksichten:

G e r i n g s t e r s c h ä d l i c h e r R a u m. 1. Die Ausnutzung des Hubes ist um so besser, je kleiner der schädliche Raum ist (Fig. 12).

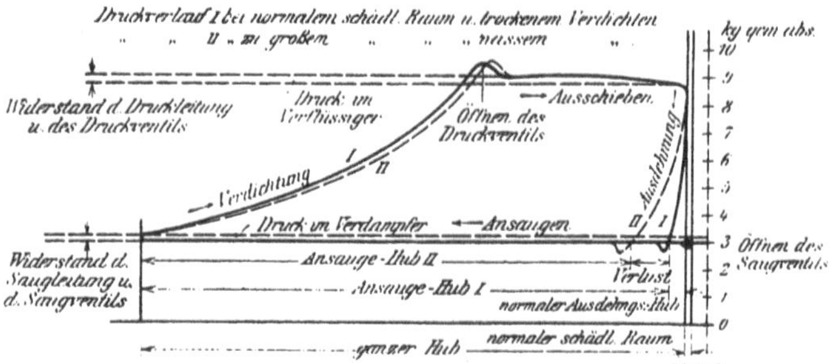

Fig. 12.

2. Je mehr man mit der Möglichkeit oder Notwendigkeit rechnen muß, den Dampf mit etwas Flüssigkeit gemischt in den Zylinder treten zu lassen, desto kleiner muß der schädliche Raum sein.

3. Diese unter 2. erwähnte Rücksicht ist um so wichtiger, je mehr die spezifische Flüssigkeitswärme des Kältemittels gegenüber der Verdampfungswärme ins Gewicht fällt (z. B. bei Kohlensäure). Bei größerem Flüssigkeitsgehalt des Dampfes

und großem schädlichen Raum ist die Dauer des Ausdehnungshubes sehr lang auf Kosten des Ansaughubes.

G r o ß e V e n t i l d u r c h g a n g s q u e r s c h n i t t e. Die zum Überwinden der Ventilwiderstände benötigte Arbeit steigt mit dem Quadrat der Durchgangsgeschwindigkeit, aber auch mit der Masse der durch den Überdruck im Verdichter zu bewegenden Ventilteile.

Da bei Anwendung eines ebenen Kolbens und ebenen Zylinderdeckels große Ventile nur bei Zulässigkeit eines etwas größeren schädlichen Raumes möglich sind (Fig. 38, S. 83), so werden nach dem Muster der Lindeschen Verdichter die Deckel meist nach einer Kugelhaube gewölbt und die Kolbenform der Deckelform angepaßt. Im Totpunkte kommt der Kolben auf $\frac{3}{4}$ bis $\frac{1}{2}$ mm an den Deckel heran.

Die gegenüber einer Dampfmaschine geringen Temperaturschwankungen und danach geringen Längenänderungen der Verdichterteile gestatten dies. Bei Heißlaufen der Kolbenstange kann jedoch unter Umständen der Kolben hinten anstoßen.

M ö g l i c h s t g r o ß e H u b z a h l i n d e r M i n u t e gestattet, mit kleinen Maschinen auszukommen und raschlaufende Antriebsmaschinen zu verwenden.

Drei Rücksichten beschränken diese Hubzahl:

1. Mit zunehmender Hubzahl vergrößert sich die Schwierigkeit, die Bewegung der Ventile auf die kurzen, durch das Diagramm vorgeschriebenen Zeiträume zu beschränken, zur Erzielung einer möglichsten Annäherung des indizierten Diagrammes an das theoretische. Von dieser Annäherung hängt neben anderem die bei jedem Hub vom Verdichter aus dem Verdampfer angesaugte und in den Verflüssiger geschobene Dampfmenge ab.

2. Große Hubzahl ergibt große Kolbengeschwindigkeit; daher müssen die Ventile besonders groß gemacht werden, sofern die Durchgangsgeschwindigkeit eine bestimmte Grenze nicht überschreiten soll.

3. Um die größeren Ventile unterzubringen, muß der Deckel, also auch der Zylinderdurchmesser, groß und der Hub dafür verkürzt werden. Bei gleichen Druckunterschieden geben

aber große Kolben- und Ventildurchmesser größere Undichtheitsverluste als kleine Kolben und Ventile. Da aber bei größerer Umlaufzahl die geförderte Gasmenge eines Zylinders für die Zeiteinheit größer ist, so kann das Verhältnis zwischen Undichtheitsverlust und Fördermenge für 1 Stunde ebenso günstig oder noch günstiger sein wie beim langsam laufenden Verdichter.

14. Ammoniakzylinder.

Zylinder mit kleinerer Hubzahl und schweren Ventilen (Fig. 13). Die schweren Teller und Führungsstangen der Ventile verbieten eine allzu große Steigerung der Hubzahl. Letztere ist bei kleineren Maschinen ca. 100, bei größeren ca. 60 in der Minute.

Der Zylinder wird durch zwei seitliche Füße befestigt auf einem Gestell nach Fig. 14.

Die Füße werden durch Rippen versteift zur Vermeidung elastischer Bewegung des Zylinders. Außer den Fußschrauben werden noch zwei Paßstifte mit möglichst großem Abstand voneinander (Diagonale) eingeschlagen zum leichten Einrichten der Zylinderachse in die Geradführungsachse[1]).

Kolben. Derselbe ist meist zweiteilig (Fig. 13). Abdichtung der beiden Hälften durch Rundgummi ist empfehlenswert, damit der Innenraum des hohlen Kolbens nicht als schädlicher Raum arbeitet. Schwere Kolben erhalten zur Entlastung des Stopfbüchsengrundringes eine Stützung zwischen Kolbenkörper und Dichtungsringen. Diese Stützung soll etwas elastisch sein. Der Durchbruch für die Kolbenstange und die Kolbenmutter wird ebenfalls durch Rundgummi abgedichtet.

Einen einteiligen Kolben mit selbstspannenden Ringen zeigt Fig. 15. (Maschinenfabrik Germania-Chemnitz.)

Die Kolbenstange ist hinreichend stark auszuführen, da sie sich sonst zu leicht durch das Kolbengewicht durchbiegt. Die Kolbenstange soll in einem tunlichst langen Grundring aus weichem Metall gestützt werden. Beim Heißlaufen der Kolbenstange zerspringen die Weichmetallringe leicht.

---

[1]) S. auch Zeitschr. f. d. ges. Kälte-Ind. 1907, S. 25.

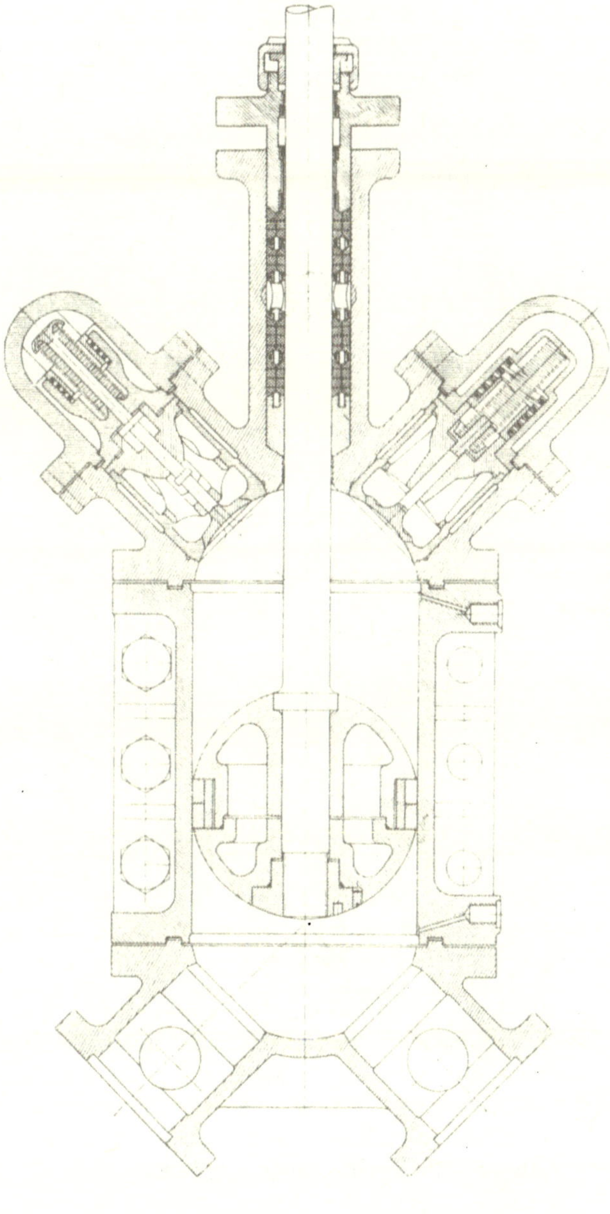

Fig. 13.

V e n t i l e. Die Schrägstellung derselben soll nur so groß sein, daß das etwa hängenbleibende Saugventil durch den Kolben nicht abgebogen, sondern zugeschoben wird. Der

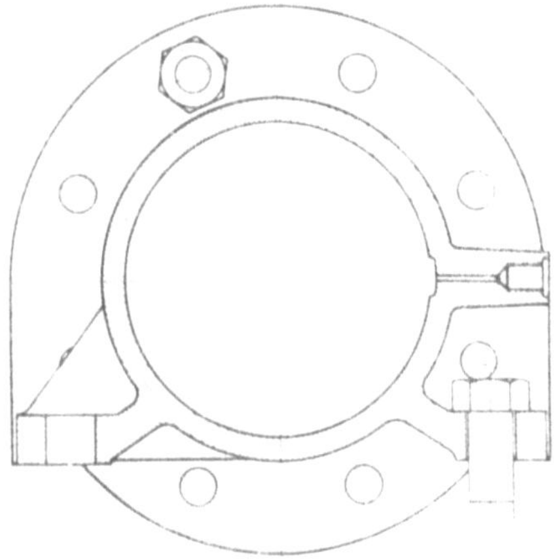

Fig. 14.

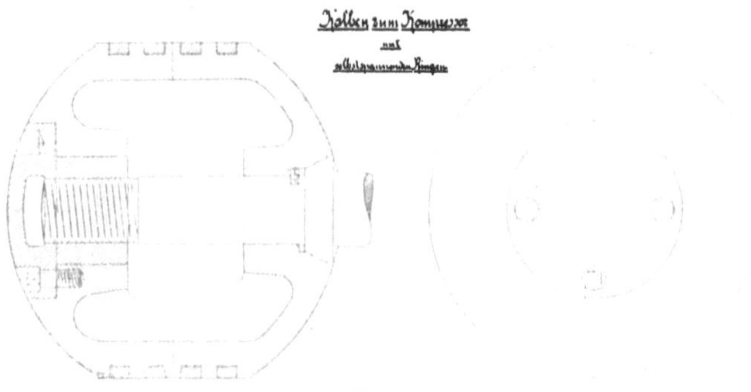

Fig. 15.

Kegel ist aus Stahl, die sauber eingepaßten Sitze aus Gußeisen oder Stahlguß. Zweckmäßig ist das Ausbohren der Deckel und Abdrehen der Ventilsitze nach Lehre und Schablonen (Fig. 16 u. 17), und zwar sowohl nach den Durchmessern als auch nach den Längenmaßen. Die Ventile können dann ausgetauscht, abgenutzte Ventile bequem ersetzt werden.

Die Ventilsitze sind so weit, daß bei geöffnetem Ventil keine Drosselungen im Ventilgehäuse stattfinden (z. B. zwischen Druckventilkegel und Führung).

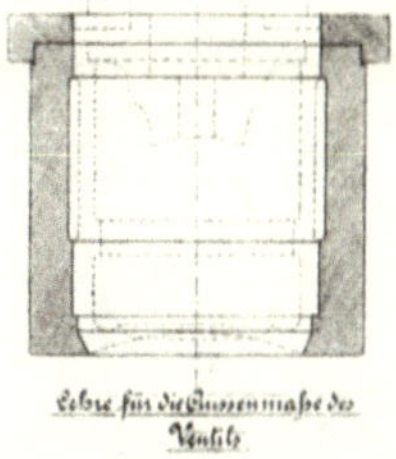

Fig. 16.

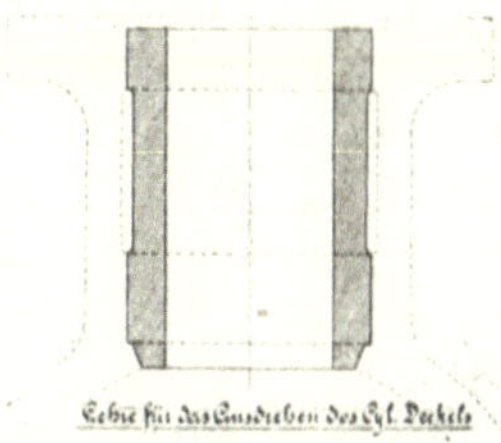

Fig. 17.

Deckel. Er wird der Kolbenform angepaßt. Die Flanschen macht man so stark, daß sie durch die Schrauben nicht verbogen werden, da sonst das Abdichten fraglich wird. Man achte auf großen spezifischen Flächendruck in der Dichtung.

Kopfschrauben sind zu vermeiden. Die Schraubenabstände dürfen nicht zu groß sein, sonst ist der Dichtungsdruck infolge Flanschdurchbiegung ungleichmäßig. Vorderer und hinterer Deckel werden nach gleichem Modell hergestellt. Bei mehr als einem Saug- und Druckventil ist hohler Deckel nötig, der zugleich eine Art Windkessel bildet. (Siehe auch bei »Verhältnis zwischen Verdichtervolumen und Verdampfervolumen bzw. Verflüssigervolumen.«)

Saugventil (Fig. 18). Die Führung ist zweiteilig. Die Hubbegrenzung wird bewirkt durch eine Hubfangfeder, zweitens durch einen Luftpuffer; der Bund zwischen dem Luftpuffer und dem Teller soll das etwa am Luftpuffer brechende Ventil aufhalten, damit es nicht in den Zylinder fällt. Dies war schon Ursache der Zerstörung mehrerer Zylinder und schwerer Unfälle. Lange Führung und gute Zentrierung sind erforderlich. Die zweiteilige Führung muß dicht schließen, sonst ist der Luftpuffer unwirksam. Erst ist die Teilfuge zu bearbeiten, dann wird die Führung zusammengesetzt und abgedreht.

D r u c k v e n t i l (Fig. 19). Die Führung ist zweiteilig. Die Hubbegrenzung wird bewirkt durch eine Hubfangfeder. Der Luftpuffer wirkt nur bei Schluß. Die zweiteilige Führung muß dicht sein.

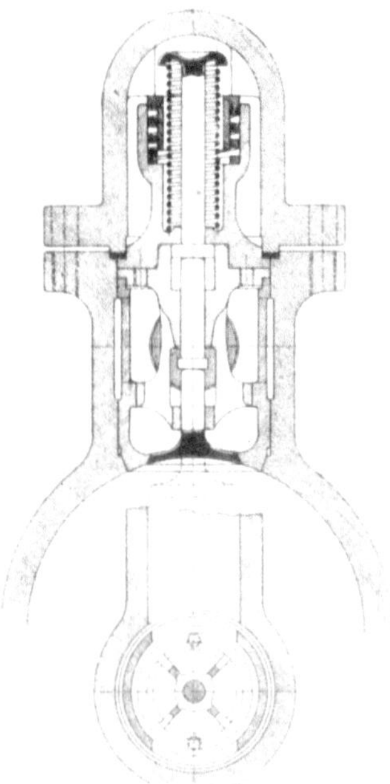

Fig. 18.

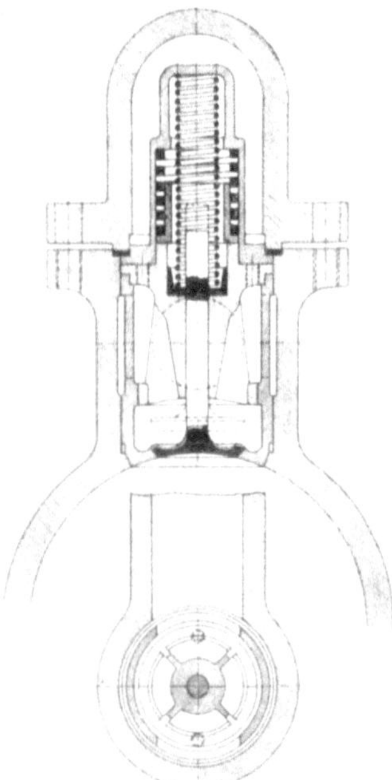

Fig. 19.

Man verwende bei selbsttätigen Ventilen lange, enggewickelte Federn, damit beim Zusammenpressen die Federkraft nur um einen geringen Bruchteil zunimmt. Hierdurch wird genügender Hub des Ventils und Verminderung des Geräusches ermöglicht. Zu kleine Luftpuffer wirken zu wenig wegen der großen Undichtheit, zu große vermehren die Masse in unzulässiger Weise. Das Regulieren der Undichtheit der Luftpufferräume durch Ventile o. dgl. ist nur bei sehr großen Luftpuffern zweckmäßig.

V e n t i l e m i t e i n t e i l i g e r F ü h r u n g (Fig. 20). Diese Ventile finden Verwendung nur bei kleinen Verdichtern.

Die Federteller werden auf die Ventilstangen mit Vorspannung aufgeschraubt und gesichert; ihre Gewinde müssen abnormal lang sein, sonst werden sie rasch gelockert. Eine elastische Hubbegrenzung ist beim Saugventil unbedingt nötig.

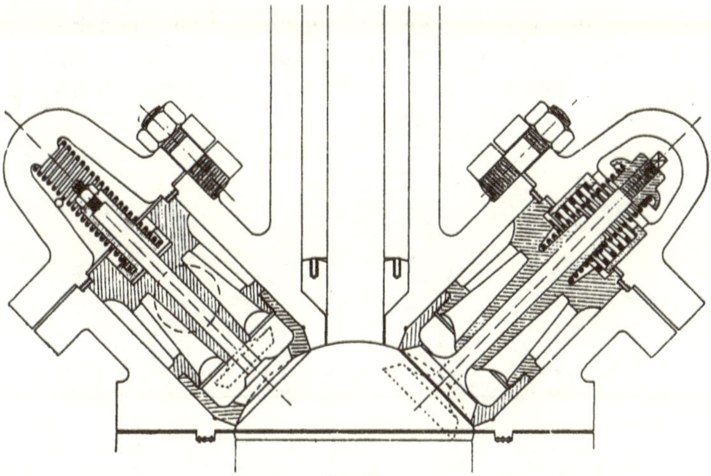

Fig. 20.

Anschlußstutzen an die Saug- und Druckleitung. Das Dichthalten der Flanschen ist nur zu erwarten bei ganz ruhig liegendem Zylinder. Man achte auf großen spezifischen Flächendruck in der Dichtung. Die Verbindung der beiden Zylinderseiten geschieht in der Regel durch ein Bügelrohr außerhalb des Zylinders. Armatur s. S. 106.

Stopfbüchse. Das Dichthalten derselben ist bei den Kältemaschinen von besonders großer Wichtigkeit. Größere Verluste an Kältemittel verringern mit der Zeit die Kälteleistung der Maschine und belästigen die Maschinisten unter Umständen bis zur Lebensgefahr.

Erste Bedingung ist genaues Zusammenfallen der Stopfbüchsenachse mit der Achse des Zylinders und der Geradführung, Unbeweglichkeit des Zylinders und des Deckels, möglichst geringes Durchbiegen der Kolbenstange.

Zahlreich sind die Versuche zur Lösung der Aufgabe, aber nur wenige Konstruktionen sind dauernd in Ausführung geblieben.

Baumwollpackung mit Laterne (Fig. 21). Es folgen aufeinander: Metallgrundring, Baumwollringe, Laterne mit Ringraum, der durch Verbindung des Stopfbüchsenhalses mit der Saugleitung unter Saugdruck gehalten wird, Baumwollringe, ein Gummiring mit Gewebeeinlage, Stopfbüchsbrille mit

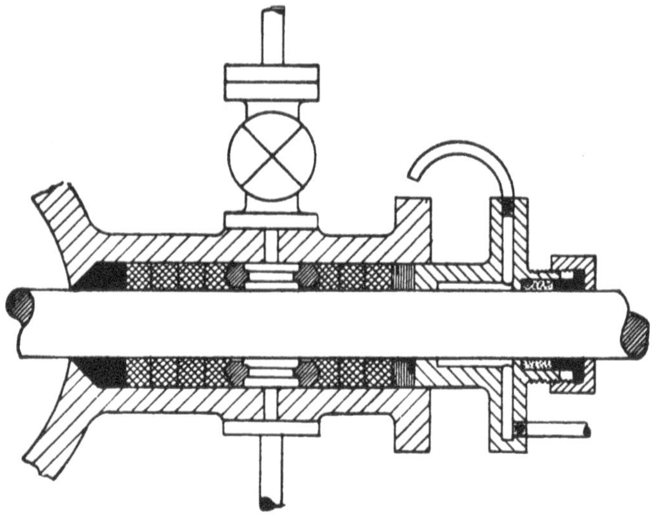

Fig. 21.

Ölringraum und vorderer Stopfbüchse zum Abdichten des Öles. Die Zufuhr des Öles zum Ölringraum wird bewirkt entweder durch einen Tropföler oder durch eine Ölpumpe (Fig. 22) (Ges. für Lindes Eismaschinen), die am Gestell des Verdichters angeschraubt und durch eine Schnur von der Hauptwelle aus betrieben wird.

Beim trockenen Verdichten wird in der Regel eine Ölpumpe angewendet, beim Ansaugen von etwas nässerem Dampf ist ein Tropföler zulässig.

Der untere Anschluß am Stopfbüchsenhals (Fig. 21) wird jetzt meist weggelassen, er diente bei den Maschinen einiger

Firmen zur Abfuhr des überschüssigen Öles zum Öltopf (S. 134), bei anderen aber zur Zufuhr von Öl, so daß der Laternenringraum stets mit Öl gefüllt war. Letzteres erscheint nicht ganz zweckmäßig, da hierbei zuviel Öl in den Zylinder tritt. Zuviel Öl im Zylinder bringt die Gefahr mit sich, daß Öl in die Schlangen des Verflüssigers und Verdampfers mitgerissen

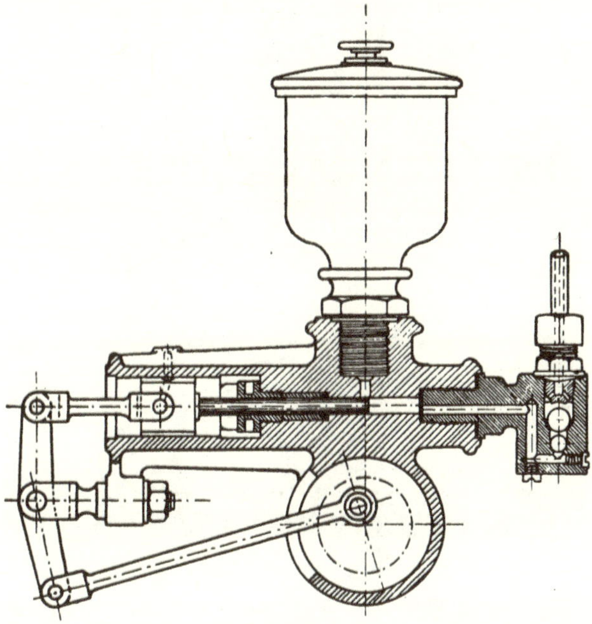

Fig. 22.

wird, und vermindert die Saugleistung deshalb, weil beim Verdichten im Zylinder von dem Öl Ammoniak absorbiert und bei der nachfolgenden Ansaugperiode wieder abgegeben wird.

Die Ausführung des Anschlusses des Stopfbüchsenhalses an die Saugleitung führt man zweckmäßiger nach Fig. 23 aus, zur Vermeidung von dicken Gußaugen, die sich leicht undicht gießen.

Beim Anziehen der Stopfbüchsbrille muß der Abstand derselben vom vorderen bearbeiteten Flansch des Stopfbüchsenhalses ringsum genau gleich gemacht werden (Abtasten), sonst läuft die Stange heiß, ohne daß sie dicht zu sein braucht.

Federnde Metallringe und Laterne (Fig. 24). Die Form der Stopfbüchse und der Anschluß an die Saug-

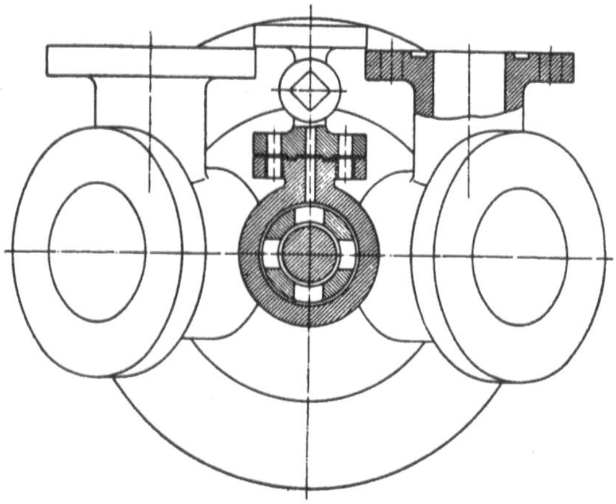

Fig. 23.

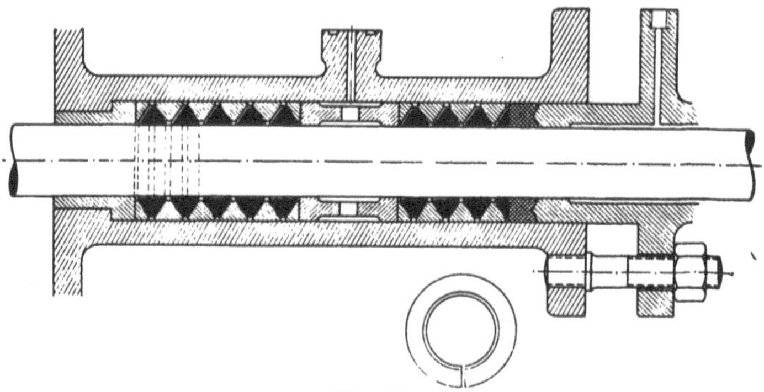

Fig. 24.

leitung ist wie bei der Baumwollpackung, nur werden statt dieser federnde Weichmetallringe an den Kolbenstangen und federnde Stahl- oder auch Metallringe außen verwendet. Betriebsbedingung: Der Kompressor darf nicht zu heiß werden, weil sonst die Weichmetallringe in Stücke zerfallen oder gar schmelzen.

Friesepackung und künstliche Kühlung (Fig. 25). Die Friesepackung besteht aus einer inneren Spirale aus Dreikantweichmetall und einer äußeren aus Dreikantstahl. Vor und hinter der Friesepackung liegt je ein Gummiring mit Gewebeeinlage. Durch dichtes Einsetzen einer Stopfbüchsenseele (weitere Konstruktionsformen siehe S. 77) wird ein Ringraum gebildet, in den flüssiges Ammoniak geleitet wird. Der Ringraum wird an die Saugleitung angeschlossen, so daß das verdampfte Ammoniak zu dieser gelangt.

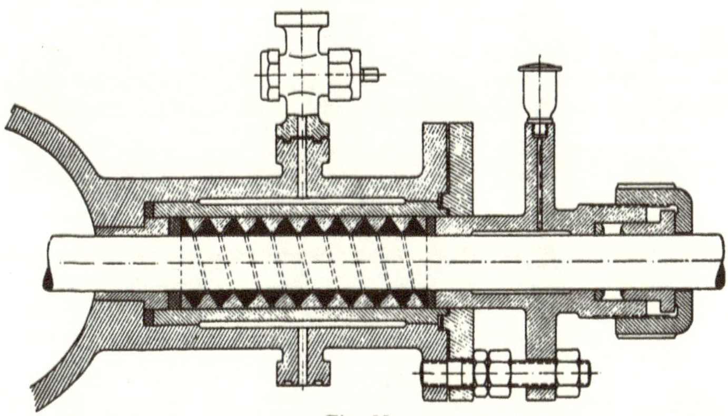

Fig. 25.

Kombination der beiden letzten Konstruktionen. Federnde Ringe, nach Fig. 24 gekühlt durch Verdampfungsringraum nach Fig. 25.

Das trockene Verdichten ergibt bei Ammoniak besonders im Sommer und bei Verwendung von Rieselverflüssigern hohe Verdichtungstemperaturen. Hierbei sind die Stopfbüchsenpackungen besonders sorgfältig zu warten und müssen natürlich auch den Temperaturen angepaßt sein. Kühlung ist zweckmäßig, da sie die Wartung erleichtert.

Man verwende jedenfalls nur eine Packung, welche von der Maschinenfabrik für den betreffenden Verdichter empfohlen bzw. von ihr gutgeheißen oder wenigstens in anderen Fällen bei genau gleichen Verhältnissen erprobt ist,

z. B. (Fig. 26) MAN-Metallpackung (Maschinenfabrik Augsburg-Nürnberg, A.-G.). Die Dichtung wird bewirkt durch zweiteilige, durch federnde Außenringe angedrückte Ringe von Weißmetall, welches der hohen Temperatur gemäß zusammengesetzt ist. Alle Gußringe lassen der Kolbenstange und den Dichtungsringen etwas Spiel, so daß eine geringe Schiefstellung oder geringes Ausbiegen der Kolbenstange unschädlich bleibt.

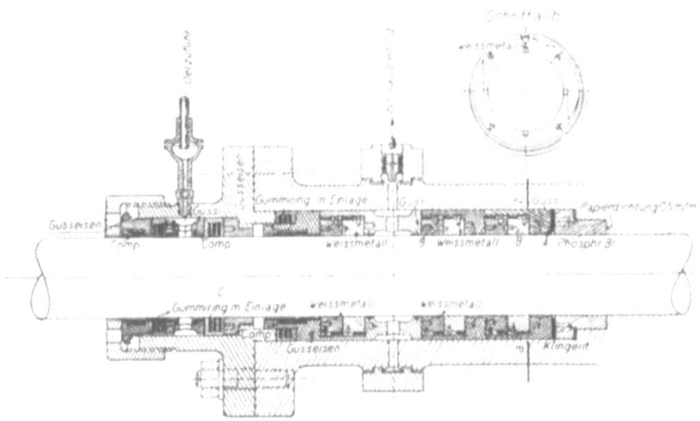

Fig. 26.

Lebensdauer der Packungen: Baumwollpackung bei normalem, nicht zu heißem Verdichterbetrieb 6 bis 8 Wochen (bei täglicher Betriebsdauer von 20 Stunden), Weichmetallpackung bei kräftiger Kühlung ein Jahr und länger, bei geringer oder unregelmäßiger Kühlung drei Monate und weniger.

Erneuerung der Packungen. Alte Ringe sind stets zu beseitigen, nicht wieder zu verwenden. Die Abmessungen der Ringe sollen so sein, daß sie satt passen, sich aber bequem von Hand einschieben lassen. Sie sind vorher gut einzuölen mit Kompressoröl.

Neuerdings wird empfohlen, auch die Baumwollringe in abgepaßten Maßen von der Fabrik zu beziehen.

Raschlaufende Verdichter für Ammoniak. Über die Erfolge der Versuche, raschlaufende Verdichter für Ammoniak zu bauen, ist noch wenig in die Öffentlichkeit gedrungen. Der verhältnismäßig große Unterschied zwischen Saug- und Verdichtungsdruck erschwert die Konstruktion leichter Ventile, die Bedingung einer großen Hubzahl sind.

Fig. 27.

Fig. 27. Druckverdichter der Maschinenfabrik A. Freundlich, Düsseldorf[1]). Als Ventile dienen leichte Platten mit kleinem Hube. Die Eigenschwingung der Platten ist nach Angabe der Maschinenfabrik so bemessen, daß kein Flattern durch dieselbe eintreten kann. Die Umlaufzahlen betragen bis zu 500 pro Minute auch bei großen Maschinen.

---

[1]) S. Zeitschr. f. d. ges. Kälte-Ind. 1907, S. 101.

Fig. 28.

Fig. 28 bis 29: Druckverdichter der Maschinenfabrik L. A. Riedinger, Augsburg, nach einer mit der Abteilung für Kältemaschinen übernommenen Ausführung von J. W. Engelhardt, Fürth. Das Saugventil weist auf: leichten Saugventilteller nach Schluß gegen zu starkes Durchbiegen durch Innenring geschützt, hohle Führungsstange. Der Luftpuffer wirkt hauptsächlich bei Schluß des Ventils. Der untere Federteller ist zweiteilig, zugleich Führung. Die Pufferführung ist genau zu zentrieren.

Druckventil. Man beachte das Einbringen des Tellers. Die Wirkung der Luftpuffer kann verstärkt werden durch Verschließen der hohlen Führungsstange am Ende. Bei beiden Ventilen (Saug- und Druck-) sind enggewickelte Federn mit möglichst vielen Windungen nötig, da die Höhe der Federn klein ist. Schiefstellen der Führung wird vermieden durch genaue Arbeit und großen Ansatzteller an der Führung. Die Stopfbüchse ist für Kühlung eingerichtet. Das Hilfsabsperrventil im hinteren Deckel bezweckt Ausschaltung der hinteren Kolbenseite zur Verminderung der Kälteleistung. Diese Figur gibt nur das

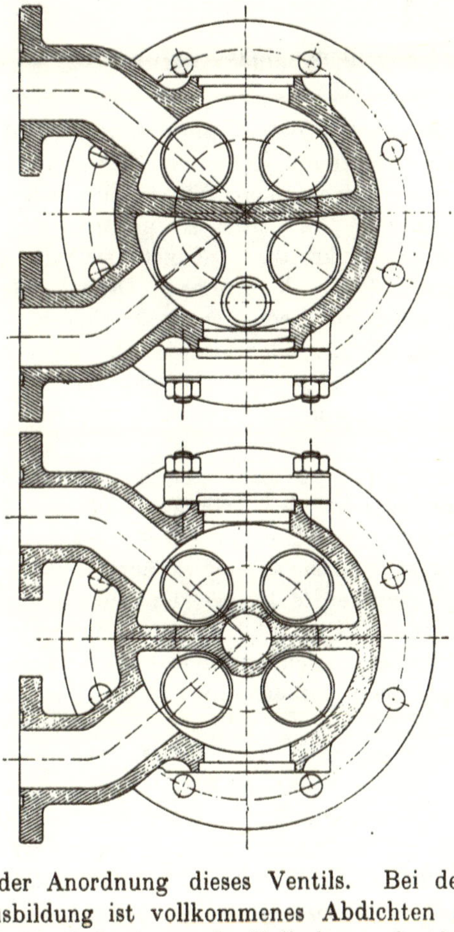

Fig. 29.

Prinzip der Anordnung dieses Ventils. Bei der konstruktiven Ausbildung ist vollkommenes Abdichten anzustreben. S. auch S. 64. Befestigung des Zylinders s. S. 101.

Den neueren Versuchen von Dörfel[1]) zufolge wird vermutlich die weitere Entwicklung des Ammoniakverdichters

[1]) S. Zeitschr. f. d. ges. Kälte-Ind. 1908, S. 1.

dahin gehen: trocknes Ansaugen, große Ventile, kürzerer Hub, größerer schädlicher Raum, Kühlung des Zylinders und der Stopfbüchse, größere Umlaufzahl. S. z. B. die Ausführung von A. Borsig, Tegel, Fig. 35, S. 79.

15. Schwefligsäurezylinder.

Man muß auch bei sorgfältigster Inbetriebsetzung und noch so gut überwachtem Betrieb mit der Möglichkeit rechnen, daß die schweflige Säure mit Resten von Formsand und dessen Beimengungen, eingedrungenem Wasser und Schmierstoffen in Berührung kommt. Die hierdurch ermöglichten chemischen Vorgänge sind um so kräftiger, je mehr sich die schweflige Säure in flüssigem Zustande befindet. Deshalb ist man bemüht, die Schwefligsäureverdichter nur trockenen Dampf ansaugen zu lassen. Es kommt hinzu, daß die chemischen Vorgänge bei höherer Temperatur kräftiger eintreten als bei niedriger, und daß die höchste Temperatur stets im Verdichter zu finden ist.

Wenn Vorgänge der bezeichneten Art eintreten, so entstehen Verunreinigungen des Zylinders und der Ventile, ja sogar Verstopfungen von Kanälen durch Ablagerungen.

Das Ansaugen trockenen Dampfes führt bei den Schwefligsäuremaschinen wegen des kleinen Exponenten der adiabatischen Kompression ($k = 1{,}25$) zu einer Endtemperatur des verdichteten Dampfes, welche in keiner Weise schädlich werden kann, wenn nur die Stopfbüchsenpackung dieser Temperatur angepaßt ist.

Das Arbeiten mit trockenem Dampf vermindert den auf S. 58 geschilderten, bei nassem Arbeiten auftretenden Einfluß des schädlichen Raumes. Demnach ist hier ein größerer schädlicher Raum zulässig. Diese Eigenschaft ermöglicht den Bau raschlaufender Druckverdichter (s. S. 80). Das Hubvolumen der SO_2-Zylinder[1]) ist wesentlich größer als dasjenige von Ammoniakzylindern gleicher Kälteleistung. Bei gleichem Verhältnis von Hub zu Durchmesser hat aber der Kolben der SO_2-Zylinder

[1]) S. Heinel, »Bau und Betrieb von Kältemaschinen«, S. 35 u. ff.

größere Geschwindigkeit als beim NH_3-Zylinder, die bei großen Verdichtern über ein gewisses Maß nicht möglich ist ohne Betriebsschwierigkeiten. Der kleinere Unterschied zwischen Saug- und Verdichtungsdruck (z. B. bis 5 und 1 Atm. absolut) gestattet aber größere Kolbendurchmesser und Ventildurchmesser, also kleineres Verhältnis zwischen Hub und Zylinderdurchmesser. Hierdurch kann die Kolbengeschwindigkeit in richtiger Grenze gehalten werden. Obwohl demnach die Betriebsbedingungen der SO_2-Zylinder andere Konstruktion und andere Zylinderverhältnisse zulassen gegenüber NH_3-Zylindern, finden wir gerade bei SO_2-Druckverdichtern erfahrener Firmen eine starke Anlehnung an die bewährten Formen und Verhältnisse der NH_3-Zylinder (s. Fig. 13).

Zylinder mit kleinerer Hubzahl:

Zylinder, Kolben, Deckel, Ventile sind ähnlich gebaut wie beim Ammoniakverdichter (Fig. 13).

Stopfbüchse. Baumwollpackung nach Fig. 21, aber ohne Laternenraum, weil die Spannung der Saugleitung meist ungefähr gleich dem atm. Druck ist.

Kühlung der Kolbenstange. Das trockene Ansaugen ergibt eine hohe Verdichtungstemperatur. Zum Schutz der Stopfbüchsenpackung sowie aus dem im vorigen erwähnten Grunde wird daher gerne die Kolbenstange durch Kühlwasser gekühlt. Die Wasserzufuhr geschieht entweder durch Schläuche oder durch eine Pumpe.

Die Kühlung der Kolbenstange von innen heraus ist wirksamer als die Kühlung durch die Stopfbüchspackung hindurch, namentlich bei Baumwollpackung, aber auch umständlicher im Aufbau und in der Wartung, besonders bei hoher Umlaufzahl bzw. Kolbengeschwindigkeit.

Fig. 30. Auf der Kolbenstange ist ein Wasserzuleitungs- und ein Wasserableitungsstück aufgeklemmt. In jedem der beiden ist ein Rohr eingesetzt, das als Plungerkolben wirkend in einem Zylinder geführt ist. An dem Ende des einen Zylinders ist ein Saugventilchen, am Ende des anderen ein Druckventilchen angebracht. Bei größerer Hubzahl kommt noch ein kleiner Windkessel hinzu. Die beiden Zylinder werden auf der Geradführung des Kreuzkopfes befestigt.

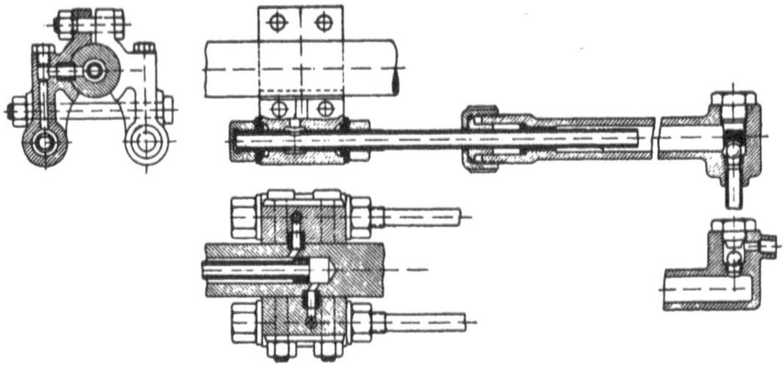

Fig. 30.

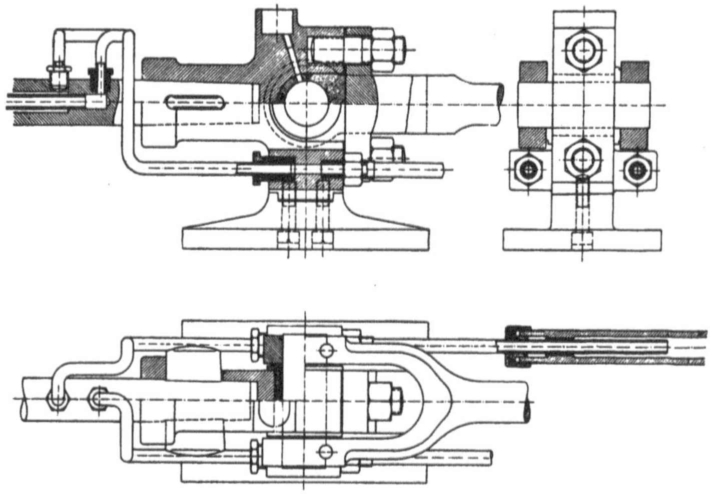

Fig. 31.

Fig. 31. Die Plungerrohre sind in Seitenlappen des Kreuzkopfes angeschraubt, von denen aus durch Rohre die Verbindung mit dem hohlen Kolben hergestellt wird.

Kühlung der Stopfbüchse von außen. Das Eingießen eines Hohlmantels im Stopfbüchsenhalse ist schwierig, er wird gerne undicht. Eintritt von Wasser in den Zylinder ist unbedingt zu vermeiden. Deshalb wird entweder eine Stopfbüchsenseele eingesetzt nach Fig. 32 oder besser Fig. 33, oder noch besser nach A. Borsig ein Stopfbüchsen-

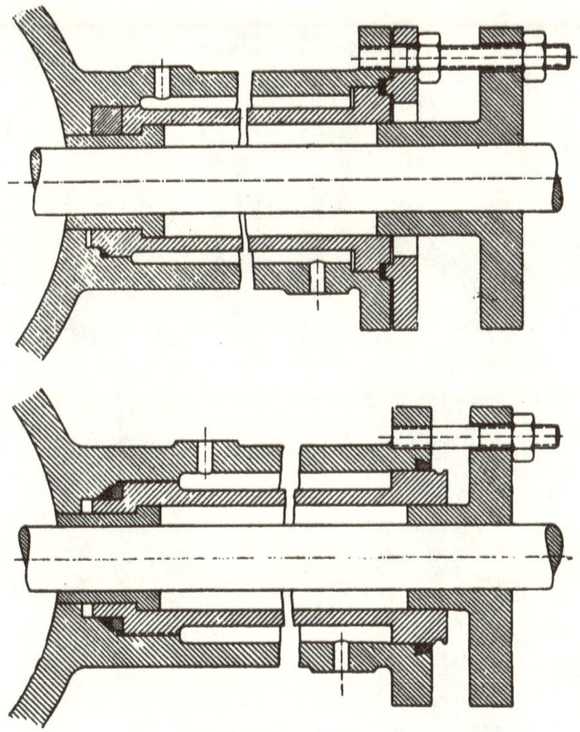

Fig. 32 und 33.

mantel aufgeschraubt (Fig. 34). Durch Einguß von Rippen ist außerdem richtiger Wasserumlauf im Mantel bezweckt.

Schmierung der Kolbenstange und des Kolbens. Einige Firmen empfehlen, so wenig als möglich zu schmieren und dann nur mit Vaseline oder ähnlichen, gegen SO_2 indifferenten Schmiermitteln. Sie behaupten auf Grund langjähriger Beobachtung, daß die Schwefligsäure selbst genügend Schmiereigenschaft habe, wenn dafür gesorgt wird,

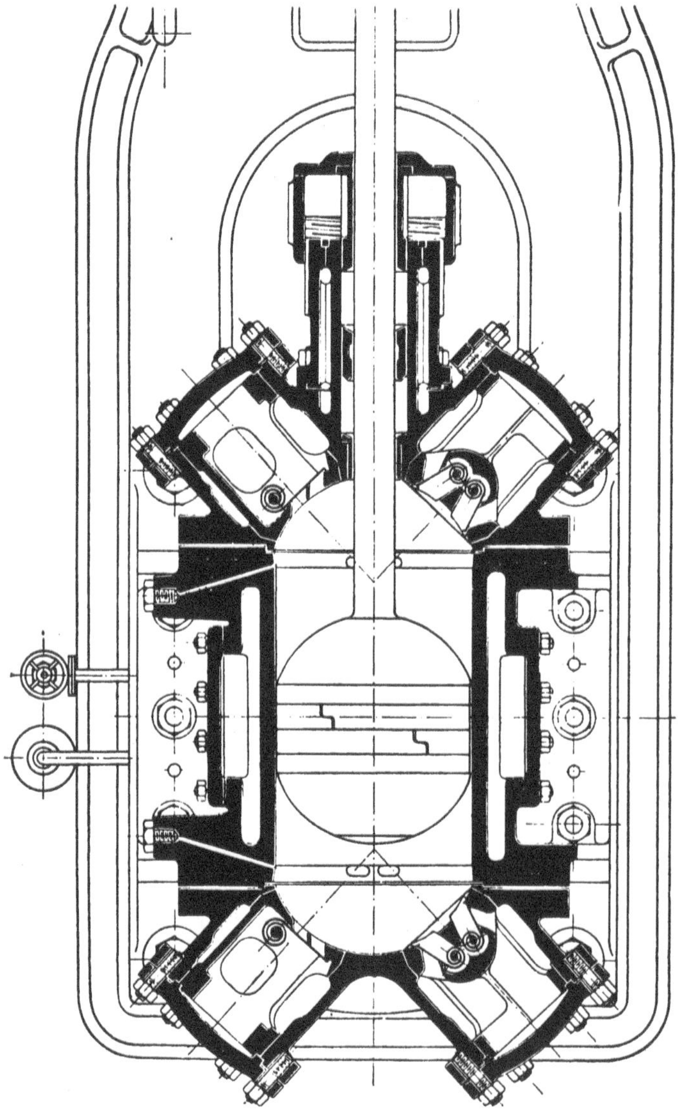

Fig. 34.

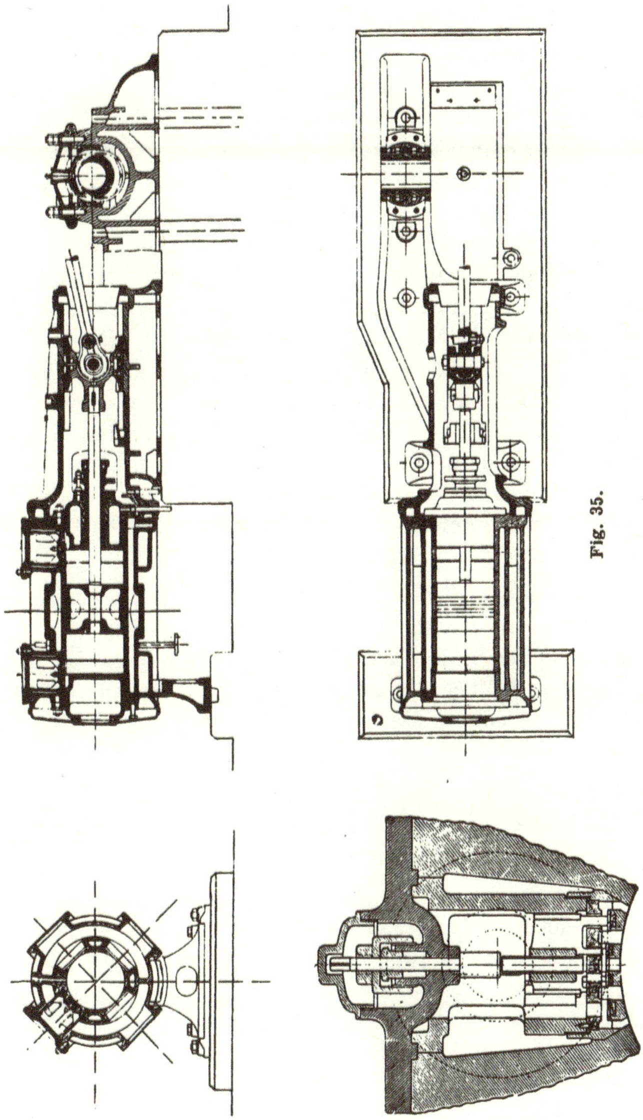

Fig. 35.

daß sie sich tropfenweise auf den betreffenden Flächen absetzt. Bedingung ist, daß diese Flächen wenigstens zeitweise eine Temperatur erhalten, die unter der Verflüssigungstemperatur liegt, welche dem Verdichtungsdruck im Zylinder entspricht, also genügende Mengen kalten Kühlwassers in der Stopfbüchse bzw. Kolbenstangenkühlung. Außerdem wird der Zylinder mit einem Kühlmantel versehen (Fig. 34). Das Wasser gelangt in der Regel erst zur Stopfbüchse bzw. Kolbenstange, dann zum Zylindermantel. Bei sehr tiefer Ansaugetemperatur der SO_2 würde aus dem Kühlwasser während des Ansaugehubes eine zu große Wärmemenge in den angesaugten Dampf übergehen, hieraus würde folgen: geringes spez. Gewicht des Dampfes und geringe Kälteleistung der Maschine, außerdem starke Überhitzung beim Verdichten. In diesem Falle wird vorgezogen Kühlung der Stopfbüchse und des Zylindermantels durch verdampfende SO_2. Jedoch darf die Kühlung nicht so weit gehen, daß eine größere Menge von SO_2 im Zylinder während der Verdichtung verflüssigt wird, sonst tritt Minderleistung ein, nach Fig. 12.

Eine andere Firma behauptet, daß das Überziehen der Reibflächen mit einem Hauch flüssiger Schwefligsäure nicht nötig sei, da der Dampf der schwefligen Säure schlüpfrig genug sei, um den Kolben zu schmieren. Diese Ansicht ist wohl irrig, denn trockener Dampf hat niemals eine Schmiereigenschaft.

Zylinder mit Klappenventil (Maschinenfabrik Schüchtermann und Kremer, Dortmund) s. Fig. 35.

Klappenventil Patent Gutermuth. (Ausführung von A. Borsig, Tegel) (Fig. 36 u. 37). Ein Stahlblech ist an einem Ende zu einer Spiralfeder aufgewickelt und durch einen zentralen Stab festgehalten. Durch Drehung dieses Stabes ist stärkere oder geringere Spannung der Spirale möglich. Bei richtiger Ausbildung ergibt sich schleichendes Zuschieben der Klappe statt harten Aufschlages, so daß angeblich Brüche sehr selten sind, auch bei weniger sorgfältiger Auswahl des Materials. Die vielen Stege im Ventilsitz verengen den freien

Querschnitt, aber der geringe Federwiderstand und der Wegfall der Ablenkung des Dampfstrahles im Ventil (die Stege sind

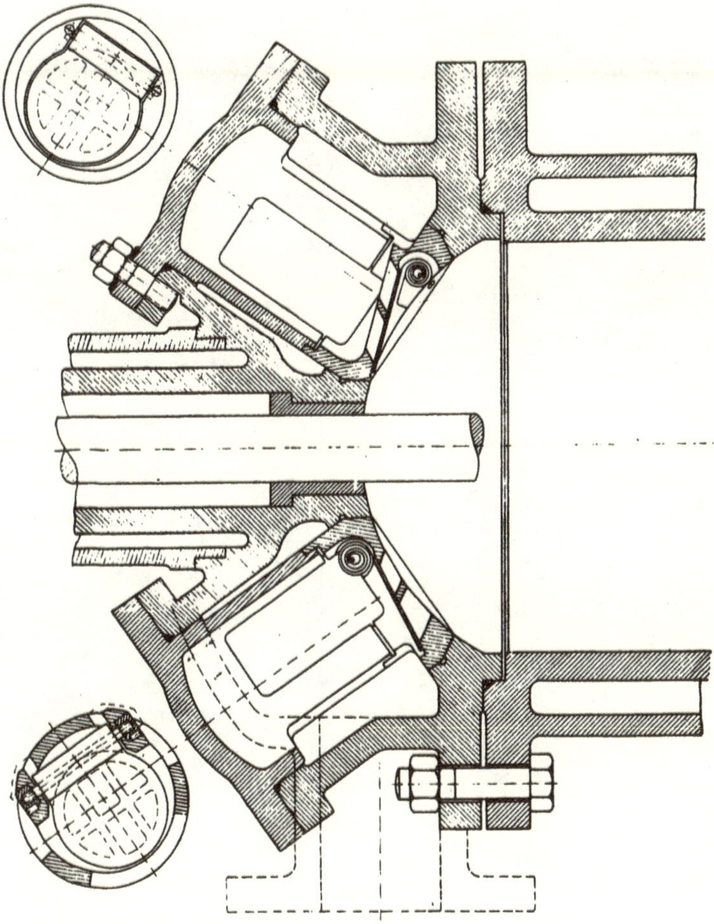

Fig. 36.

schräg gestellt, so daß der Strahl parallel läuft mit der geöffneten Klappe) sowie die geringe Arbeit zum Bewegen der sehr kleinen Masse der Klappe gleichen die Nachteile der größeren Ventildurchflußgeschwindigkeit aus.

Plattenventil der Maschinenfabrik Quiri & Co., Straßburg i. E. Der ebene Kolben und das Bestreben, eine möglichst große Ventilzahl zu erreichen, bedingen, daß die

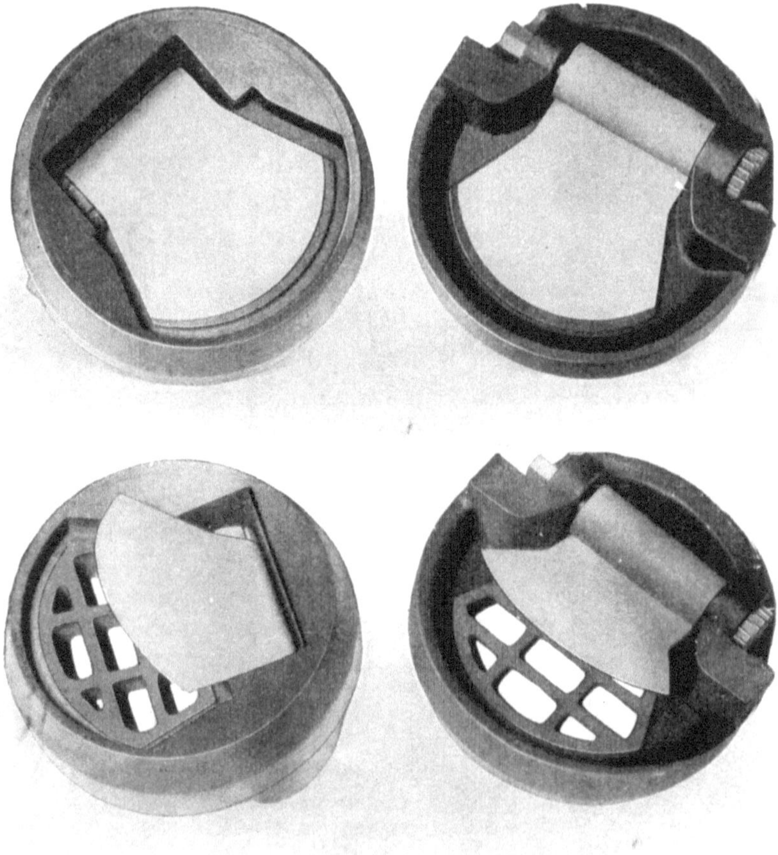

Fig. 37.

Ventile teilweise über die Kolbenfläche hinausragen. Wenn hierdurch der schädliche Raum etwas größer wird, so ist dies bei trockenem Ansaugen ohne Nachteil (Fig. 38). Das Ventil besteht aus einem durchbrochenen Sitz, einer ebenen, runden Ringplatte ohne Führung, kurzer, weicher Feder und Federwiderlager.

Das Plattenventil der Maschinenfabrik Eßlingen (Fig. 39) besteht aus dem durchbrochenen Sitz, einer durch-

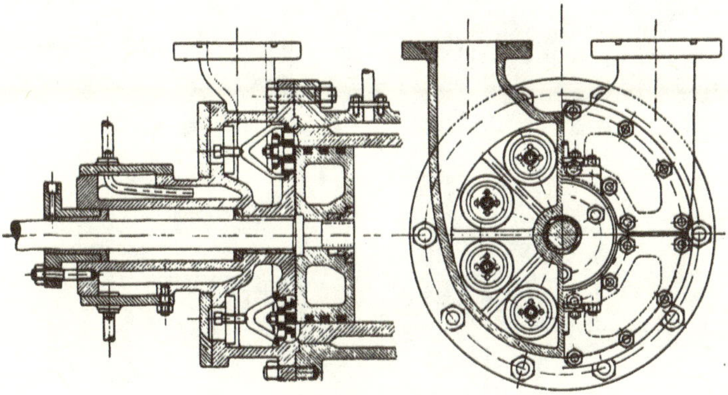

Fig. 38.

Fig. 39.

brochenen Platte mit zwei angenieteten Spiralfedern und einem Spiralfederträger nebst Hubfang.

Die Plattenventile ergeben wegen der Stege der Druckventile, und weil sie sich der Kugelform des Deckels nicht an-

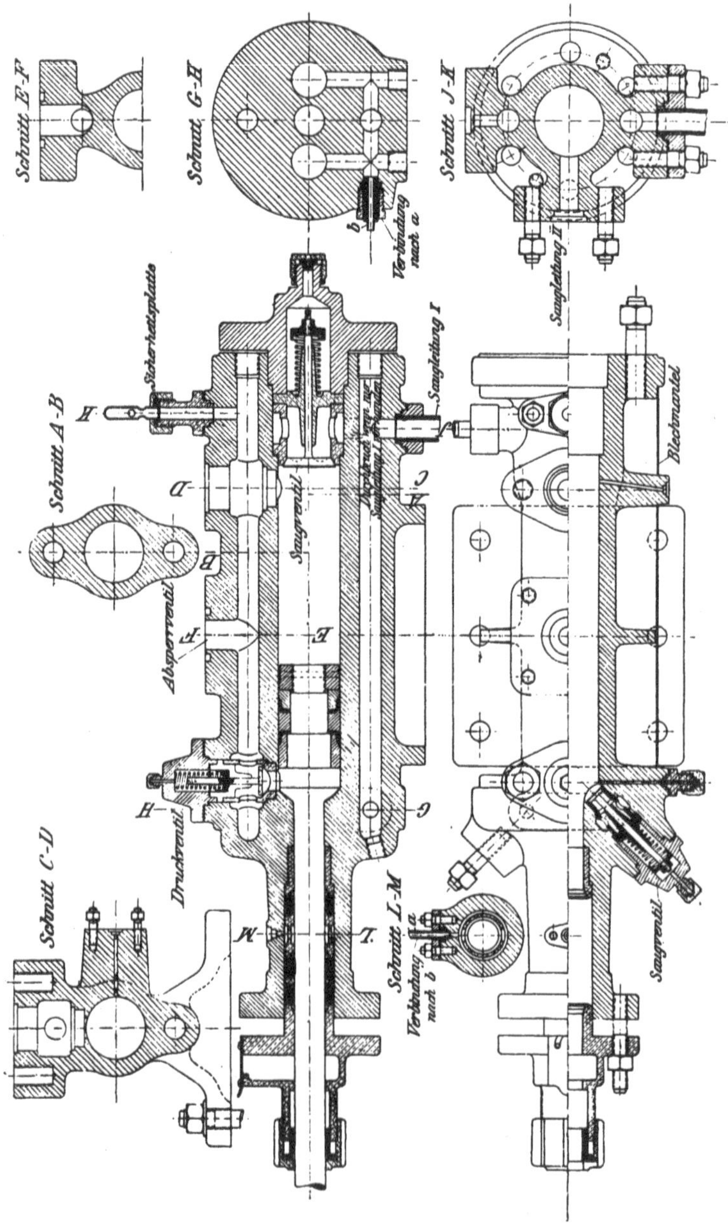
Schnitt E-F
Schnitt G-H
Schnitt J-K
Schnitt A-B
Schnitt C-D
Schnitt L-M
Sicherheitsplatte
Absperrventil
Druckventil
Saugventil
Saugleitung I
Saugleitung II
Blechmantel
Verbindung nach a
Verbindung nach b

Fig. 40.

schmiegen, immer etwas größeren schädlichen Raum als die Ventile mit Kegel, eignen sich also mehr für trockenes Verdichten.

16. Kohlensäurezylinder.

Zylinder. Gußeisen von besonderer Gattierung und unter höherem Druck gegossen hat sich bewährt. Der hohe Druck von 70 und mehr Atm. bietet keine besonderen Schwierigkeiten, weil die Zylinderdurchmesser der CO_2-Maschinen sehr klein sind. Bei gußeisernem Zylinder sind die Verbindungskanäle für vordere und hintere Kolbenseite mit eingegossen. Meist liegt der Saugkanal unten, der Druckkanal oben. Ausführung von L. A. Riedinger, Augsburg, u. a. (Fig. 40). Die Kernlöcher am Ende der Kanäle werden durch Stöpsel dicht verschraubt. Der Zylinder zeigt gute Materialverteilung, freie Flanschen, was Bedingung für dichten Guß ist. Die Saugleitung ist, wenn nur eine solche anzuschließen, am hinteren Zylinderende unten angeschlossen, dann ist die Wand zum hinteren Saugventil durchgebohrt. Wenn zwei Saugleitungen vorhanden, fehlt diese Durchbohrung; die erste Leitung führt dann durch den unteren Kanal zu den vorderen Ventilen, die zweite Leitung wird am hinteren Ende seitlich angeschlossen (s. S. 98). Der Zylinder hat nur einen hinteren Deckel. Die Indikatorstutzen sind in der Regel durch Stifte ausgefüllt, sonst vergrößern die Bohrungen den schädlichen Raum.

Die Zylinder werden auch aus einem massiven Schmiedeblock von A. Borsig, Berlin-Tegel hergestellt (Fig. 41). Die Bohrung für den Kolben, die Verbindungskanäle die Hohlräume und Durchbrüche für die Ventile werden aus dem Vollen herausgebohrt.

Große Zylinder werden auch manchmal als Stahlröhren ausgebildet und in ein Gußstück eingesetzt (Zylinderseele). Das Einfügen der Ventile ist hier etwas schwieriger und erfordert sehr sorgfältige Konstruktion. Der zwischen der Zylinderseele und dem äußeren Gußstück verbleibende Ringraum wird zweckmäßigerweise als Verbindung der beiden Saugventile und zugleich als Kühlmantel ausgebildet, der auf die Lebensdauer der Ledermanschetten des Kolbens günstig einwirkt und gestattet, weniger naß anzusaugen, als es sonst bei Kohlensäuremaschinen üblich ist.

K o l b e n. Er ist meist ein Stück mit der Kolbenstange, nur bei großen Maschinen wird er auf der Stange aufgeschraubt. Die Abdichtung wird bewirkt durch 2 Lederstulpen, die zwischen 3 Rotgußringen eingeklemmt sind. Zur Schmierung wird säure- und wasserfreies G l y z e r i n verwendet.

Fig. 41.

V e n t i l e (nach Fig. 40). Auf der hinteren Seite des Zylinders ist ein großes Saugventil, auf der vordern meist zwei kleine Saugventile. Da infolge des großen Verhältnisses zwischen Kolbenstangendurchmesser und Kolbendurchmesser die vordere Kolbenseite weniger CO_2 ansaugt als die hintere, so brauchen die beiden vorderen Saugventile zusammen nicht soviel freien Durchgangsquerschnitt zu haben wie das hintere. Ihre Schrägstellung darf nur so groß sein, daß das etwa hängenbleibende Ventil vom Kolben zugeschoben wird. Auf beiden Kolbenseiten ist nur je ein Druckventil, am besten oben. Diese Anordnung ergibt zwar etwas schädlichen Raum, läßt sich aber kaum umgehen. V e n t i l f o r m e n Fig. 42 und 43: Einteilige Führungen, aufgeschraubte Federteller; Fig. 44 und 45: zweiteilige Führungen, aufgeschweißte Federteller; Sitze aus Bronze, Ventilteller aus Stahl, lange, eng gewickelte Federn von genügender Stärke.

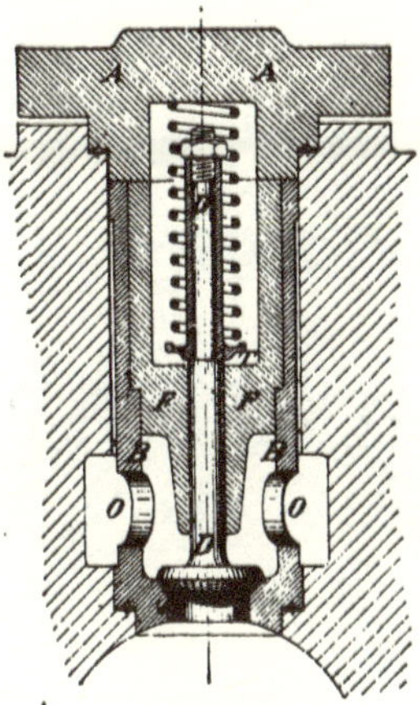

Fig. 42.

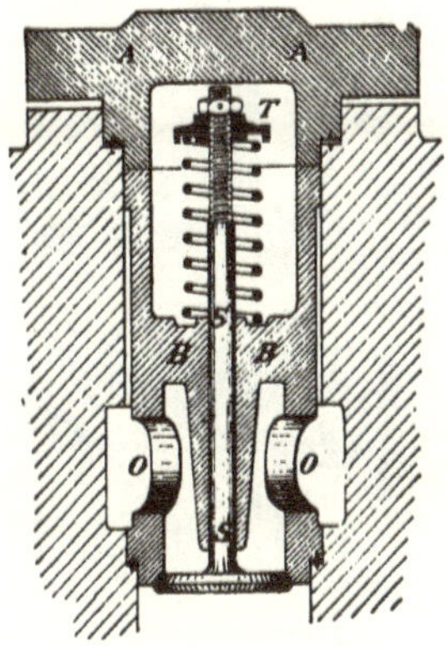

Fig. 43.

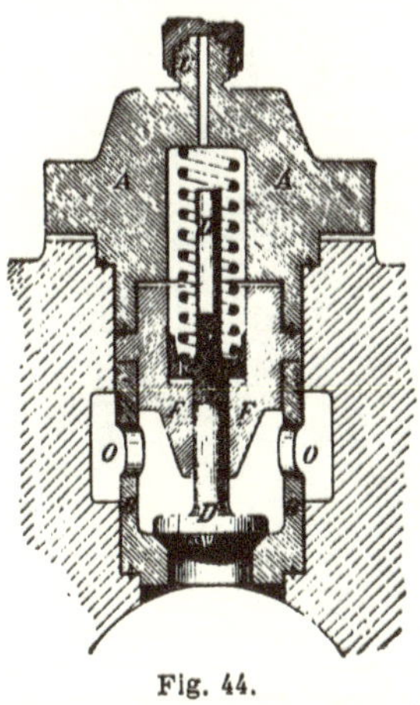

Fig. 44.

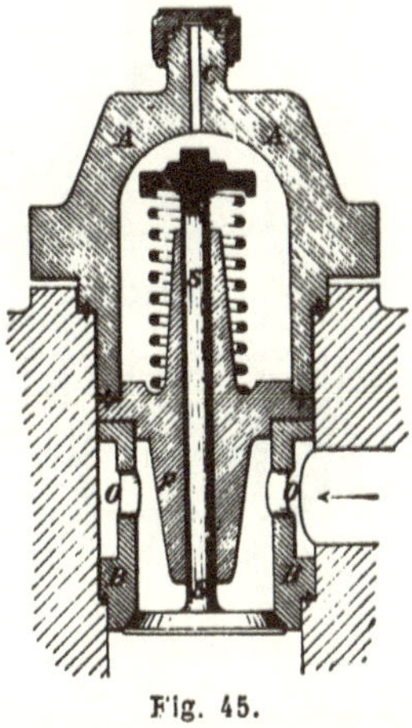

Fig. 45.

Stopfbüchse (Fig. 46 bzw. 40). Es folgen sich ein langer Grundring aus Bronze, dann eine Ledermanschette mit übergeschobenem Gummiring, dann die Laterne mit Ringraum, der durch Öffnung *a* (Fig. 40) im Stopfbüchsenhals und ein Kupferrohr mit Öffnung *b* (Fig. 40) und dadurch mit dem Saugkanal verbunden ist, dann eine Ledermanschette mit Gummiring im Rotgußring, wieder eine Ledermanschette mit

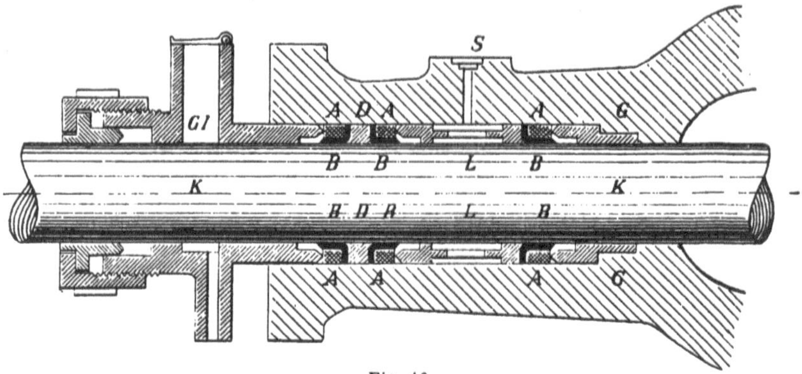

Fig. 46.

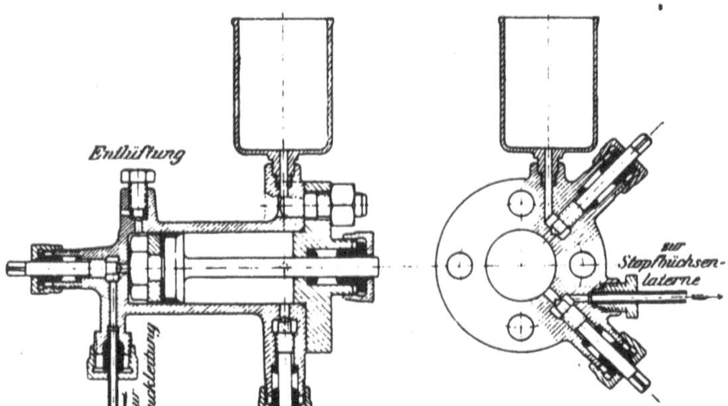

Fig. 47.

Gummiring, endlich die Stopfbüchsenbrille. Letztere ist als Glyzeringefäß ausgebildet und hat vorne die Hilfsstopfbüchse für das Glyzeringefäß. Die Brille wird ziemlich lang, deshalb ist genau gleichmäßiges Anziehen erforderlich.

Einige Maschinenfabriken (H u m b o l d t - K a l k) geben den Kohlensäuremaschinen, besonders stehenden Zylindern, eine automatische Glyzerinpumpe (Fig. 47). Die vordere Kolbenseite ist mit einem Laternenraum der Stopfbüchse verbunden, die andere mit der Druckleitung. Infolge der Verschiedenheit der wirksamen Kolbenflächen wird das vorher in den vorderen Zylinderteil eingefüllte Glyzerin zur Stopfbüchse hinübergedrückt. Beim Wiederfüllen der Pumpe wird das Ventil der Druckleitung geschlossen, das Entlüftungsventil geöffnet, das Ventil zur Stopfbüchse geschlossen, das zum Glyzerintrichter geöffnet und dann die Kolbenstange von Hand zurückgeschoben.

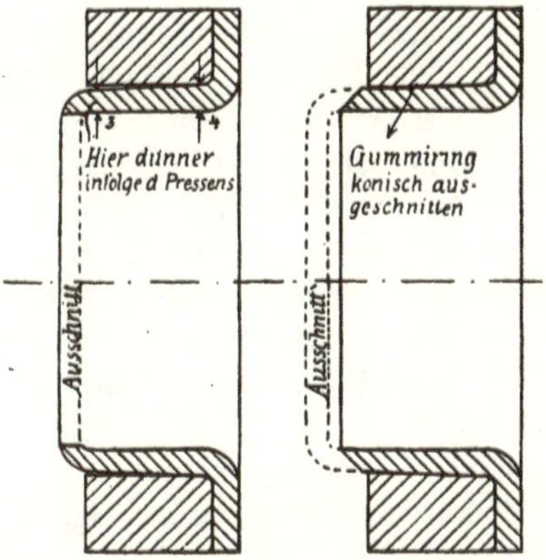

falsch Fig. 48. richtig

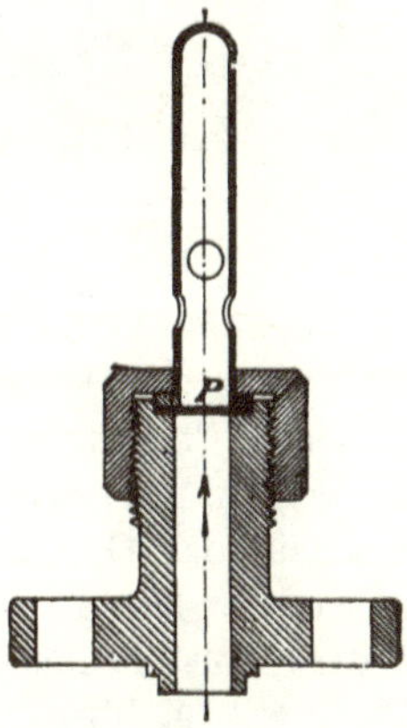

Fig. 49.

H e r s t e l l u n g d e r L e d e r m a n s c h e t t e n[1]). Es empfiehlt sich nicht, die Manschetten im eigenen Werk herzustellen, da langjährige Erfahrung und gute Einrichtungen nötig sind. Das Leder muß je nach Durchmesser und Länge der Manschetten ausgewählt werden. Es soll nicht zu dick sein, sonst ist die Manschette zu steif und nicht selbstdichtend. Das Einweichen, die Form der Pressen, richtiges Trocknen, richtiges Ausschneiden und Zuschärfen sind wichtige Fragen. Beim Pressen wird der zylindrische Teil außen konisch wegen des Streckens des Leders. Der Gummiring ist nach diesem Konus zu formen. Die ganze Packung muß sich mit sanftem

[1]) S. Zeitschr. f. d. ges. Kälte-Ind. 1900, S. 161.

Druck in die Stopfbüchse von Hand einschieben lassen. Nicht einkeilen! Fig. 48: Entstehung von Stopfbüchsmanschetten. Die Manschette wird vor dem Einbringen in die Stopfbüchse in Glyzerin eingeweicht.

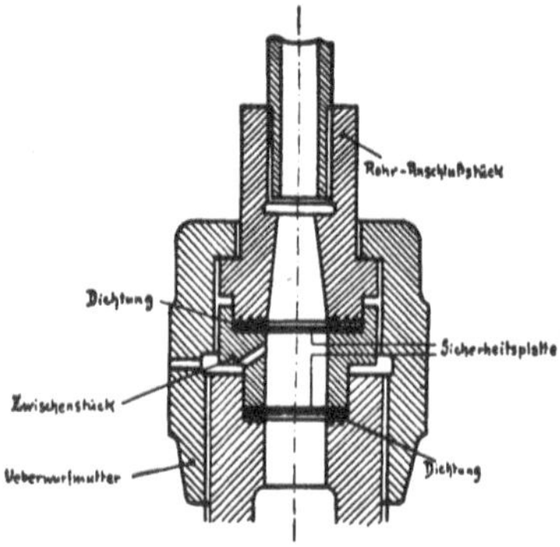

Fig. 50.

Sicherheitsventil. Dasselbe wird am hinteren Ende des Druckkanals (Fig. 49) aufgesetzt. Es besteht heute meistens aus einem Gußeisenplättchen (Fig. 49), das bei einem bestimmten Druck platzt. Die Bruchstücke werden durch ein Röhrchen aufgefangen. Die Kohlensäure darf, weil sie nicht giftig ist, in den Maschinenraum ausblasen, sofern derselbe nicht im Keller liegt. CO_2 ist schwerer als Luft, legt sich auf den Boden. Erstickungsgefahr ist vorhanden, wenn die Luft zu kohlensäurereich ist. Zur Vermeidung des willkürlichen Ersatzes des Gußeisenplättchens durch ein anderes Material seitens des Maschinisten erhält das Ventil eine Plombe. Eine neuere Ausführung für Schiffskühlmaschinen zeigt Fig. 50 (A. Borsig, Tegel).

17. Willkürliche Verminderung der Saugleistung im Zylinder zu Zeiten geringeren Kältebedarfes.[1])

Diese kann bewirkt werden: a) durch Teilung des Verdichters in zwei Zylinder und zeitweises Stillsetzen des einen derselben durch Aushängen der Kurbelstange. Dies ist nur außer Betrieb möglich, daher ungeeignet, wenn häufiger Wechsel der Leistung erwünscht ist. Die Saugleistung wird auf ½ vermindert.

b) durch Abheben des Saugventils der einen Zylinderseite vermittelst einer Schraubenspindel (z. B. Fig. 51,

---

[1]) S. Zeitschr. f. d. ges. Kälte-Ind. 1904, S. 145 und 1908, S. 179.

A. Borsig, Tegel). Dies ist während des Betriebes möglich. Die Saugleistung wird auf $1/2$ vermindert. Der Kolben darf nicht an das abgehobene Saugventil anschlagen. Der Verdich-

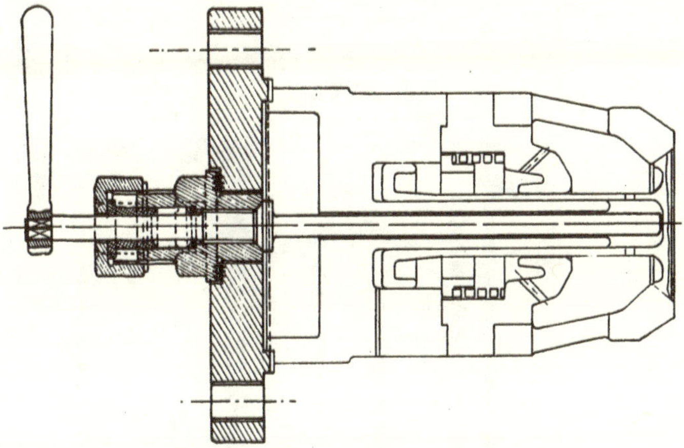

Fig. 51.

ter kann durch diese Vorrichtung entlastet anlaufen. Das Abheben des Druckventils ergibt größeren Undichtheitsverlust als das Abheben des Saugventils, weil während etwa $3/4$ der Zeit einer Umdrehung großer Druckunterschied zwischen den Räumen vor und hinter dem Kolben herrscht.

c) durch Einbau eines besonderen Absperrventils zur künstlichen Verbindung des Zylindersaugraumes mit der Saugleitung (Fig. 28). Das Öffnen und Schließen ist während des Betriebes möglich. Die Saugleistung wird auf $1/2$ vermindert.

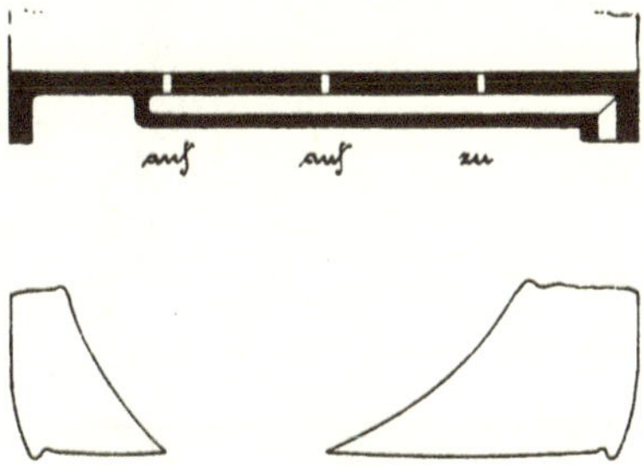

Fig. 52.

d) durch Öffnen und Schließen von Schlitzen in der Zylinderwand, die mit der Saugleitung in Verbindung stehen,

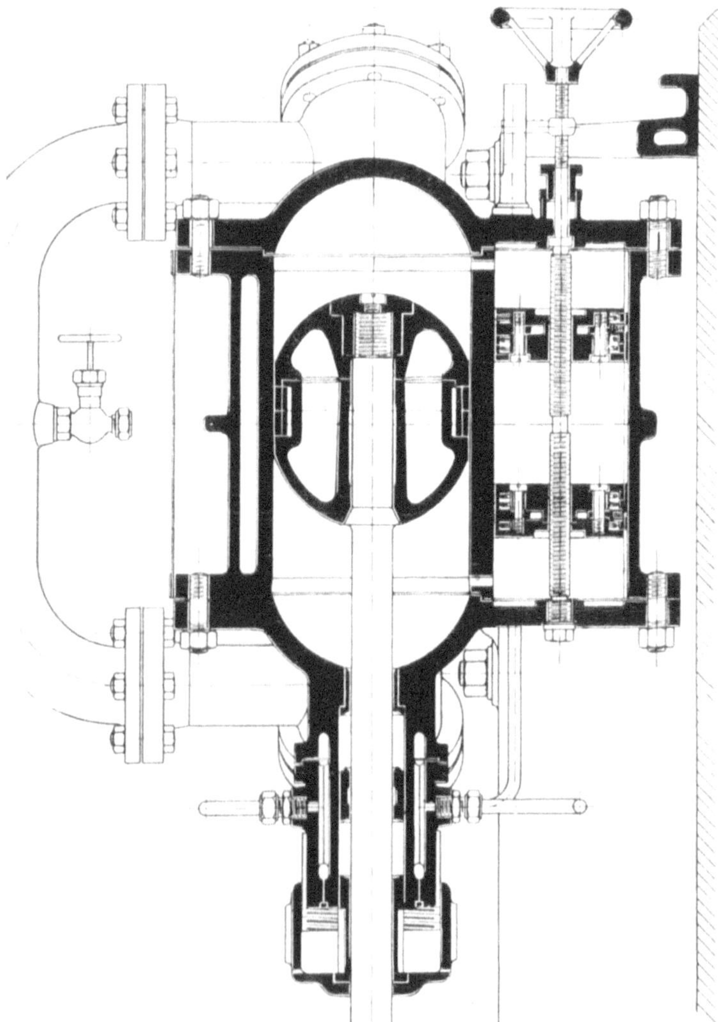

nach Fig. 52. Die Saugleistung kann auf $\frac{1}{2}$ bis 0 vermindert werden, aber nicht auf $\frac{3}{4}$.

Fig. 54.

Fig. 55.

e) nach A. Borsig, Tegel, durch künstliche Vergrößerung des schädlichen Raumes. Sie ist während des Betriebes möglich (Fig. 53 bis 55). Unter dem

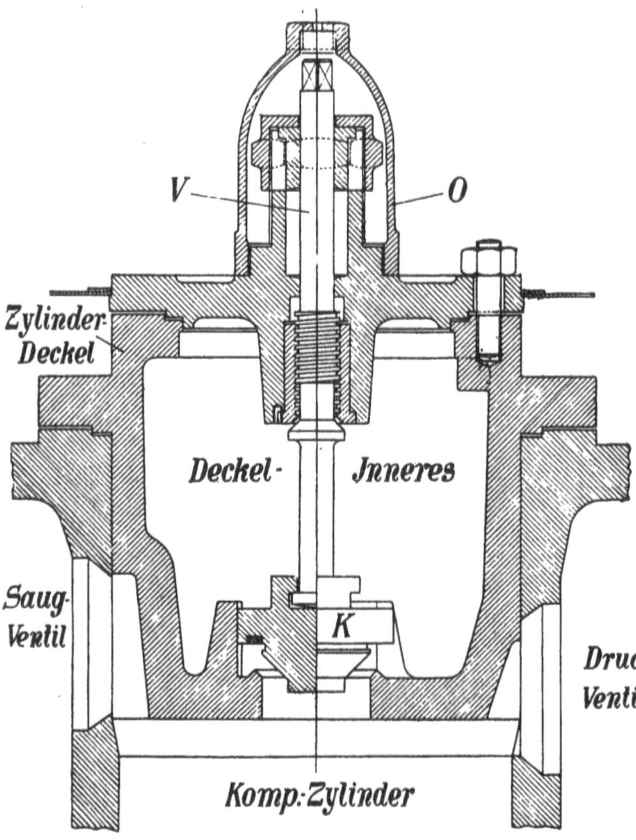

Fig. 56.

Zylinder ist ein Hilfszylinder angegossen, der mit dem Hauptzylinder in Verbindung steht. Durch eine Spindel mit Rechts- und Linksgewinde werden zwei dichte Kolben von Hand eingestellt. Diese Art der Regulierung bedingt trockenes Arbeiten, ist also bei SO_2 gut anwendbar, hat auch den Vorteil, daß der Gleichförmigkeitsgrad der Maschine nicht wesentlich verändert, eher verbessert wird. (Dies ist wichtig bei gleichzeitiger Arbeitsabgabe der Antriebsmaschine an Dynamomaschinen). Die Saugleistung kann beliebig vermindert werden.

Fig. 56. Der hohle Zylinderdeckel kann durch Anheben eines Ventiles mit dem Verdichterinneren verbunden werden. Die Verkleinerung der Leistung ist abhängig von dem Verhältnis des Hohlraumes im Deckel zum Hubvolumen.

f) durch Verminderung der Umlaufzahl. Hierbei ist Bedingung, daß der Wirkungsgrad der Antriebsmaschine durch die Verminderung der Umlaufzahl nicht wesentlich verschlechtert wird. Bei elektrischem Antrieb mit Drehstrom bietet sich ein sehr zweckentsprechendes Mittel dar in Form des verlustlos regelbaren Drehstrom-Kommutatormotors mit verstellbaren Bürstensätzen (Siemens-Schuckert-Werke), der unter Last anfährt, und dessen Umlaufzahl in weiten Grenzen verändert werden kann ohne wesentliche Beeinflussung des Wirkungsgrades[1]).

18. Grundgestelle, Geradführung, Kurbellager.

Konstruktionsbedingungen: Genügende Steifigkeit, so daß keine Durchbiegungen auftreten beim Bearbeiten, bei der Montage, im Betriebe[2]); Durchbiegungen würden nachteilig wirken auf das Dichthalten der Stopfbüchse; genaues Zusammenfallen der Achsen der Geradführung, der Stopfbüchse und des Zylinders nach der Montage und Unveränderlichkeit dieses Zusammenfallens im Betriebe. Elastische Bewegungen des Zylinders, des vorderen Deckels, der Kolbenstange (seitliches Ausbiegen), des Kreuzkopfes (wegen zu schwacher Lineale bzw. zu leichter Befestigung derselben) müssen unmöglich sein. Die Kurbellagerachse muß die Zylinder- und Geradführungsachse genau senkrecht schneiden. Der Lagerkörper muß stark genug sein und darf keine elastische Bewegung vollziehen. Die Gestelle werden unter dem Zylinder und den Ventilhauben meist zu Tropfwasserschalen ausgebildet.

---

[1]) S. Elektrotechn. Zeitschr. 1912, Nr. 19, S. 473.

[2]) S. auch Zeitschr. f. d. ges. Kälte-Ind. 1907, S. 21, 41, 68.

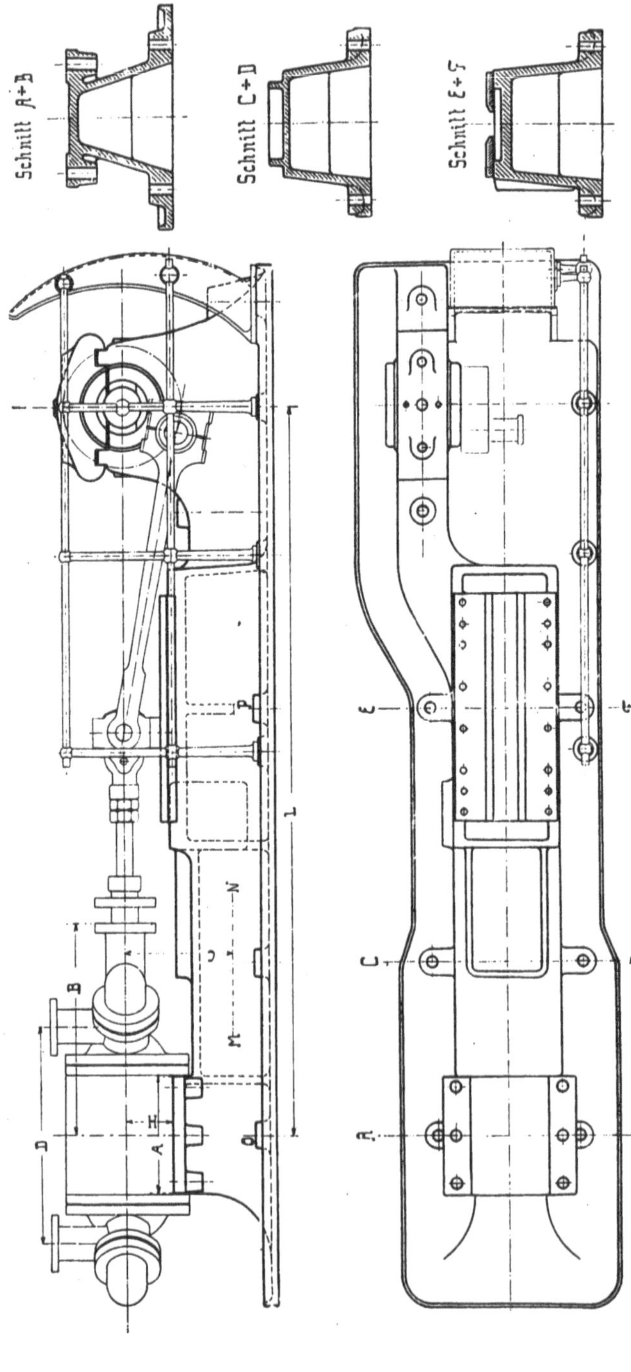

Fig. 57.

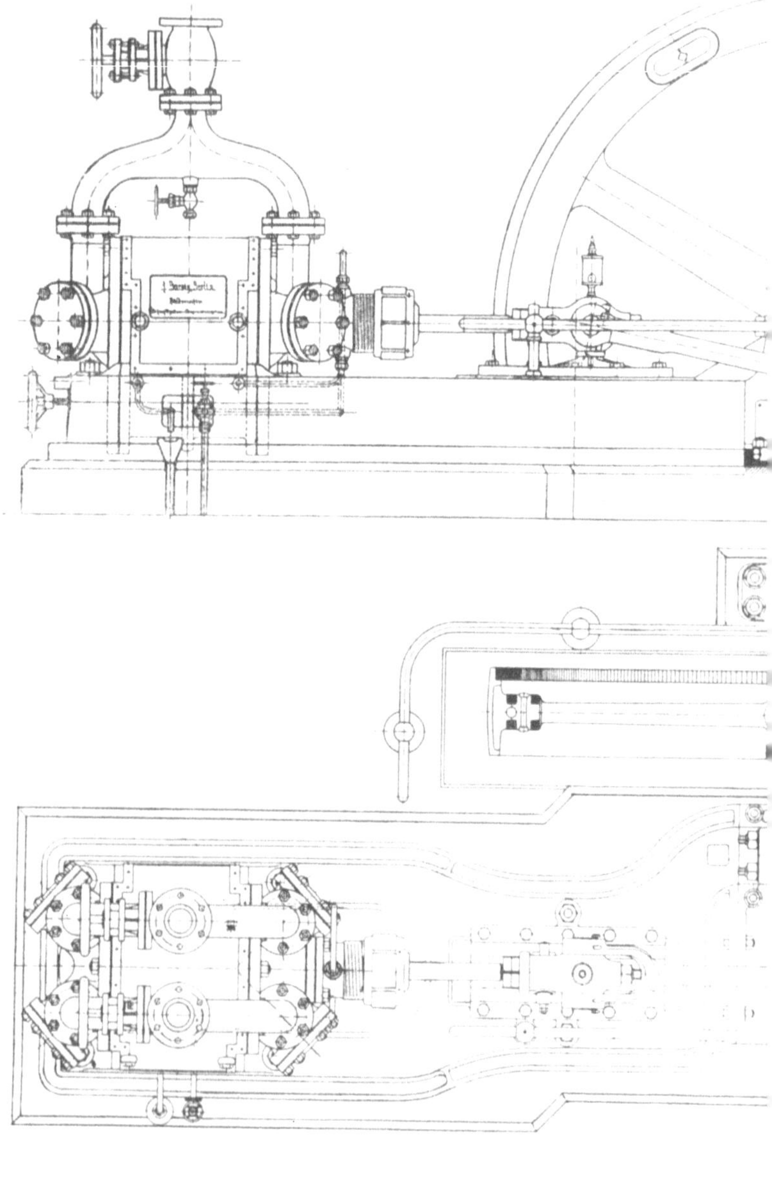

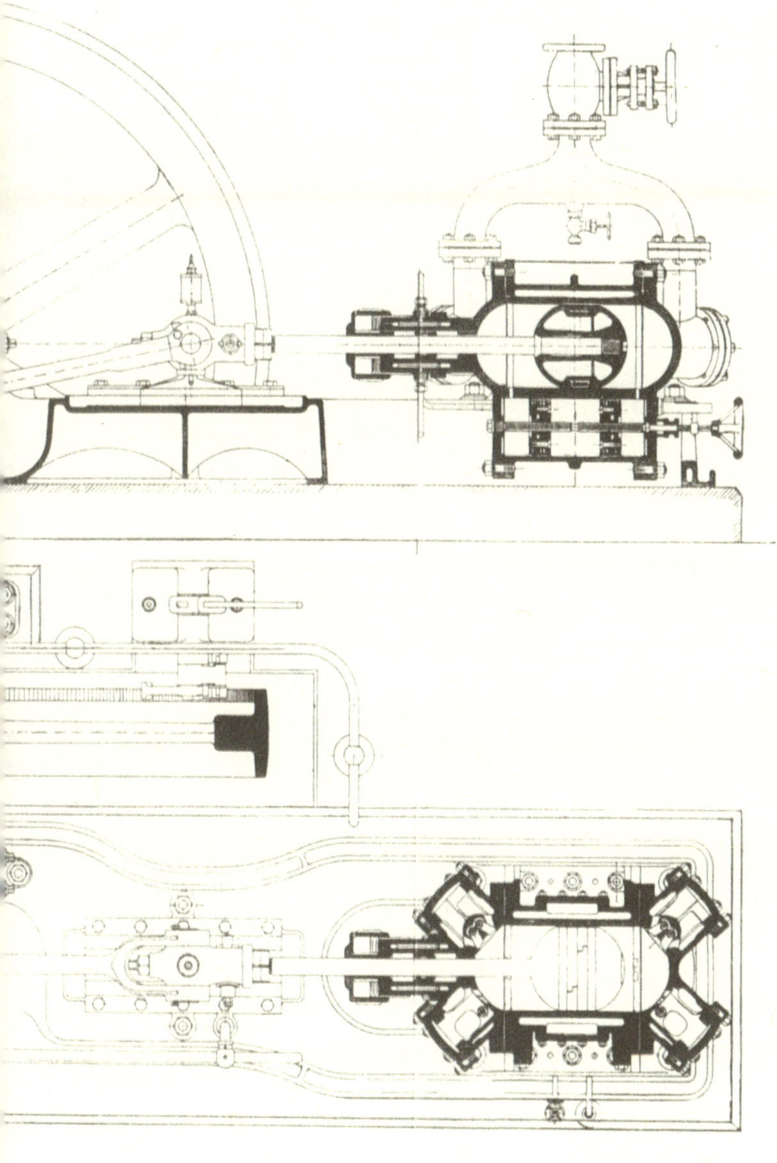

Druck und Verlag von R. Oldenbourg in München und Berlin.

Gestell mit flacher Geradführung und ebenem Fuß des Zylinders (Fig. 57). Auf Biegen des Gestelles in der neutralen Achse *MN* wirkt die Kolbenkraft am Hebel *C*, hiergegen muß Schnitt *C-D* hoch genug gemacht werden. Auf Kippen des Zylinders wirkt die Kolbenkraft am Hebel *H*. Hiergegen ist die Länge *A* des Fußes lang genug zu machen, die Flanschen in Schnitt *A-B* sind kräftig zu versteifen. Maßgebend ist hierbei nicht die Festigkeit der einzelnen Teile, sondern ihre elastische Bewegung, die nachteilig auf die Stopfbüchse und Kolbenstange und das Dichthalten der Rohranschlußflanschen wirkt (s. S. 65). Wenn die Kurbelstange von der Kurbel abgekuppelt wird (durch Öffnen des Marinekopfes), so wird sie hochgestellt. Die Antriebsmaschine kann dann für andere Zwecke ausgenutzt werden, die Kurbel des Druckverdichters läuft leer um.

Doppelgestell. Zwei Schubstangen wirken an einer gemeinschaftlichen Kurbel; entweder sind die beiden Zylinderachsen um die Breite der Kurbelzapfenschale einer Stange gegeneinander versetzt, oder sie fallen zusammen, dann muß der Kopf der einen Kurbelstange beim Kurbelzapfen gegabelt werden. (Dies gibt größere Gesamtlänge des Kurbelzapfens, größeres Biegungsmoment, größeren Zapfendurchmesser, größere Reibungsarbeit!)

Fig. 58 (Tafel). Doppelgestell einer Schwefligsäuremaschine (A. Borsig, Tegel). Das Gestell ist unter dem Zylinder gegabelt, dadurch können die Zylinderfüße mehr seitlich und näher an die Zylinderachse gebracht werden zur Verminderung des Kippmomentes. Betreffs der Zylinderkonstruktion mit Saugleistungsverminderung siehe S. 94. Das Gestell ist zweiteilig gegossen, durch Keile und Schrauben verbunden.

Fig. 59. Doppelgestell einer Kohlensäuremaschine (C. G. Hauboldt, Chemnitz). Die Verbindung der beiden Kolbenseiten geschieht hier außerhalb des Zylinders durch Rohre. Die Figur gibt ein Beispiel für den Anschluß mehrerer Saugleitungen an einen Zylinder. Jede Saugleitung kommt von einem Verdampfer; die Verdampfer ar-

Fig. 59.

beiten mit verschiedenen Verdampfungsdrücken; dies ermöglicht Arbeitsersparnis.

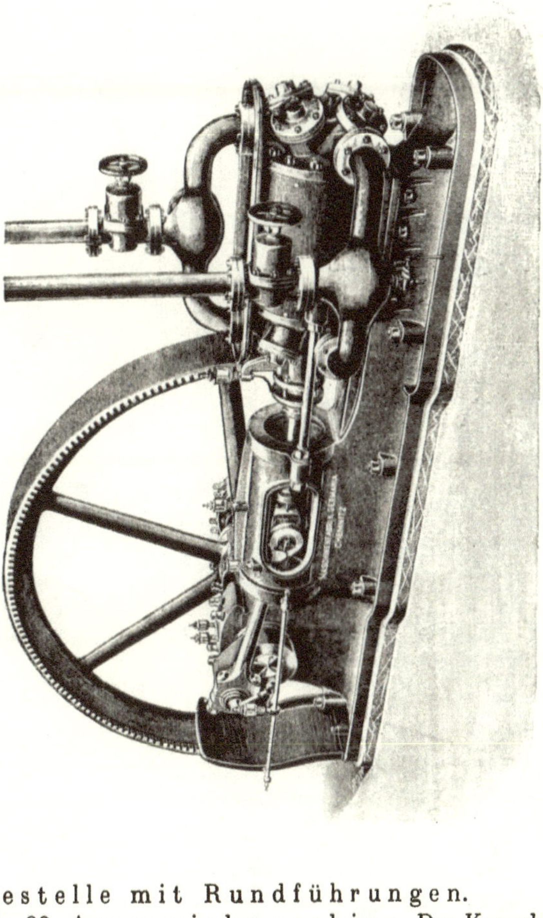

Fig. 60.

Gestelle mit Rundführungen.

Fig. 60. Ammoniakmaschine. Der Kreuzkopf hat Rundführung, der Zylinder ebenen Fuß. Die Bearbeitung ist etwas schwieriger, das Zusammenfallen der Achsen unsicherer als bei den folgenden Konstruktionen.

Fig. 61. Gestell für eine Kohlensäuremaschine (Escher, Wyß & Co., Zürich). Der Zylinder ist durch

Halbrundflansch zentriert. Das Gestell ist schwer und kräftig. Der Zylinder hat statt eines Absperrventils nur ein Rückschlag-

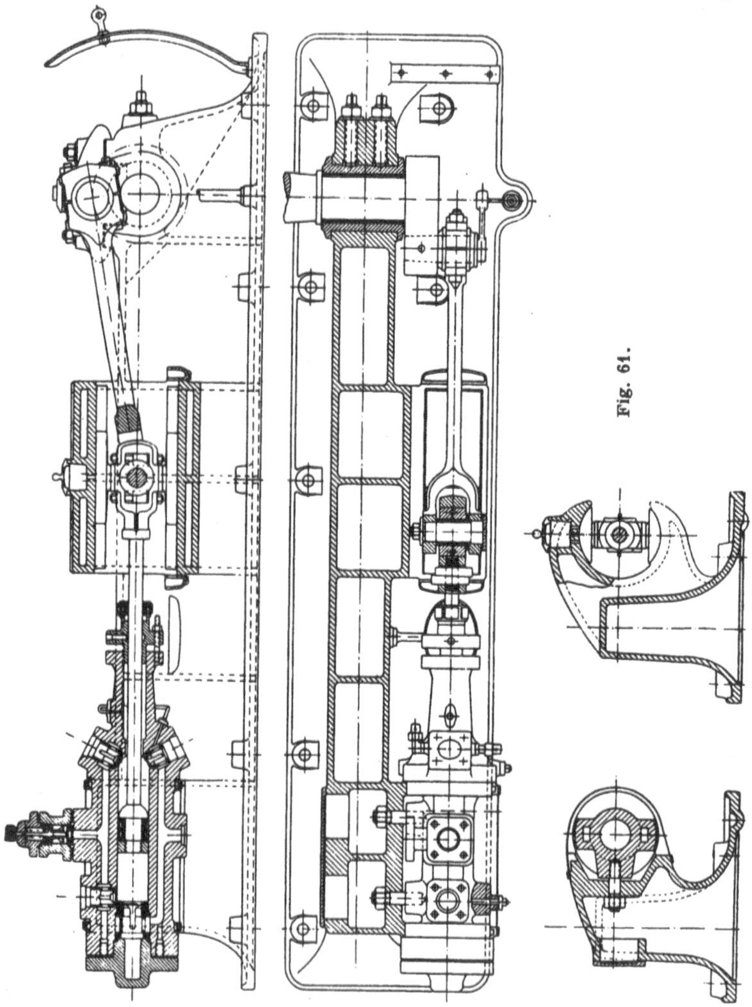

Fig. 61.

ventil in der Druckleitung. Das nächste Absperrventil befindet sich am Verflüssiger. Der Vorteil dieser Anordnung ist: geringere Gefahr, wenn das Absperrventil zufällig geschlossen

Druck und Verlag von R. Oldenbourg in München und Berlin

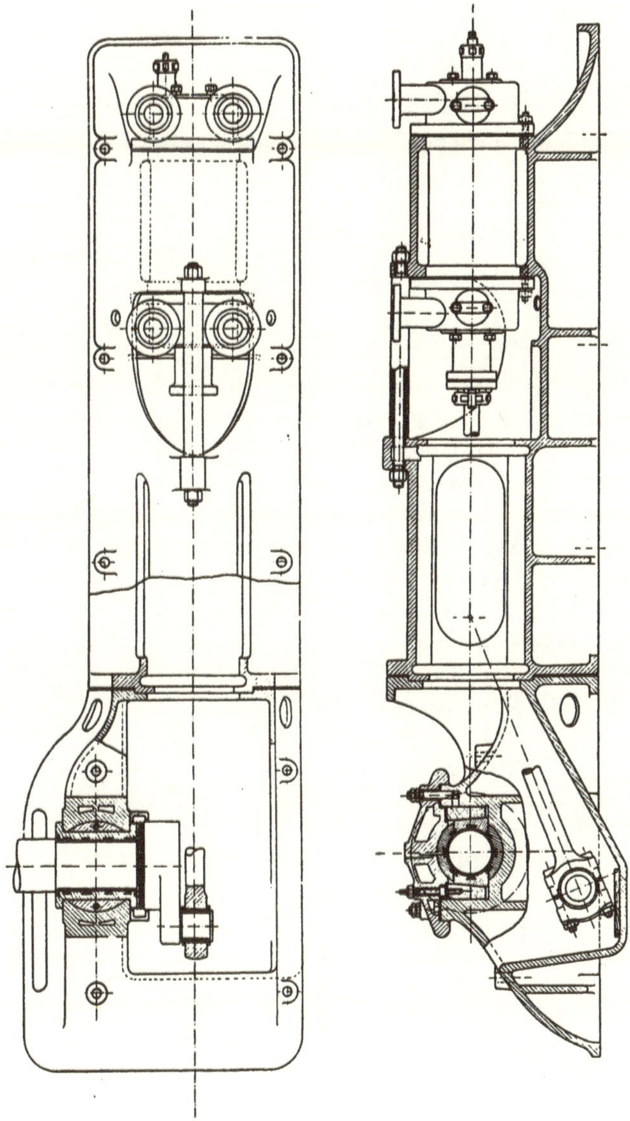

Fig. 63.

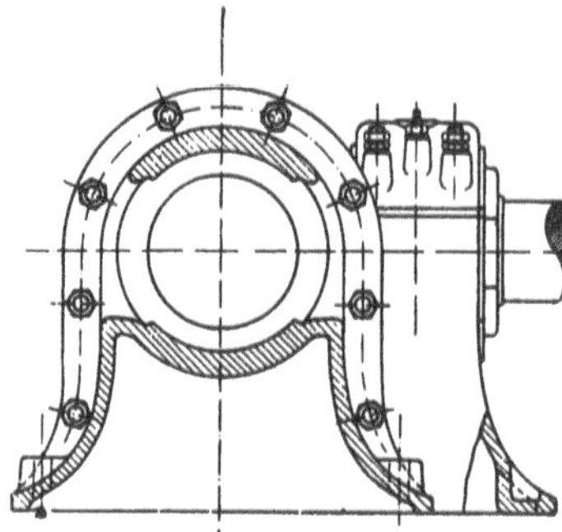

Fig. 64.

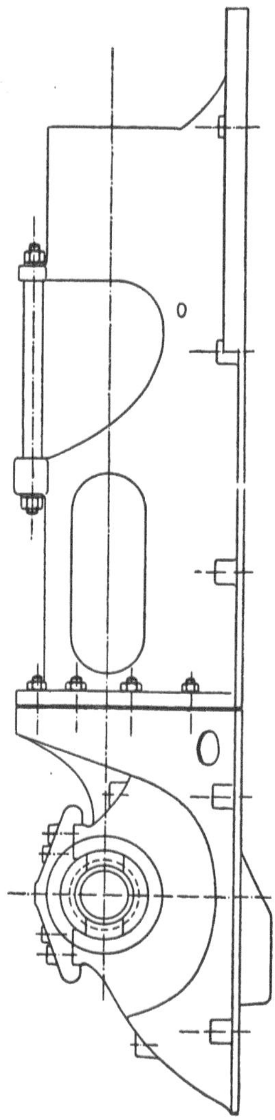

Fig. 65.

bleibt bei Inbetriebsetzung des Verdichters. Auf der vordern Zylinderseite ist das Druckventil in die Kugelausrundung gelegt. Vorteil: kleinerer schädlicher Raum.

Fig. 62. (Tafel). Kohlensäuremaschine (Hallesche Maschinenfabrik) mit Rundführung und unterer Halbrundlagerung des Zylinders.

Fig. 63—65. Amerikanisches Vorbild. Das Gestell hat Rundführung, der Zylinder ist in einen runden Zylindersitz eingepaßt, letzterer wird mit dem Rundführungsteil durch eine Zug- und Druckstange verbunden. Diese wird so bemessen, daß sie sich nicht über ein zulässiges Maß dehnt und kürzt während des Betriebes. Durch Anziehen der Zylinderdeckelschrauben werden sowohl die Deckel abgedichtet als auch der Zylinder in seinem Sitz festgemacht. Der Kurbellagerteil ist durch Rundnut im Geradführungsteil zentriert und durch Flanschenschrauben mit diesem verbunden. Das Lager ist ausgestattet mit zylindrisch geführten Nachstellkeilen der seitlichen Lagerschalen. Schiefes Anziehen der Schalen ist hierdurch vermieden. Im Aufriß der Fig. 63 ist die Kurbelstange in ausgehängtem Zustande gezeichnet. Die Geradführung muß so weit sein, daß in diesem Falle die Kurbel an der Stange vorbeikommt.

Fig. 66.

Schwefligsäure - Druckverdichter (Schüchtermann & Kremer, Dortmund). Fig. 35, S. 79. Das Gestell hat Rundführung. Die Ventile liegen wie bei dem NH_3-Verdichter von A. Borsig seitlich im Zylinder. Der Zylinder und der vordere Deckel, damit zugleich die Stopfbüchse, haben Wasserkühlung. Die Befestigung geschieht durch Rundflansch. Der Zylinder ist hinten gestützt.

Fig. 66 Ammoniak - Doppeldruckverdichter (Gesellschaft für Lindes Eismaschinen, Maschinenfabrik Augsburg). Der Zylinder ist in einem Rundflansch eingesetzt. Diese Konstruktion ist nur bei großen Verdichtern möglich, bei kleinen werden die vorderen Ventile unzugänglich. Der Lagerkörper wird für sich gegossen und an die Rundführung durch Flanschen und Schrauben angeschlossen.

Fig. 67. Ammoniak - Druckverdichter (Maschinenfabrik Augsburg - Nürnberg). Der Zylinder ist in einem Rundsitz eingepaßt; ähnlich wie bei Fig. 63 ist dieser Rundsitz durch ein unteres Verbindungsstück und oben durch eine kräftige Zug- und Druckstange mit der Gerad-

Fig. 67.

führung verbunden. Der Lagerteil beim Doppelgestell ist besonders gegossen und mit der Geradführung verschraubt.

Ammoniak-Verdichter für 400000 WE (A. Borsig, Tegel.) Fig. 68 u. 56, S. 94: Lagerteil, Geradführung und Zylinder sind nur durch Drehflächen verbunden. Die Einzelgußstücke sind kleiner als bei der Form nach Fig. 58. Die Ventile sitzen im Zylinder, statt im Deckel, und sind leicht zugänglich. Beim Lösen und Abnehmen des Deckels brauchen die Saug- und Druckleitungen nicht abgelöst zu werden. Der Zylinder ist mit Kühlwassermantel versehen. Dies deutet darauf hin, daß der Verdichter trocken ansaugen soll. Der Zylinder kann bei der Montage so gedreht werden, daß der

Fig. 68.

Anschluß der Saug- und Druckleitung bequem geschehen kann, je nach der Richtung, in welcher die Leitungen weggehen. Für die Gießerei bietet diese Ausführung gewisse Vorteile gegenüber der Form Fig. 58, bei der sich die lange Platte leicht verzieht.

19. Besondere Ausrüstung des Druckverdichterzylinders.

Fig. 69. In der Saugleitung ist möglichst nahe am Zylinder ein Siebtopf (s. S. 128), vor der Gabelung der Saugleitung ein zuverlässiges Absperrventil (s. S. 119), an dem Gabelrohr ein Stutzen mit Hahn zum Einsaugen von Luft[1]), dicht vor dem Anschluß an die Deckel je ein Thermometereinsatz für genauere Untersuchungen. (Diese Einsätze fehlen

[1]) Weitere Verwendung dieses Hahnes siehe Heinel, »Bau und Betrieb von Kältemaschinenanlagen«.

in der Regel, da sie nur in Ausnahmefällen nötig sind.) In der Druckleitung: je ein Thermometereinsatz zum Messen der Verdichtungstemperatur (fehlen in der Regel), im Gabelrohr ein Stutzen mit Hahn und Rohr für den Schlauchanschluß zum Druckablaß vor dem Öffnen des Zylinders. Dieser Stutzen ist zweckmäßigerweise nach oben

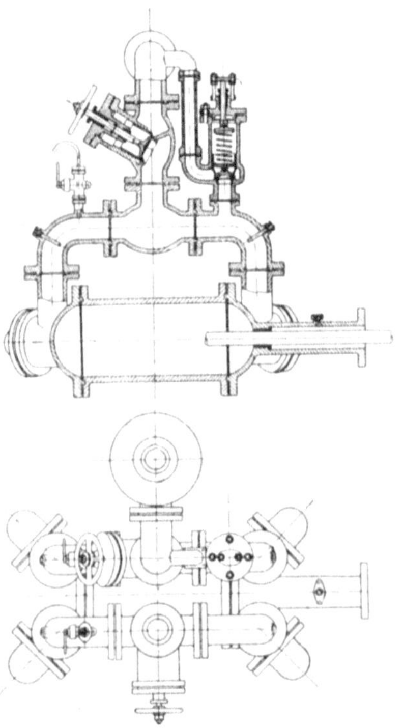

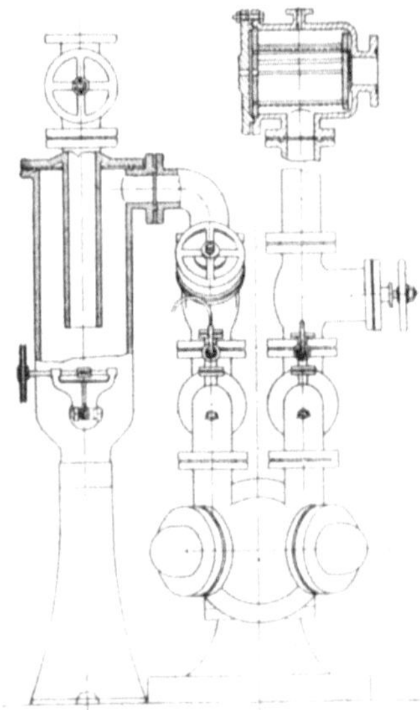

Fig. 69.

gerichtet zur Vermeidung von Verunreinigung, die sehr unangenehme Folgen haben kann (s. S. 109), hinter der Vereinigung der Gabel sitzt ein zuverlässiges Absperrventil, das häufig zugleich Rückschlagventil ist. Auf der Gabel sitzt häufig ein Sicherheitsventil. Ammoniak und Schwefligsäure dürfen nicht aus dem Sicherheitsventil ins Freie (bzw. in den Maschinenraum) geleitet werden, man leitet sie entweder in die Saugleitung zurück (Nachteil: ständiger kleiner Verlust an Fördermenge) oder in die Druckleitung hinter dem Absperrventil (Fig. 69) (Nachteil: wenn das Sicherheitsventil nicht ganz dicht ist, Erschwerung der Arbeit am geöffneten Zylinder).

Das Sicherheitsventil (Fig. 70, A. Borsig, Tegel) ist zugleich Umlaufventil zur vorübergehenden Entlastung beim Anfahren.

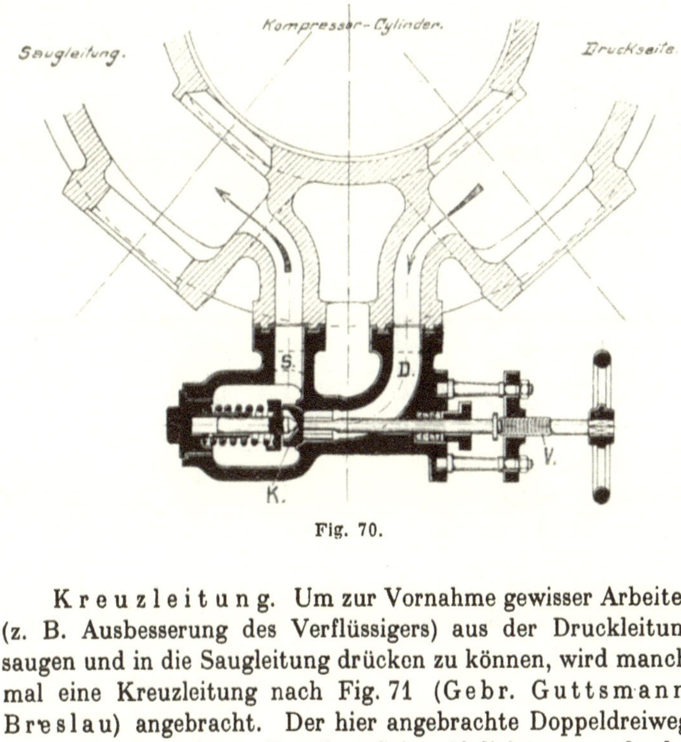

Fig. 70.

Kreuzleitung. Um zur Vornahme gewisser Arbeiten (z. B. Ausbesserung des Verflüssigers) aus der Druckleitung saugen und in die Saugleitung drücken zu können, wird manchmal eine Kreuzleitung nach Fig. 71 (Gebr. Guttsmann, Breslau) angebracht. Der hier angebrachte Doppeldreiweghahn erspart mehrere Ventile. Seine Abdichtung muß aber sehr sorgfältig sein. (Bester Guß, genauestes Einschleifen.)

Indikatorhähne. Für Schwefligsäure verwendet man die gewöhnlichen Dampfmaschinen-Indikatorhähne, für Ammoniak die gleiche Form der Hähne, aber aus Eisen mit eisernem Kükengriff. Für Kohlensäure sind Hähne nicht gut verwendbar, statt dessen Ventile aus Rotguß nach Fig. 72.

Zur Wiederherstellung des atmosphärischen Druckes unter dem Kolben des Indikators wird nach Schließung des Ventils eine Entlüftungsschraube aus Stahl geöffnet.

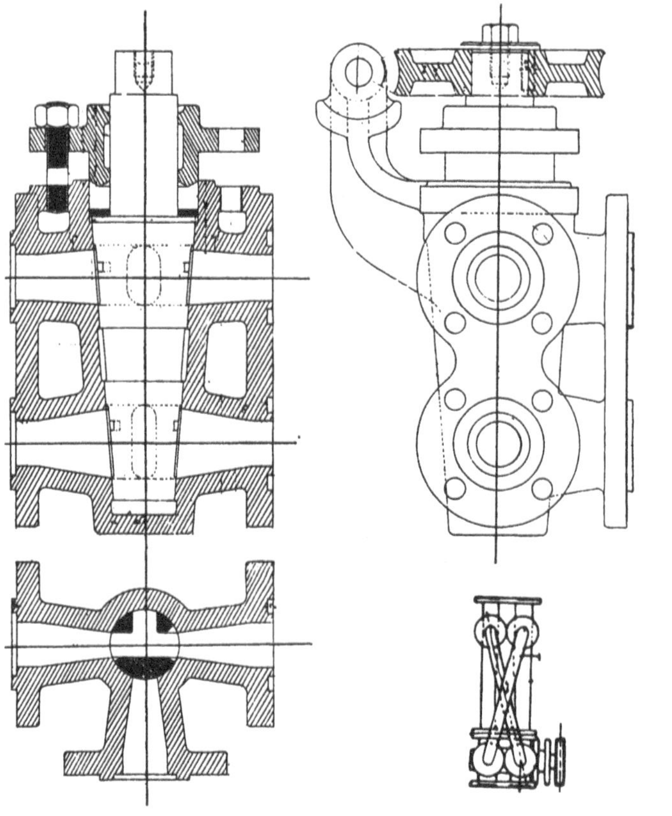

Fig. 71.

G a b e l u n g d e r S a u g l e i t u n g z u m A n s c h l u ß m e h r e r e r Z y l i n d e r. Sind mehrere Zylinder an die gleiche Saugleitung angeschlossen, so müssen die Zweigleitungen von der Gabelung bis zu den Zylindern genau gleich lang sein, sonst arbeitet der Zylinder mit längerer Saugleitung stark überhitzt, während der andere unter Umständen naß saugen muß, wenn die Überhitzung im ersten ein gewisses Maß nicht überschreiten soll. Also arbeiten beide Zylinder mit ungünstigem Wirkungsgrad. Bei der Anordnung nach Fig. 73 sind die Saugleitungen nicht gleich lang. Zur Vermeidung des eben erwähnten Übelstandes sind aber die Kurbeln der beiden Maschinen gegeneinander versetzt, so daß die Saugzeiten nicht zusammenfallen.

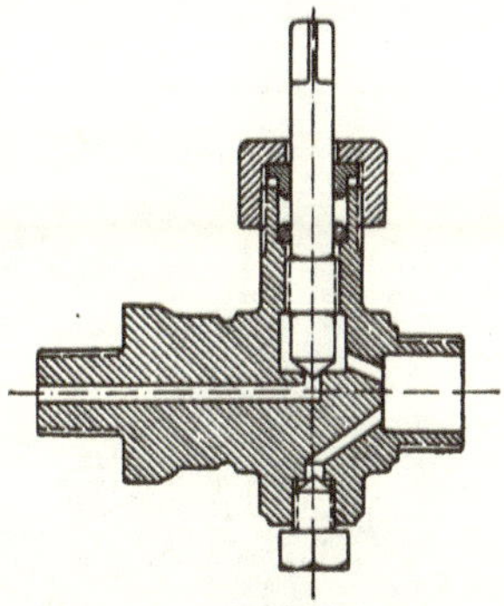

Fig. 72.

20. Die Untersuchung der Druckverdichter.

Öffnen des Zylinders. Das Ventil in der Saugleitung wird abgesperrt, nachdem einige Zeit stark überhitzt gearbeitet wurde, damit kein flüssiges Ammoniak im Zylinder und in den Gabelrohren bleibt. Darnach folgen noch einige Umdrehungen und dann gleichzeitiges Absperren des Ventils in der Druckleitung und Stillsetzen der Maschine. Dann wird ein Schlauch an den Druckablaßstutzen am Druckgabelrohr angeschlossen, das Schlauchende in Wasser getaucht. Die Fenster und Türen werden geöffnet. Der Hahn am Druckablaßstutzen wird langsam geöffnet. Ist der Hahn durch Unreinigkeit verstopft (s. S. 106), so ist seine Reinigung umständlich und gefährlich, wenn man nicht vorher den Druck durch vorsichtiges Öffnen eines Flansches langsam entfernt. Deshalb ist der Druckablaßstutzen nach oben gerichtet anzuordnen. Öftere Erneuerung des durch Absorption des Ammoniaks warm werdenden Wassers ist nötig. Allmählich wird der Hahn ganz geöffnet, bis kein Druck mehr im Verdichter ist. Ist ein Luftansaugestutzen vorhanden, so kann man nach Wiederingangsetzen der Maschine durch diesen Luft ansaugen und durch den Druckablaßstutzen wieder ausblasen. Dann setzt man wieder still. Der Ventildeckelflansch wird bei geöffnetem Entlüftungshahn vorsichtig gelüftet, ohne die Muttern von den Schrauben abzunehmen.

W i e d e r i n g a n g s e t z e n d e s V e r d i c h t e r s. Vor Inbetriebnahme muß die in den Zylinder eingedrungene

Fig. 73.

Luft entfernt werden: Man befestige den Schlauch am Druckablaßstutzen und lege das Schlauchende ins Wasser. Der Lufteinsaughahn wird geschlossen. Den Druckablaßhahn lasse man offen. Die Maschine wird in langsame Umdrehung versetzt. Dann wird das Absperrventil in der Saugleitung einen kurzen Augenblick geöffnet und wieder geschlossen. Das hierdurch eingedrungene Ammoniak läßt man durch den Schlauch ins Wasser ausströmen. Dieser Vorgang wird wiederholt, bis aus dem Wasser keine Luftblasen mehr aufsteigen. Dann wird gleichzeitig der Druckablaßhahn zu- und das Absperrventil in der Druckleitung aufgemacht und hierauf erst das Saugleitungsabsperrventil ganz geöffnet. Alle Absperrventile in der Druckleitung hinter dem Ölabscheider müssen vorher geöffnet sein.

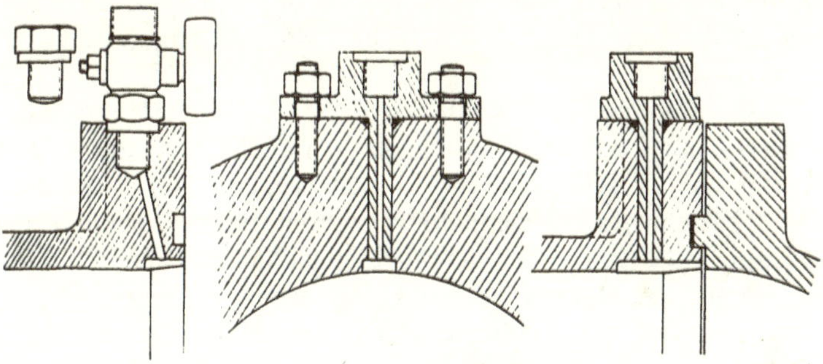

Fig. 74. Fig. 75.

Die Untersuchung mit dem Indikator. Zur Beurteilung der Wirksamkeit der einzelnen Teile des Kompressors einer Kühlmaschine ist eine Untersuchung desselben mit dem Indikator notwendig. Eine solche sollte bei jeder Maschine kurz nach deren Fertigstellung und alsdann wenigstens einmal alle 2 Jahre vor Schluß der Betriebssaison stattfinden. Zu diesem Zwecke versehen alle guten Fabriken ihre Verdichterzylinder mit Indikatorstutzen, welche der Länge nach bis in das Zylinderinnere durchbohrt und für gewöhnlich durch eine Schraube oder einen Flansch (s. Fig. 74 und 75) verschlossen, außerdem aber mit einem Gewinde oder einem Paßstück zum Anbringen des Indikatorhahnes versehen sind. Die Indikatorbohrung kann nach Fig. 74 und 75 im Flansch des Zylinders oder (nach Germania, Chemnitz) im Flansch des Zylinderdeckels sitzen. Es ist in hohem Grade zu bedauern, daß man sich zurzeit noch nicht auf bestimmte Normalien für diese Gewinde und Anschlußstücke geeinigt hat, so daß fast jedesmal Zwischenstücke vor der Untersuchung erst beschafft werden müssen. Dies bereitet vor allen Dingen bei Ammoniak- und Kohlensäuremaschinen Schwierigkeiten, da bei diesen die Indikatoröffnung, um den schädlichen Raum nicht unnötig zu vergrößern, durch einen Stift verschlossen wird, der vermöge seiner langen Führung nicht leicht zu entfernen ist. Besser wäre es darum, wenn man sich entschließen wollte, gleich von vornherein die Öffnung mit einem Flansch (nach Fig. 75), an dem sowohl das Gewinde zur Aufnahme des Hahnes wie auch der durchbohrte Stift zur Ausfüllung des überflüssigen schädlichen Raumes angebracht ist, zu versehen.

Als Indikatoren[1]) kann man für Schwefligsäure ohne weiteres die für Dampfmaschinen gebräuchlichen anwenden, für Ammoniak dagegen müssen besondere, ganz aus Eisen und Stahl bestehende Instrumente verwendet werden, deren Einrichtung indessen mit den gebräuchlichen übereinstimmt[2]). Die früher manchmal verwendeten Plattenfederindikatoren haben sich gegenüber den Kolbeninstrumenten infolge der ungleichmäßigen Durchbiegung der Plattenfeder nicht bewährt, trotzdem sie kein Ammoniak hindurchtreten lassen. Um den Einfluß der Temperatur im Innern des zu untersuchenden Zylinders auf die Indikatorfeder auszuschalten und dadurch die Genauigkeit der Angaben des Indikators zu erhöhen, finden neuerdings Indikatoren mit außenliegender Feder häufig Anwendung. So wichtig diese Neuerung insbesondere

---

[1]) Über die Einrichtung und Handhabung der Indikatoren siehe P. H. Rosenkranz, »Der Indikator und seine Anwendung«. 6. Aufl. Berlin 1900.

[2]) Gelegentlich hat Verfasser auch NH_3-Kompressoren mit gewöhnlichen Bronzeindikatoren ohne Gefährdung derselben geprüft, allerdings unter Beobachtung der Vorsichtsmaßregel, die Kolben nach jeder Indizierung herauszunehmen, zu putzen und in frisches Kompressoröl eingetaucht wieder einzusetzen. Ebenso wurden die Indikatorzylinder nach jeder Indizierung mit frischem Bakuöl ausgespült.

für Dampfmaschinen wegen der hohen und jedenfalls durchaus über der atmosphärischen liegenden Dampftemperatur ist, so spielt sie doch für Kühlmaschinenkompressoren nur eine untergeordnete Rolle, da in denselben die Temperatur des Kälteträgers um einen mit der Lufttemperatur nahe übereinstimmenden Mittelwert schwankt, so daß sich die Temperatureinflüsse im ganzen nahezu ausgleichen. Dieselben wären erst dann in Rücksicht zu ziehen, wenn sich die Untersuchung auf den speziellen Verlauf der Zustandsänderungen im Zylinder erstreckt, so daß hierfür nur Indikatoren mit freiliegender Feder verwendet werden sollten. Bei Kohlensäuremaschinen wird der Druck so groß, daß man mit dem gewöhnlichen, 20 mm im Durchmesser haltenden Indikatorkolben nicht auskommt, sondern kleinere, entweder im unteren engeren Teile des Indikators laufende Kolben von 10 mm oder noch kleinere von 6 mm, in einer dort eingeschraubten Büchse laufende sog. Riedlerkolben einsetzen muß.

Das Öffnen der Indikatorstutzen zum Anschrauben der Indikatorhähne geschieht nach der auf S. 109 gegebenen Anweisung zum Öffnen des Zylinders. In die erhaltenen Indikatordiagramme trägt man möglichst sofort danach als gerade Linien die Verflüssiger- und Verdampferspannung nach den Manometerangaben ein, zu welchem Zwecke die Manometer vorher mit den Indikatorangaben verglichen werden müssen. Zu diesem Zwecke sollten an den Manometern Vorrichtungen zum Anschrauben des Indikators vorhanden sein.

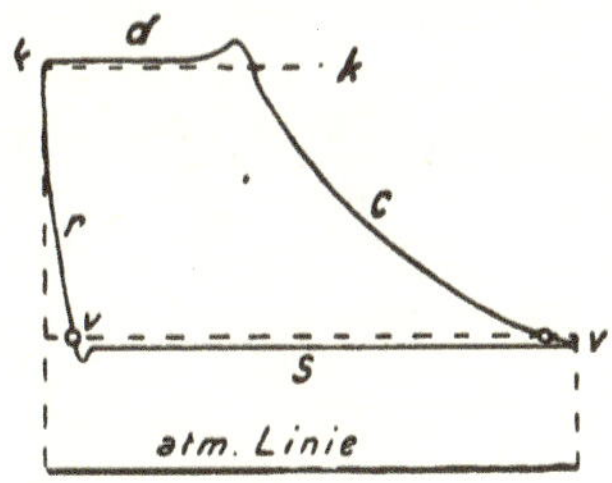

Fig. 76.

Sind alle Teile der Maschine in ordnungsgemäßem Zustande, so erhält man Diagramme nach Fig. 76, deren Sauglinie s nur wenig unter der Verdampferspannung vv und deren Drucklinie d etwas höher als die Verflüssigerspannung kk verläuft. Die zur Öffnung beider Ventile benötigte Arbeit zeigt sich als schwaches, in der Sauglinie nach unten, in der Drucklinie nach oben gerichtetes Horn, der Einfluß des schädlichen

Raumes ist an dem Verlaufe der Rückausdehnungskurve *r* zu erkennen, welche die Verdampferspannung erst nach dem Hubwechsel schneidet und so das tatsächliche Saugvolumen verringert, ganz abgesehen davon, daß die Dämpfe beim Verdichter nicht mit der Verdampferspannung, sondern mit der etwas niederen Saugspannung aufgenommen werden. Diese Tatsache hat dann zur Folge, daß die Kompressions- oder Verdichtungskurve *c* im Diagramm ebenfalls erst nach dem Hubwechsel die Verdampferspannung erreicht, so daß der Verdichter statt seines durch die Länge *v v* angedeuteten theoretischen Volumens ein kleineres Saugvolumen für Dämpfe mit Verdampferspannung besitzt. Will man die indizierte Arbeit ermitteln, so bestimme man den Inhalt der von der angezogenen Linie eingeschlossenen Fläche aus einer Anzahl von Diagrammen, die in Zeiträumen von je 10 bis 30 Minuten gewonnen werden, entweder mit Hilfe des Planimeters oder durch Teilung in 10 vertikale Streifen, deren einzelne mittlere Längen addiert und durch 10 geteilt werden, wodurch sich die mittlere Höhe des Diagrammes in Millimetern ergibt. Da man nun für jede Indikatorfeder weiß, wieviel Millimeter der Spannung von 1 kg/qcm entsprechen, so kennt man auch sofort die mittlere indizierte Spannung, welche, mit der Kolbenfläche im qcm multipliziert, den mittleren Kolbendruck in kg ergibt. Dieses Verfahren ist, da die Kolbenfläche infolge der Stangendicke vorn und hinten verschieden ausfällt, für beide Seiten zu wiederholen. Multipliziert man darauf den Mittelwert beider Kolbendrücke mit dem Kolbenweg in der Sekunde, d. h. mit dem doppelten Hube und der sekundlichen Umdrehungszahl, so ergibt sich die Arbeit in m/kg, und durch 75 dividiert in Pferdestärken.

Hat man z. B. einen Ammoniakverdichter von 25 cm Durchmesser bei einer Stangendicke von 5,5 cm und einem Kolbenhube von 40 cm = 0,4 m, so wird die

Kolbenfläche vorn 467,11 qcm, hinten 490,87 qcm betragen. Weiterhin mögen sich aus den Diagrammen der

mittlere indizierte Druck vorn zu 2,92 kg/qcm, hinten zu 3,01 kg/qcm ergeben, so folgen die

Kolbendrücke vorn 1363,96 kg, hinten 1477,52 kg oder im Mittel 1420,74 kg.

Vollzieht der Verdichter 60 Umdrehungen in der Minute, so entspricht dies einem sekundlichen Wege von 2 · 0,4 = 0,8 m oder einer Leistung von 1420,74 · 0,8 = 1136,59 m/kg pro Sekunde oder 15,155 PS.

Das Indikatordiagramm ist indessen auch geeignet, etwaige Fehler am Verdichter anzuzeigen. So wird z. B. ein zu großer schädlicher Raum in Fig. 77 einen flachen Verlauf der Rückausdehnungslinie und damit eine ungenügende Aus-

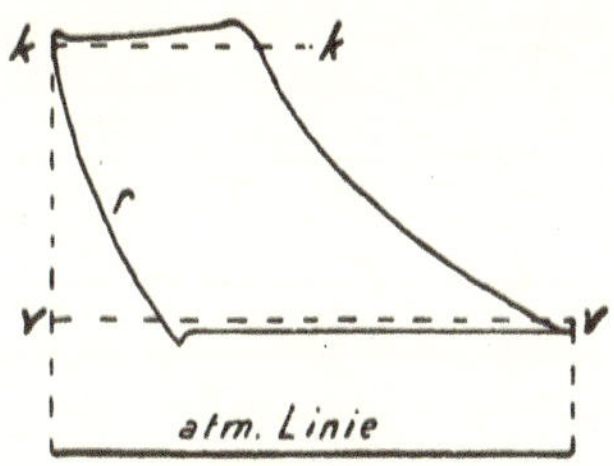

Fig. 77.

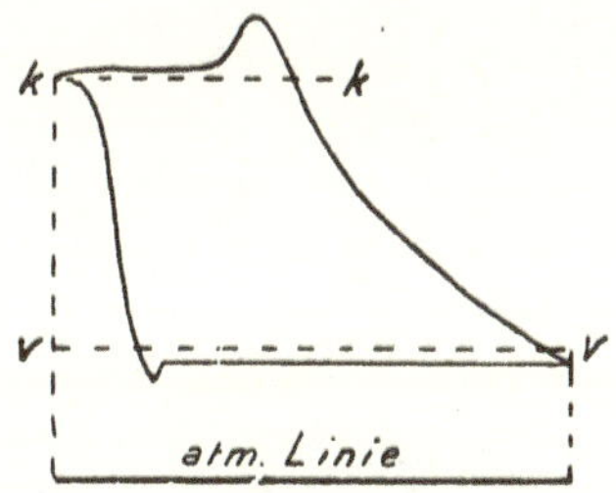

Fig. 78.

nutzung des Saugvolumens zur Folge haben. Eine ganz ähnliche Wirkung hat das Festklemmen des Druckventils (Fig. 78) in geöffneter Stellung etwa durch schräge Lage der Spindel in ihrer Führung. Dieser Mangel, der nach längerem Gange sich manchmal einstellt, bewirkt oft auch ein etwas verspätetes Öffnen des Druckventils unter starkem Arbeitsaufwand (großes Horn in der Drucklinie). Da nach dem Öffnen das locker gehende Ventil sich sofort bei voller Öffnung festsetzen wird, so ist der weitere Verlauf der Drucklinie ganz günstig, und erst beim Schlusse im Momente des Hubwechsels tritt der Fehler wieder in obiger Weise hervor.

Das Druckventil kann aber auch bei großem Hube von seinem Sitze zurückprallen. Dies gibt sich durch einen Haken in der von dieser Stelle (Fig. 79) sehr flach verlaufenden Rückexpansionslinie kund und hat ebenfalls eine sehr schlechte Ausnutzung des Hubvolumens zur Folge. Verläuft, wie in Fig. 80, die Rückexpansion von dem Haken aus normal, so liegen keine Fehler im Ventilspiele, sondern nur *Klemmungen des Indikatorkolbens* vor.

Bedeutende Arbeitsverluste entstehen ferner durch *zu große Widerstände in den Saug- und Druckleitungen*, *zu starke Belastung der Ventile*, bzw. *falsche Einstellung* etwa vorhandener *Luftpuffer* an denselben (s. Fig. 81), welche sich durch großen Abstand der betreffenden Linien von der Verdampfer-

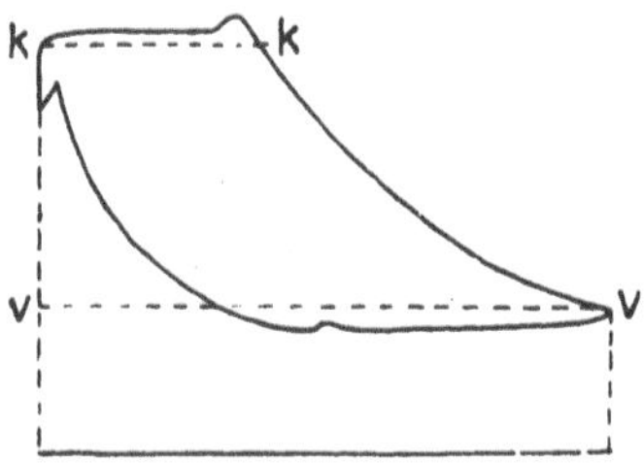

Fig. 79.

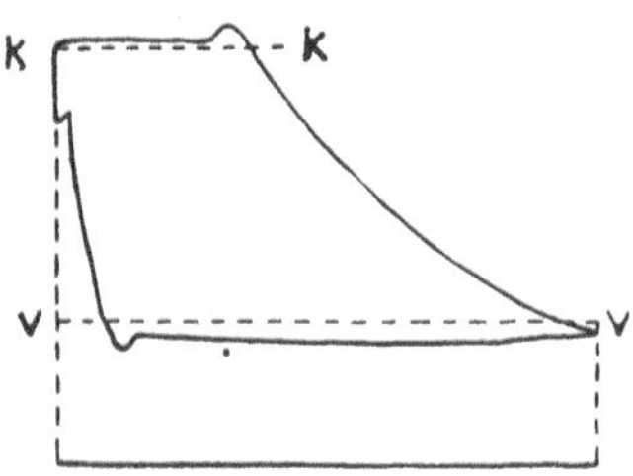

Fig. 80.

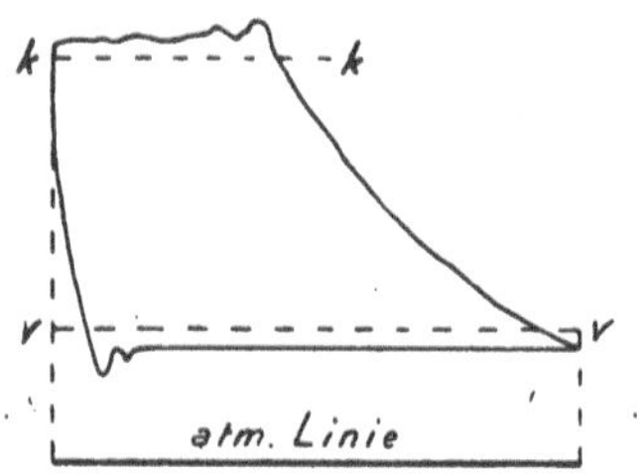

Fig. 81.

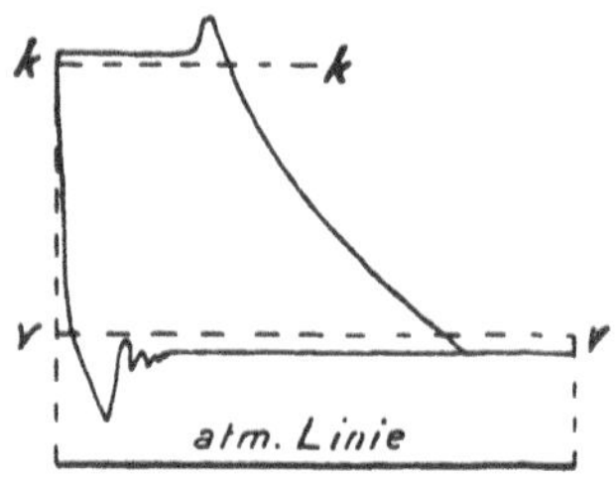

Fig. 82.

oder Verflüssigerspannung verraten. In solchem Falle wird man zunächst die Ventilfedern durch schwächere ersetzen, bzw. dem Luftpuffer mehr Spiel geben und erst, wenn dies ohne nennenswerten Erfolg sein sollte, nach Verengungen (welche natürlich nicht etwa durch ungenügendes Öffnen der Saug- und Druckabschließungen verursacht sein dürfen) in den Leitungen suchen. Diese sind alsdann sofort zu beseitigen.

Ein *Festklemmen des Saugventils* wird in geschlossenem Zustande eine beträchtliche Drucksenkung vor Beginn des Saugens und damit in Fig. 82 die Entstehung eines großen Hornes in der Sauglinie verursachen, während es in geöffnetem Zustande eine große Verspätung der Verdichtung, d. h. den Verlust eines Teiles des Kolbenwegs zur Folge hat.

Starke Undichtheiten der Ventile verraten sich im Diagramm (Fig. 83) durch Wegfall der Hörner und sanfte Übergänge der Verdichtungskurve in die Drucklinie und der Rückausdehnungskurve in die Sauglinie; außerdem aber verläuft die Verdichtungskurve fast geradlinig und steil, solange die Undichtheit des Druckventils, und flach, wenn die des Saugventils überwiegt.

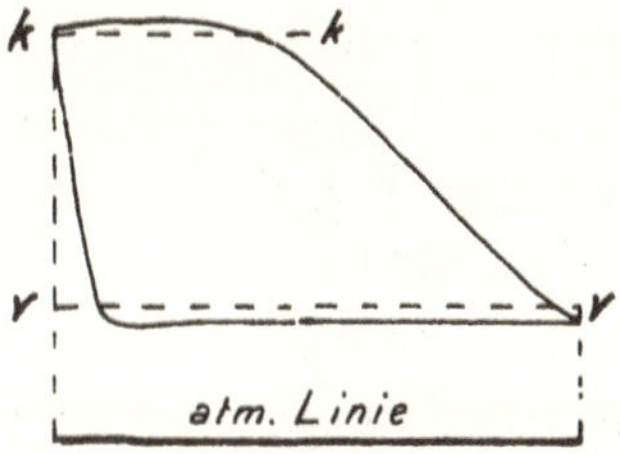

Fig. 83.

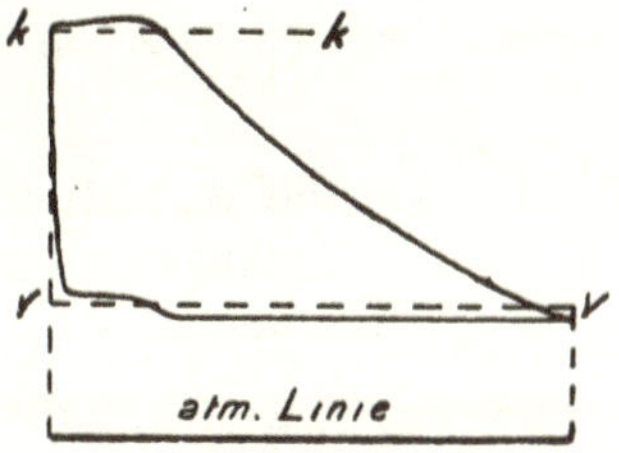

Fig. 84.

Starke Undichtheiten des Kolbens verursachen ein Überströmen von einer Seite zur andern, d. h. eine zu langsame Drucksteigerung auf der Verdichtungsseite und damit einen sehr flachen Verlauf der Verdichtungskurve (Fig. 84). Die zu späte und darum sehr plötzliche Öffnung des Druckventils in diesem Falle ist sofort durch heftige Schläge desselben erkenntlich. Anderseits wird auf der Saugseite beim Hubwechsel die Spannung leicht höher bleiben als die im Verdampfer herrschende und so das Saugventil am Öffnen gehindert. Dies dauert so lange an, bis die Kolbengeschwindigkeit so groß geworden ist, daß die durch die Undichtheit überschleichende Menge nicht mehr den Saugraum zu füllen vermag. Alsdann sinkt dort die Spannung allmählich, und das Saugventil tritt in Tätigkeit.

Sind mehrere der vorstehend geschilderten Fehler vorhanden, so können recht verwickelte Diagramme entstehen, deren Deutung indessen nach dem Obigen keine großen Schwierigkeiten mehr bieten dürfte.

Von Nutzen ist hierfür die Bemerkung, daß regelmäßige Schwankungen der einzelnen Linien um ihren normalen Verlauf stets auf Schwingungen der Indikatorfedern zurückzuführen und nicht etwa dem Spiele der Ventile zur Last zu legen sind. Auf den Flächeninhalt der Diagramme, welcher, wie oben gezeigt, die indizierte Kompressorarbeit darstellt, haben derartige Schwingungen keinen nennenswerten Einfluß. Dagegen sollte der Schreibstift des Indikators nur leicht an die Papiertrommel angedrückt werden, da sonst der Reibungswiderstand die Bewegung des Schreibstiftes merklich hemmt und denselben veranlaßt, unrichtige Linien zu verzeichnen, welche stets die Verdichterarbeit zu klein ergeben.

21. Die Verbindungsleitungen zwischen Verdampfer bzw. Verflüssiger und Druckverdichter.

Material und Stärke der Rohre. Obwohl im Betrieb der Druck in der Saugleitung geringer ist als der in der Druckleitung, verwendet man doch die gleichen Rohrarten für die Saug- und Druckleitung. Grund hierfür: Der Druck in der Saugleitung steigt manchmal bei besonderen Vorkommnissen (s. S. 107) ebenso hoch als in der Druckleitung. Die Montage vereinfacht sich bei Verwendung von nur einer Rohrgattung.

Für Ammoniak werden verwendet patentgeschweißte oder nahtlose Rohre (Probedruck mindestens 25 Atm.) aus Schmiedeeisen, für kürzere Stücke auch gußeiserne Rohre. Die Flanschen haben Nut und Feder. Der Schraubenkreis und der Flanschendurchmesser sind so bemessen, daß sie für schmiedeeiserne und gußeiserne Rohre (Anschlüsse an Gußstücke) gleichzeitig passen. Schmale Dichtungen sind vorzuziehen wegen höheren spez. Druckes. Steife Flanschen, kräftige Schrauben, nicht zu große Schraubenabstände, nicht zu große Schraubenkreise gewähren sicheres Abdichten. Die schmiedeeisernen Flanschen werden auf den schmiedeeisernen Rohren meist durch Aufschrauben befestigt und durch Ausgießen der Gewindezwischenräume mit Weichlot gedichtet. Hierzu gehört große Sorgfalt und Gewandtheit, sonst sind die Gewinde leicht undicht. Kupfer und Rotguß sind ausgeschlossen. Die Dichtungen sind in der Regel Gummiringe mit Hanfeinlage.

Für Schwefligsäure können billigere Rohre verwendet werden, jedoch ist nach dem Biegen derselben die Schweißnaht sorgfältig zu untersuchen. Der Probedruck beträgt 8 Atm. Kupferrohre sind verwendbar und bieten den Vorteil bequemer Verarbeitung, größerer Reinheit (weniger Zunder in der Maschine), sie sind dünnwandig und ermöglichen leichtere Lötung. Die Kupferrohre werden entweder direkt mit einem Rotgußflansch verlötet oder bekommen Rotgußringe mit übergeschobenen schmiedeeisernen Flanschen. Die Dichtung besteht meist aus schmalen Bleiringen.

Das Einschließen der Dichtungen in Nut und Feder ist nur bei fließendem, unelastischem Dichtungsmaterial nötig (z. B. Blei).

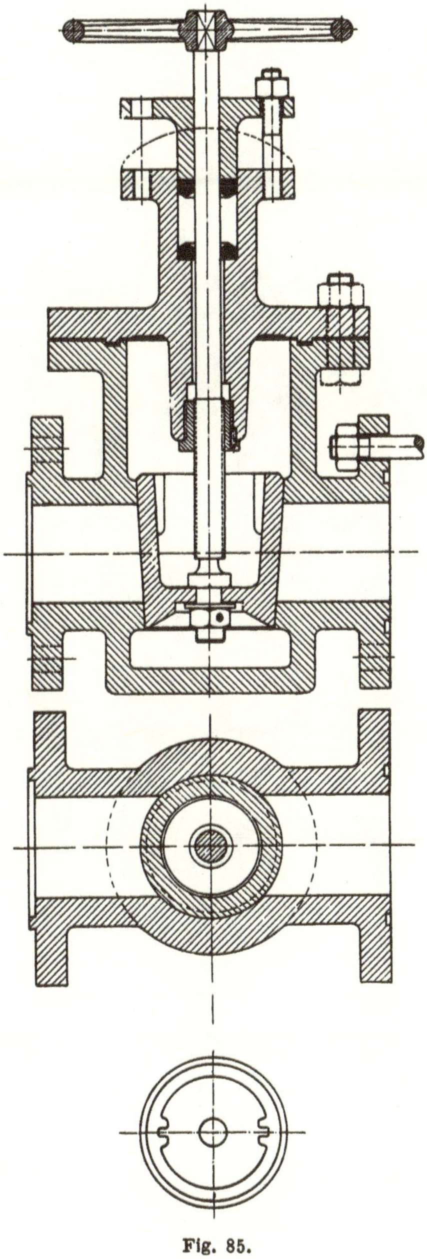

Fig. 85.

Für Kohlensäure werden patentgeschweißte Rohre verwendet, Probedruck mindestens 120 Atm.; sie erhalten sehr kräftige, aufgeschraubte und verlötete Flanschen mit Nut und

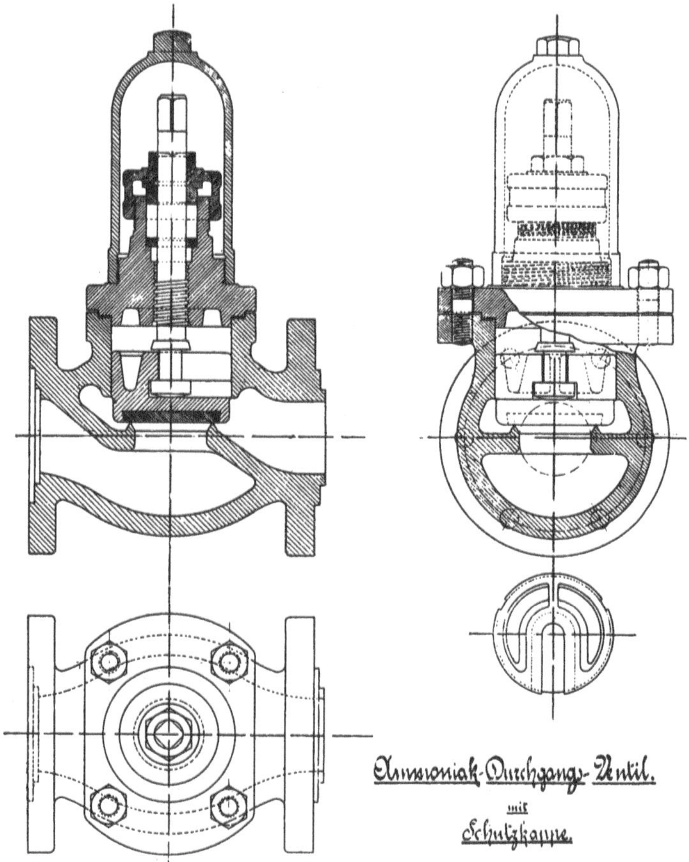

Fig. 86.

Feder oder ähnlicher Konstruktion. Kupferrohre verwendet man nur in Ausnahmefällen. Die Dichtung geschieht durch Lederringe, auch Bleiringe, die aber schmaler sein müssen als die Lederringe, da sie größeren spez. Flächendruck zum Fließen brauchen.

A b s p e r r o r g a n e. Das absolute Dichthalten der Absperrorgane ist sehr wichtig, weniger für den Betrieb als für die Vornahme von Ausbesserungen, besonders am Druckverdichter.

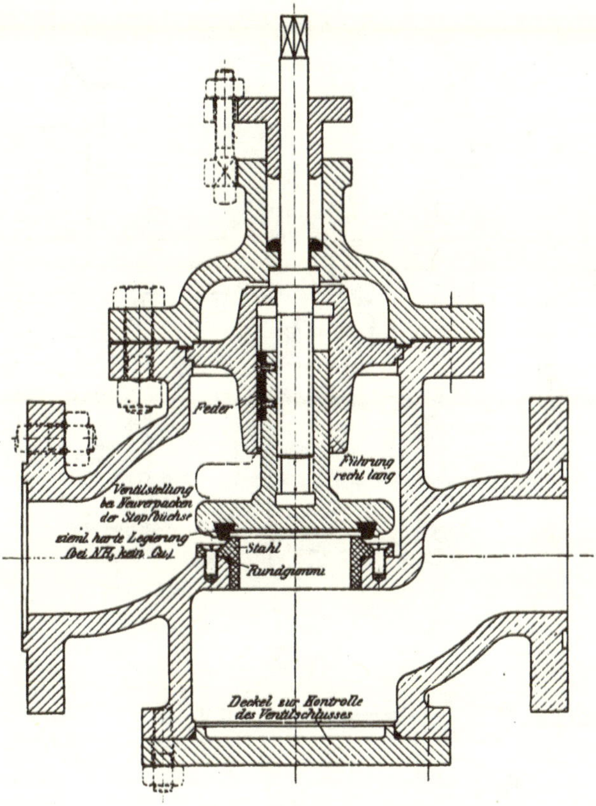

Fig. 87.

P f l o c k h a h n (Fig. 85). Dieser ist geeignet für Ammoniakleitungen und war längere Zeit beliebt. Er ist sorgfältig einzuschleifen. Bei Verunreinigung der Hahnflächen ist er leider nicht immer ganz dicht.

G e w ö h n l i c h e T e l l e r v e n t i l e, ähnlich wie für Dampf- und Wasserleitungen. Sie sind nur bei Schwefligsäure zuverlässig und erfordern stets genaue Führung behufs genauen Nachschleifens des Tellers und Sitzes. Bei Ammoniakleitungen

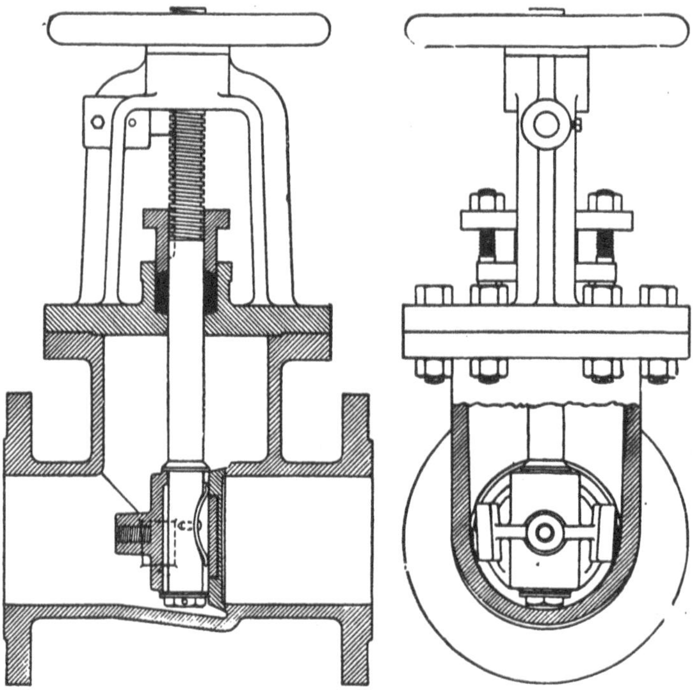

Fig. 88.

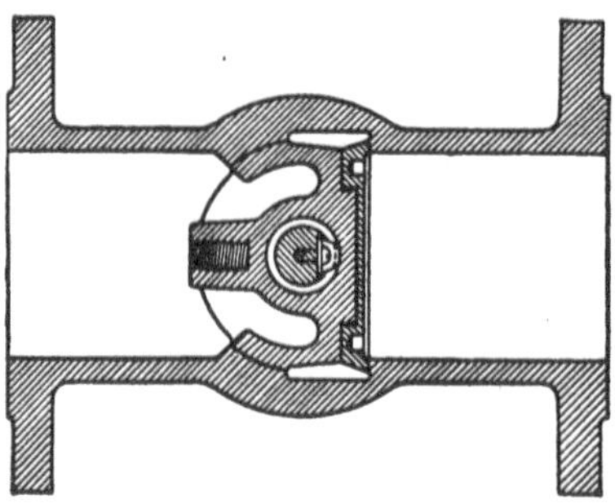

sind diese Ventile nicht immer zuverlässig, weil Rotgußsitze nicht verwendbar sind; bei Verunreinigung der Sitzfläche ergibt sich ungenügendes Abdichten.

T e l l e r v e n t i l n a c h Fig. 86 (G e r m a n i a, C h e m n i t z). Das Gehäuse und der Sitz sind aus Stahlguß. Der Teller ist gut geführt und hat einen Weichmetallring. Amerikanische Bauart

Fig. 87. Der Vorteil dieser Ausführung besteht darin, daß Sitz und Ring leicht nachzudrehen sind und großen spez. Flächendruck bei geringem Spindeldruck erhalten. Verunreini-

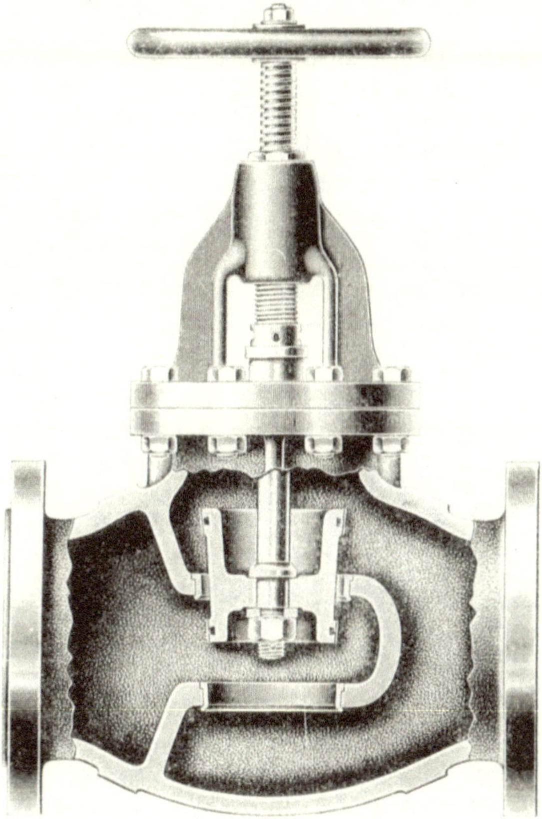

Fig. 89.

gungen sind weniger schädlich. Für Schwefligsäure würde ein besonders eingepreßter Sitz aus harter Bronze, der Ring aus weichem Rotguß bestehen können.

Weitere Vorschläge. Für Ammoniak und Schwefligsäure scheinen ferner geeignet zu sein: der Universalabsperrschieber Missong (Schäffer & Budenberg, Magdeburg-Buckau) (Fig. 88); Unreinigkeiten werden abgeschoben. Leichte Wiederinstandsetzung ist möglich; der Schieber hat gute Führung; die Fig. 88 gibt nur das Prinzip, keine Konstruktionszeichnung wieder;

ferner das Doppelventil (Fig. 89) (Schäffer & Budenberg, Magdeburg-Buckau). Unreinigkeiten werden abgeschoben. Der Ventilkörper ist teilweise entlastet. Leichtes Nacharbeiten ist möglich. Die Führung ist gut.

Kleine Absperrorgane für Schwefligsäure und Ammoniak. Für erstere verwendet man meist kleine Niederschraubventile gewöhnlicher Bauart, für letzteres gerne Hähne (Fig. 90). Das Küken ist aus Stahl, das Gehäuse aus dichtem Guß. Der Grundring der Stopfbüchse darf nicht auf das Küken drücken, weil dieses sonst zu schwer geht. Die Stopfbüchse muß lang genug sein und sorgfältig verpackt werden mit genau passenden Baumwollringen und einem Gummiring, damit mäßiges Anziehen der Überwurfmutter genügt. Zwischen Überwurfmutter und Kükenstange bleibt etwas Luft, sonst wird die Mutter beim Drehen des Hahnes gelöst. Das Kükenende trägt eine Unterlagscheibe mit genau passendem Vierkantloch, das Gewinde dort ist Feingewinde zum feinen Einstellen der Kükenreibung. Die Überwurfhaube muß gute Dichtung haben, weil das Küken leicht undicht wird. Die Mutter des Kükens muß nach Abnehmen der Überwurfhaube für einen normalen Schlüssel zugänglich sein.

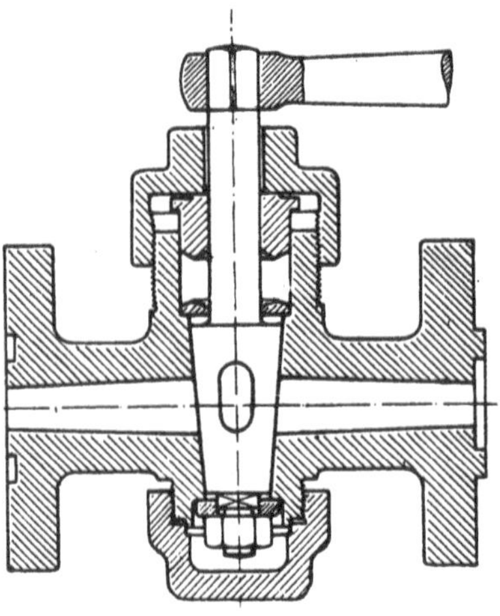

Fig. 90.

Absperrventil für Kohlensäure (Fig. 91). Das Gehäuse ist aus besonders gutem Guß, bei kleineren Ventilen aus gutem Rotguß (Bronze). Der Rotgußsitz wird eingeschraubt und durch Flanschfeder abgedichtet. Der Kegel ist aus Stahl. An der zuerst scharfen Kante des Sitzes preßt sich

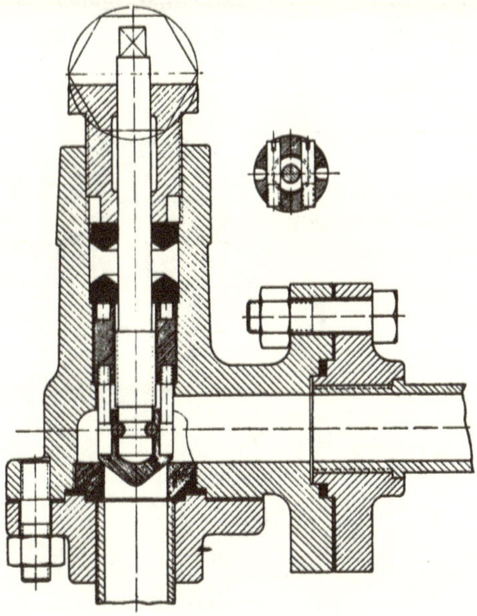

Fig. 91.

der Stahlkegel eine schmale Sitzfläche ein. Umgekehrte Ausführung wäre ganz falsch und würde kein zweites Mal sicher abschließen. Der Kegel wird gegen Drehung gesichert. Die Spindel ist aus Stahl, weil sie stark beansprucht wird. Die Spindelmutter wird eingeschraubt und gesichert und ist aus Rotguß. Die Stopfbüchse muß lang genug sein.

22. Gesamtanordnung der Rohrverbindungen der Kälteerzeugungsmaschinen.

Ammoniakmaschine. Am Druckverdichter (über besondere Armatur der Druckverdichter s. S. 106) befindet sich zunächst (Fig. 92) das Absperrventil 1, dann folgt der Ölabscheider *a*. Dieser ist nötig, um zu verhindern, daß das aus dem Kompressor mitgerissene Öl nach den Schlangen des Verflüssigers und Verdampfers gelangt, weil dasselbe dort verseifen und den Wärme-(Kälte-)Durchgang verschlechtern würde. Das in *a* abgeschiedene Öl gelangt durch eine Leitung zum Ammoniakaustreiber *b*. Unter dem hohen Druck im Verdichter hat nämlich das Öl viel Ammoniak absorbiert; dieses

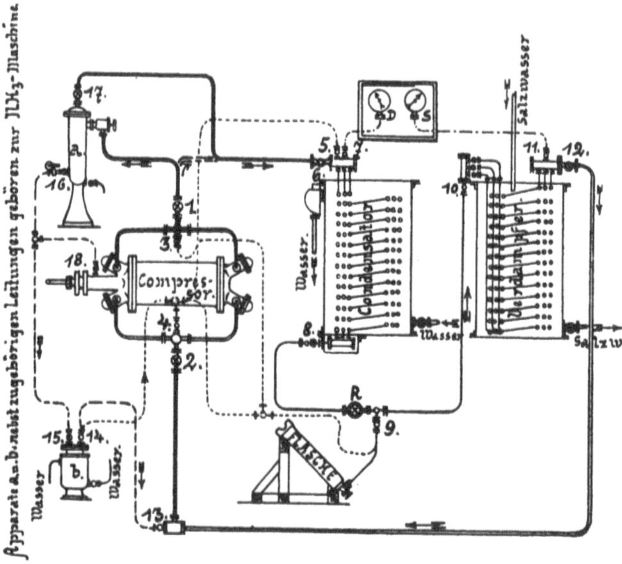

Fig. 92.

wird in *b* wieder ausgetrieben dadurch, daß das Öl hier unter Saugleitungsdruck gehalten und gleichzeitig durch Dampf oder Warmwasser erwärmt wird. Konstruktion von *a* und *b* s. S. 133. Ferner sind nötig die Absperrhähne 15 und 16, der Absperrhahn 14, die Leitung 14/13 als Anschluß von *b* an die Saugleitung und der Absperrhahn 13.

Der von Öl gereinigte Ammoniakdampf verläßt *a* beim Absperrventil 17 (dieses fehlt manchmal, wenn vor *a* ein Rückschlagventil ist, s. S. 106) und tritt beim Absperrventil 5 in den Verflüssiger (Kondensator). Beim Absperrhahn 8 fließt das verflüssigte Ammoniak ab nach dem Regulierventil *R*. Hinter *R* ist ein T-Stück (meist zwischen *R* und diesem noch ein Absperrhahn, oft auch noch ein solcher hinter dem T-Stück). Unter dem T-Stück befindet sich ein Absperrhahn mit Vorrichtung zum Anschluß einer Verbindungsleitung zur Ammoniakflasche beim Einfüllen von Ammoniak in die Maschine.[1]) Beim Absperrhahn 10 tritt das Ammoniak in den Verdampfer, beim Absperrventil 12 aus demselben in die Saugleitung. Bei 13 ist ein Siebtopf eingebaut zum Abscheiden von Unreinigkeiten, Zunder usw. Hinter dem Absperrventil 2 folgt die Gabelung und der Eintritt in den Druckverdichter.

Außerdem wird ein Manometer an die Druckleitung, etwa beim Absperrhahn 7, und ein Manometer an die Saugleitung beim Absperrhahn 11 angeschlossen.

Schwefligsäuremaschine. Die Ölabscheidung, der Öltopf und zugehörige Leitungen fallen weg, sonst ist die Rohranordnung wie bei der Ammoniakmaschine.

Kohlensäuremaschine. Die Ölabscheidung usw. fällt weg und wird ersetzt durch ein Glyzerinablaßventil am untern Ende des Verflüssigers.

Die übrigen in Fig. 92 schwach punktiert angegebenen Hilfsleitungen dienen zur Instandsetzung länger in Betrieb gewesener Anlagen.[2])

Siebtöpfe. Diese werden kurz vor dem Druckverdichter in die Saugleitung eingefügt. Nach der Montage und Inbetriebsetzung lösen sich trotz vorheriger Reinigung von den Rohrwandungen, Gußstücken usw. immer noch kleine Formsandkörner und Hammerschlag, deren Eintritt in den Zylinder und die Ventile verhindert werden muß. Fig. 93: Siebtopf für Ammoniak und Schwefligsäure. Das Sieb ist nicht ganz geschlossen, damit es nicht durch den Gasdruck zerrissen wird, wenn sich die Sieblöcher verstopft haben. Geringe Gasgeschwindigkeit ist nötig, also langer Siebzylinder, damit durch die Zwischenräume zwischen dem äußeren und inneren Sieb keine Unreinigkeiten mitgerissen werden. Für leichtes Herausnehmen und bequemen Ersatz des Siebes ist

---

[1]) S. Kapitel: Betriebsführung der Verdichtungs-Kältemaschine.

[2]) S. Heinel, »Bau und Betrieb von Kältemaschinen«.

Sorge zu tragen. Der Siebtopf wird häufig benutzt zum Anschluß des Ammoniakabsaugerohres vom Öltopf und eines Manometers an die Saugleitung.

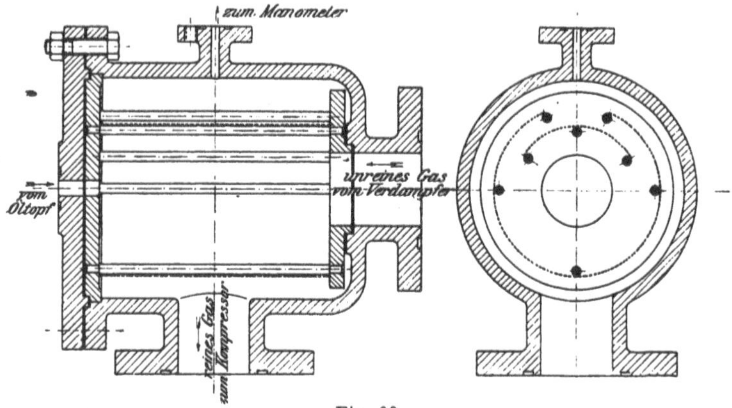

Fig. 93.

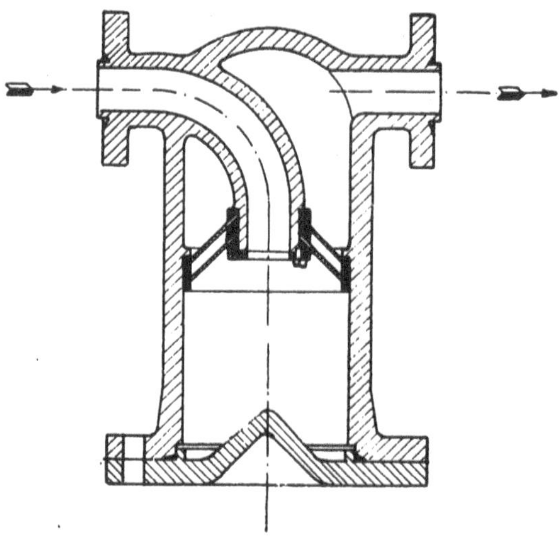

Fig. 94.

Fig. 94. Dieser Siebtopf hat folgende Vorzüge: Beide Anschlüsse in einer Höhe, Möglichkeit der Reinigung ohne Demontage der Leitung, Absetzen des Schmutzes durch seine Schwere,

Absetzen nicht auf dem Sieb (nur ganz leichte Teile gehen bis zu diesem). Abfallen dieser leichten Teile vom Sieb beim Stillstand der Maschine. Geringe Steiggeschwindigkeit des Gases. Umkehr der Fließrichtung des Gases, was die Schmutzteile nicht mitmachen bei der geringen Steiggeschwindigkeit.

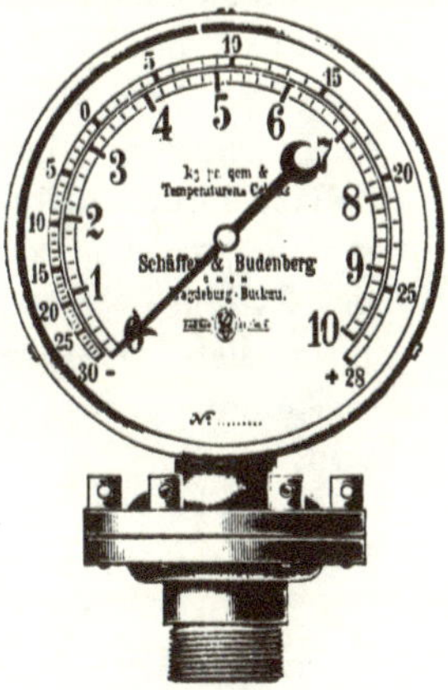

Fig. 95.
Verdampferdruckmesser.

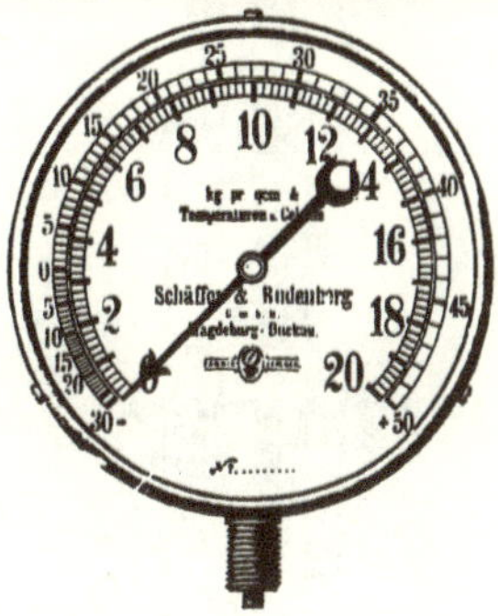

Fig. 96.
Verflüssigungsdruckmesser.

M a n o m e t e r. Dieselben werden zweckmäßigerweise als Vakuummanometer angefertigt, weil zur Vornahme bestimmter Arbeiten ab und zu Vakuum gesaugt werden muß (z. B. beim Entlüften der Maschine oder beim Öffnen eines Apparates usw.). Außerdem erhalten dieselben neben der Druckskala eine Skala der zu den betreffenden Drucken gehörigen Siedetemperaturen des kälteerzeugenden Mittels. Fig. 95 u. 96. (Ausführungen von Schäffer & Budenberg, Magdeburg Buckau.)

R e g e l v e n t i l e. Als solche werden leider noch vielfach k l e i n e N i e d e r s c h r a u b v e n t i l e verwendet, noch dazu von gleichem lichten Durchgangsquerschnitte wie die Flüssigkeitsleitung. Da in dieser die Flüssigkeit mit kleiner Geschwindigkeit fließt, während in der Öffnung des Regulierventils infolge des großen Druckabfalles die Strömgeschwindigkeit sehr groß ist, so darf der Kegel nur sehr wenig vom Sitz abgehoben werden. Der Durchgangsquerschnitt ist ein sehr niedriger Ringraum (½ mm hoch und niedriger), der sich leicht mit Unreinigkeit versetzt und schwer regulierbar ist.

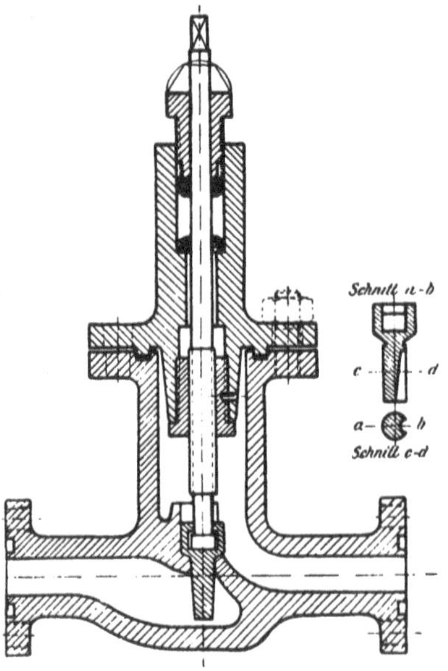

Fig. 97.

Niederschraubventil mit Hilfszapfen (Fig. 97). Die Ausführung des Zapfens als Kegel nützt nicht viel, er wirkt besser, wenn er als Zylinder mit nach unten sich erweiternder Auskehlung ausgebildet wird.

Regelventil für Kohlensäure (Fig. 98). Dasselbe trägt zugleich ein Absperrventil, ferner einen Fuß zum Anschrauben an die Wandtafel, einen Stutzen mit Ventil zum Anschluß der Kohlensäureflasche.

A. Freundlich, Düsseldorf, gibt der Spindel ein Rechts- und ein Linksgewinde, jedoch mit verschiedener Steigung, so daß eine große Verdrehung der Spindel nur einen kleinen Hub derselben gibt.

Regelventil mit mehreren Drosseldüsen (Patentschrift W. Heßling und R. Fischer). Um größere, durch Unreinigkeiten weniger leicht verschmutzbare und leichter zu regulierende Durchflußquerschnitte zu bekommen, empfiehlt es sich, das Druckgefälle in mehrere Stufen zu teilen. Zwischen jede Stufe wird ein Ausdehnungsraum eingeschaltet. Nach der ersten oder zweiten Düse hat man schon ein Gemisch von Flüssigkeit und Dampf, also großes spez. Volumen. Wenn man die Stufenzahl genügend groß nimmt, erhält man also große Düsenquerschnitte. Steigt bei gleichbleibendem Verdampfungsdruck der Verflüssigungsdruck (wegen wärmeren Kühlwassers), so ist eine Regulierung nicht

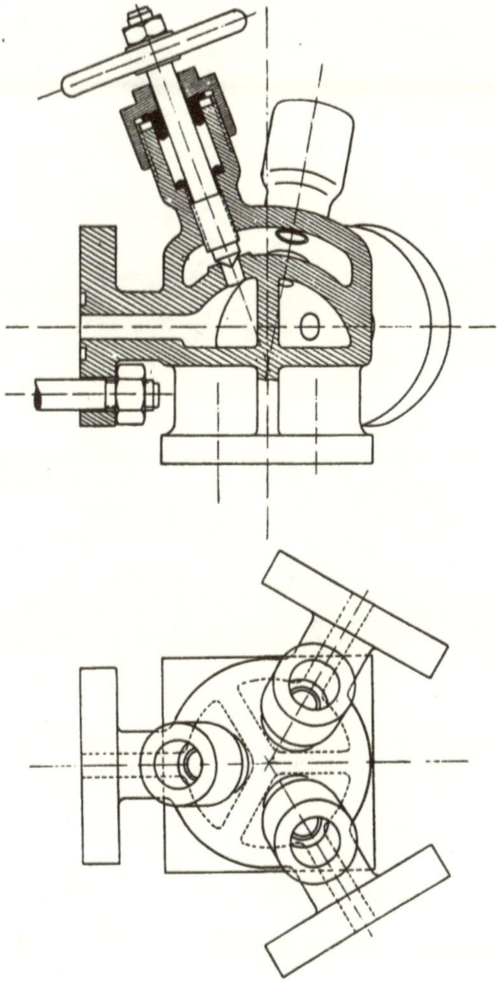

Fig. 98.

nötig, weil das größere Druckgefälle eine größere Durchflußgeschwindigkeit ergibt. Ohne diese Wirkung würde aus dem

Verdampfer überhitzter Dampf mit größerem spez. Volumen zum Druckverdichter fließen, das pro Zeiteinheit umlaufende Gewicht an Kältemittel würde geringer werden. Dies wird verhindert dadurch, daß infolge des größeren Druckgefälles die Menge des durch die Reguliervorrichtung durchfließenden Kältemittels gleich gehalten wird. Sinkt dagegen bei gleichbleibendem Verflüssigerdruck der Verdampferdruck, so muß eine Regulierung von Hand erfolgen, da die Menge des um-

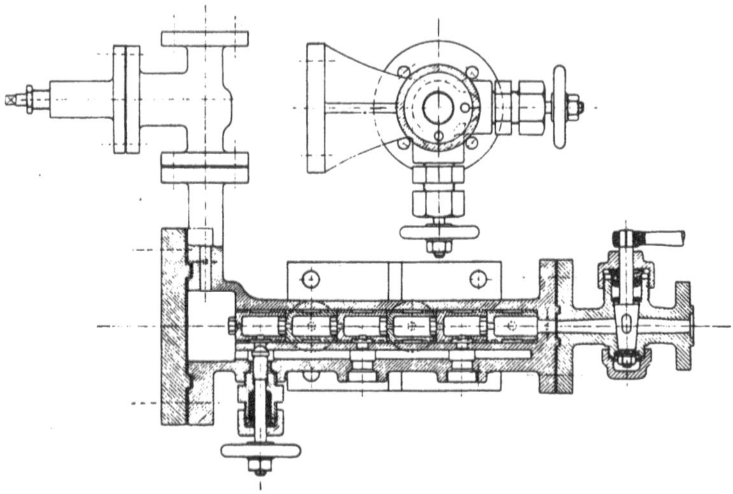

Fig. 99.

laufenden Kältemittels verkleinert werden muß; da aber diese Regulierung hier wieder nur einen Teil des Druckgefälles betrifft, so ist sie leichter und genauer auszuführen. Ausführungsbeispiel Fig. 99, bei der die Regulierung durch Abschalten von einigen Düsen durch Umgangsleitung und Öffnen von Hilfsventilen geschieht. Außerdem ist noch Feinregulierung durch ein vorgeschaltetes Ventil möglich.

Statt der Düsen können Labyrinthgänge als Widerstand eingeschaltet werden (Patentschrift: Gesellschaft für Lindes Eismaschinen); ein weiteres Patent dieser Gesellschaft sieht den Ersatz der Labyrinthgänge durch Glaskugelfüllung vor.

23. Die Ölabscheide-Apparate der Ammoniakmaschinen.

Ölabscheider der Gesellschaft für Lindes Eismaschinen (Fig. 100). Die Ölabscheidung geschieht in dem weiten Gefäß infolge kleiner Fließgeschwindigkeit des Ammoniakdampfes. Das unten sich sammelnde Öl wird zum Öltopf geleitet; um den Übertritt größerer Mengen von Ammoniak in den Öltopf zu vermeiden, ist ein Hahn mit ständig in Drehung befindlichem Küken eingeschaltet; das letztere ist nicht ganz durchbohrt. Bei jeder Kükendrehung wird nur das Volumen der Kükenbohrung aufgenommen und zum Öltopf geleitet. Außerdem ist ein Absperrhahn dem rotierenden Hahn vorgeschaltet, um den rotierenden Hahn ohne Betriebsunterbrechung ausbessern zu können. Der Ablaßhahn wird nur zum Zweck der Reinigung (alle 2 bis 3 Jahre) benutzt. Der Öltopf Fig. 101 u. 102 ist mit der Saugleitung verbunden und mit Anwärmevorrichtung versehen. Das durch Druckerniedrigung und Anwärmen aus dem Öl angetriebene Ammoniak wird vom Druckverdichter angesaugt. Das von Ammoniak befreite Öl wird unten von Zeit zu Zeit abgelassen und gewogen. Das täglich an der Maschine verbrauchte und das dem Öltopf entnommene Öl muß ungefähr von gleicher Menge sein; ist dies nicht der Fall,

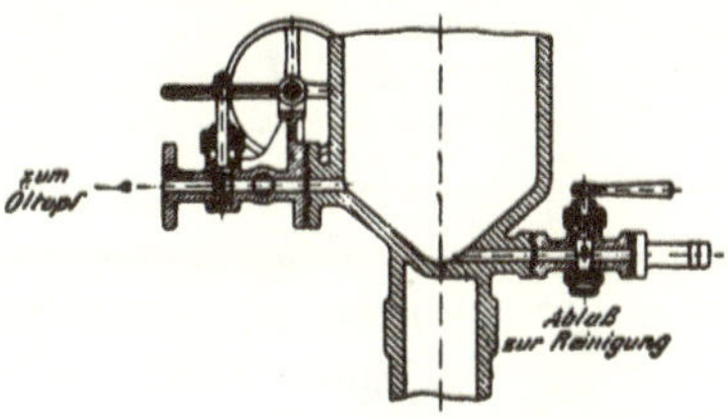

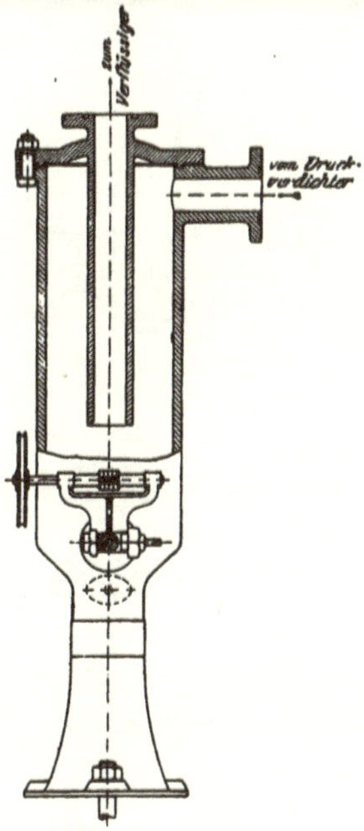

Fig. 100.

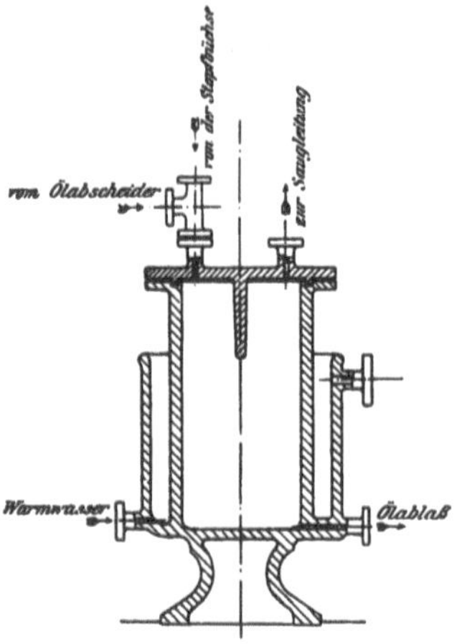

Fig. 101.

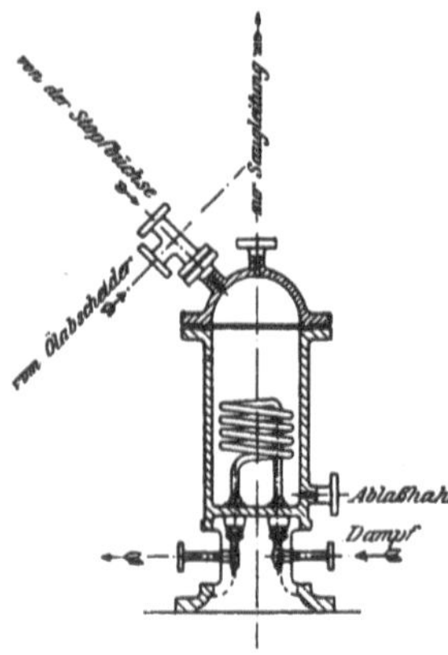

Fig. 102.

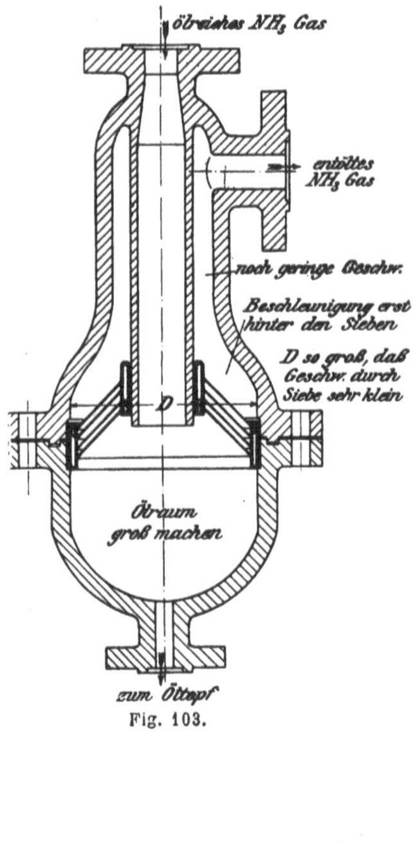

Fig. 103.

so ist zu vermuten, daß die Ölabscheidung nicht richtig arbeitet. Die Anwärmevorrichtung kann entweder ein Warmwassermantel Fig. 101 oder eine Schlange für Warmwasser oder Dampf Fig. 102 sein.

Ölabscheider der Maschinenbau-Anstalt Humboldt, Kalk-Köln (Fig. 103 u. 104). Die Ölabscheidung wird ebenfalls durch Verminderung der Fließgeschwindigkeit bewirkt und durch kegelförmige Siebe unterstützt. Fig. 104 zeigt links oben den Ölabscheider in Ansicht.

Fig. 104.

Der untere rechte Apparat ist der Öltopf, in welchem sich eine mit Dampf geheizte Schlange befindet. Vorne befindet sich ein Ölstandszeiger, der durch zwei Hähne abstellbar ist. Durch den unteren linken Apparat strömt das vom Verflüssiger kommende flüssige Ammoniak, das etwa noch in der Flüssigkeit befindliche Öl setzt sich ab und zu Boden. Durch Anheben der Gewichte werden die Hähne des Flüs-

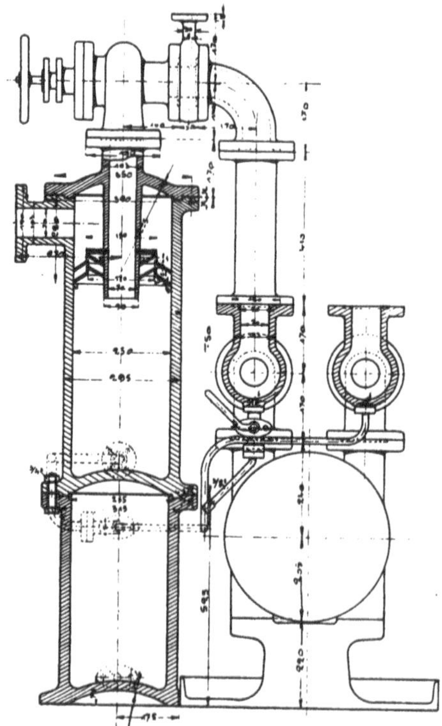

Fig. 105.

sigkeitsstandzeigers geöffnet. In der Glasröhre steigt dann das Öl hoch. Durch Öffnen des Absperrventils in der Leitung, welche vom linken zum rechten Apparat führt, wird das Öl zum Öltopf geleitet, solange bis beim Öffnen der Hähne des Flüssigkeitsstandzeigers des linken Apparates im Glasrohr sich nicht mehr Öl, sondern wasserhelles, flüssiges Ammoniak zeigt.

Das Öl im linken Apparat soll nie so hoch steigen, daß es in das Steigerohr für das flüssige Ammoniak eintreten kann.

Richtiger als bei Fig. 100 ist die Gasführung bei Fig. 105 (Gebr. Guttsmann, Breslau) wie auch in Fig. 106, 107 und 103.

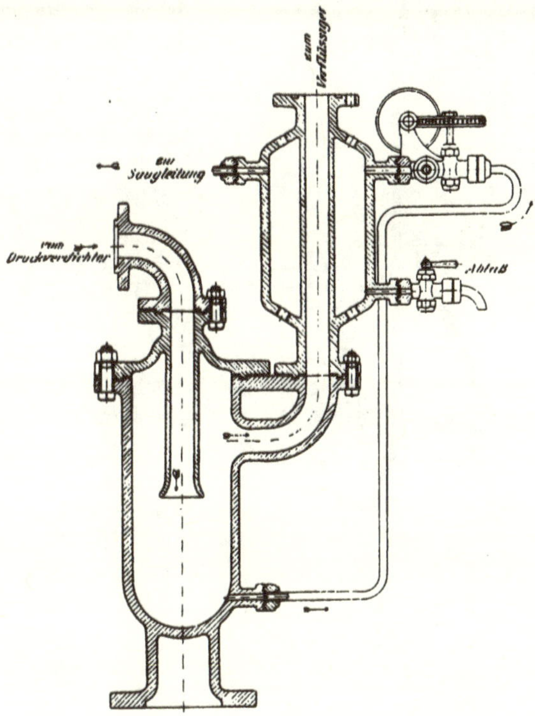

Fig. 106.

Ölabscheider mit Ammoniakaustreibung durch die Gaswärme (Fig. 106 nach der Ausführung der Halleschen Maschinenfabrik). Der Ölabscheider und rotierende Hahn wirken wie bei Fig. 100. Der Öltopf hat jedoch ein Durchgangsrohr für das entölte, aber noch warme Ammoniak, dessen Wärme zum Austreiben des Ammoniaks aus dem unter Saugdruck gehaltenen Öl benutzt wird.

In ähnlicher Weise wirkt der Abscheider nach Fig. 107. Der Ammoniakaustreiber hängt am Deckel. Im Fuß ist ein drittes Gefäß untergebracht, in welchem das unter atm. Außendruck befindliche Öl den Rest von NH_3 abgibt, den es im Austreiber noch behalten hatte. Dieser Rest geht ins Freie statt wie gewöhnlich in den Maschinenraum (z. B. bei Schiffen wichtig).

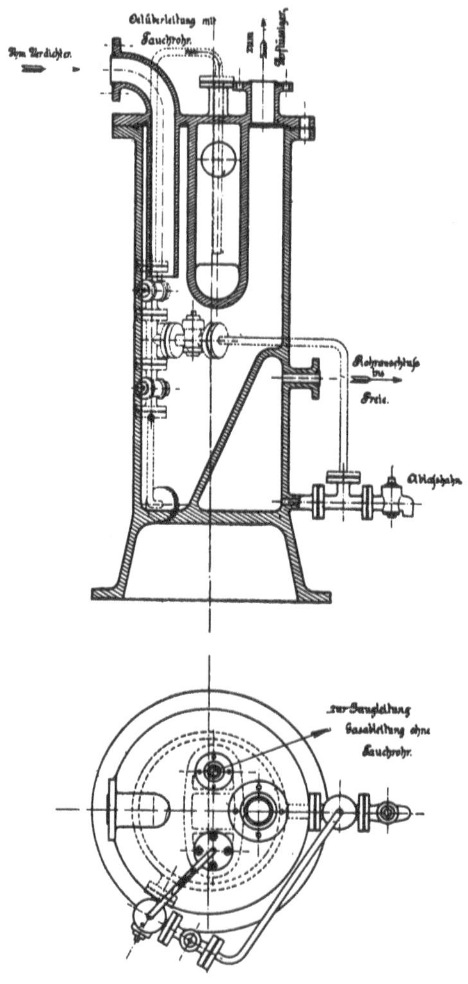

Fig. 107.

Behandlung und Wiederverwendung des Öles. Sowohl das frische Öl als auch das aus dem Ölabtropfgefäß der Stopfbüchse entnommene Öl muß von Wasser befreit werden. Die Stopfbüchse beschlägt sich manchmal mit Wasser oder Schnee, das sich mit dem abtropfenden Öl vermischen kann. Die Gesellschaft für Lindes Eismaschinen wendet in diesem Falle Stopfbüchsenheizung an (D. R.-P. a).

Reinigungsapparat von B. Weiser in Basel (Fig. 108). Derselbe enthält eine Kühlschlange *h*, durch welche das Öl stark unter 0 Grad abgekühlt wird. Die Harzbestandteile und das Wasser er-

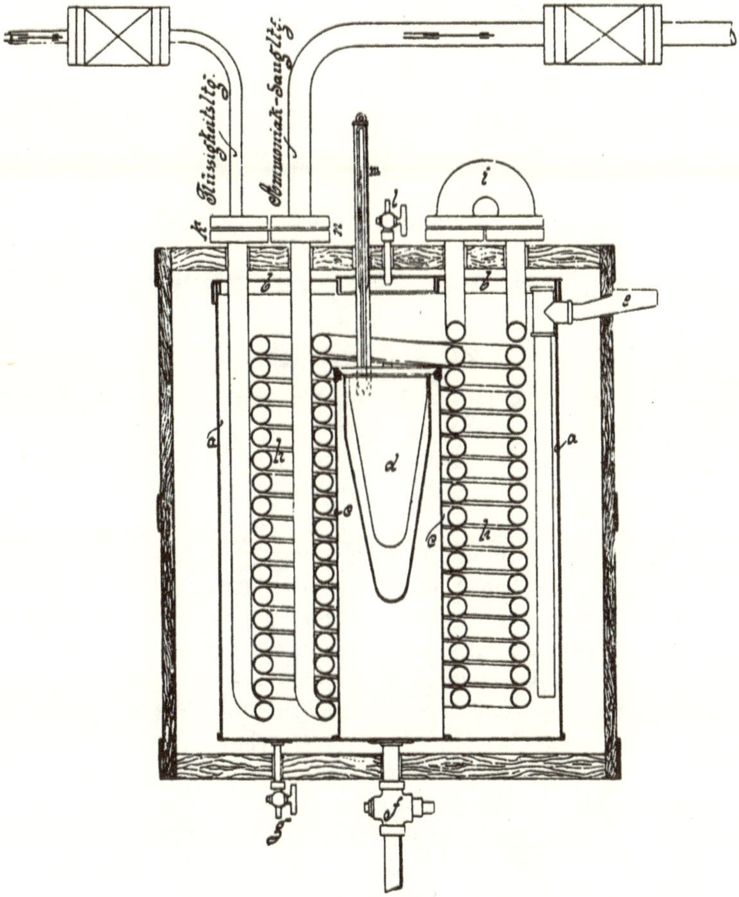

Fig. 108.

starren und werden ausgesiebt. *a e* Ölgefäß, *d* Sieb und Filter, *g* Entleerungshahn, *f* Ablaß des reinen Öles, *l* Entlüftungshahn, *m* Thermometer.

Kapitel IV.

Antrieb der Druckverdichter.

24. Antriebsarten.

Antrieb durch Riemen oder Seiltrieb von einer Transmission aus. Bei Bemessung der Riemen, Seile, der Ausrückkupplung etc. ist zu berücksichtigen, daß beim Inbetriebsetzen des Verdichters die große Schwungradmasse zu beschleunigen ist; die Beschleunigungsarbeit ergibt starke abnormale Beanspruchung des Antriebes. Häufig werden die aus dem Ungleichförmigkeitsgrad folgenden Beschleunigungs- und Verzögerungskräfte des Schwungrades nicht genügend berücksichtigt. Dann werden oft die Riemen überlastet, strecken sich zu stark, kommen ins Rutschen und fallen ab. Los- und Leerscheibe auf der Verdichterwelle verwendet man nur bei kleinen Maschinen, bei größeren Maschinen und bei Seiltrieb Kupplungen auf der Transmissionswelle. Langsam einrückende Kupplungen sind vorzuziehen. Vorteil dieser Antriebsart: Die Umlaufzahl der Antriebsmaschine kann beliebig sein, daher ist die Anwendung kleiner raschlaufender Antriebsmaschinen mit gutem Wirkungsgrad möglich. Nachteil: Es ist eine Transmission nötig, in dieser gibt es Verluste. Man erzielt keine Platzersparnis, weil die Anordnung wieder wegnimmt, was durch Anwendung kleiner Antriebsmaschinen an Platz gespart wird.

Unmittelbare Kupplung mit der Dampfmaschine[1]) (Fig. 109): Eine Einzylinder-Dampfmaschine

[1]) Bestimmung des Kurbelwinkels siehe Heinel, »Bau und Betrieb von Kältemaschinenanlagen«, S. 97.

treibt einen einfachen Verdichter. Fig. 110: Eine Zweizylinder-Dampfmaschine (Reihenanordnung) treibt einen Doppelver-

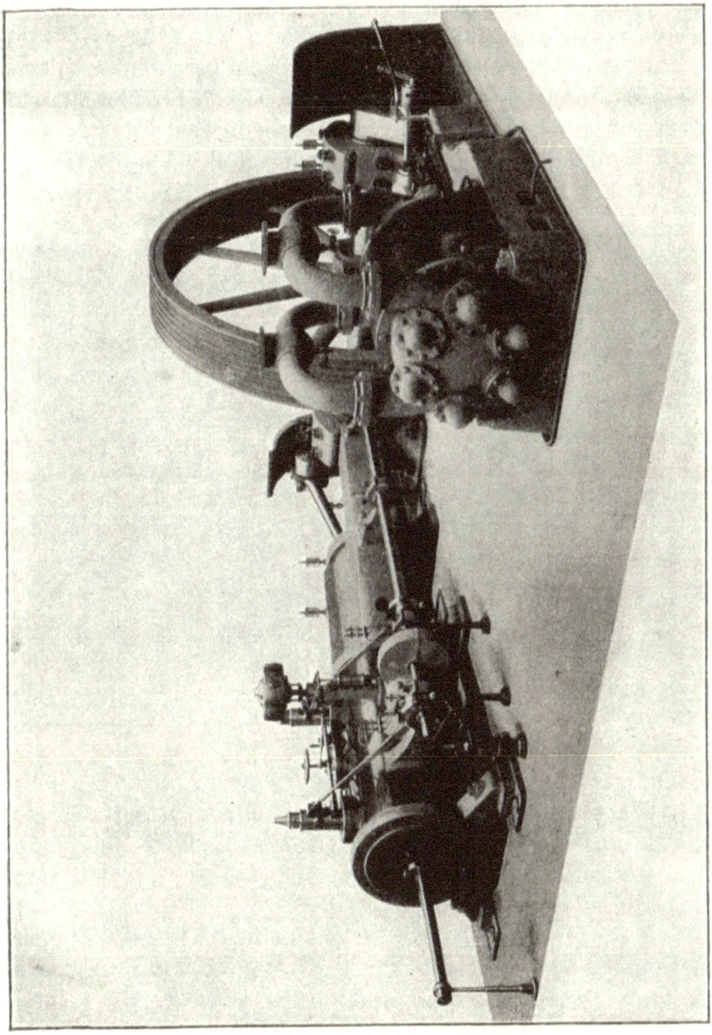

Fig. 109.

dichter. Beide Male wird außerdem Arbeit durch Seile an eine Transmission abgegeben.

Fig. 111: Eine zweistufige Dampfmaschine (Zylinder nebeneinander) treibt an verlängerten Kolbenstangen zwei Verdichter. Nachteil der letzteren Anordnung: lange Verdichterzylinder, hohe Ventildurchgangsgeschwindigkeit, wenn die Hubzahl normal gewählt wird; also ist die Hubzahl beschränkt. Dieser Nachteil kann bis zu einem gewissen Grade bei überhitztem Arbeiten durch Zulassung großen schädlichen Raumes ausgeglichen werden, der die Anbringung großer Ventile ermöglicht (siehe Fig. 38). Vorteil der Anordnung: Platzersparnis.

Fig. 110.

Fig. 112: Eine stehende, zweistufige Dampfmaschine treibt zwei liegende Verdichter (amerikanische Ausführung). Diese Ausführung ergibt höchste Platzersparnis, erfordert aber ein sehr schweres Schwungrad.

M ö g l i c h s t h o h e U m l a u f z a h l ist bei der unmittelbaren Kupplung auch deshalb anzustreben, weil langsam umlaufende Dampfmaschinen einen größeren spez. Dampfverbrauch haben.

A n t r i e b d u r c h G a s k r a f t m a s c h i n e n. Bei direkter Kupplung muß für unbelastetes Anfahren des Verdichters Sorge getragen werden (Anheben der Saugventile durch Spindeln). In der Regel wird ein Vorgelege eingeschaltet, weil die zulässig höchste Umlaufzahl des Verdichters meist kleiner ist als die kleinste zulässige Umlaufzahl der Gaskraft-

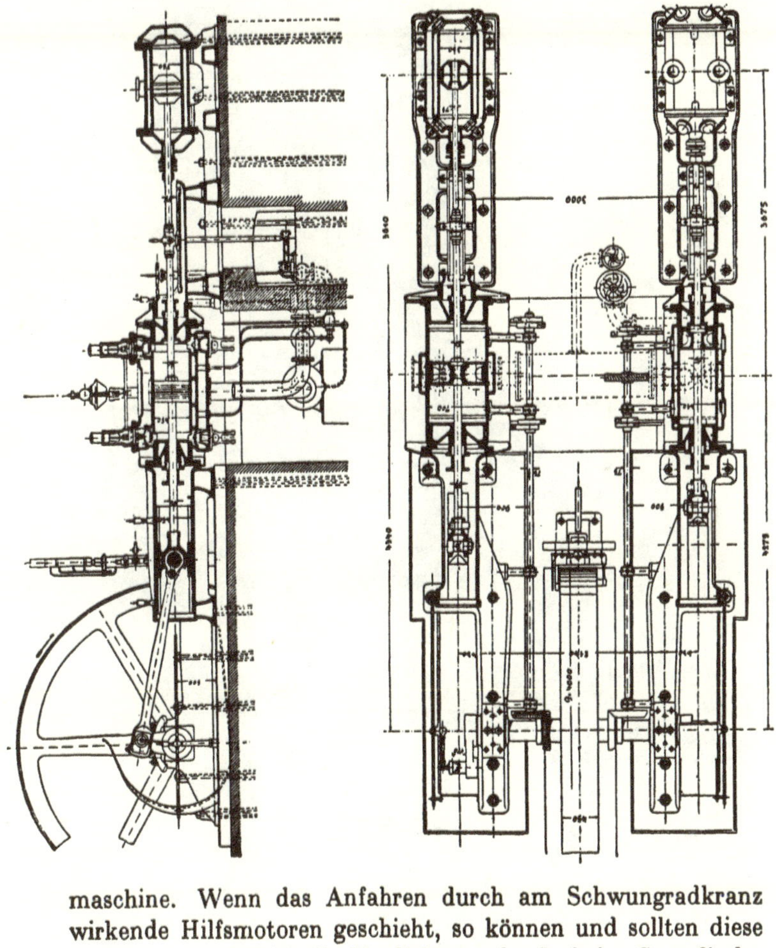

Fig. 111.

maschine. Wenn das Anfahren durch am Schwungradkranz wirkende Hilfsmotoren geschieht, so können und sollten diese so stark sein, daß sie die Verdichtung der Luft im Gaszylinder und des Kältemittels im Kältezylinder überwinden können bei der zum Anfahren nötigen Umlaufgeschwindigkeit.

In Betracht kommen bei kleineren Anlagen Gasmaschinen, bei größeren Sauggasanlagen und Dieselmotoren.

Fig. 112.

Antrieb durch Elektromotoren (Fig. 113). Einfacher Riemenantrieb vom Motor zum Verdichter. Die höchste Übersetzung ist etwa $^1/_7$, hierin liegt die Begrenzung der Anwendungsmöglichkeit; der Motor muß sich auf einem Spannschlitten befinden. Empfehlenswert ist bei größerer Übersetzung ein Riemenspanner (Lenixtrieb: Berlin-Anhaltische Maschinenbau-Akt.-Ges.).

Fig. 114: Antrieb unter Zwischenschaltung eines Vorgeleges (in der Figur im Kellergeschoß) gestattet die Anwendung raschlaufender leichter Elektromotoren von hoher Spannung. Nachteil: Verluste im Vorgelege.

Fig. 113.

Fig. 115: Kreisseilantrieb mit Spannvorrichtung (Schlachthof in München, Maschinenfabrik Rockstroh, Marktredwitz). Die Rillenprofile und Rillendurchmesser eines jeden Rades müssen genau gleich sein, sonst ergibt sich ein schlechter Wirkungsgrad des Seiltriebes.

Direkte Kupplung (Fig. 116). Polarblitzmaschine von A. Freundlich, Düsseldorf, für Kohlensäure mit angebauter Schleuderpumpe.

Wahl der Antriebsmaschine. Maßgebend sind folgende Gesichtspunkte:

Fig. 114.

Fig. 115.

Platzbedarf und Baugrundpreise,

Abschreibungs- und Verzinsungskosten für Maschinen und Gebäude (auch Baugrundverzinsung),

Fig. 116.

Kohlen- und Stromkosten, Wasserkosten (besonders auch für die Wasserdampfverflüssigung),

Ausnutzung der Gesamtanlage (z. B. Ausnutzung der städt. elektrischen Kraftwerkes, sofern die Betriebskraft derselben billig ist, z. B. durch Ausnutzung billiger Wasserkräfte),

Arbeitsbedarf für anderweitige Zwecke[1]),
Dampfbedarf für anderweitige Zwecke (Heizdampf, Warmwasser)[2]).

Allgemein gültige Regeln können nicht aufgestellt werden. Die Wirtschaftlichkeit der Gesamtanlage ist unter Zugrundelegung einer den Verhältnissen entsprechenden Zahl von Jahren, soweit möglich, für jeden Fall zu untersuchen.

---

[1]) S. Zeitschr. f. d. ges. Kälte-Ind. 1908, Sept.

[2]) S. Eis und Kälte 1911. S. 144.

Kapitel V.

Die Apparate zur Abgabe und Aufnahme der Wärme.

25. Die Wirkung der Verflüssiger

von Kaltdampfmaschinen besteht in der Abgabe der im Verdampfer aufgenommenen und durch das Äquivalent der Verdichterarbeit vermehrten Wärme an Wasser, welches durch diesen Vorgang sich erwärmt oder auch infolge dieser Wärmezufuhr bei gleichbleibender Temperatur verdunstet. Nicht selten finden sich diese beiden Methoden der Wärmeabgabe vereinigt vor, so daß nur ein Teil des Kühlwassers eine höhere Temperatur annimmt, während der Rest verdampft, oder auch in der Weise, daß das vorher erwärmte Wasser durch nachträgliche teilweise Verdunstung wieder auf seine ursprüngliche Temperatur zurückgeführt wird. Unter allen Umständen darf das Wasser mit dem Kälteträger nicht in direkte Berührung gelangen, so daß Einspritzverflüssiger, wie bei Dampfmaschinen, hier ganz ausgeschlossen und nur sog. Oberflächenverflüssiger zulässig sind.

Der vom Verdichter kommende Dampf tritt im allgemeinen im überhitzten Zustande in den Verflüssiger, wird dort zunächst auf seine Sättigungstemperatur abgekühlt, bei dieser verflüssigt und die Flüssigkeit schließlich infolge der Einwirkung des kalten Wassers auf eine noch etwas niedere Temperatur (wenn möglich bis nahe auf die Zuflußtemperatur des Wassers selbst) herabgekühlt. Somit vollziehen sich im Verflüssiger drei voneinander verschiedene Wärmeübergänge, allerdings bei nahezu gleichbleibendem Druck im Innern, von denen unter normalen Verhältnissen auf den Verflüssigungsprozeß der höchste Betrag entfällt. Ziehen wir zunächst diesen allein in Rechnung, so ist klar, daß, wenn durch die Wärmeabgabe das Kühlwasser ohne Verdunstung sich nur erwärmt, dessen Abflußtemperatur höchstens gleich der Verflüssigungstemperatur des Kälteträgers sein kann. Bei zweckmäßiger Anordnung werden in der Tat diese beiden Temperaturen nahezu übereinstimmen. Sie werden überdies gemeinsam um so höher ansteigen, je höher die Zuflußtemperatur des Kühlwassers und je geringer die Menge desselben im Verhältnis zur Kälteleistung der Maschine ist. Um über diese, für den Betrieb wichtigen Einflüsse eine Übersicht zu ermöglichen, ist die nachstehende Tabelle XI für eine stündliche Kälteleistung von 100 000 WE bei — 10° Verdampfertemperatur berechnet[1]) worden, deren abgerundete Werte die Änderung der Abflußtemperatur mit der Zuflußtemperatur und der Kühlwassermenge verdeutlicht.

Ein Ansteigen der Verflüssigungstemperatur hat nun bekanntlich eine Druckerhöhung und damit eine Vergrößerung der Betriebsarbeit zur Folge, deren Ermittelung mit Hilfe der Dampftabellen für die einzelnen Kälteträger möglich ist[2]). Ihre Berechnung rückwärts durch Abzug der Kälteleistung von der aus Tabelle XI ermittelten Verflüssigerleistung sollte vermieden werden, da die letztere nur als mittlerer Überschlagswert zu betrachten ist. Dagegen erlaubt die nachstehende Tabelle von vornherein eine bequeme Beurteilung der Zweckmäßigkeit einer etwaigen Unterkühlung vor dem Regulierventil, welche immer dann angebracht ist, wenn die Differenz der Zu- und Abflußtemperaturen des Kühlwassers bei Schwefligsäure- und Ammoniakmaschinen größer als 10°, bei Kohlensäuremaschinen größer als 5° ausfällt. Außerdem aber

[1]) Berechnungsverfahren siehe Zeitschr. f. d. ges. Kälte-Ind. 1897, S. 186 ff. Die Werte der Tabelle XI sind als Annäherungszahlen aufzufassen.

[2]) Siehe Heinel, »Bau und Betrieb von Kälte-Masch.-Anl.«, S. 52 ff.

erkennt man ohne weiteres, ob die Aufnahme der Verflüssigerwärme durch Temperaturerhöhung des Wassers nicht auf zu hohe Temperaturen führt, in welchem Falle man unbedingt eine wenigstens teilweise Verdunstung zu Hilfe nehmen sollte. Die bei einfacher Temperatursteigerung noch zulässigen Abflußtemperaturen sind in der Tabelle durch kräftigen Druck hervorgehoben.

Tabelle XI (Abflußtemperaturen).

Zufluß-temperatur °C	Stündliche Wassermenge in Kubikmetern				
	5	10	15	20	25
5	28	**17**	**12**	**11**	**10**
10	34	**22**	**18**	**16**	**15**
15	39	26	**22**	**21**	**20**
20	44	32	28	**26**	**25**
25	50	38	34	32	30

Einfacher gestaltet sich die Ermittelung des theoretischen Wasserbedarfes bei Anwendung eines Verflüssigers mit Kühlung durch reine Verdunstung, da jedes Kilogramm Wasser rund 600 WE bindet. Die Verflüssigungstemperatur des Kälteträgers wird hierbei stets um einige Grade den Taupunkt der Luft übersteigen, auf welchen das Kühlwasser, bevor es verdunstet, sich an den Verflüssigerrohren erst erwärmen muß, wenn seine Temperatur nicht ohnehin schon höher lag. Außerdem wird die Verdunstung nur dann eintreten, wenn die Luft noch nicht mit Wasserdampf gesättigt war[1]). In diesem Falle geht sie erst dann vor sich, wenn das Wasser an den Rohren eine höhere Temperatur als diejenige der Luft angenommen

[1]) Das treibende Moment für die Verdunstung ist die Differenz der Spannungen des Wasserdampfes an der Wasseroberfläche und in der Luft; ist diese Differenz negativ, so findet umgekehrt ein Niederschlag und damit eine Wärmezufuhr an der Wasseroberfläche statt.

hat, wovon man übrigens durch Benutzung des kalten Kühlwassers zur Unterkühlung des im Verflüssiger niedergeschlagenen Kälteträgers Nutzen ziehen kann. Jedenfalls erkennt man, daß die Funktion eines Verdunstungsverflüssigers in hohem Grade von der Witterung abhängig ist, daß er bei trockener Luft günstig, bei feuchter dagegen nur mühsam arbeiten wird, wenn auch der Wasserverbrauch immer gegenüber der bloßen Wasserkühlung ein sehr kleiner bleibt.

Eine große Rolle spielt naturgemäß auch die Aufnahmefähigkeit der Luft, weil hierdurch die dem Verflüssiger stündlich zur Verfügung zu stellende Luftmenge bestimmt wird. In vollständig gesättigtem Zustande enthält jedes Kubikmeter eine Dampfmenge, welche für einzelne Temperaturen durch die nachstehende Tabelle XII in Grammen gegeben ist.

Tabelle XII (Dampfgehalt der gesättigten Luft).

Temperatur °C	Dampfgehalt g in 1 cbm	Temperatur °C	Dampfgehalt g in 1 cbm	Temperatur °C	Dampfgehalt g in 1 cbm
0	4,87	+11	9,96	+21	18,16
+1	5,21	12	10,60	22	19,24
2	5,57	13	11,56	23	20,38
3	5,95	14	11,98	24	21,57
4	6,36	15	12,74	25	22,82
5	6,79	16	13,53	26	24,13
6	7,25	17	14,36	27	25,50
7	7,73	18	15,24	28	26,95
8	8,24	19	16,15	29	28,47
9	8,73	20	16,34	30	29,90
10	9,36			35	39,51

Der absolute Dampfgehalt der Luft schwankt nun zwischen 60 und 95% dieser Werte, so daß die Luft noch Wasserdampf durch Verdunstung aufzunehmen vermag. Diese Aufnahmefähigkeit ergibt sich für einzelne Temperaturen und Feuchtigkeitsgehalte aus der vorigen Tabelle in Grammen folgendermaßen:

Tabelle XIII (Aufnahmefähigkeit ungesättigter Luft).

Luft-temperatur °C	Feuchtigkeitsgehalt der Luft			
	60%	70%	80%	90%
10	3,74 g	2,81 g	1,87 g	0,94 g
15	5,10 »	3,82 »	2,55 »	1,27 »
20	6,94 »	5,20 »	3,47 »	1,73 »
25	9,13 »	6,85 »	4,56 »	2,28 »
30	11,96 »	8,97 »	5,98 »	2,99 »
35	15,80 »	11,85 »	7,90 »	3,91 »

Aus dieser Tabelle XIII folgt z. B., daß 1 cbm Luft mit einem durch das Hygrometer festgestellten Feuchtigkeitsgehalte von 70% bei + 20° C 5,2 g Wasser aufzunehmen vermag, wodurch rd. 3,12 WE gebunden werden. Für eine Kühlanlage von 100 000 WE stündlicher Kälteleistung wird nun unter diesen Verhältnissen die Verflüssigerleistung ca. 126 000 WE betragen, zu deren Abführung eine Verdunstung von rund 210 kg Wasser erforderlich sind, welche ihrerseits unter den genannten Verhältnissen eine stündliche Luftmenge von mindestens 40 000 cbm erfordern. Da man indessen auf eine vollständige Sättigung der Luft durch den Verdunstungsvorgang nicht rechnen kann, so ist der Luftbedarf auf das 1½ fache ungefähr zu veranschlagen.

Ganz dasselbe gilt naturgemäß von der nachträglich durch teilweise Verdunstung erzielten Abkühlung des gebrauchten Kühlwassers, der sog. Rückkühlung; einigermaßen gemildert wird der Einfluß warmer und feuchter Witterung auf den Verdunstungsvorgang in der Praxis durch Vereinigung dieser mit der oben erwähnten reinen Wasserkühlung, indem man z. B. für 100 000 WE stündlicher Kälteleistung statt der theoretisch erforderlichen Verdunstungsmenge von 200 bis 250 kg den 4- bis 6 fachen Betrag an Kühlwasser, wenn irgend möglich, zuführt.

Nach den vorstehenden Erörterungen bietet es keine Schwierigkeit, sich für die Methode der Verflüssigung zu entscheiden, wenn die meteorologischen Verhältnisse des Aufstellungsortes der Kühlanlage bekannt sind. Um hierfür einen Anhalt zu bieten, sind die wichtigsten Angaben (Monatsmittel) für Frankfurt a. M. in der Tabelle XIV zusammengestellt, aus

Tabelle XIV.

Monat	Luft-temperatur °C	Dampf-spannung mm Quecksilber	Taupunkt °C	Temperatur des Grund-wassers °C	Temperatur des Fluß-wassers °C
Januar . . .	0,5	3,9	— 2,3	7,9	2,0
Februar . .	2,0	4,2	— 1,3	7,2	2,6
März	5,4	4,6	0	7,5	5,5
April	10,0	5,5	+ 2,5	8,1	10,2
Mai	13,0	7,7	+ 7,4	9,1	13,9
Juni	18,0	9,9	+ 11,2	10,3	18,4
Juli	19,7	11,1	+ 13,0	11,6	20,4
August . . .	19,0	10,6	+ 12,2	12,2	19,9
September .	15,0	9,5	+ 10,5	12,5	16,8
Oktober . .	9,5	7,0	+ 6,0	12,3	10,8
November .	4,3	5,6	+ 2,8	10,9	4,9
Dezember .	0,5	4,4	0,7	9,3	2,4

der man erkennt, daß die Kühlung des Verflüssigers in den Monaten Februar, März, Oktober und November am besten mit Flußwasser, welches überdies in fast unbegrenzter Menge zur Verfügung steht, von April bis September dagegen mit Grundwasser bewirkt werden kann. Da der Taupunkt gerade in den heißesten Monaten über der Grundwassertemperatur liegt, so erscheint die *Verdunstungskühlung lediglich als Notbehelf bei ungenügender Grundwassermenge*. In der Tat zeigen denn auch Verdunstungsverflüssiger mit Berieselung stets höhere Drucke als Tauchverflüssiger, auch bei übereinstimmenden Wasserzu- und -abflußtemperaturen. Diese Erscheinung ist übrigens hauptsächlich dadurch begründet, daß der Wärmeübergang von Wasser an die Luft auch bei kräftiger Verdunstung in der Zeiteinheit eine größere Oberfläche erfordert als der entsprechende Übergang zwischen den Kälteträgern in den Verflüssigerrohren auf das umgebende Wasser. Diese geringere Übertragungsfähigkeit kann natürlich nur durch ein größeres Temperaturgefälle und folglich auch bei denselben Wassertemperaturen durch höheren Verflüssigerdruck ausgeglichen werden. Die in der Neuzeit vielfach zu beobachtende Vorliebe für Verdunstungsverflüssiger mit Berieselung ist demnach vom ökonomischen Standpunkte nicht allgemein gerechtfertigt. Steht allerdings nur Kühlwasser zur Verfügung, das entweder sehr viel organische Substanzen mit sich führt oder durch Niederschlag von Salzen (z. B. Kalk, Gips usw.) den Wärmedurchgang durch die Rohroberflächen beeinträchtigt, so rechtfertigt dies die Wahl der leicht und ohne Betriebsstörung zu reinigenden Verdunstungsapparate.

26. Bauweise der Verflüssiger mit Tauchschlangen.

Grundlegende Anforderungen: Möglichste Ausnutzung der Austauschoberfläche, gleichmäßiges Arbeiten aller Schlangen, kleiner Raumbedarf, gute Ausnutzung des Gegenstromverfahrens; einfache Herstellung, Betriebssicherheit; die Flanschen der Schlangenanschlüsse müssen außerhalb des Wassers und zugänglich sein.

Schlangenmaterial: Für Ammoniak: Schmiedeeisenrohre, patentgeschweißt von 25 mm l. W. bei kleineren, 30 bis 34 mm l. W. bei größeren Maschinen; die Wandstärke beträgt 4 bis 6 mm.

Für Schwefligsäure: wie vorstehend, oder auch Kupferrohre von etwa $1\frac{1}{2}$ mm Wandstärke oder schmiedeeiserne Rohre von 40 mm l. W. und 4 mm Wandstärke.

Für Kohlensäure: besonders gut geschweißte schmiedeeiserne Rohre von 26 mm l. W. und 5 mm Wandstärke oder Kupferrohre von 26 bis 30 mm l. W. und 3 mm Wandstärke.

Die Kupferrohre sind bei Kältemaschinen nahtlos. Bezüglich der engsten, möglichen Windungsdurchmesser siehe Tabelle in Fig. 119.

Fig. 118: Senkrechtes zylindrisches Gefäß mit Wasserzulauf unten, Wasserablauf oben (s. Fig. 122 und Fig. 123).

Das Rührwerk wird durch Kegelräder und Riemenscheibe von der Transmission angetrieben. Das Fußlager des Rührwerkes ist gegen Rosten zu schützen, das Senken der Welle

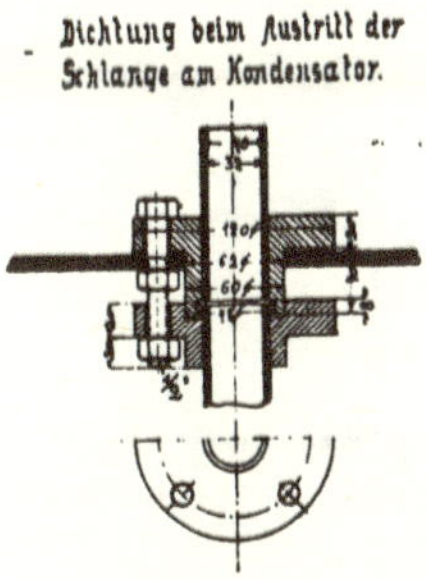

Fig. 117.

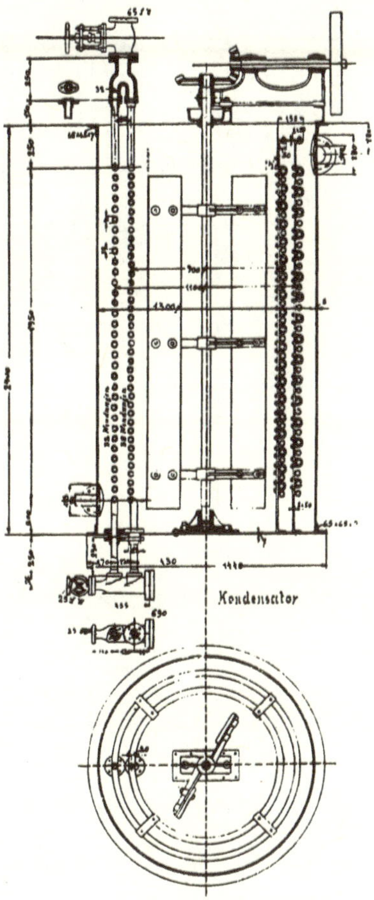

Fig. 118.

muß verhütet werden (Pockholzeinlage oder besser durch Aufhängen der Welle im oberen Lager). Die Umlaufzahl des Rührwerkes beträgt ca. 15 in der Min. Statt der Kegelräder wird besser ein Schneckentrieb verwendet, weil dann die Übersetzung von raschlaufender Transmission aus leichter ist. Der Schlangenanschluß ist oben durch ein Hosenrohr bewerkstelligt, unten sind die Schlangenenden durch den Boden hindurchgeführt. Das Sammelstück ist unterhalb des Bodens. Das Fundament ist entsprechend ausgespart. Am Verteilungsstück wird in der Regel ein kleines T-Stück angeschlossen, an dem zwei Hähne

	mm				
⌀ der engsten Schlange:	700	600	600	400	300
bei Eisenrohr ⌀ innen:	34	25	20	15	–
außen:	42	32	26	20	–
bei Kupferrohr ⌀ innen:	60	45	35	25	20
außen:	65	49	39	28	23

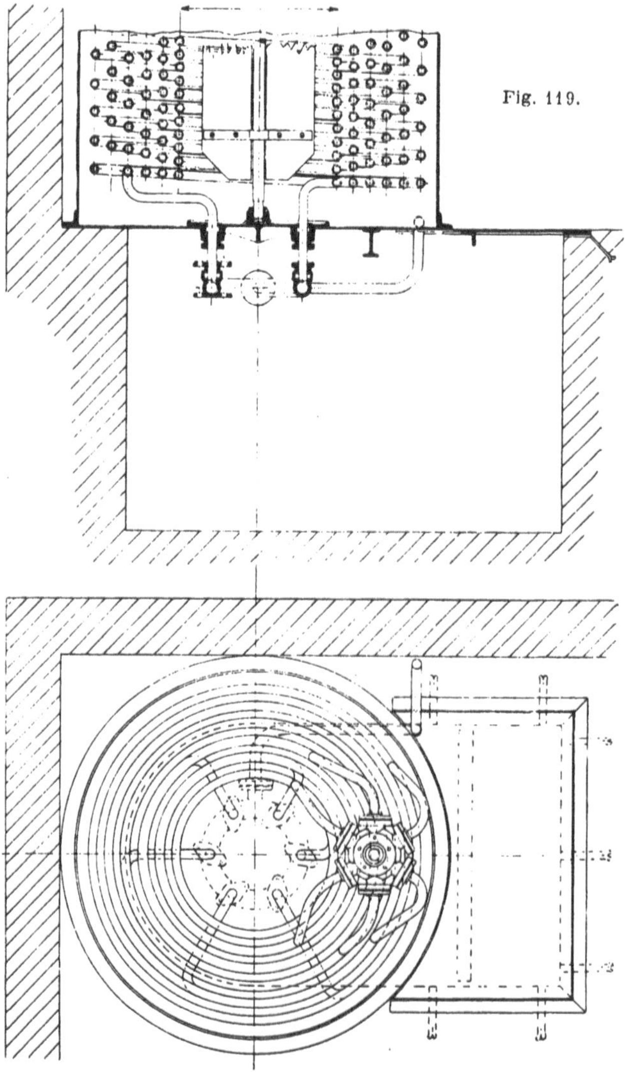

Fig. 119.

sitzen. Der eine dient zur Entlüftung, der andere zum Anschluß der Manometerleitung. Das Wassergefäß erhält unten einen Wasserablaßhahn.

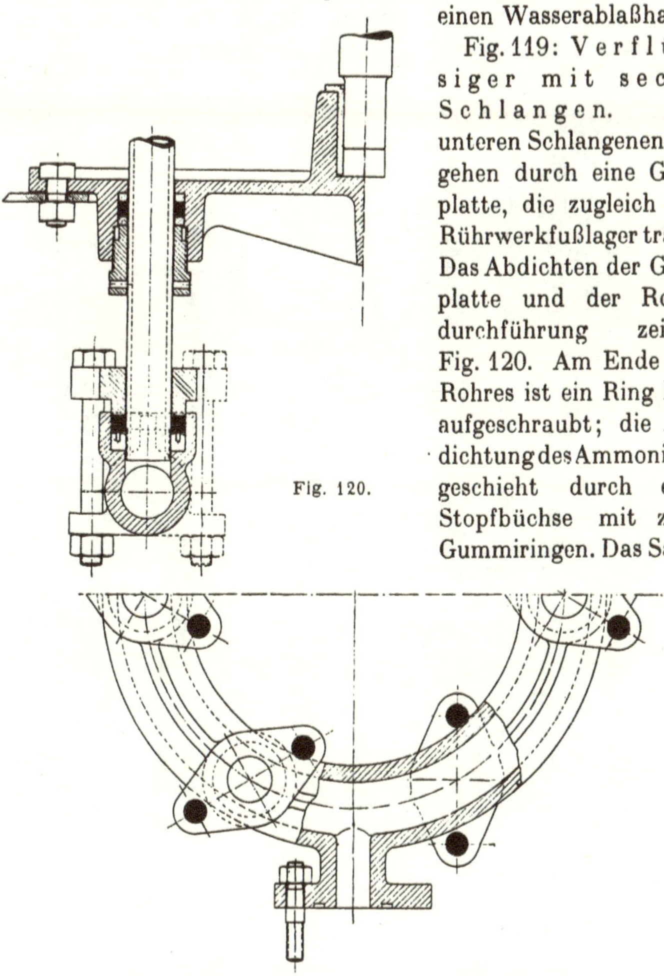

Fig. 120.

Fig. 119: Verflüssiger mit sechs Schlangen. Die unteren Schlangenenden gehen durch eine Gußplatte, die zugleich das Rührwerkfußlager trägt. Das Abdichten der Gußplatte und der Rohrdurchführung zeigen Fig. 120. Am Ende des Rohres ist ein Ring lose aufgeschraubt; die Abdichtung des Ammoniaks geschieht durch eine Stopfbüchse mit zwei Gummiringen. Das Sammelstück ist ringförmig und so weit, daß nur ganz geringe Fließgeschwindigkeit in demselben herrscht. Auch hier ist eine Aussparung des Fundamentes behufs Zugänglichkeit der Flanschen nötig. Das Einsteigloch wird mit Riffelblech nach Fig. 119

abgedeckt. Die Windungshöhe der Schlangen ist so gewählt, daß alle Schlangen gleiche Länge haben, also gleichen Fließwiderstand bieten. Andernfalls würden die Schlangen mit größerem Fließwiderstand schlechter arbeiten.

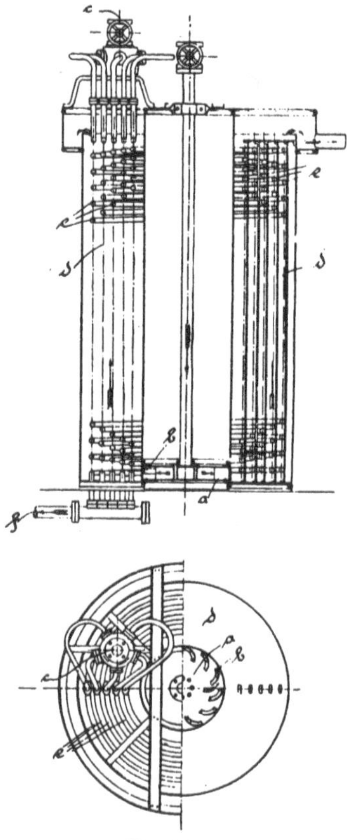

Fig. 121.

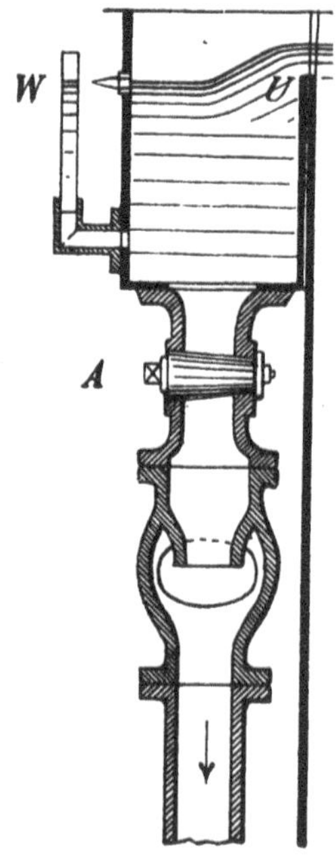

Fig. 122.

Das **Rührwerk** stört unter Umständen den Gegenstrom und stellt eine Mischtemperatur des Wassers her[1]). Dadurch wird die Unterkühlung des verflüssigten Kältemittels verhindert. Des-

[1]) S. Zeitschr. f. d. ges. Kälte-Ind. 1908, S. 41.

halb wird statt des Rührwerkes häufig ein, den innersten Raum ausfüllender Zylinder eingesetzt, das Wasser tangential statt radial zugeführt und abgeleitet; der Umlauf des Wassers geschieht so, daß es gleichlaufend mit der Schlangenwindung nach

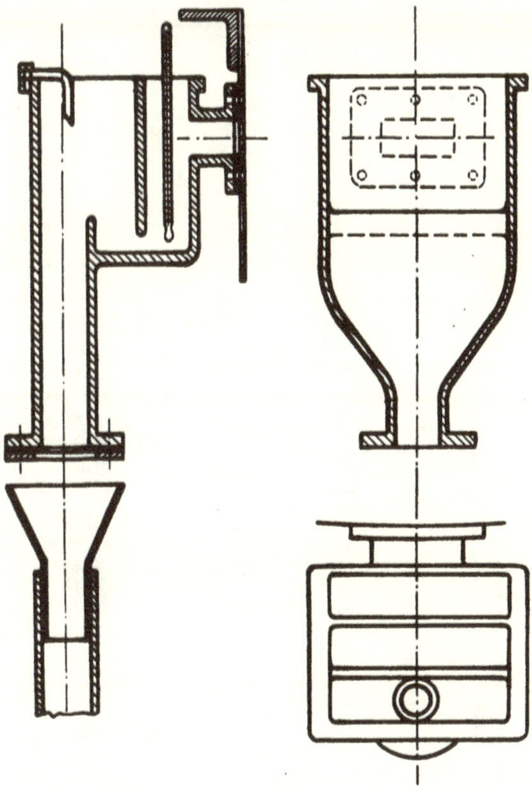

Fig. 123

oben steigt. A. Freundlich, Düsseldorf, benutzt ein mit gekrümmten Schaufeln ausgestattetes Zulaufstück (Fig. 121), durch welches das Wasser im Zylinder in Umlauf gehalten wird infolge des tangentialen Einlaufes des frischen Wassers. Außerdem ist in dieser Figur zu beachten, daß das Wasser oben in einen Ring übertritt, damit der Umlauf nicht gestört wird.

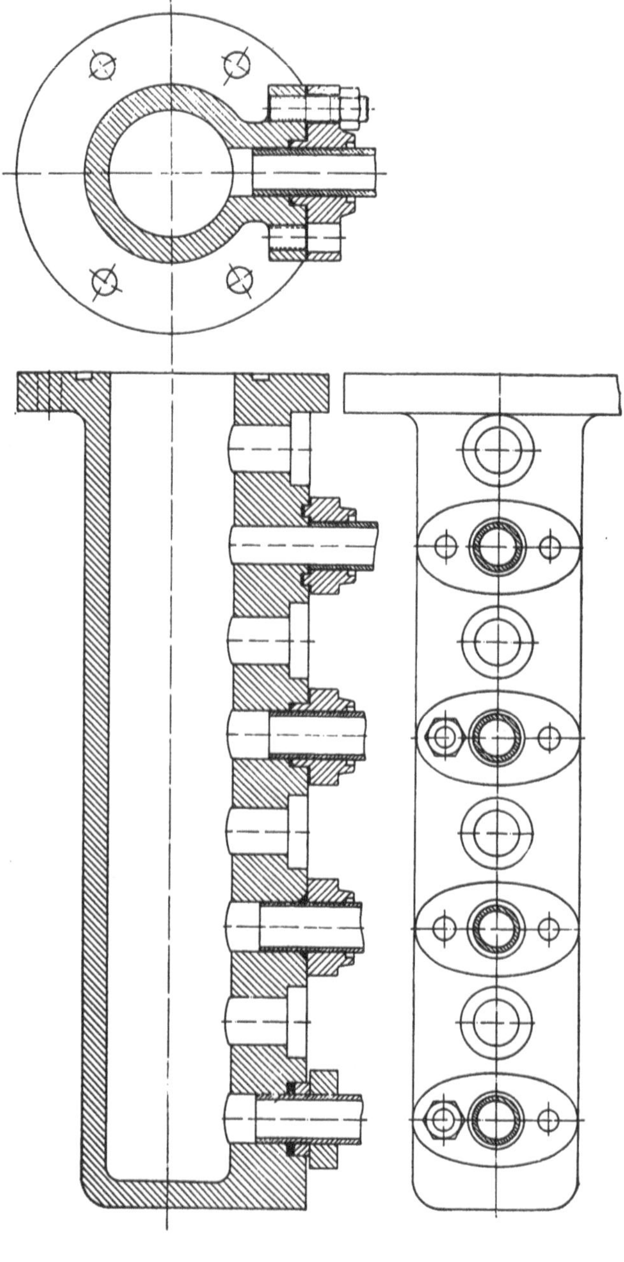

Fig. 124.

Der Überlauf wird häufig so gebildet, daß er mit Hilfe eines Flüssigkeitsstandzeigers und einer geeichten Auslauföffnung die ungefähre Wassermenge pro Stunde anzeigt und ein Thermometer enthält. Fig. 122 u. 123. Aus Wassermenge, Wasserzu- und -ablauftemperatur kann dann jederzeit rasch die ungefähre Leistung des Verflüssigers berechnet werden.

$$Q^{\mathrm{lt}}/_{\mathrm{stunde}} \cdot (t_{\mathrm{ablauf}} - t_{\mathrm{zulauf}}) = \text{Leistung}.$$

Die Verteilungs- und Sammelstücke. Die genau gleichmäßige Verteilung des Kältemittels auf alle Schlangen hängt ab von dem Eintrittswiderstand in die Schlange und dem Austrittswiderstand aus der Schlange. (Fig. 124): Das Kältemittel kommt von der Seite. Bei großer Fließgeschwindigkeit im Verteilungsrohr werden die letzten Schlangen mehr Kältemittel erhalten als die ersten. Muß man seitlichen Eintritt ausführen, so muß das Verteilungsrohr sehr weit sein, jedenfalls viel weiter als das Zuleitungsrohr. Handelt es sich aber um Verteilung flüssigen Kältemittels (beim Verdampfer), so ist die Ausführung nach Fig. 124 unter keinen Umständen zulässig. In Fig. 124 sind weiter gezeigt vier Möglichkeiten des Anschlusses der Rohrenden an das Verteilungsstück. Die Anwendung von Rundflanschen ist meist undurchführbar. Die Ovalflanschen müssen dicker sein als Rundflanschen, damit sie sich nicht durchbiegen. Beim Durchbiegen reißt das Lot zwischen Rohr und Flansch und wird undicht, der Druck auf die Dichtung wird ungleichmäßig. Links: Ein Bund wird auf das Rohr aufgeschraubt und verlötet, ein loser Flansch sitzt hinter dem Bund. Nächste Verbindung: Der aufgeschraubte und verlötete Flansch sitzt flach metallisch auf, die Abdichtung geschieht durch Rundgummi. Dritte Verbindung: Der aufgeschraubte und verlötete Flansch hat zylindrischen Ansatz, Abdichtung durch Rundgummi (sicherste Verbindung). Vierte Verbindung: Der aufgeschraubte und verlötete Flansch hat eine Feder, das Gußstück die Nut. Abgedichtet wird durch eine Gummischeibe o. dgl. (meist angewendete Verbindung).

Fig. 125: Zuleitung bzw. Ableitung in der Mitte des Verteilungsrohres. Diese Bauart wirkt etwas besser, zuverlässig aber nur bis zu vier Rohrschlangen; im übrigen gelten die bei voriger Figur gemachten Bemerkungen.

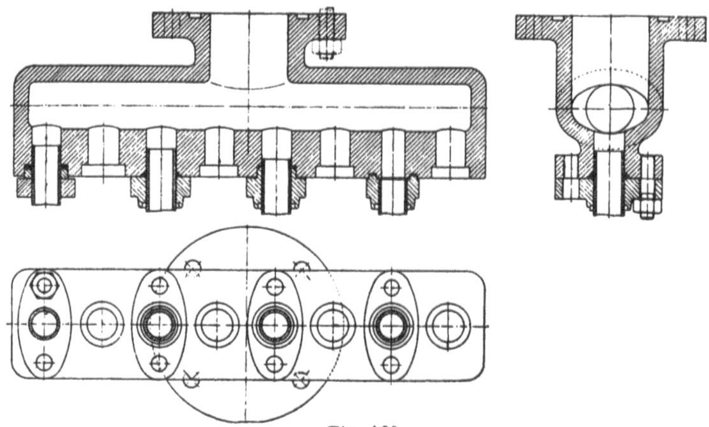

Fig. 125.

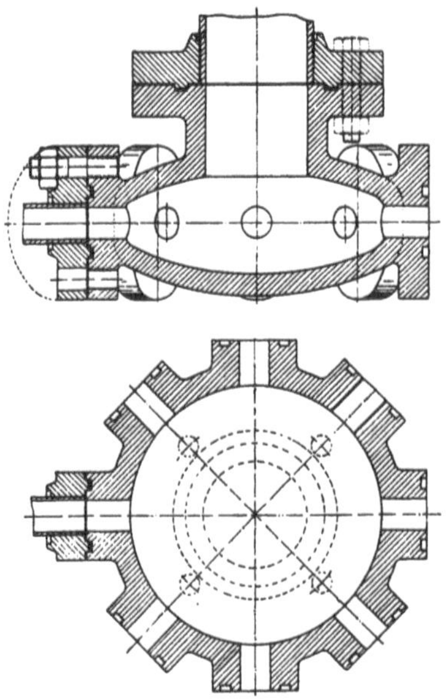

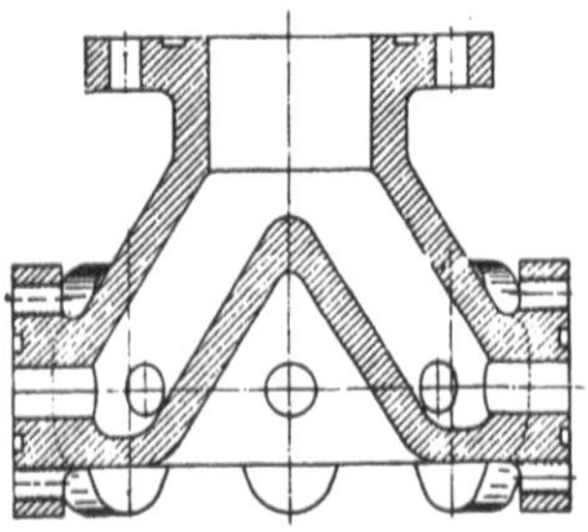

Fig. 127.

Fig. 126.

Fig. 126. Die Anschlüsse sind kreisförmig in gleichem Abstand vom Mittelpunkt angeordnet, die Zuleitung senkrecht dazu zentral. Die Verteilung ist genau gleichmäßig, wenn die Verbindungsrohre zwischen den Schlangenenden und dem Verteilstück gleichlang sind. Während bei Fig. 124 und 125 die Schlangenenden unmittelbar an das Verteilstück angeschraubt werden können, sind bei Fig. 126 genau angepaßte Zwischenrohre nötig (siehe Grundriß in Fig. 121). Ungenaues Anpassen ergibt schlechte Flanschdichtung.

Fig. 127. Zur Unterstützung der Verteilung wurde auch wohl ein Kegel eingegossen. Ist derselbe nicht genau in der Mitte, so stört er die Verteilung, statt sie zu unterstützen.

27. Flüssigkeitsunterkühler.

Die Schlangenzahl ist niedriger als beim Verflüssiger, weil das spezifische Volumen des flüssigen Kältemittels sehr klein ist. Die Fließgeschwindigkeit in der Unterkühlerschlange darf nicht zu klein werden, sonst ist der Wärmeaustausch schlecht. Das zylindrische Wassergefäß ist meist oben und unten durch einen ver-

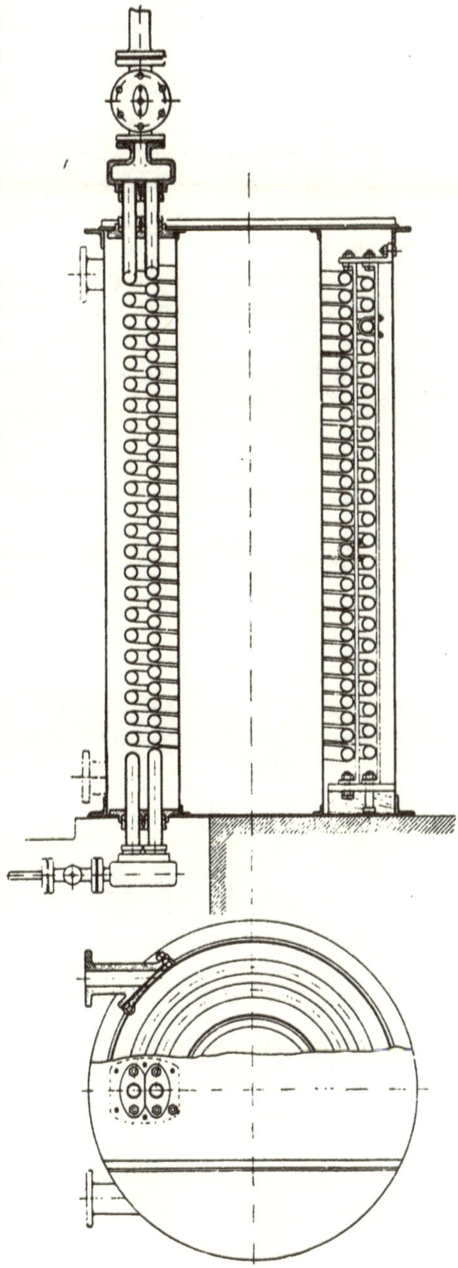

Fig. 128.

steiften Deckel dicht verschlossen vermittelst Verschraubung und Dichtung, weil der Unterkühler in der Regel in Verbindung mit einem Berieselungskühler verwendet wird, der höher steht als der Unterkühler. Der Unterkühler soll tiefer stehen als der Verflüssiger, damit die noch nicht unterkühlte Flüssigkeit stets unter dem Druck der Flüssigkeitssäule steht, sonst wirkt der Unterkühler unter Umständen als Verdampfer (s. S. 195). Das Verbindungsrohr zwischen Verflüssiger und Unterkühler muß weit genug sein, sonst wirkt es drosselnd, und es tritt im Unterkühler eine teilweise Verdampfung ein. Die Wasserführung im Unterkühler wird in der Regel bewirkt durch einen Einsatzzylinder und tangentialen Ein- und Austritt des Wassers. (Fig. 128.)

28. Bauweise der Doppelröhren-Verflüssiger.

Fig. 129 (Maschinenfabrik Sürth). Das im äußeren Rohre fließende Ammoniak wird von außen durch die Luft, von innen durch das im Innenrohr im Gegenstrom fließende

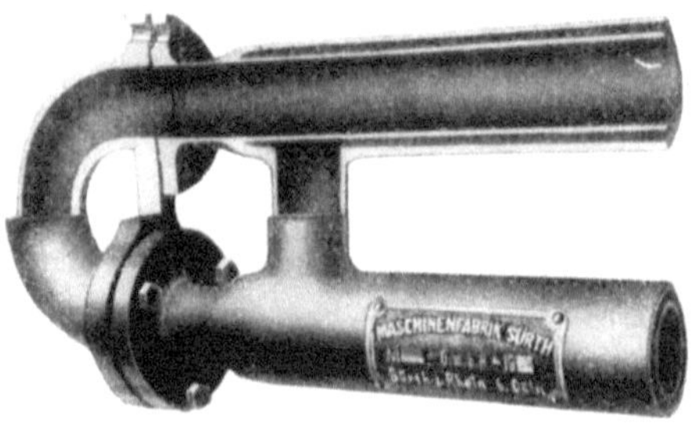

Fig. 129.

Kühlwasser gekühlt. Die Ammoniakrohre sind durch autogene Schweißung vollständig gegen außen abgeschlossen, die Innenrohre lassen sich nach Abnahme der Doppelkrümmer leicht reinigen. Die großen Fließgeschwindigkeiten ergeben einen guten Wärmeaustausch.

29. Bauweise der Berieselungsverflüssiger.

Das Kältemittel tritt oben ein und läuft unten ab. Da das Rieselwasser von oben nach unten fällt, so haben wir hier das Gleichstromverfahren, also einen Nachteil gegenüber dem Tauchverflüssiger. Da aber die Erwärmung des Wassers selbst beim Gegenstrom nicht groß wäre (infolge der teilweisen Verdunstung), so ist die Durchführung des Gegenstromes hier weniger wichtig. (S. übrigens S. 175.)

Mindestwasserbedarf zur vollständigen Benetzung der Schlangen: Pro lfd. m des obersten Rohres rechne man ca. 2,15 l pro Sekunde bei sehr gleichmäßiger Verteilung und geringem Abspritzen. Reicht das Frischwasser hierzu nicht aus, so muß stets ein Teil des Wassers wieder verwendet und dem Frischwasser zugesetzt werden. Grundlegende Bedingungen: Gute Ausnutzung des Kühlwassers (bei genügender Menge an Kühlwasser kann man die Schlangen mit geringerer Höhe und größerer Horizontallänge bauen; wenn äußerste Wasserersparnis verlangt ist, werden die Schlangen hoch und weniger lang gebaut), möglichst gleichmäßige Berieselung ohne Verspritzen, gleichmäßige Verteilung des Kältemittels auf alle Einzelschlangen, Biegung der Schlangen unter möglichster Schonung der Schweißnaht (nicht zu kleiner Biegungsradius); bequeme Säuberung der Schlangen von Schlamm und Wasserstein. Der Wärmedurchgangskoeffizient läßt sich beeinflussen: durch nicht zu geringe Fließgeschwindigkeit in den Schlangen und durch die der Gesellschaft für Lindes Eismaschinen geschützte Bauweise der Schlangen mit gleichmäßigem Gefälle.

Fig. 130 (Schüchtermann & Kremer, Dortmund) stellt die meist in Deutschland verwendete Bauart dar. Jede Schlangenreihe besteht aus drei Flachschlangen mit ausgebogenen Krümmungen. Je drei Schlangen haben demnach ein Verteil- und ein Sammelstück. Jede Schlangenreihe soll für sich absperrbar sein, damit sie im Falle des Schadhaftwerdens ohne längere Betriebsunterbrechung der anderen Schlangenreihen ausgewechselt werden kann. Jede Schlangenreihe soll außerdem einen Entlüftungshahn haben Die Rohre

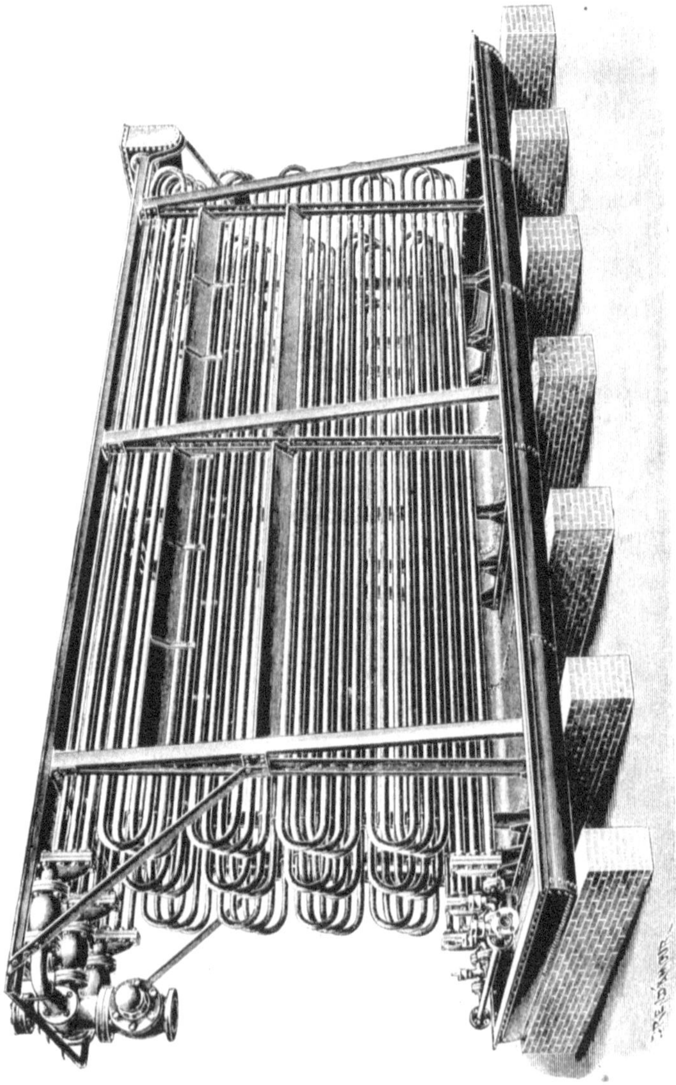

Fig. 130.

liegen so eng übereinander, als es die Bügelschrauben, welche zur Befestigung der Schlangen an den senkrechten Eisen dienen, irgend zulassen. Dies verhindert zu starkes Verspritzen (s. S. 173). In Fig. 130 wird das Kühlwasser am Ende des über dem obersten Schlangenrohr liegenden, oben geschlitzten (oder gelochten) Rohres zugeführt. Gleichmäßiges Überlaufen aus diesem Schlitzrohr ist nur möglich, wenn die Fließgeschwindigkeit im Rohr nirgends größer als 0,3 m pro Sekunde und das Schlitzrohr genau horizontal ist. Deshalb ist eine Vorrichtung für horizontale Ausrichtung nötig.

Fig. 131.

Fig. 131 (A. Freundlich, Düsseldorf) zeigt gut ausgebildete Verteilung und Sammlung des Kältemittels und vollständige Armatur.

Fig. 132. Rieselverflüssiger Bauart Riedinger mit aufeinander liegenden Rohrschlangen. Bindung nach je zwei Windungen durch Bügelschrauben und beiderseitige Anordnung von Walzeisen. Vorteil: Geringes Verspritzen, Wasserersparnis, gute Berieselung. Nötigenfalls ist etwas reichlichere Rohroberfläche zu geben, damit nicht nur der Wärmeübergang vom Kältemittel zum Wasser, sondern auch der Wärmeübergang vom Wasser an die Luft gesichert ist.

Verteilungs- und Sammelstücke der Berieselungsverflüssiger.

Fig. 133 ist ein Verteilungsstück für eiserne Rohre mit je einem Ovalflansch; es ist für alle Kältemittel geeignet.

Fig. 132.

Fig. 134 zeigt ein Verteilungsstück für Kupferrohre. Diese sind in einem gemeinschaftlichen länglichen Deckel aus Schmiedeeisen oder Rotguß eingelötet. Die Flanschen haben Flachdichtung. Dieses Stück ist nur für schweflige Säure geeignet.

Fig. 135 ist ein weiteres Verteilungsstück für Kupferrohre. Diese sind in einem gemeinschaftlichen runden Deckel eingelötet. Rundgummidichtung o. dgl. ist hier verwendbar. Dieses Stück ist geeignet für Schwefligsäure und Kohlensäure.

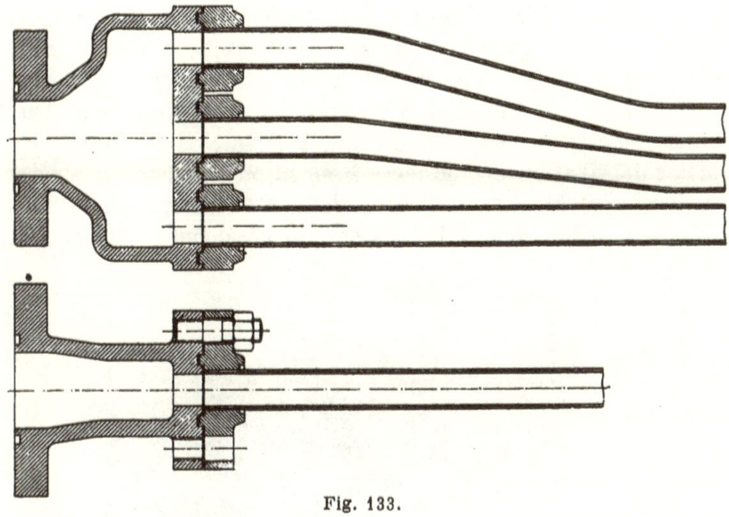

Fig. 133.

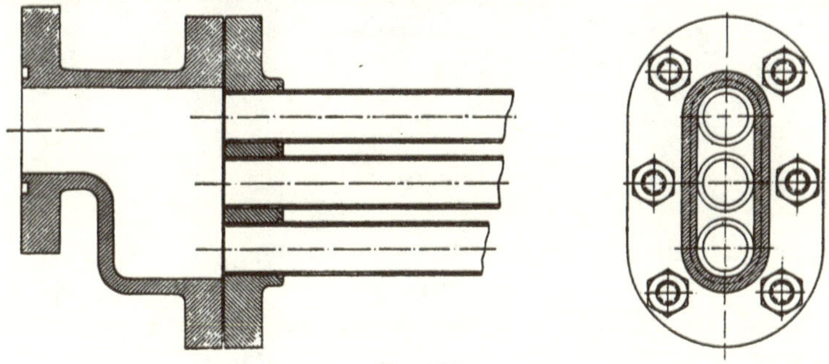

Fig. 134.

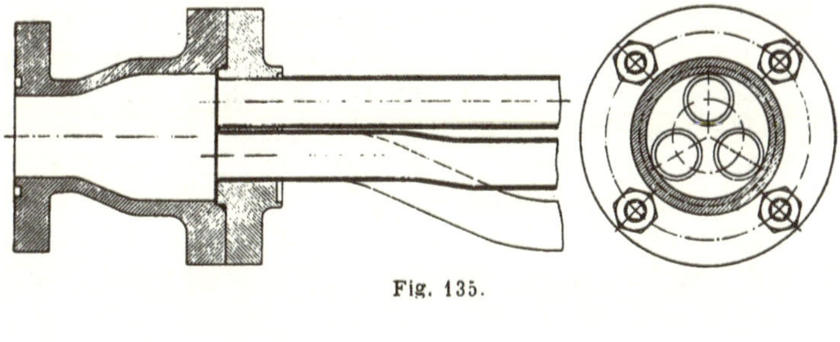

Fig. 135.

Fig. 136—137. Amerikanische Bauart eines Berieselungsverflüssigers aus Einzelrohren und besonderen Krümmern, in welche die Rohre eingeschraubt und verlötet werden. Ein Nachteil der Bauart sind die vielen Dichtungsstellen, ein Vorteil: die bequeme Herstellung bei Massenfabrikation und größere Freiheit in den Längen sowie größere Unabhängigkeit von den Rohrschlangenfabriken. Der weitere Nachteil, daß die Rohre nicht so eng übereinander

Fig. 136.

liegen können wie bei der deutschen Bauart, kann in einen Vorteil verwandelt werden durch Einfügen von Berieselungsblechstreifen (Fig. 137). Dann wird, was auch theoretisch notwendig ist, die Oberfläche zwischen Luft und Wasser größer als die zwischen Wasser und Kältemittelrohr. Zur Erleichterung des Transportes und der Montage werden einige Krümmer geteilt (Fig. 138) und verschraubt; die Abdichtung bewirkt man zweckmäßig durch Rundgummi. Für eine besondere Bauart, bei der das Kältemittel von unten nach oben fließt, können geteilte oder ganze Krümmer mit Flüssigkeitsauslaß eingebaut werden (Fig. 139), an welch letztern dann ein sog. Siphon anzuschließen wäre.

Teilweise Herstellung des Gegenstromes (Fig. 140). (C. G. Hauboldt jun., Chemnitz.) Der

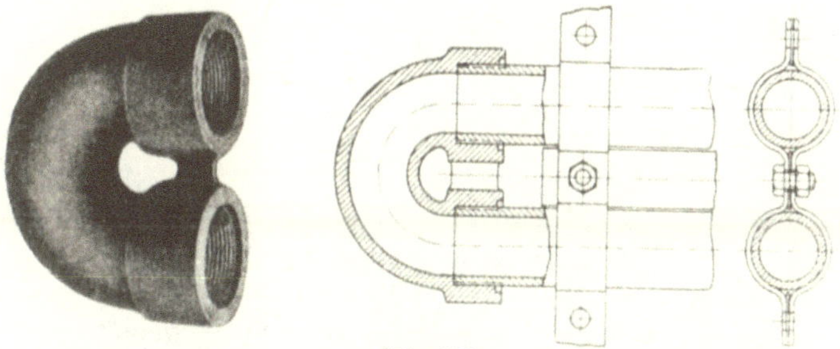

Fig. 137.

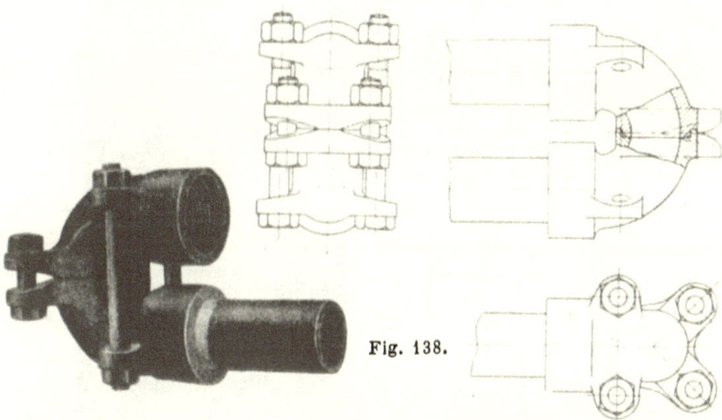

Fig. 138.

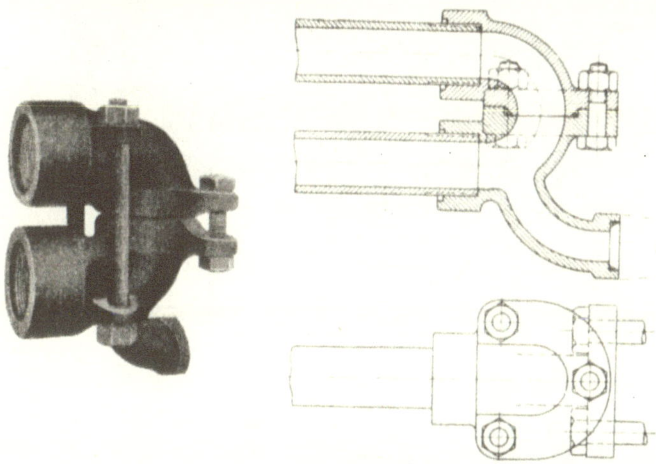

Fig. 139.

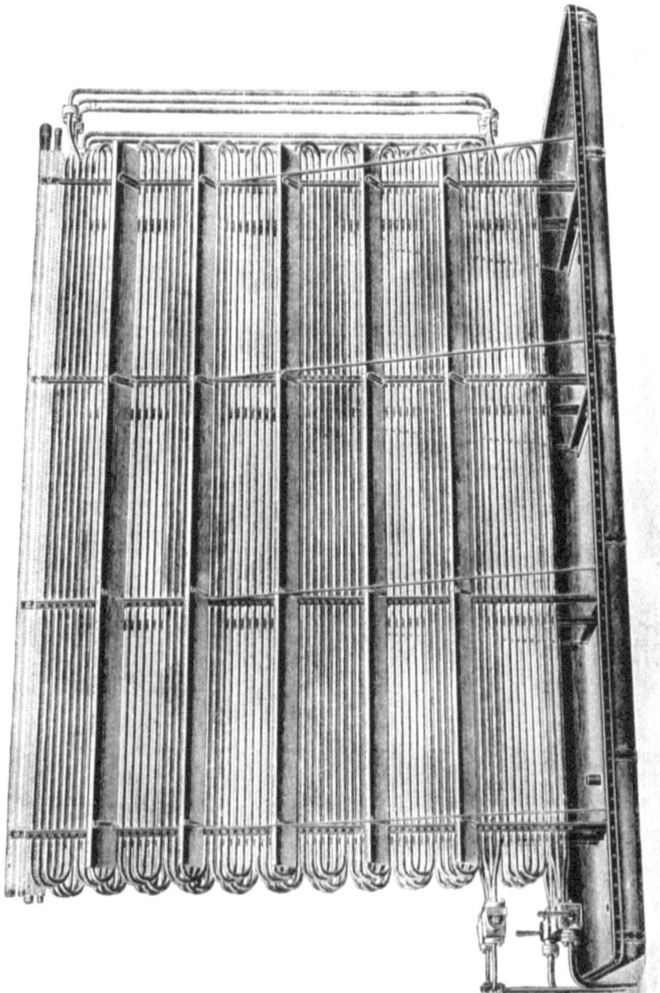

Fig. 140.

noch überhitzte Dampf tritt unten ein, nach Durchfließen einiger Windungen wird er nach dem obersten Schlangenende geleitet, von da ab fließt er im Gleichstrom mit dem Berieselungswasser abwärts.

Zu empfehlen ist diese Anordnung, wenn das Kühlwasser möglichst ausgenutzt werden soll.

(Fig. 141). Die Anordnung ist ähnlich wie bei Fig. 140, aber die Schlangen sind nach amerikanischer Bauart hergestellt, und der überhitzte Dampf fließt in der unteren Schlange von oben nach unten, unten wird der schon verflüssigte Teil abgeschieden, dann wird der Dampf mit Siedetemperatur nach oben geleitet.

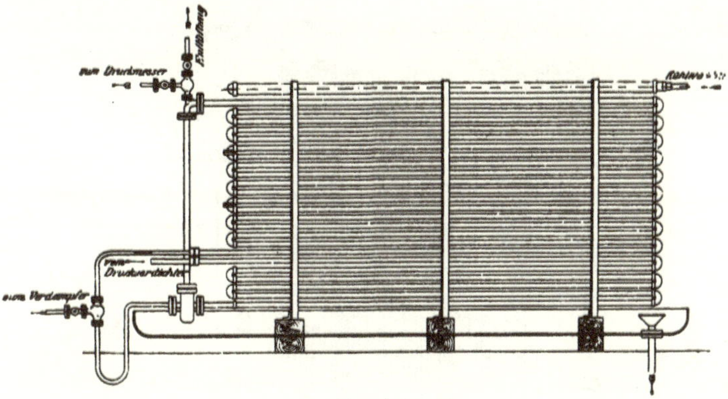

Fig. 141.

Weiterer Vorschlag: Unter Benutzung der amerikanischen Bauart (Fig. 142) verteilt sich das Kältemittel jeweils auf nur ein oder zwei Rohre, hat also große Fließgeschwindigkeit (hier nur ein Rohr). Es fließt beim Pfeil dem linken Gußstück zu, nach Durchströmen von vier Rohren kommt es in die zweite Kammer des linken Gußstückes, scheidet dort den verflüssigten Teil ab, der durch ein fünftes Rohr nach dem Gußstück rechts fließt. Anordnung eines Siphons ist im letzteren nötig. Der nicht verflüssigte Teil steigt im linken Gußstück hoch zum nächsten Rohrsystem und so weiter. Beide Gußstücke erhalten je einen Entlüftungshahn.

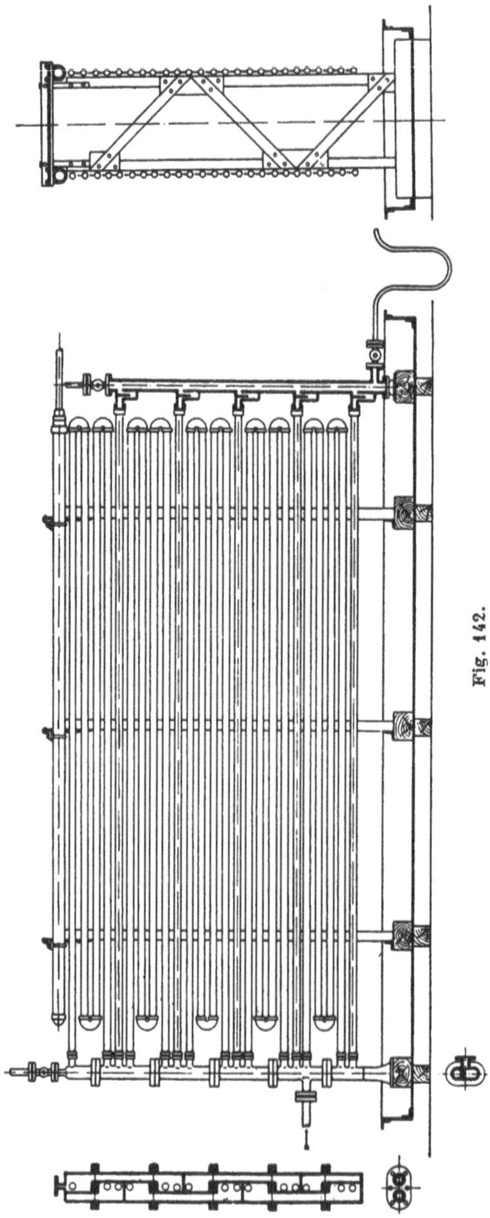

Fig. 142.

Der Einwendung, daß infolge gleichbleibender Verflüssigungstemperatur der Gegenstrom gar keinen Sinn habe, ist entgegenzuhalten, daß in den oberen Rohren geringere Fließgeschwindigkeit, also schlechterer Wärmedurchgang herrscht, der auszugleichen ist durch größeren Temperaturunterschied, also kälteres Wasser. Demnach ist auch beim Berieselungsverflüssiger der Gegenstrom anzustreben. Außerdem spielt noch eine Rolle der spez. Flüssigkeitsgehalt des Dampfes, über dessen Einfluß wir aber zurzeit keinen genügenden zahlenmäßigen Nachweis besitzen.

30. Aufstellung der Berieselungsverflüssiger und der Wasserrückkühler.

Die Aufstellung der Verdunstungsverflüssiger nach den vorstehenden Anordnungen wird durch Fig. 143 u. 144 verdeutlicht[1]). Die beiden Apparate *E* befinden sich mit dem Sammelbecken *F* für das Wasser direkt auf dem Dache des Maschinenraumes und sind aus mehreren übereinander gestellten Schlangenrohrsystemen zusammengesetzt. Das Wasser wird durch eine Pumpe *AB* aus dem Kühlwasserbassin *H* abgesaugt und durch die Druckleitung *CC* den Verteilungsrinnen zugeführt. Um wenigstens einen Teil des etwa durch zu starken Luftzug beim Herabrieseln verspritzten Wassers nutzbar zu machen, sind noch einige oben offene Rinnen an den Seiten der Verflüssiger angebracht, welche das Spritzwasser aufnehmen und der Rohroberfläche wieder zuführen. Allerdings darf nicht außer acht gelassen werden, daß diese Rinnen unter Umständen der intensiven Belüftung hinderlich sein können. Das nicht verdunstete Wasser fließt aus dem Becken *F* durch die Leitung *GG* in das Bassin *H* wieder zurück.

Während man früher jede Überdachung der Berieselungsverflüssiger als Hindernis für die Luftzirkulation verwarf, hat sich dieselbe bei genauer Beob-

[1]) Ausführung der Maschinenfabrik »Germania« in Chemnitz für die Brauerei F. Smits van Waesberghe in Breda.

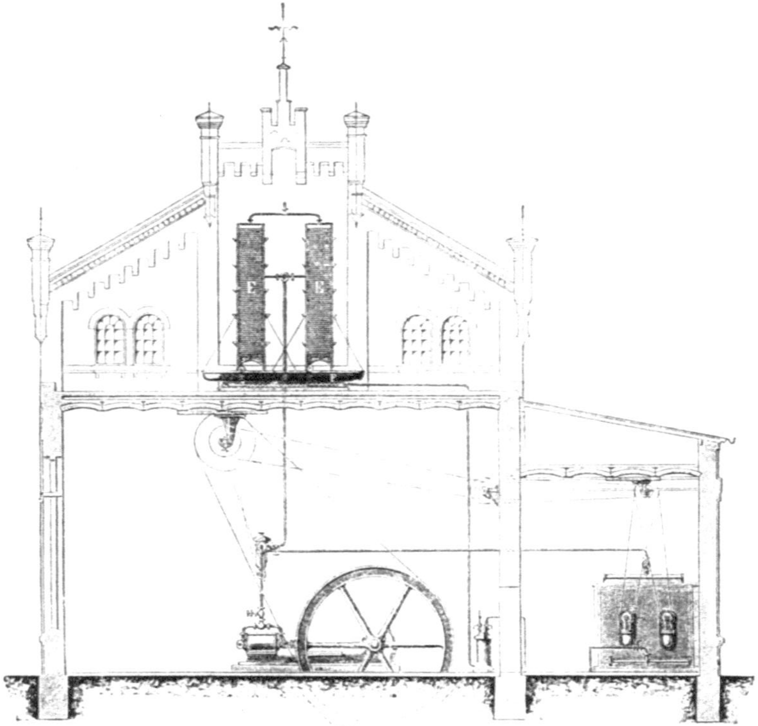

Fig. 143.

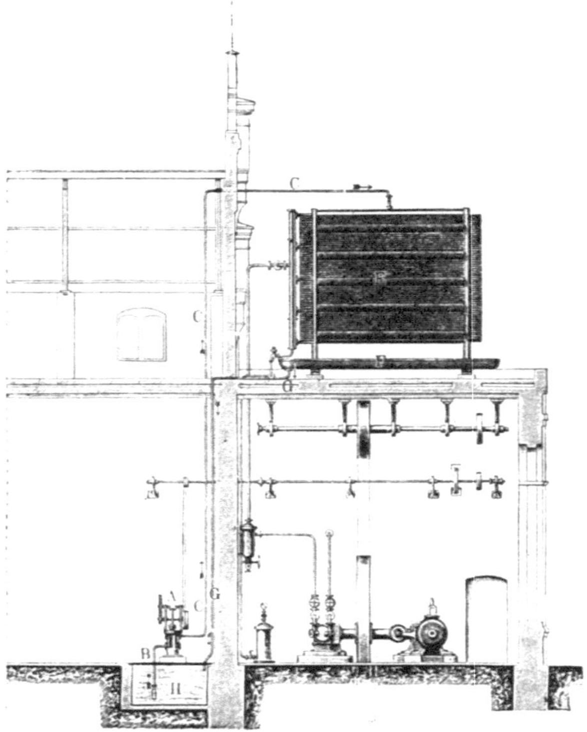

Fig. 144.

achtung als Schutz gegen die Bestrahlung durch die Sonne nützlich erwiesen. Nur sollte hierbei die Anbringung von Dachreitern mit seitlichen Öffnungen zum Abzuge des Schwadens nicht unterlassen werden. Ebenso zweckmäßig sind Jalousien aus horizontalen Brettern vor allem gegen

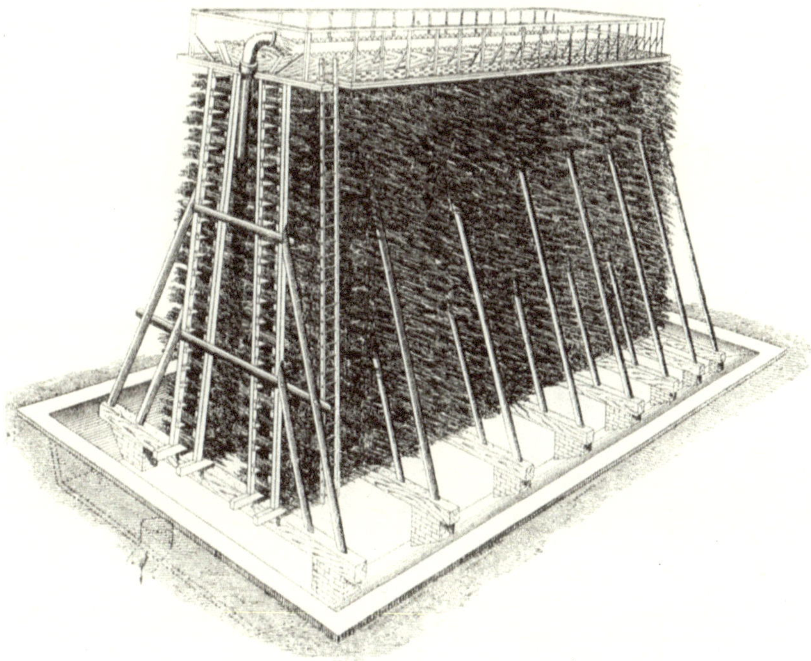

Fig. 145.

Süden und Westen, welche so zu stellen sind, daß Luft — wenn auch unter Überwindung von Bewegungswiderständen — durch die Zwischenräume hindurchstreichen kann, die Sonnenstrahlen dagegen vollständig aufgefangen werden. Ist außer der Kühlmaschine auch die Betriebsdampfmaschine mit einem Berieselungsverflüssiger versehen, so dürfen diese beiden Apparate keinesfalls in unmittelbarer Nähe aufgestellt werden, damit nicht der wärmere Schwaden des Dampfverflüssigers an die Oberfläche des Kühlmaschinenverflüssigers gelangt und dessen Wirkung beeinträchtigt. Bei Platzmangel hilft man sich am einfachsten durch Höherstellen des Dampfverflüssigers oder Aufstellen einer Zwischenwand.

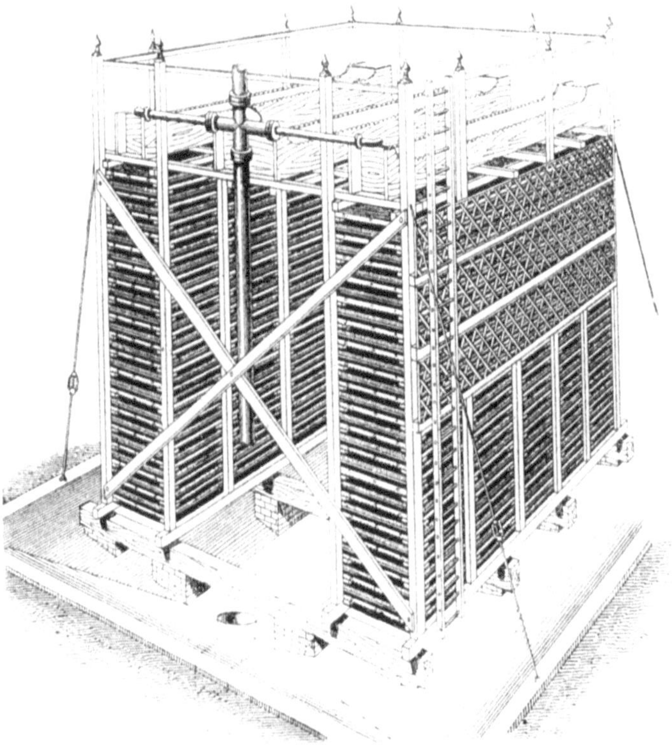

Fig. 146.

Bei der Rückkühlung des vom Tauchverflüssiger ablaufenden Kühlwassers handelt es sich um die Herstellung der ursprünglichen Temperatur desselben durch Verdunstung eines kleinen Teiles, wozu man die ganze Wassermasse, auf einer möglichst großen Fläche in dünner Schicht ausgebreitet, einem natürlichen oder in dessen Ermangelung künstlichen Luftstrome aussetzt. Hierdurch erzielt man einerseits ein Maximum der Verdunstungsmenge selbst, anderseits aber eine gleichmäßige und rasche Verteilung der Abkühlung durch die ganze Masse. Der verdunstete Teil ist dann durch kaltes Zusatzwasser zu ersetzen, wonach das Ganze dem Verflüssiger wieder zugeführt wird. Beim Vorhandensein eines Flüssigkeitskühlers wird man das kalte Zusatzwasser selbstverständlich vorher diesem zuführen, um seine niedrige Temperatur voll auszunutzen.

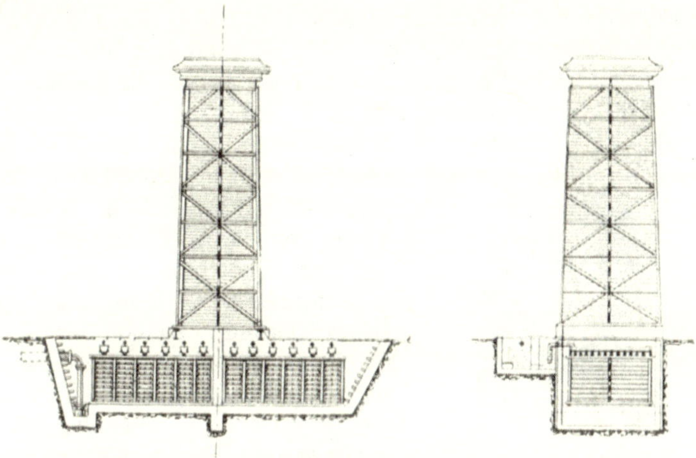

Fig. 147.

Die Herstellung einer großen Verdunstungsfläche geschieht nun zweifellos am einfachsten durch Aufstellung eines mit Reisigbündeln gefüllten Gerüstes, eines sog. Gradierwerkes (nach dem Vorgange der Salzsolekonzentration) wie in Fig. 145. Das warme Wasser wird auf eine, über das ganze Gradierwerk hinlaufende offene Rinne gepumpt und läuft unter fortwährender teilweiser Verdunstung und Abkühlung über die dem Winde ausgesetzten Reisigbündel in das Sammelbassin.

Statt dieser durch Billigkeit ausgezeichneten, äußerlich jedoch wenig gefälligen Anordnung schlägt die Firma »Holzindustrie Kaiserslautern« den Aufbau mit Hilfe von ausgezackten, horizontal gelegten Brettern oder Balken nach Fig. 146 vor, während die Armaturenfabrik in Frankenthal vorm. Klein, Schanzlin & Becker in einem turmartigen, seitlich geschlossenen Raume schmale Bretter vertikal in mehreren Schichten so aufhängt, daß die Seitenflächen derselben in zwei übereinander hängenden Gruppen normal zueinander stehen, um die von unten nach oben streichende Luft zu möglichst häufiger Berührung mit den vom Wasser berieselten Bretteroberflächen zu zwingen. Derartige Kaminkühler glaubte man früher nur mit künstlicher Belüftung betreiben zu können, während sich neuerdings gezeigt hat, daß bei zweckmäßiger Anordnung der Rieselflächen die Erwärmung der Luft durch das abzukühlende Wasser meist hinreicht, um sie in genügender Menge zu fördern. In Fig. 147 ist ein solcher Kaminkühler der Firma Balcke & Co. in Bochum dargestellt, und zwar in unmittelbarer Verbindung mit einem darunter befindlichen Berieselungsverflüssiger. Bei diesem sog. Unterflurkühler ist die zweckmäßige Trennung des Verdunstungs- und Verflüssigungsvorganges besonders deutlich.

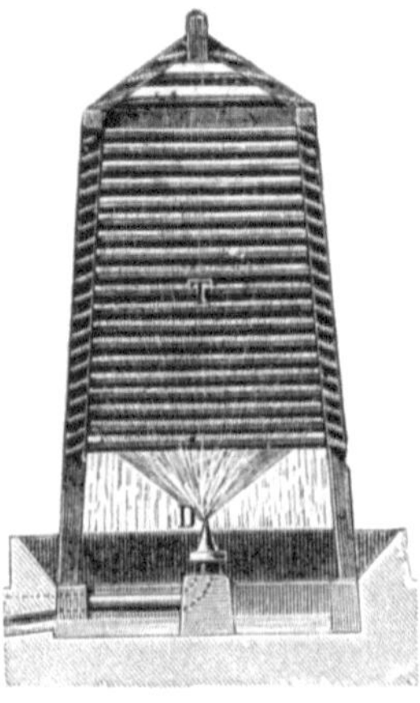

Fig. 148.

Beachtenswert ist ferner die Körtingsche Rückkühlvorrichtung durch Zerstäuben des aus einer eigenartig angeordneten Mündung austretenden warmen Wasserstrahles, welcher schon in dieser Form eine große Verdunstungsfläche besitzt. Die letztere kann noch dadurch erhöht werden, daß man nach Fig. 148 den zerstäubten Strahl in einem aus Holz oder Metall gefertigten Gradierwerk auffängt und langsam von diesem abtropfen läßt.

31. Bauweise der Verdampfer.

Die Bauweise der Verdampfer ist meist durch die besondere Art der Kälteverwendung bedingt (Eiserzeugung, Raumkühlung, Luftkühlung, Flüssigkeitskühlung usw.). In vielen Fällen gilt es zunächst einen weiteren Kälteträger (z. B. Salzwasser) abzukühlen. Die Zuhilfenahme dieses Zwischenmittels hat drei Gründe:

1. in manchen Fällen die Schwierigkeit der direkten Kälteübertragung vom Kältemittel auf das Kühlgut, z. B. bei der Eiserzeugung;

2. Die Kälteverteilung zu den verschiedenen Kälteverwendungsstellen ist leichter gleichmäßig zu erreichen durch Zuhilfenahme einer kalten Flüssigkeit, weil deren Volumen viel größer ist als das des flüssigen Kältemittels;

3. die kalte Flüssigkeit bildet einen kleinen Kältespeicher, der bei schwankendem Kältebedarf die Einwirkung dieser Schwankung auf den Gang der Kälteerzeugungsmaschine abschwächt.

Das Zwischenmittel darf bei der tiefsten, mit der betreffenden Maschine zu erzeugenden Temperatur weder an den Schlangen anfrieren noch feste Salzteile ausscheiden, also nicht zu dünn, aber auch nicht zu nahe am Sättigungspunkt sein. Der Gefrierpunkt ist abhängig von der Lösungsstärke, die Sättigungsmenge ist abhängig von der Temperatur. Gemessen wird der Sättigungsgrad mit Hilfe des Aräometers, der das spez. Gewicht angibt. Das spez. Gewicht wächst mit dem Sättigungsgrad.

In Tabelle XV sind die Lösungsmengen und spez. Gewichte angegeben, die einzuhalten sind, wenn die tiefste Verdampfungstemperatur des Kältemittels den in der ersten senkrechten Zahlenreihe angegebenen Wert hat.

Die im Handel erhältlichen Salze sind fast nie wasserfrei, es ist deshalb nötig, die Salzmenge entsprechend größer zu nehmen, und zwar um so mehr, je mehr Wasser das Salz enthält.

Beim Bau der Tauchverdampfer sind anzustreben: äußerste Ausnutzung der Oberfläche durch

Tabelle XV.

Bei einer Verdampfungstemperatur von °C	sollen in 100 g Wasser gelöst sein — g wasserfreies Salz												Bemerkungen
	Kalziumchlorid $CaCl_2$				Magnesiumchlorid $MgCl_2$				Chlornatrium (Kochsalz) $NaCl$				
	nicht unter	spez. Gewicht der Lösung	nicht über	spez. Gewicht der Lösung	nicht unter	spez. Gewicht der Lösung	nicht über	spez. Gewicht der Lösung	nicht unter	spez. Gewicht der Lösung	nicht über	spez. Gewicht der Lösung	
	g		g		g		g		g		g		
0	0	1,0	59,5	1,68	0	1,0	52,8	1,56	0	1,0	35,5	1,29	Die beigeschriebenen spez. Gewichte beziehen sich auf +15° C.
— 5	10	1,087	57	1,63	7,5	1,066	52,0	1,55	7,5	1,055	34,5	1,28	
— 10	17	1,153	55,2	1,60	12,5	1,19	51,2	1,54	15,5	1,116	33,5	1,27	
— 15	22,5	1,208	53,3	1,57	16	1,141	50,5	1,53	22,0	1,166	32,7	1,26	
— 20	27,0	1,255	51,6	1,55	19	1,169	49,8	1,52	28,0	1,217	31,8	1,25	Das spez. Gewicht ist von der Temperatur nur wenig abhängig und beträgt bei NaCl für je 10° tieferer Temperatur ~ ½ ‰ mehr.
— 25	30,5	1,294	50,0	1,52	22	1,198	49,1	1,50	unter — 22° Eisbildung unter Ausscheiden von Salz				
— 30	33,5	1,329	48,3	1,50	24	1,217	48,4	1,49					
— 35	36,5	1,365	46,6	1,47	26	1,237	47,7	1,48					
— 40	38,5	1,387	44,8	1,45	27,5	1,252	47,0	1,47					
	unter — 45° Eisbildung unter Ausscheiden von Salz												

Erreichung einer hohen Wärmedurchgangszahl, geringer Platzbedarf, billige Herstellung, absolute Dichtheit; die Möglichkeit leichter und rascher Ausbesserung, der inneren und äußeren Reinigung und des Transportes auf der Bahn, geringer Kälteverlust.

Hohe Wärmedurchgangszahl erreicht man durch nasses Arbeiten im Verdampfer (d. h. an keiner Stelle der Verdampferschlange soll sich trocken gesättigter oder gar überhitzter Dampf bilden), durch kräftige Bewegung des Salzwassers, durch genügende Fließgeschwindigkeit des Kältemittels in den Schlangen und nicht zu weite Schlangenrohre u. a. Das Verteilungsstück ist besonders sorgfältig zu konstruieren, z. B. nach Fig. 126.

Die Länge der Einzelschlangen[1]) ist bedingt durch den zulässigen Druckabfall, d. h. durch die zulässige Strömungsgeschwindigkeit. Große Geschwindigkeit ergibt guten Kälteaustausch, aber größeren Reibungswiderstand. Zu kleine Geschwindigkeit erschwert das nasse Arbeiten an allen Stellen des Verdampfers. Strömt das Kältemittel in den Schlangen von oben nach unten, so ist kleinere Geschwindigkeit zulässig als umgekehrt.

Fig. 149. Diese Bauart hat viel Ähnlichkeit mit der Bauart des Verflüssigers Fig. 119. Die unteren Schlangenenden werden aber nicht an ein unteres Sammelstück angeschlossen, sondern wieder hochgeführt und an ein über dem Gefäß liegendes Sammelstück angeschlossen. Fig. 149 zeigt den Antrieb des Rührwerkes durch einen Schneckentrieb. Vorteil: Die Riemenscheibe des Rührwerkes kann ziemlich rasch umlaufen, und die Gegenscheibe auf der Transmission kann groß genug sein, ohne daß die Transmission eine geringe Umlaufzahl zu haben braucht. Das Schneckenrad kann durch Formen hergestellt und bearbeitet sein. Das Gefäß ist gegen Kälteverlust geschützt durch eine mindestens 7 cm starke Korkwand, welche außen entweder einen Zementverputz erhält oder eine Holzverkleidung. Auch andere Wärmeschutzmittel werden

---

[1]) S. Heinel, »Bau und Betrieb von Kältemaschinenanlagen«, S. 90.

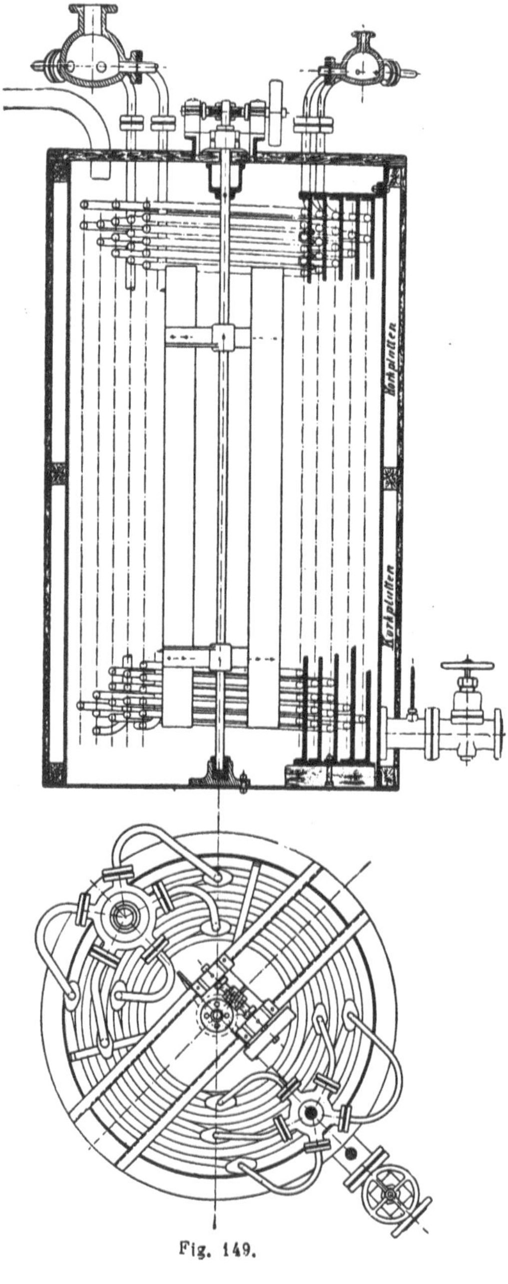

Fig. 149.

verwendet, doch hat sich Kork für diesen Fall als das beste erwiesen. Da die äußeren Schlangen mit großer Windungshöhe gewickelt sind, und infolge der zylindrischen Form des Gefäßes ist der Platzbedarf dieser Bauart nicht der geringstmögliche, aber die Herstellung ist billig und gibt zuverlässige Ausführung in bezug auf Dichtheit, Reinigung und Ausbesserung. Die Auswechslung einzelner Schlangen ist allerdings oft sehr schwer, wenn der Apparat groß und der Maschinenraum niedrig und eng ist. (Dies gilt auch für den Verflüssiger Fig. 119). Der Kälteverlust des zylindrischen Verdampfers (Fig. 149) ist klein, weil die äußere Oberfläche des Gefäßes verhältnismäßig klein ist (gegenüber anderen Verdampferarten, z. B. einem Eiserzeuger).

Verhältnis zwischen dem Volumen des Druckverdichters und dem der Schlangen des Verflüssigers (einschließlich des Unterkühlers) und des Verdampfers[1]). Langsamlaufende Druckverdichter haben ein großes Hubvolumen und rufen im Verflüssiger und Verdampfer starke Druckschwankungen hervor. Statt stetigen, regelmäßigen Fließens tritt stoßweise Bewegung ein. Dies gibt Druckverluste und stört den Wärmeaustausch in den Apparaten. Vermeiden kann man dies durch großen Rauminhalt der Schlangen des Verflüssigers und des Verdampfers. Diese werden aber dadurch teurer und weniger leicht herstellbar. Besser ist es, vor und hinter dem Druckverdichter, aber recht nahe an demselben einen Windkessel einzuschalten. Die hohlen Zylinderdeckel von Verdichtern mit mehr als zwei Saugventilen wirken als Windkessel, wenn auch nicht immer ausreichend. Bei der Ammoniakmaschine wirkt der Ölabscheider als Windkessel der Druckleitung. Die beste Abhilfe wäre die Anwendung eines kleineren, aber raschlaufenden Druckverdichters.

Auch die Verdampfer können in der sehr gedrängten Bauart der Doppelröhren ausgeführt werden. Zum Beispiel Fig. 150 (L. A. Riedinger, Augsburg.) Hier führt das Innenrohr das Kältemittel, das Außenrohr die zu kühlende Flüssigkeit. In Fig. 189 S. 235 (Maschinenfabrik Sürth) ist das Kältemittel in den durch autogene Schweißung vollständig verschlossenen Außenröhren geführt, die zu kühlende Flüssigkeit im Innenrohre.

Die Richtung des Kältemittels in den Schlangen ist bei Ammoniak und Kohlensäure meist von oben nach unten. Wenn dabei etwas Flüssigkeit mit nach unten und dann in die Saugleitung mitgerissen wird, so ist das nicht schädlich, zumal in der Saugleitung noch etwas Flüssigkeit verdampft wird und der Druckverdichter eine Spur von Flüssigkeit mit ansaugen darf oder soll (letzteres bei CO_2 wegen der Ledermanschetten). Bei Schwefligsäure muß der

[1]) S. Heinel, »Bau und Betrieb von Kältemaschinenanlagen«, S. 89.

Druckverdichter trocken ansaugen, daher fließt hier das Kältemittel in den Verdampferschlangen meist von unten nach

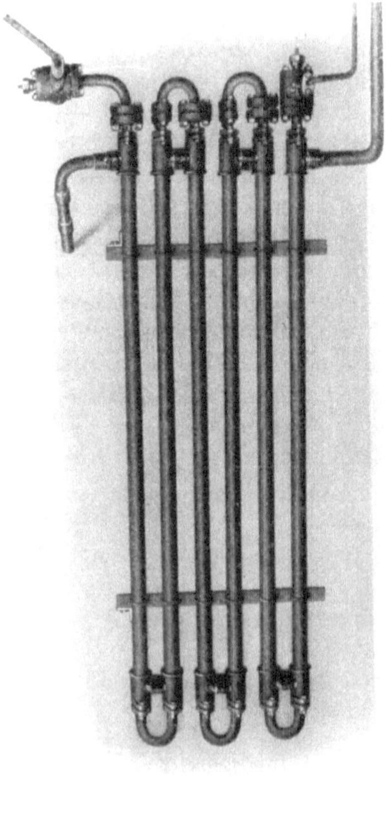

Fig. 150.

oben. Richtiger ist es aber, auch in dem Schwefligsäureverdampfer naß zu arbeiten und hinter diesen einen Flüssigkeitsabscheider bzw. Trockner einzuschalten.

32. Arbeiten mit Flüssigkeitsüberschuß im Verdampfer.

Fig. 151 und 151a. (A. Borsig, Tegel) stellt einige Formen von Verdampferschlangen dar, die den

Zweck haben, im Verdampfer mit viel Flüssigkeit arbeiten zu können, ohne daß Flüssigkeit in unzulässiger Menge in die Saugleitung gelangt.

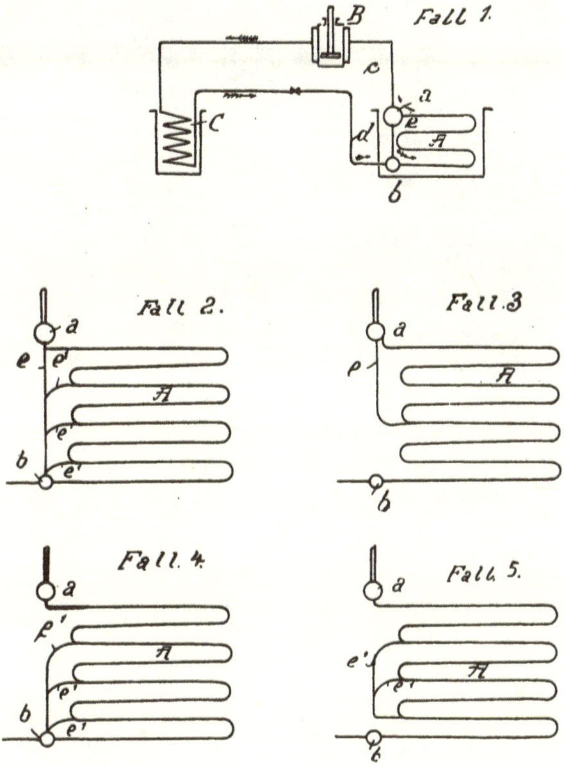

Fig. 151.

Fig. 152 (Quiri & Co., Maschinenfabrik, Schiltigheim, Straßburg i. E.) zeigt schematisch eine besondere Bauart. Die flüssige SO_2 tritt bei *A* ein, *BB* ist die Verdampferschlange, bei *D* ist das Sammelstück, *E* ist ein Sieb. Im Sammelstück wird die nicht verdampfte, flüssige SO_2 abgeschieden und durch den Siphon *H* in die Schlange *G* geleitet, verdampft dort weiter und gelangt durch einen andern Anschluß wieder bei *D* in das Sammelstück. Was in *G* nicht verdampft ist, geht wieder durch

Fig. 151a.

F und *H* nach *G* zurück durch sein spez. Gewicht. Der trockene Dampf (in *J* nachgetrocknet) gelangt zum Druckverdichter.

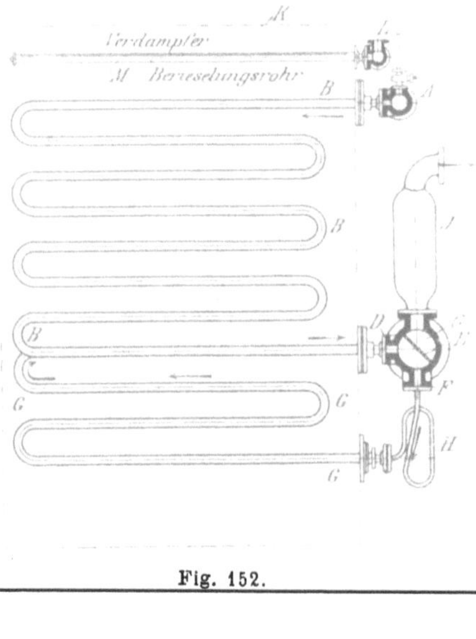

Fig. 152.

Fig. 153. (Gesellschaft für Lindes Eis-Masch.) Die Bauweise entspricht dem bei Fig. 152 erörterten Prinzip.

Für alle Fälle zweckmäßig ist die Anordnung eines Flüssigkeitsabscheiders in der Saugleitung. Die abgeschiedene Flüssigkeit kann nach den Fig. 154 u. 155 (Gesellschaft für Lindes Eismaschinen) durch einen Strahlapparat oder durch eine Flüssigkeitspumpe oder bei genügend hochliegendem Abscheider durch das Gewicht der Flüssigkeit erfolgen, wobei die Einschaltung eines so hohen Siphons nötig ist, daß sein Widerstand gegen umgekehrtes Fließen des Kältemitteldampfes größer ist als der Druckabfall in den Verdampfer-

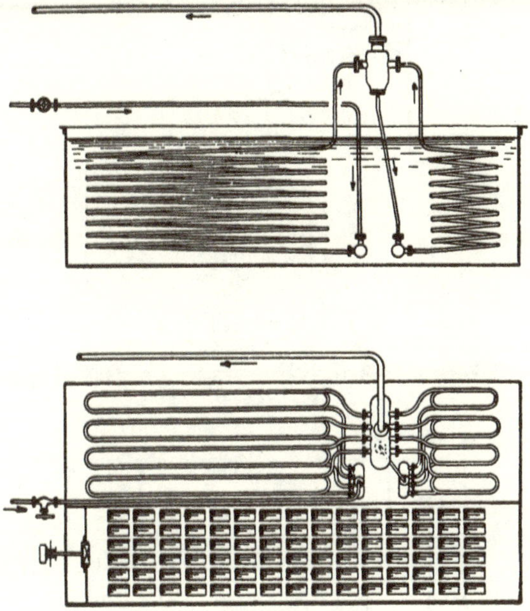

Fig. 153.

schlangen. Mit dem Überfluten der Verdampferschlangen mit Flüssigkeit geht Hand in Hand die Aufgabe des Ersatzes des vom Verdichter angesaugten Dampfes durch neue Flüssigkeit, d. h. die Regulierung.

Will man die Aufgabe gründlich lösen, so muß man demnach beide Aufgaben miteinander verbinden. Den ersten und anscheinend bisher einzigen Vorschlag verdanken wir Dr. Döderlein[1]).

Der Vorschlag geht, wie Fig. 156 zeigt, dahin, die der Größe der Maschine angepaßte Kammer einer automatischen

[1]) S. Zeitschr. f. d. ges. Kälte-Ind. Sept. 1908, S. 161.

Reguliervorrichtung mit Flüssigkeit teils aus dem Flüssigkeitsabscheider und soweit dies nicht ausreicht, vom Re-

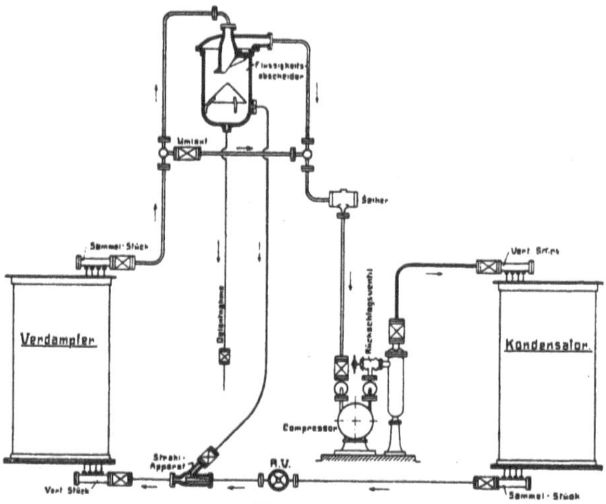

Fig. 154.

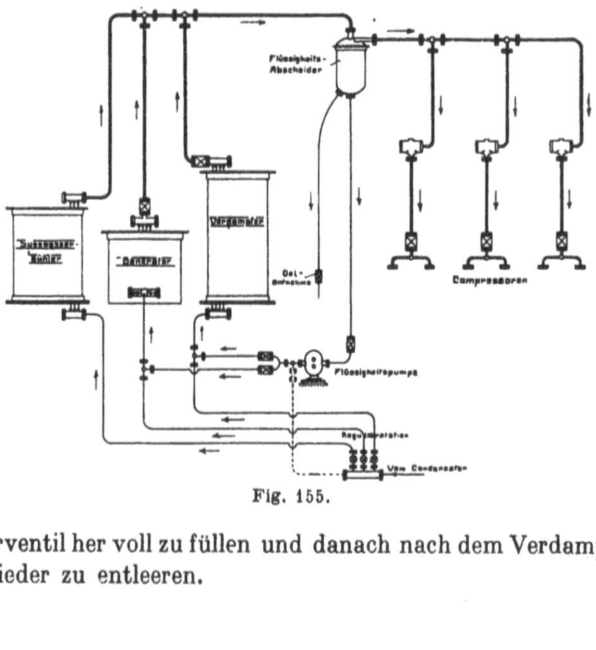

Fig. 155.

gulierventil her voll zu füllen und danach nach dem Verdampfer zu wieder zu entleeren.

Um diesen Gedanken lebensfähig zu machen, müßten noch weitere Anforderungen erfüllt werden, nämlich erstens: zu vermeiden, daß die Überflutung im Verdampfer desto

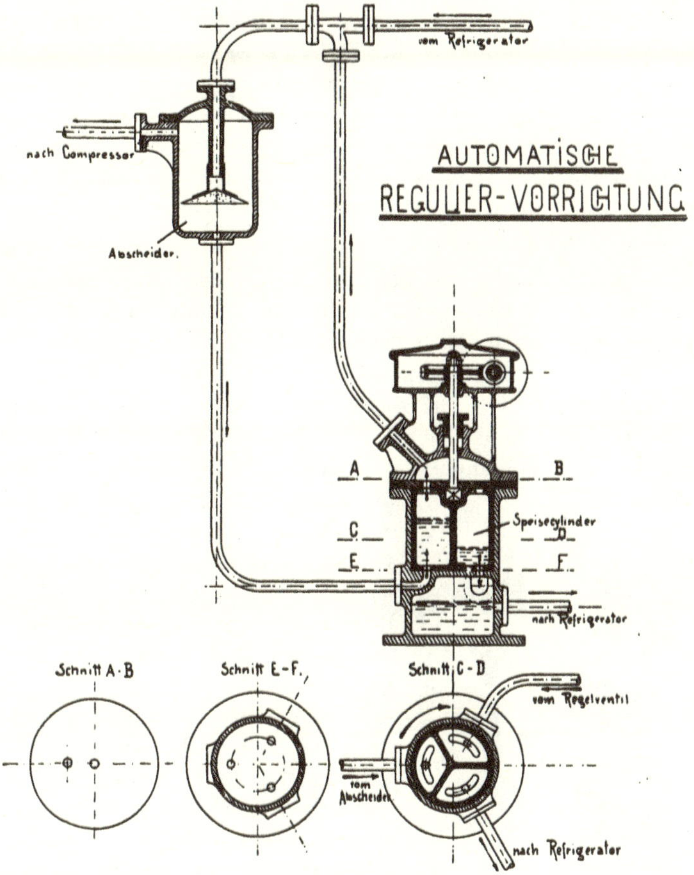

Fig. 156.

größer wird, je geringer die veränderliche Leistung des Verdampfers zu sein braucht; zweitens zu verhindern, daß durch die Undichtheiten der Vorrichtung schon so viel Flüssigkeit unbeabsichtigt vom Regulierventil nach dem Verdampfer gelangt, daß die automatische Regulierung in Frage gestellt ist. Jedenfalls ist auch hier ein sehr fein arbeitendes Regulierventil nötig, um den Einfluß der Undichtheit der Vorrichtung möglichst zu verringern. Gestört wird das Arbeiten der Vorrichtung durch die hinter dem Regulierventil eintretende Teilverdampfung infolge der Flüssigkeitswärme.

Die Verteilung der verhältnismäßig auch einschließlich der Rückführung noch gering bleibenden Flüssigkeitsmenge auf die vielen Verdampferschlangen ist leichter, wenn ein schaumartiges Gemenge mit genügender Geschwindigkeit verteilt wird, schwieriger bei reiner Flüssigkeit.

Wie Fig. 154 und 155 zeigen, ist es zweckmäßig, den Flüssigkeitssammler so auszubilden, daß sich in demselben das Öl von der Flüssigkeit trennt und ab und zu abgelassen werden kann, womöglich nach dem Öltopf.

Bei den Schwefligsäureverdampfern können Kupferrohre verwendet werden. Bei diesen ergibt sich durch Verlötung eine einfache und leicht herstellbare Verbindung sowohl der zu einer Schlange zu verarbeitenden Rohre als auch der Schlangen mit dem kupfernen Verteilungs- und Sammelstück.

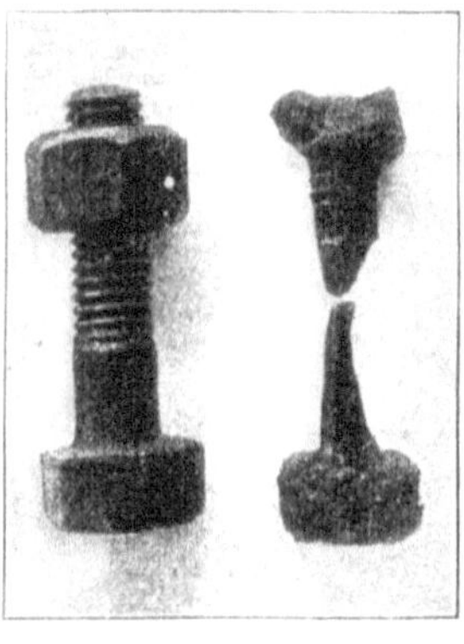

Fig. 157.

Das Verlöten zweier Rohre geschieht durch Aufweiten des einen Rohrendes und Eintreiben des andern in diese Ausweitung und Verlötung. Das Überschieben und Anlöten von Muffen über die Lötstelle hat sich nicht bewährt, weil die Arbeiter unter diesen Muffen schlechte Verlötung der Rohre verbargen. Weichlot ist zu vermeiden bei Lötstellen, die im Salzwasser liegen, weil das Lot weggefressen wird. Kupferrohre, Eisengefäß und Salzwasser geben zusammen ein schwaches Element, in welchem das Eisen langsam abgefressen wird (Fig. 157)[1].

[1]) S. Zeitschr. f. d. ges. Kälte-Ind. 1904. S. 120.

Alle Eisenteile sind demnach durch einen Anstrich zu schützen, der ab und zu erneuert werden muß, was bei großen Verdampfern Schwierigkeit bietet, weil meist Aufnahmegefäße für die Salzsole fehlen und umfangreiche Demontagen vorgenommen werden müssen.

33. Gegenseitige Lage der Apparate zueinander und Art der Rohrführung zwischen denselben.

Man strebe an, soweit es die örtlichen Verhältnisse gestatten: kurze Rohrleitungen wegen der Arbeitsersparnis, der Verringerung des Kälteverlustes und der billigen Herstellung;

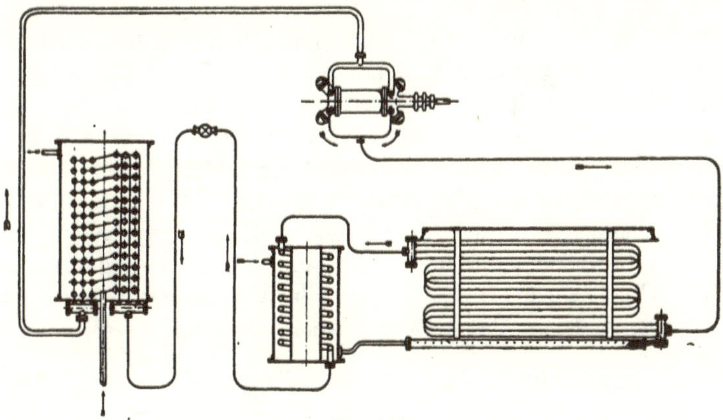

Fig. 158.

man stelle den Verflüssiger etwas höher als den Unterkühler, diesen etwas höher als den Verdampfer. Nichteinhalten dieser Regel bringt oft überraschende und störende Wirkungen mit sich, z. B. Fig. 158. Der Unterkühler steht hier etwas höher wie der Verflüssiger. Der Unterkühler wirkt im oberen Teile unter Umständen als Verdampfer statt als Kühler, weil der Druck dort kleiner ist als im Verflüssiger infolge der Reibung im Rohr und wegen Wegfalles des Flüssigkeitsdruckes. Wenn die Leitung hinter dem Regulierventil weit genug ist, wirkt diese als Flüssigkeitsabscheider, und es geht der gebildete Dampf leichter zum Verdampfer hinüber als die Flüssigkeit; das Regulierventil muß weiter als normal geöffnet werden, damit die Flüssigkeitssäule zwischen Regulierventil und Verdampfer hinübergetrieben wird. Die ganze Anordnung insgesamt bedingt eine ungünstigere Wirkung der Anlage und ruft Heißlaufen des Druckverdichters hervor.

Werden mehrere Verdampfer hintereinander geschaltet, in der Weise, daß das flüssige Kältemittel teilweise im ersten, dann teilweise im zweiten usw. verdampft wird, so muß die Rohrleitung ohne jeden Sack gelegt sein, damit nirgends die Leitung oder die Verdampfer als Flüssigkeitsabscheider wirken, in welchem Falle der letzte Verdampfer unter allen Umständen überhitzten Dampf erzeugt und nur wenig Kälte liefert[1]).

Das Parallelschalten mehrerer Verdampfer in der Weise, daß sich die Flüssigkeit hinter dem Hauptregulierventil in mehrere Stränge teilt, von denen je einer zu einem Verdampfer führt, ist schwierig, da das zu verteilende Volumen der Flüssigkeit sehr klein ist und der eine Verdampfer leicht den unmittelbar hinter dem Regulierventil gebildeten Dampf, der andere den flüssig gebliebenen Teil erhält. Erleichtert wird die Aufgabe dann, wenn man dafür sorgt, daß alle Verdampfer stets sehr naß arbeiten und der Dampf hinter den Verdampfern getrocknet wird. Besser ist es, die Verdampfer womöglich hintereinander in die Leitung einzuschalten.

---

[1]) S. Zeitschr. f. d. ges. Kälte-Ind. 1906, S. 221 u. 1907, S. 224.

Kapitel VI.

Kleinkühlmaschinen.

34. Durch Motoren angetriebene Kleinkühlmaschinen.

Im Kleingewerbe, auf Schiffen, in Eisenbahnkühlzügen und ähnlichen Betrieben ist in der Regel Baubedingung für die Kühlmaschinen: möglichst geringer Raumbedarf. Diesen Zwecken dienen dann Maschinen der nachstehenden oder ähnlicher Bauarten:

Fig. 159.

Fig. 159: Schwefligsäuremaschine (A. Borsig, Tegel). Ein stehender Zylinder ist angeschraubt an der Grundplatte, die zugleich die Geradführung und die Kurbellager trägt. Die Grundplatte ist angeschraubt an das Gußeisen- oder Schmiedeeisengefäß des Verflüssigers. Der Zylinder ist einfachwirkend, die untere Kolbenseite wird mit der Saugleitung verbunden, so daß der Zylinder und die Kol-

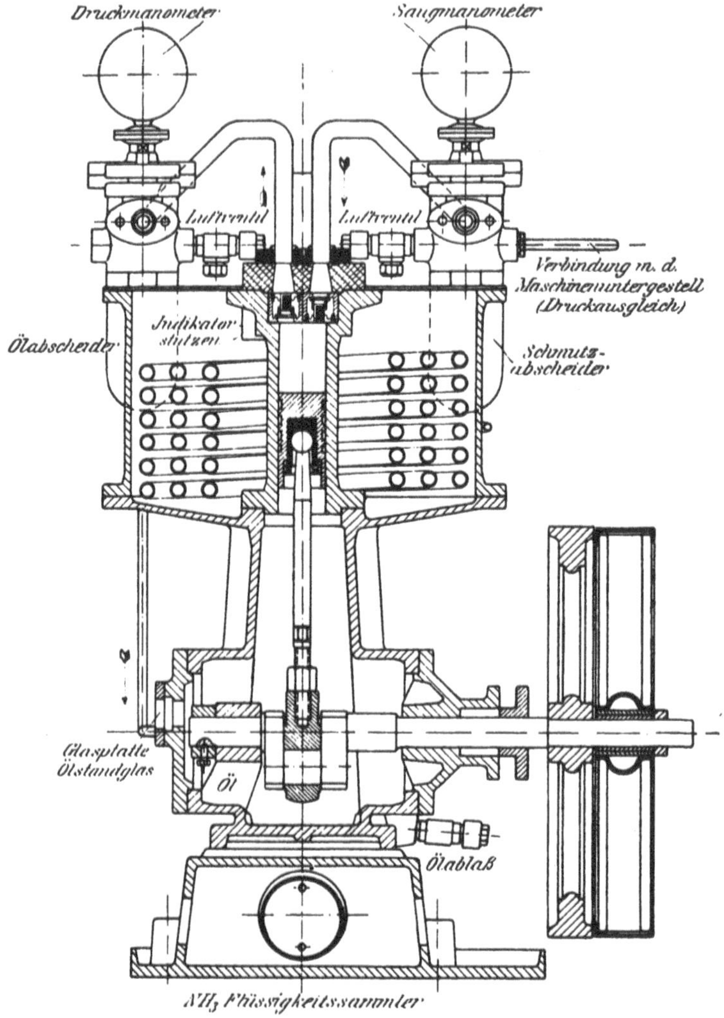

Fig. 160.

benstange von der kalten Schwefligsäure gekühlt wird. Die Kühlung durch Wasser fällt dann weg.

Fig. 160 u. 161: Ammoniakmaschine (Roessemann u. Kühnemann, Berlin). Diese stehende Bauart hat einen einfachwirkenden Zylinder. Die Kurbel ist in ein Gehäuse eingeschlossen, das zum Teil mit Öl gefüllt und mit der Saugleitung verbunden ist. Das Kreuzkopfgelenk ist in den Kolben verlegt. Die Ventile sind sehr leicht und einfach.

Fig. 162 bis 164: Kohlensäuremaschine (A. Borsig, Tegel). Während die vorstehend genannten Maschinen durch Riemen angetrieben werden, sitzt hier eine Dampfmaschine neben dem Druckverdichter auf der gleichen Grundplatte. Ferner ist gleich mitangebaut eine Pumpe für das Kühlwasser. Der Zylinder ist doppeltwirkend, ähnlich gebaut wie nach Fig. 40. Die verdichtete Kohlensäure gelangt hinter dem Druckverdichter zuerst in eine Flasche zum Abscheiden des Glyzerins, von da zum Verflüssiger. Eine Handpumpe steht durch absperrbare Leitungen in Verbindung einesteils mit einem Glyzeringefäß, andernteils mit dem Laternenraum der Stopfbüchse. Dieser letzteren wird von Hand nach Bedarf Glyzerin zugepumpt.

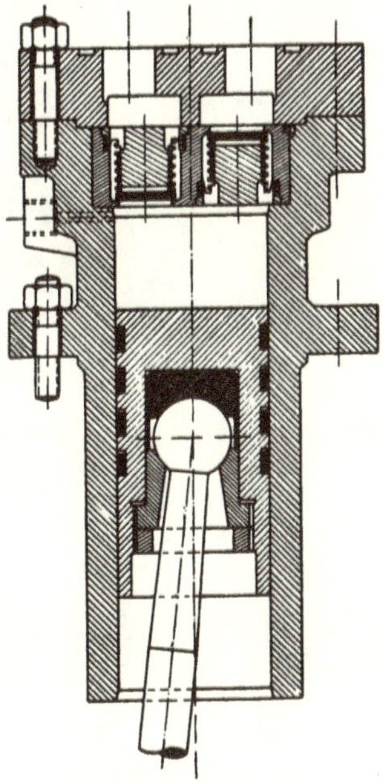

Fig. 161.

Fig. 165: Kohlensäuremaschine (Escher, Wyß & Co., Zürich). Wagerechte Bauart. In dem Untergestell, das meist aus Gußeisen, manchmal auch aus Schmiedeeisen hergestellt ist, befindet sich der Verflüssiger. Die Dampfmaschine ist ebenfalls auf dieses Gestell gesetzt neben den Druckverdichter. Eine Gegenkurbel treibt durch einen Hebel die Pumpe.

Fig. 166 (Tafel) bis 168: Ammoniakmaschine. Die Zeichnungen zeigen eine gute Lösung der bei den Ammoniakmaschinen wegen der Ölabscheidung etwas schwierigen Aufgabe, eine gedrängte, aber doch in allen Teilen leicht zugäng-

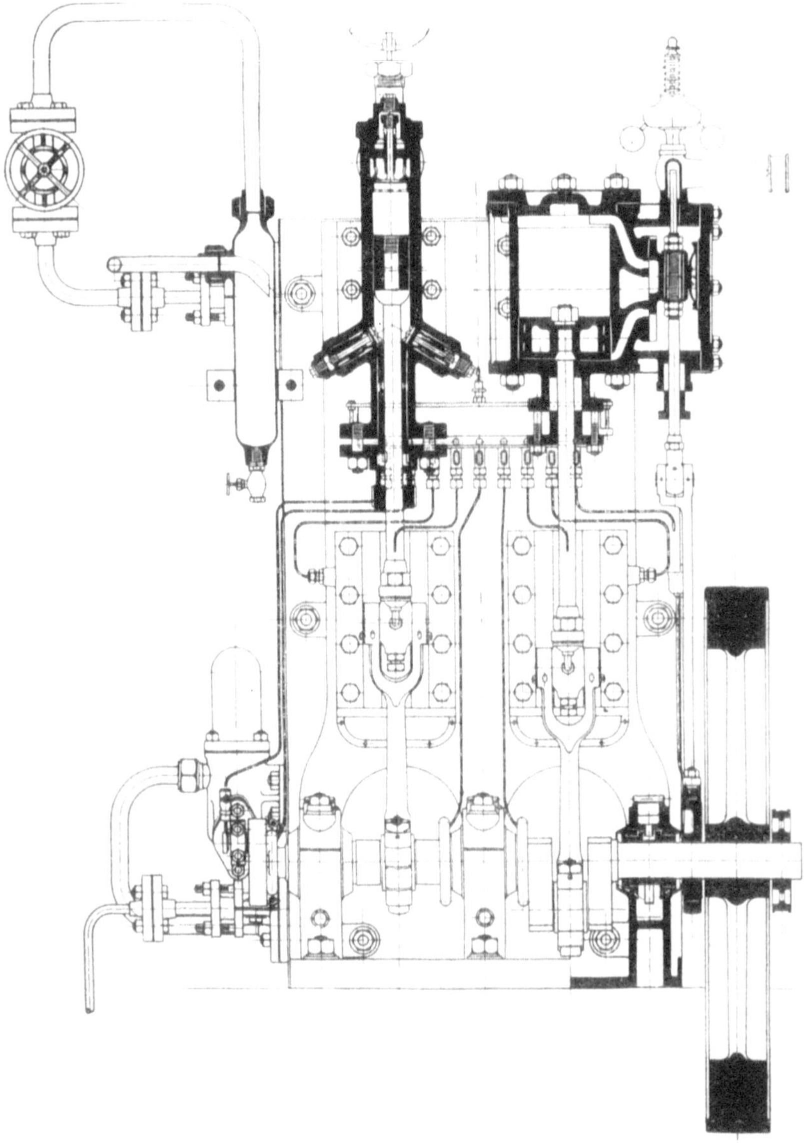

Fig. 162.

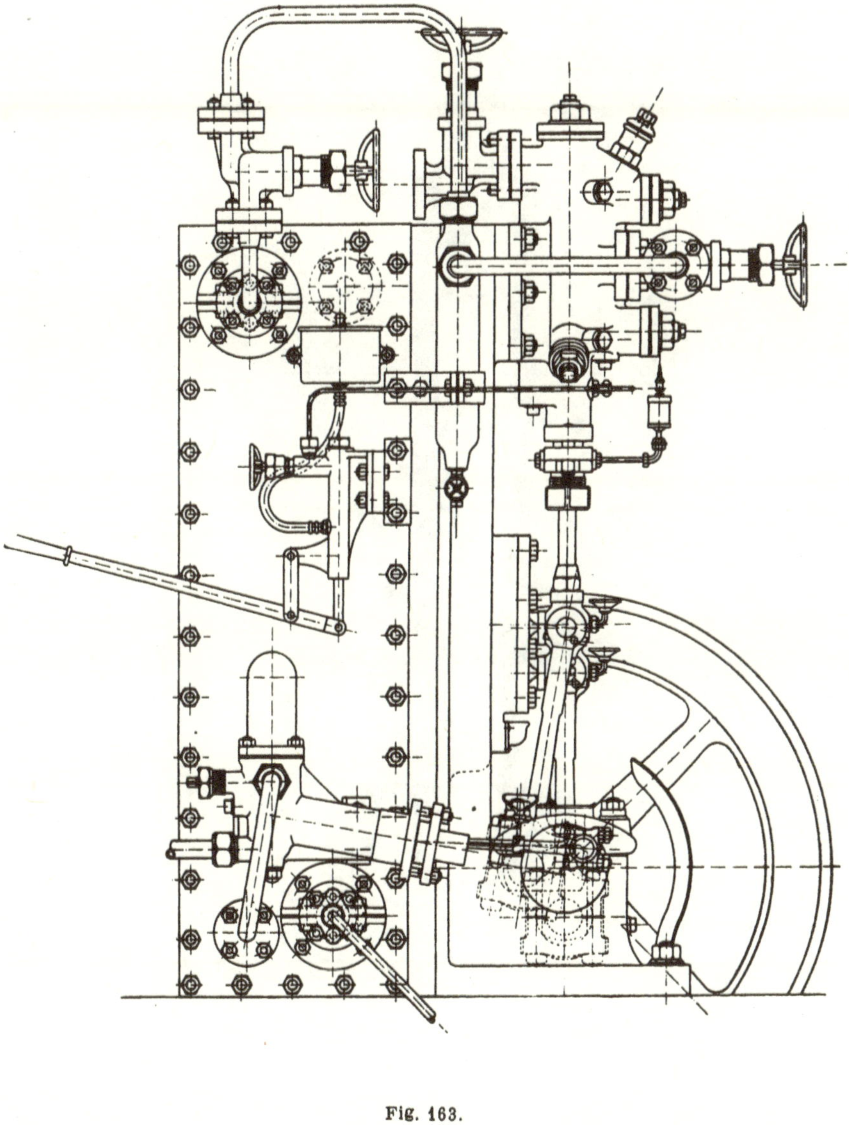

Fig. 163.

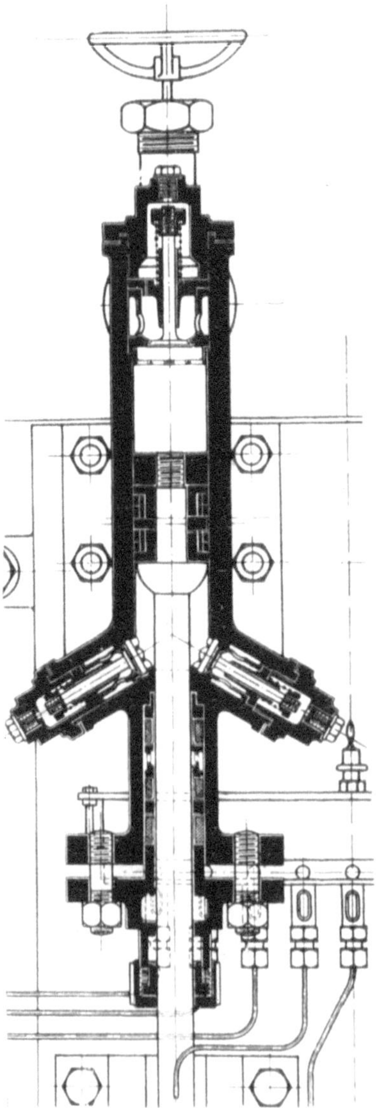

Fig. 164.

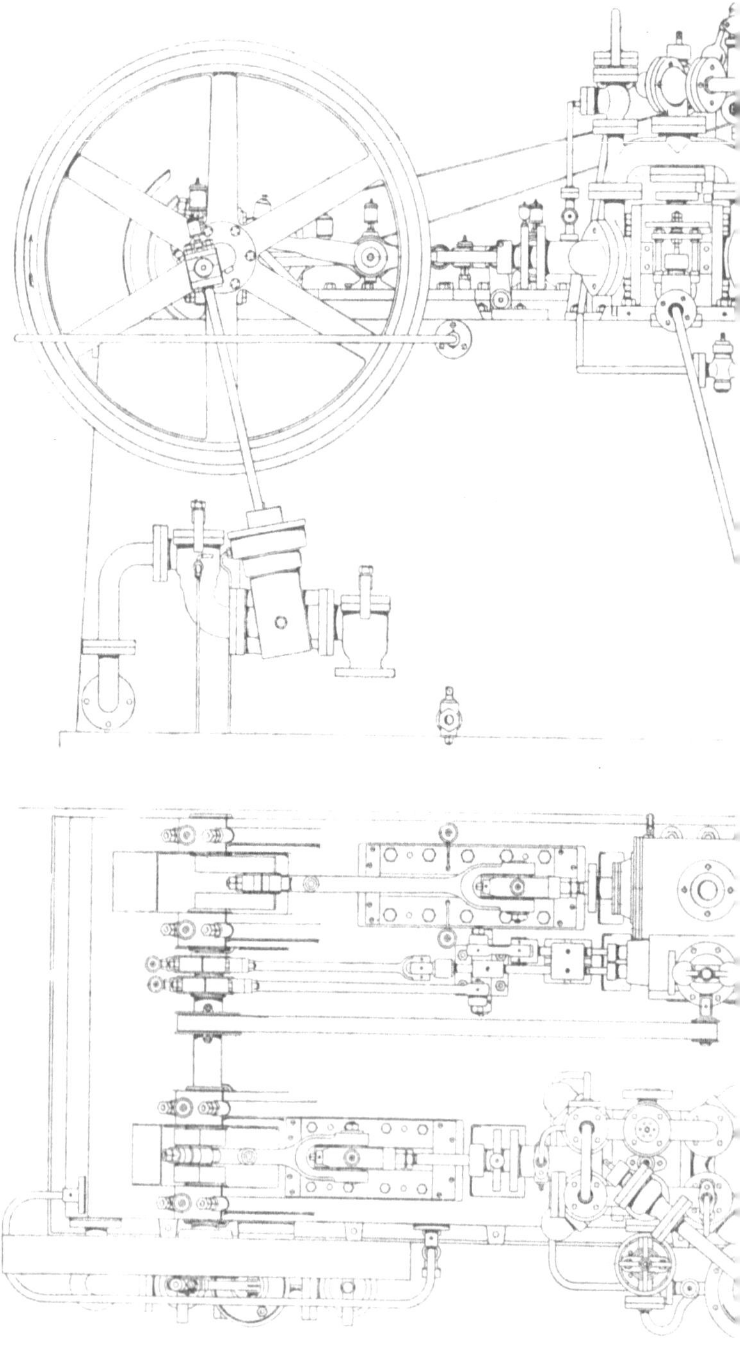

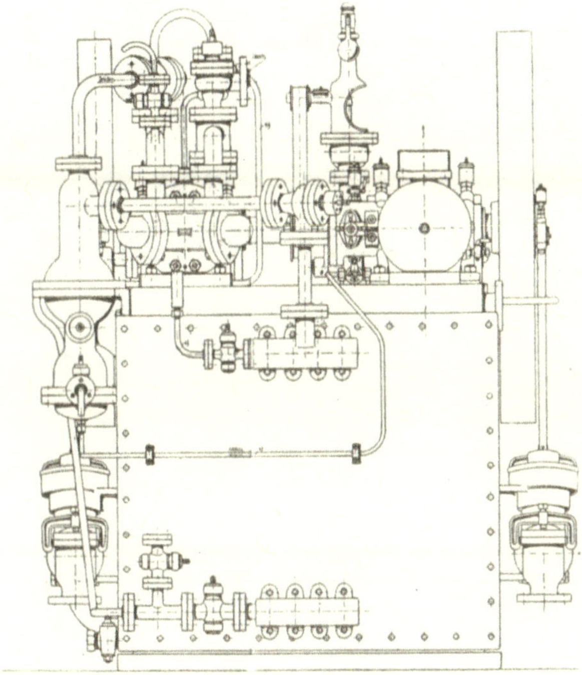

Fig. 166.

Druck und Verlag von R. Oldenbourg in München und Berlin.

liche und montierbare Anordnung der Rohre zu finden. Diese wird durch Anwendung von Eckventilen erleichtert. Auf dem vorderen Bügelrohr der Druckseite sitzt ein Sicherheitsventil

mit Verbindung nach dem Bügelrohr der Saugseite. In der Mitte des Bügelrohres der Druckseite sitzt ein Eckventil, von dem aus die Leitung zum Ölabscheider führt. Dieser sitzt neben dem Grundgestell am linken hinteren Ende. Mit dem

Ölabscheider ist auch der Öltopf unmittelbar verbunden. Vom Ölabscheider gelangt der Ammoniakdampf nach Durchfließen

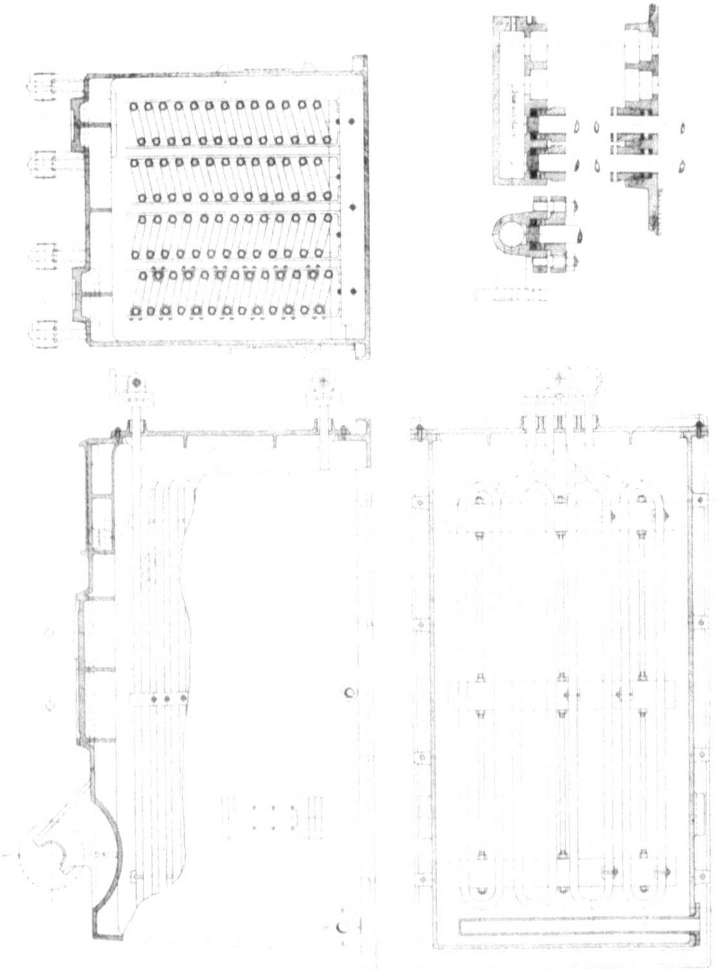

eines Eckventils in das Verteilungsstück. Die Hinterwand des Gestelles ist abnehmbar. Die Ammoniakschlagenenden treten durch diese hindurch, die Abdichtung des Wassers geschieht

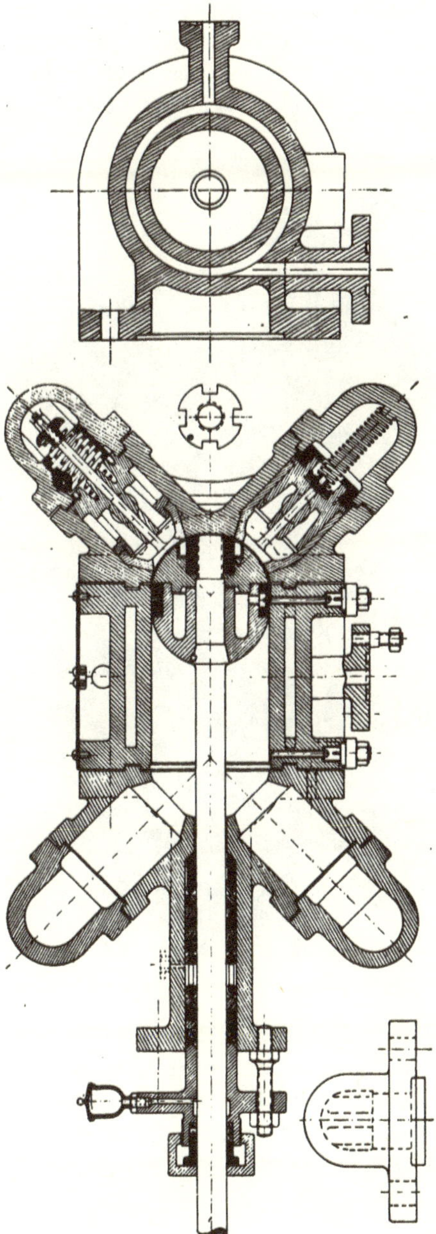

Fig. 168.

durch kleine Stopfbüchsen. Die Verbindung der Schlangenenden mit dem Sammel- bzw. Verteilungsstück (Fig. 167) ist durch lose Ringe und Stopfbüchsen nach früherer Fig. 120 bewerkstelligt. Am Verteilungsstück sitzt links ein Manometer.

Fig. 169.

Am Sammelstück ist ein Hahn angeschraubt, an diesem ein T-Stück mit Hahn zum Einfüllen des Ammoniaks, vom T-Stück führt die Flüssigkeitsleitung nach dem Regulierhahn, der neben dem Ölabscheider am Gestell angeschraubt ist. Die beiden

Schwungräder tragen je einen Zapfen zum Antrieb der Kühlwasserpumpe und der Salzwasserpumpe.

Fig. 169: Kohlensäuremaschine mit Dampfantrieb (Maschinenfabrik Augsburg und Nürnberg). Diese im übrigen nach Fig. 166 gebaute Maschine weist einen Kohlensäurezylinder auf, der aus einem vollen Schmiedeblock herausgearbeitet ist, und ist für große Umdrehzahl bestimmt.

35. Antrieb der Kleinkühlmaschinen.

a) Antrieb durch Dampf ist nur da zweckmäßig, wo Dampf schon für andere Zwecke gebraucht wird, oder da, wo eine langsamer laufende Kältemaschine vorgezogen werden darf und Platz sowie Bedienung genug vorhanden ist für einen Dampfkessel.

Beispiele: Fig. 162, 165, 166, 169.

Bevorzugt ist der unmittelbare Antrieb, weil die günstigsten Umlaufzahlen der Dampfmaschine und des Verdichters bei den kleinen Maschinen nicht weit auseinanderliegen.

b) Antrieb durch Elektromotor erfordert einen verhältnismäßig langsam laufenden Motor und sehr rasch laufenden Verdichter bei unmittelbarer Kupplung. Keiner von beiden arbeitet unter günstigen Verhältnissen. Jedoch ist dies in vielen Fällen unbedenklich. Diese Betriebsweise ermöglicht den kleinsten Raumbedarf.

Beispiel Fig. 116, S. 148.

Antrieb mit Übersetzung durch Riemen gestattet, die beiden Maschinenarten unter günstigeren Verhältnissen, durch Einschaltung eines weiteren Vorgeleges sogar unter den günstigsten Verhältnissen laufen zu lassen. Jedoch ist der Arbeitsgewinn durch das Vorgelege nicht groß, weil dieses ebenfalls Reibungsarbeit verbraucht. Aber die Anlage ist dann sehr betriebssicher. Man beachte bei Anwendung einer Ausrückung mit Voll- und Leerscheibe das größte Drehmoment beim Anlauf und wähle danach den Riementrieb und den Sitz der Schwungmassen[1]).

[1]) S. Zeitschr. f. d. ges. Kälte-Ind. 1900, S. 166.

Antrieb mit Übersetzung durch Zahnräder. Übersetzung höchstens 1: 4, danach können die Umlaufzahlen immer noch nicht in die günstigsten Bereiche verlegt werden. Der stoßweise Betrieb des Verdichters ist für den Zahntrieb sehr ungünstig. Man muß deshalb ein Schwungrad mit großem Gleichförmigkeitsgrad[1]) anwenden. Bei Verwendung von zwei Zylindern und zwei unter 90° versetzten Kurbeln wird die Sache günstiger.

Antrieb mit Übersetzung durch Schneckengetriebe ermöglicht sehr geringen Raumbedarf, Wahl der Umlaufzahlen in günstigen Bereichen. Hochgängige Schnecke von kleinem Durchmesser, große Zähnezahl des Schneckenrades

bei eingängiger Schnecke 40,
» zwei » » 30,
» drei » » 25,
» vier » » 20

sichert guten Wirkungsgrad. Betreffs des Gleichförmigkeitsgrades gilt das beim Zahnradantrieb Gesagte noch mehr, da der Verdichter hier meist langsamer läuft.

Man beachte, ob der in Frage kommende Elektromotor unter Vollast bzw. mit wesentlicher Überlastung anlaufen kann und darf. Nötigenfalls ist für Entlastung beim Anlauf zu sorgen.

Grundsatz für jeden Zahnantrieb ist die Anbringung von Schwungmassen zwischen dem Zahntrieb und dem Kurbeltrieb, andernfalls wäre die Lebensdauer des Zahntriebes sehr kurz, und das Geräusch desselben sehr stark.

c) Antrieb durch Verbrennungs-Maschine. In Frage kommt meistens ein Ölmotor, in den Städten auch ein Gasmotor. Voraussetzung ist die Möglichkeit unbelasteten Anlaufens, bei unmittelbarer Kupplung durch Anheben der Saugventile oder durch Lösen einer Reibungskupplung zwischen dem Schwungrad und dem Verdichter, bei Zahnradantrieb durch Anheben der Saugventile oder Lösen

---

[1]) S. Heinel, »Bau und Betrieb von Kältemaschinenanlagen« und Zeitschr. f. d. ges. Kälte-Ind. 1907, S. 121 (Tabellen).

einer Kupplung, bei Riemenantrieb durch Voll- und Leerscheibe oder eine Kupplung. Bezüglich der günstigsten Umlaufzahl hält der Verbrennungsmotor die Mitte zwischen der Dampfmaschine und dem Elektromotor, sie liegt aber noch wesentlich über der günstigsten Umlaufzahl der Verdichter. Unter Umständen, z. B. in sehr kleinen Räumen und wenn das Gewicht möglichst zu vermindern ist (Fahrzeuge), wird man eine Verbrennungsmaschine mit sehr hoher Umlaufzahl und eine der bei dem Elektromotor bezeichneten Kupplungsarten wählen müssen.

36. Handkühlmaschinen.

Betriebsbedingung ist: sehr kurze Arbeitszeit; diese erreicht man durch möglichste Verminderung der abzukühlenden Massen, insbesondere durch Weglassen des Salzwasserbades, d. h. durch Abkühlen des Gefrierwassers durch verdampfendes Kältemittel; durch Erzeugung mehrerer dünner Stangen statt einer dicken Stange. Das durch diese Handmaschine erzeugte Eis wird gewöhnlich sofort und zerstückelt verwendet. Sehr einfache Bedienung. Es eignen sich zu diesem Zwecke die Maschinen ohne Ölabscheider besser; aber man kann die Ölabscheidung auch so ausbilden, daß sie nur ab und zu bedient zu werden braucht. Kleine Drücke erleichtern die Konstruktion des Eistopfes. Aus diesem Grunde dürfte sich Schwefligsäure recht gut eignen, zumal man dann auch Kupfergefäße verwenden kann mit dünnen Wänden, also kleiner abzukühlender Masse.

Fig. 170 u. 171: Handeismaschine, nach Konstruktionsunterlagen von R. Stetefeld, ausgeführt von G. A. Schütz, Wurzen i. S. Zum Betriebe sind vier Mann nötig; es können mit der Maschine in drei Stunden etwas mehr als 5 kg Eis erzeugt werden. Der Eisblock braucht 40 bis 50 Minuten zum Gefrieren. Die Maschine wiegt ca. 350 kg. Der Eiserzeuger ist ein doppelwandiges Gefäß, in der Hohlwand verdampft Schwefligsäure. Nach dem Ausgefrieren wird der Eisblock losgetaut durch die vom Druckverdichter kommende, durch die Verdichtung überhitzte Schwefligsäure. Der Eisblock wird nach dem Öffnen der Klappe nach unten ausgestoßen.

Fig. 172: Handeismaschine von A. Freundlich, Düsseldorf. Der Verflüssiger liegt in dem unten sichtbaren

Fig. 170.

äußeren Gefäß, innerhalb dieses, aber isoliert, der Verdampfer mit den Eiszellen.

Fig. 173 u. 174: Handkühlmaschine für ganz kleine, aber in sehr kurzer Zeit zu erzeugende Kältemengen.

Über dem abzukühlenden Wasser in der kleinen Kanne wird Luftleere durch eine Saugpumpe erzeugt, deren schädlicher Raum durch Öl ausgefüllt ist. Der aus dem Wasser entstehende Dampf wird durch starke, in der großen Glaskanne befindliche Schwefelsäure absorbiert, so daß die Luftpumpe nur noch etwas Luft abzusaugen hat. Dadurch kann sie so klein ge-

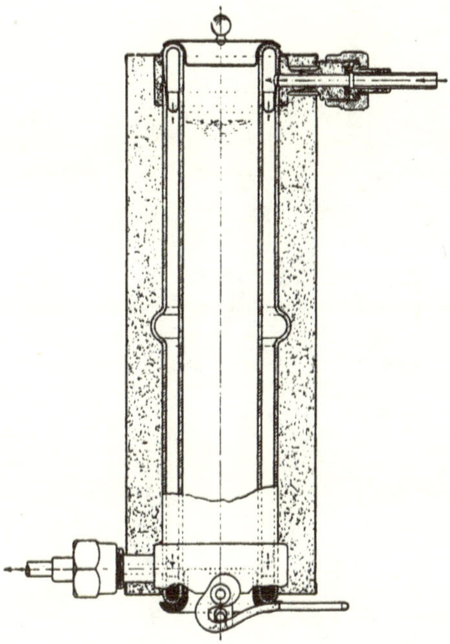

Fig. 171.

halten werden, daß man die Maschine mit einer Hand drehen kann. Die Schwefelsäure muß, nachdem sie sich durch Wasserdampfaufnahme verdünnt hat, von Zeit zu Zeit durch frische Schwefelsäure ersetzt werden. Hierin liegt die Schwierigkeit der Anwendung der im übrigen sehr einfachen und zweckmäßigen Maschine. Statt der Wasserkanne kann ein kleiner Eiserzeuger angeschlossen werden oder ein Gefäß zur Auf-

Fig. 172.

nahme von Weinflaschen u. dgl. In das Gefäß wird etwas Wasser gegeben, welches unter der hohen Luftleere verdampft

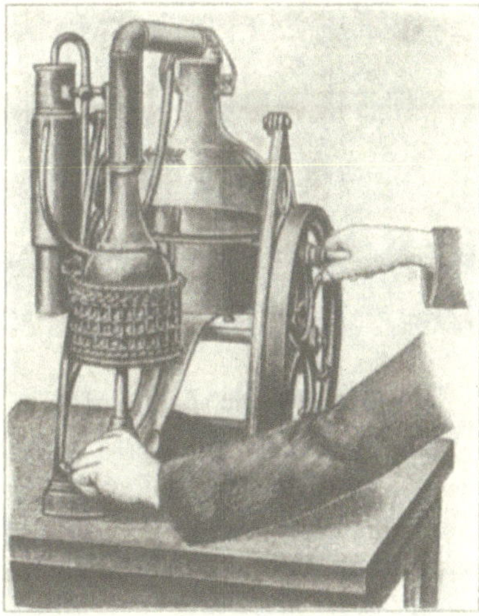

Fig. 173.

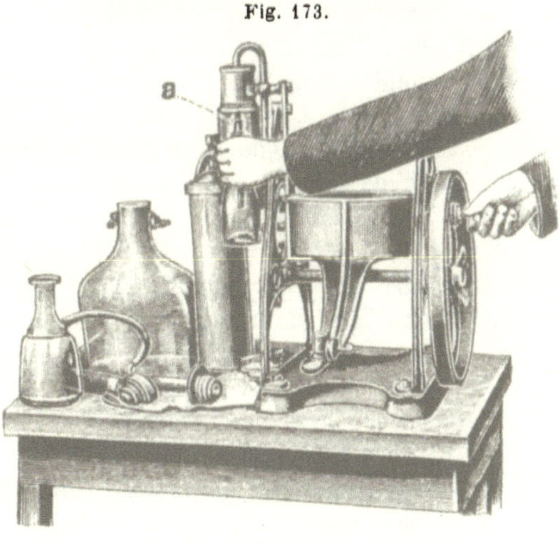

Fig. 174.

bei einer Verdampfungstemperatur unter 0 Grad. Hierdurch wird das Wasser und die in ihm liegende Flasche abgekühlt.

VII. Kapitel.

Bau und Betrieb der Ammoniak-Absorptionsmaschine.

37. Bauart der Apparate.

Die Bauart der einzelnen Apparate kann aus den Bedingungen für möglichst wirtschaftliches Arbeiten abgeleitet werden, die Abmessungen dagegen sind vorläufig noch mehr Sache der Erfahrung als der Berechnung. Auf die Wiedergabe werkstättenmäßiger Entwürfe der einzelnen Apparate wurde verzichtet, erstens, weil die wenigen Firmen, welche sich zurzeit mit dem Bau von Absorptionsmaschinen befassen, Werkzeichnungen nicht zur Verfügung stellen konnten, zweitens, weil die der Zeitschrift für die ges. Kälte-Industrie 1905, S. 211 entnommene Fig. 175 (Tafel) die Bauweise des Ammoniakaufsaugers (Absorbers) und des Ammoniakaustreibers (Kochers, Ammoniakkessels) ungefähr so darstellt, wie sie von der Halleschen Maschinenfabrik gebaut werden. Die Bauweise der Apparate der Maschinenfabrik C. Senßenbrenner, Düsseldorf-Oberkassel, weicht in vieler Hinsicht ab. Der Verdampfer und der Verflüssiger können die sonst gebräuchlichen, schon beschriebenen Formen haben.

Fig. 175. Umlauf des Ammoniaks: Vom Verdampfer fließt das gasförmige Ammoniak zum Aufsauger (Absorber). In diesem wird es von armer Ammoniaklösung aufgesaugt, während gleichzeitig durch Kühlwasser die freiwerdende Wärme abgeführt wird. Die reiche Lösung fällt zur Pumpe, die tiefer stehen soll als der Aufsauger, damit

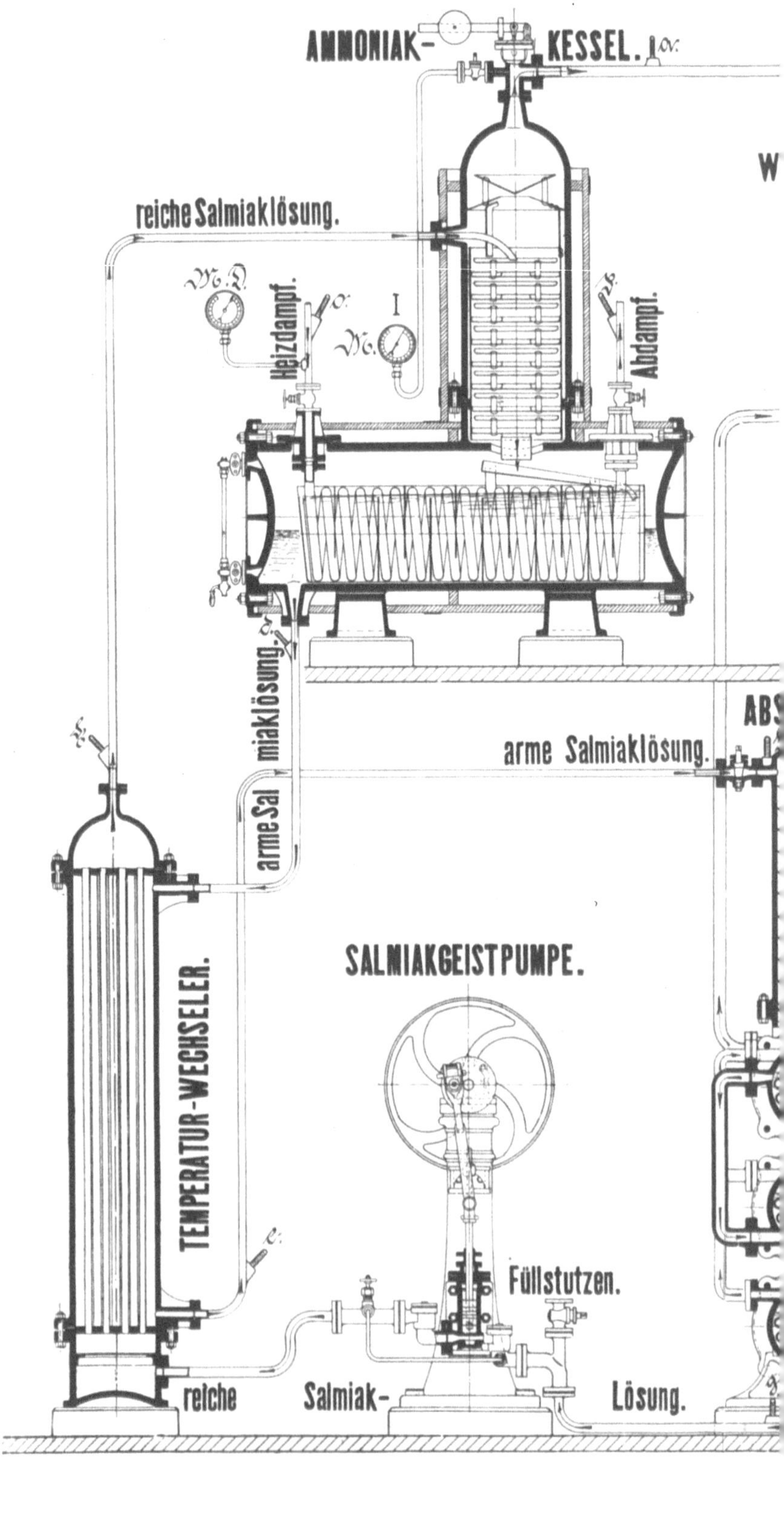
AMMONIAK-KESSEL.
reiche Salmiaklösung.
Heizdampf.
Abdampf.
arme Salmiaklösung.
arme Salmiaklösung.
TEMPERATUR-WECHSELER.
SALMIAKGEISTPUMPE.
Füllstutzen.
reiche Salmiak-Lösung.

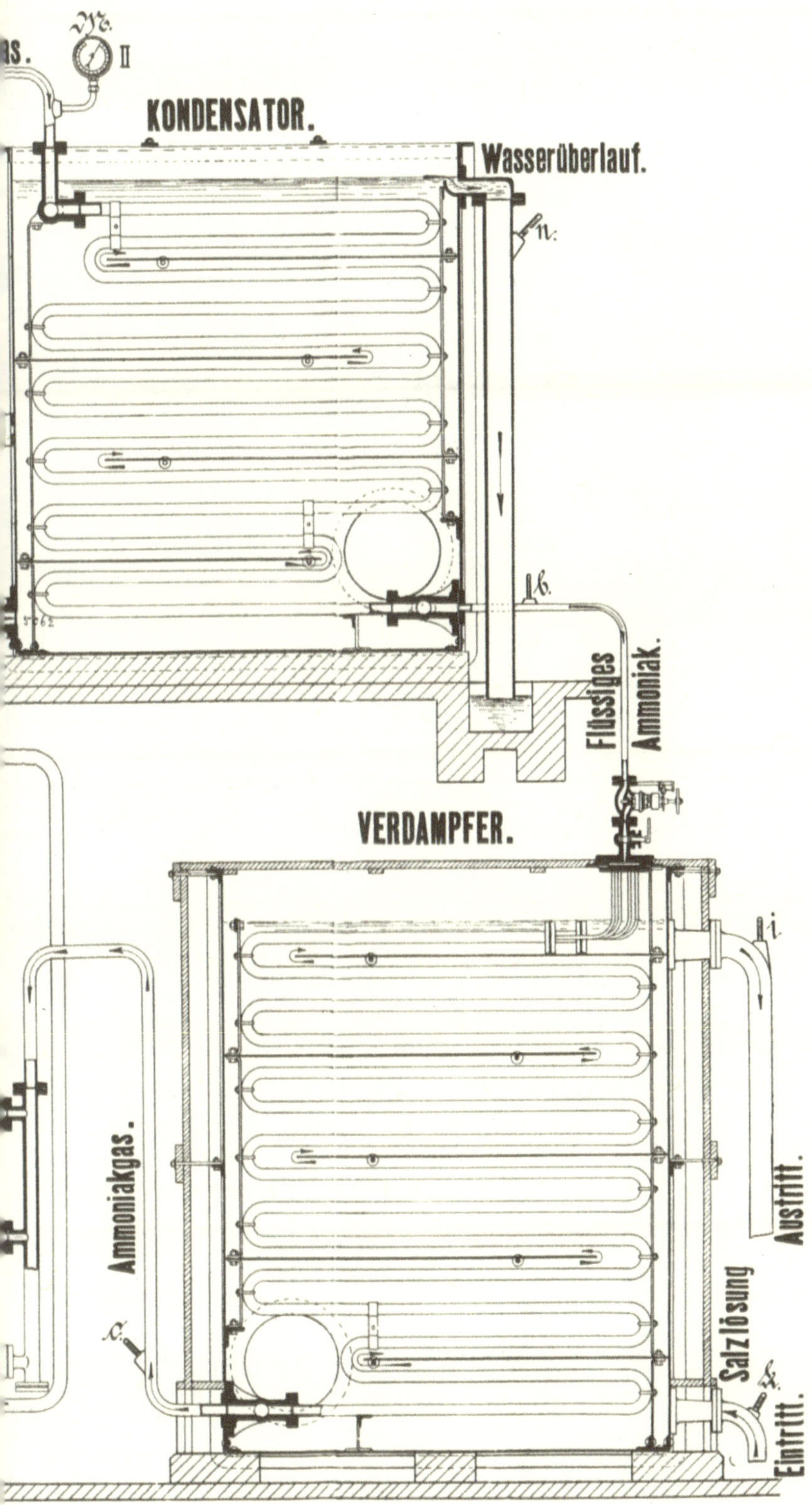

Druck und Verlag von R. Oldenbourg in München und Berlin.

nicht in der Pumpe wieder gasförmiges Ammoniak ausgeschieden wird, weil sonst die Pumpe zu wenig Lösung fördern würde. Die Pumpe preßt die reiche Lösung zum Temperaturwechsler, in welchem die aus dem Kocher kommende heiße arme Ammoniaklösung ihre Wärme an die reiche Lösung abgibt. Die reiche Lösung geht zum Kocher, in welchem durch Zufuhr von Wärme der größte Teil des Ammoniaks gasförmig ausgetrieben wird. Dieses ausgetriebene Ammoniak wird im Dom des Kochers getrocknet und dann zum Verflüssiger geschickt.

Verwendung des Kühlwassers: Das Kühlwasser wird zunächst zum Teil zur Unterkühlung des verflüssigten Ammoniaks, zum Teil zur Kühlung des Ammoniakaufsaugers verwendet. Das im Aufsauger mäßig erwärmte Kühlwasser fließt dem Verflüssiger zu und bewirkt im Verein mit dem vom Flüssigkeitsunterkühler kommenden Kühlwasser die Verflüssigung des Ammoniaks.

Der Aufsauger (Absorber).

Das vom Verdampfer kommende gasförmige Ammoniak wird (Fig. 175 u. 176) durch drei Anschlußleitungen verteilt in drei mit Lösung gefüllte liegende Kessel und tritt dort durch je ein gelochtes Rohr in die Lösung ein. Damit kein Ammoniakwasser in den Verdampfer zurücktreten kann, sind in den Anschlußleitungen absperrbare Rückschlagventile eingebaut. Das im untersten Kessel nicht gelöste Ammoniak geht durch ein Rohr (Fig. 176 u. 177 [Tafel]) nach dem mittleren Kessel, das hier nicht gelöste Ammoniak durch ein Rohr nach dem obersten Kessel, das hier nicht gelöste Ammoniak in den Rieselturm. Die arme Ammoniaklösung fließt im Gegenstrom sowohl zum Ammoniakgas wie zum Kühlwasser zuerst durch den Rieselturm nach dem obersten Kessel, durch ein Überlaufrohr in den mittleren Kessel, von da durch ein weiteres Überlaufrohr in den unteren Kessel. Das Kühlwasser kühlt, indem es Röhren durchfließt, welche in der Ammoniaklösung liegen, zuerst den unteren Kessel, dann den mittleren und oberen Kessel.

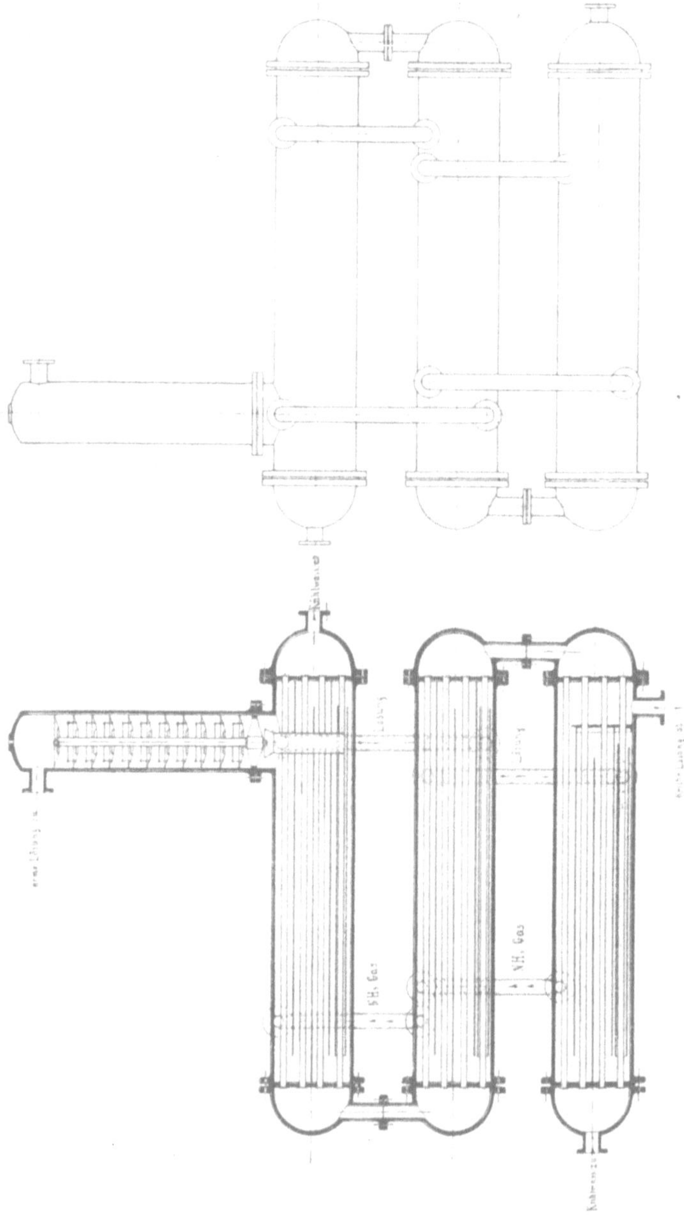

Fig. 176.

Fig. 177.

Druck und Verlag von R. Oldenbourg in München und Berlin.

In jedem der drei Kessel wird durch Zwischenbleche die Lösung im Zickzackwege von unten nach oben geleitet, um eine innige Mischung des Ammoniaks mit der Lösung zu erreichen.

Die geschilderte Bauweise erfüllt die Konstruktionsbedingungen:

Gegenstrom zwischen Ammoniak und Lösung,
» » Kühlwasser und Lösung,
große Berührungsflächen zwischen Ammoniak und Lösung,
aufsteigende Bewegung der durch Aufnahme von Ammoniak leichter werdenden Lösung

im allgemeinen recht gut. Die Bauweise ist gedrängt und erfordert verhältnismäßig wenig Raum. Besondere Sorgfalt ist dem Eindichten der Kühlwasserrohre zuzuwenden, weil sonst leicht Verluste an Ammoniak entstehen, die den Rückgang der Leistung zur Folge haben.

Neben dieser Bauweise wäre brauchbar ein reiner Berieselungsapparat, dessen Berieselungsflächen teilweise durch die Kühlwasserrohre, teilweise durch Blechstreifen gebildet sind, die zwischen den einzelnen Rohren aufgehangen sind (nach Fig. 137). Als Gefäß ist nur ein zylindrischer Kessel von mäßigem Durchmesser mit versteiften Deckeln brauchbar. (Druck bis 6 Atm.)

Bei größeren Anlagen wäre zu ermitteln, ob es wirtschaftlichen Nutzen bringt, wenn man das vom Verdampfer kommende kalte Ammoniakgas erst durch einen Austauscher führt, in dem es eine durch die spez. Gaswärme beschränkte Kältemenge an das vom Verflüssiger kommende, durch Kühlwasser schon mäßig unterkühlte flüssige Ammoniak abgibt. Die auf diese Weise dem Aufsauger vorenthaltene Kälte wird ersetzt durch ein kleines Mehr an Kühlwasser.

Armatur des Aufsaugers: Ein Manometer, je ein Thermometer in der Zuleitung der armen Lösung, im Ablauf der reichen Lösung, im Zulauf des Kühlwassers, im Ablauf des Kühlwassers; ein Entlüftungsventil auf dem Turme, Entleerungsventil. Absperrventile in allen Zu- und Ableitungen, je ein Regulierventil für das Kühlwasser und für die arme Lösung.

Die Ammoniaklösungspumpe.

Sie ist meist stehend und einfach wirkend, die obere Kolbenseite wird dann zweckmäßigerweise unter Saugdruck gehalten durch ein Verbindungsrohr mit der Saugleitung. Die Maschinenfabrik Senßenbrenner führt diese Verbindung nach Fig. 178 aus. Bei *b* ist die Saugleitung angeschlossen, *c* ist ein Rückschlagventil, das dem auf der vorderen Kolbenseite verdichteten NH_3-Gas bzw. der durch die

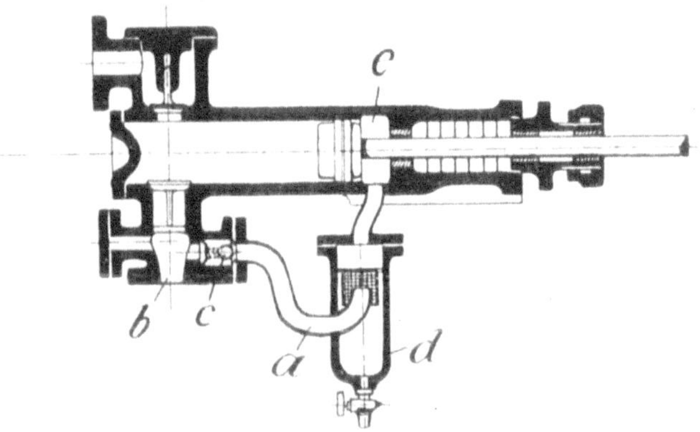

Fig. 178.

Undichtheit des Kolbens nach *e* übergetretenen Lösung den Durchtritt zur Saugleitung gestattet. *d* ist ein Siebtopf, in welchen die Flüssigkeit fällt, während in *e* nur Gas verdünnt und verdichtet wird bei jedem Kolbenhub. Auf diese Weise wird das Schmieröl nicht von der Kolbenstange abgespült. Abtropfendes Öl sammelt sich in *d* und wird ab und zu abgelassen. Die Stopfbüchse kann durch Baumwolle abgedichtet werden. Lederstulpen eignen sich nur zum Abdichten höherer Drücke, weil schon ein größerer Druck nötig ist zur Überwindung der Steifigkeit des Leders. Die Leistung der Pumpe muß regelbar sein. Hierzu dient entweder ein Umlaufrohr mit Ventil oder eine Vorrichtung, welche den Hub oder die Umlaufzahl der Pumpe während des Betriebs verstellen läßt. Auf der Pumpe muß ein gewisser Flüssigkeitsdruck lasten, der größer ist als der Widerstand des Saugventils und der Leitung, sonst würde beim Ansaugen ein Teil des aufgesaugten Ammoniaks frei werden und den Pumpenraum ausfüllen. Armatur: Umlaufleitung mit Ventil, Entlüftungsventilchen, Entleerungsventil.

Der Temperaturwechsler.

Die in Fig. 175 dargestellte Bauweise ist zweckmäßig, weil sie folgende Vorteile aufweist:

Gegenstrom, geringen Raumbedarf, billige Bauweise, Möglichkeit bequemer Reinigung.

Dieser Temperaturwechsler muß hoch und mit geringem Zylinderdurchmesser gebaut werden, damit der Gegenstrom gut ausgenutzt wird und genügend große Fließgeschwindigkeiten erreicht werden. Die Abdichtung der Rohre ist hier leicht in hinreichender Weise zu erreichen, weil die Drücke wenig verschieden sind und kleine Undichtheiten keinen Schaden bringen.

Zur Prüfung seiner Leistung sind Thermometer in beiden Zu- und Ableitungen nötig.

Da die reiche Lösung ein größeres Gesamtgewicht hat als die arme Lösung, so wird der Temperaturwechsel nicht vollkommen sein. Den Überschuß an Kälte der reichen Lösung hat man auszunutzen versucht, indem man das aus dem Kocher kommende Ammoniakgas ebenfalls durch die reiche Lösung abkühlen ließ. Man baute zu diesem Zwecke entweder eine Ammoniakgasschlange in den Temperaturwechsler ein, in dem sich die reiche und die arme Lösung begegnen, oder man baute einen besonderen zweiten Wechsler, in welchem die von der Pumpe kommende reiche Lösung einen Teil ihrer Kälte an das aus dem Kocher kommende Gas abgab, bevor sie zu dem anderen Temperaturwechsler ging.

Diese Maßnahme bringt wirtschaftlich wenig Nutzen, weil die Temperaturunterschiede und auszutauschenden Wärmemengen zu klein sind. Der Vorteil, daß durch gute Vorkühlung das Gas vor dem Eintritt in den Verflüssiger noch weiter von Wasserdampf befreit werden kann, wird energischer erreicht durch Vorkühlung des Gases mit Kühlwasser. Das aus dem Ammoniakgas ausgeschiedene Wasser enthält viel Ammoniak und ist deshalb dem Kocher wieder zuzuführen. Der Wechsler erhält ebenfalls Entleerungsventile.

Senßenbrenner baut die Temperaturwechsler als Doppelröhrenapparat (ähnlich wie Fig. 150), aber so, daß sowohl das Innenrohr wie das Außenrohr je einen Doppelkrümmer bildet. Der Doppelkrümmer des Außenrohres ist durch 2 aus Blech gedrückten Schalen gebildet, die untereinander und mit den zu verbindenden Außenrohren autogen verschweißt werden und den Doppelkrümmer des Innenrohres umschließen.

Der Austreiber.

In der Fig. 175 ist die Bauweise der Halleschen Maschinenfabrik in ausreichender Weise dargestellt. Im Berieselungsturm begegnen sich die ankommende reiche Lösung und das im Kocher ausgetriebene heiße Ammoniakgas. Letzteres wird von der reichen Lösung gekühlt und von Wasserdampf befreit. Ganz oben im Turm befindet sich noch eine Wasserabscheidevorrichtung. Die reiche Salmiaklösung gibt schon im Turm einen Teil ihres Ammoniakgehalts ab. Über weitere Abkühlung und Trocknung des Ammoniakdampfes siehe oben bei »Temperaturwechsler«. Das zum Verflüssiger kommende Ammoniakgas darf nur noch so viel Wasser absorbiert enthalten, als das Gas unter dem Verdampferdruck und bei der Verdampfertemperatur absorbiert halten kann. Andernfalls würde sich im Verdampfer Wasser absetzen, dort gefrieren und die Verdampferschlangen allmählich verstopfen. Die zulässige Wassermenge ist sehr gering, daher muß das Ammoniakgas sorgfältigst getrocknet werden.

Aus dem Berieselungsturm fällt die reiche Lösung in den Kocher. Aus Fig. 175 ist zu erkennen, daß die Lösung durch ein schrägliegendes Blech dem einen Ende des Kochers zugeführt und durch senkrechte Bleche im Zickzack nach oben und unten und allmählich nach dem anderen Ende zu fließen gezwungen wird. Dort fällt sie durch einen Überlauf in die Ableitung zum Temperaturwechsler. Diese Bauweise erfüllt alle Anforderungen, nämlich:

Gegenstrom zwischen Lösung und Ammoniakdampf und zwischen Dampf und Lösung, geringer Raumbedarf, bequeme Bauweise, leichte Reinigung.

Armatur: Flüssigkeitstandzeiger, ein Regulierventil in der Dampfzuleitung, Sicherheitsventil mit ins Freie führender Ableitung auf dem Turm, je ein Thermometer: in der Ammoniakgas-Ableitung, in der Dampfzuleitung, in der Dampfwasserableitung, je ein Manometer am Berieselungsturm und in der Dampfzuleitung, das erstere mit Alarmvorrichtung, Entleerungsventile.

Die Maschinenfabrik Senßenbrenner baut die Kocher als stehende Kessel. Bei stehender Bauart erreicht man die beste Austreibung bei geringster Heiztemperatur durch reine Berieselung von Heizröhren; weniger gut wäre, die stehende Schlange vollständig in Lösung einzutauchen und die reiche Lösung oben zu-, unten abzuführen, wie es der Veränderung des spez. Gewichtes der Lösung entspricht. Die auf der untenliegenden armen Lösung liegende Flüssigkeitssäule würde eine geringere Austreibung bewirken.

38. Aufstellung, Inbetriebsetzung, Betrieb.

Mit Ausnahme der Pumpe können alle Apparate in gleicher Höhe liegen. Alle Flanschen der Lösungs- und Ammoniakleitungen werden nach den in Kapitel III und IV angegebenen Grundsätzen ausgebildet und abgedichtet. Bei den heißen Leitungen darf die Dichtung nicht durch die hohe Temperatur leiden und undicht werden. Die Prüfung der Apparate auf Dichthalten muß in der Fabrik geschehen. Das Prüfen der Dichtheit der Leitungen nach der Montage ist weniger einfach als bei der Kompressions-Kältemaschine. Man könnte sich zur Not mit einer Wasserprobe helfen. Nachteile dieser Prüfungsart sind: die Austrocknung des Verflüssigers und Verdampfers und der Ammoniakleitungen ist hier sehr umständlich, die Wasserdruckprobe kann gut ausfallen und trotzdem können dann Stellen vorhanden sein, welche das Ammoniakgas nicht dicht abschließen. Bei den größeren Anlagen empfiehlt es sich, die Druckprobe durch einen kleinen fahrbaren Luftkompressor vorzunehmen. Mit Hilfe desselben kann auch der Verflüssiger und der Verdampfer ausgetrocknet werden. Außerdem kann durch den Kompressor die Luft aus der geprüften und zu füllenden Anlage abgesaugt werden[1]). Die Entlüftung der Anlage ist ohne diesen Kompressor etwas zeitraubend und kostet viel Ammoniak. In diesem Falle verfährt man folgendermaßen: Man schließt die Ventile, welche sich in der Leitung für die reiche Lösung hinter dem Aufsauger und vor dem Temperaturwechsler und in der Ammoniakgasleitung hinter dem Austreiber befinden, sowie das zwischen dem Verflüssiger und dem Verdampfer befindliche Regulierventil. Eine Flasche mit flüssigem Ammoniak wird am Füllstutzen der Pumpe angeschlossen. Von der Pumpe wird eine kleine Leitung zum Verflüssiger angelegt. Die Pumpe saugt das flüssige Ammoniak aus der Flasche und preßt es in den Verflüssiger, der mit Kühlwasser gekühlt wird. Der Verflüssiger erhält etwas mehr flüssiges Ammoniak als der Verdampfer und der Verflüssiger zusammen im normalen Betriebe enthalten. Sodann läßt man etwas Ammoniak in den Verdampfer übertreten und die Entlüftungsventile am Verflüssiger und am Verdampfer so lange abblasen, bis die Luftblasen an den in Wasser untergetauchten, an den Entlüftungsventilen angeschlossenen Schläuchen verschwinden. Dann sind zunächst der Verdampfer und Verflüssiger normal gefüllt und entlüftet. Nun werden die Ventile am Verdampfer und Verflüssiger geschlossen, die Hilfsleitung von der Pumpe zum Verflüssiger abgesperrt, die Ventile in der Leitung der reichen und armen Lösung geöffnet, bis auf das Ventil in der Leitung der reichen Lösung am Aufsauger.

Von der Pumpe läßt man nun die richtige Menge starken Salmiakgeistes (Ammoniaklösung) ansaugen und in die drei Apparate: Aufsauger, Temperaturwechsler und Austreiber pressen, bis zur Erreichung der Marken für den Flüssigkeitstand. Die Entlüftungsventile der drei Apparate werden dabei wieder so bedient, daß sie so lange ausblasen, bis die Luft-

---

[1]) S. Heinel, »Bau und Betrieb von Kältemaschinen« S. 126, Taf. XV.

blasen an den im Wasser steckenden Schlauchenden verschwinden. Die Entlüftung muß nach der Inbetriebnahme einige Zeit täglich wiederholt werden.

Bei der nun folgenden Inbetriebsetzung arbeitet man nun zunächst ohne Verdampfer (bei geschlossenem Ammoniak-Regulierventil) und läßt den Kreislauf der Lösung in Tätigkeit treten unter ganz langsamem Anwärmen des Austreibers bei geöffneter Leitung zum Verflüssiger. Würde man zu rasch anwärmen, so würde der Apparat in Gefahr kommen durch die Materialspannungen, und es würde sofort die Flüssigkeit im Kocher aufschäumen und in den Verflüssiger übertreten. Die Leitungen für das Kühlwasser sind sämtlich in Tätigkeit. Ist der Kocher warm, so beginnt man langsam mit der Abkühlung des Verdampfers durch Öffnen des Ventiles in der Ammoniakgasleitung zwischen Verdampfer und Aufsauger und mäßiges Öffnen des Regulierventils in der Leitung des flüssigen Ammoniaks.

Im Betrieb ist in erster Linie darauf zu achten, daß die Temperatur im Kocher ein gewisses Maß nicht überschreitet, und daß besonders das Thermometer in der Ammoniakgasleitung zwischen dem Austreiber und dem Verflüssiger eine Temperatur zeigt, die möglichst nahe an derjenigen liegt, welche das Thermometer in der Leitung für reiche Lösung zwischen Temperaturwechsler und Austreiber zeigt. Diese Thermometeranzeigen schwanken etwas mit der Temperatur bzw. dem Druck im Verflüssiger.

Beispiel für Betriebstemperatur, Dampf- und Wasserverbrauch[1]).

Arme Lösung hinter dem Kocher		90° C
Ammoniakgas hinter dem Trockner		70°
Reiche Lösung	vor dem Austreiber bzw. hinter dem Temperaturwechsler	67°
Arme »	vor dem Temperaturwechsler	27°
Reiche »	vor dem » bzw. hinter dem Aufsauger	22°

1) S. Zeitschr. f. d. ges. Kälte-Ind. 1905, S. 121.

Arme Lösung vor dem Aufsauger bzw. hinter dem Temperaturwechsler . . . . . . 17° C
Verflüssigungstemperatur im Verflüssiger . . . . . 20°
Flüssiges Ammoniak vor dem Regulierventil . . . . 16°
kaltes » hinter dem Verdampfer (überhitzt) — 5°

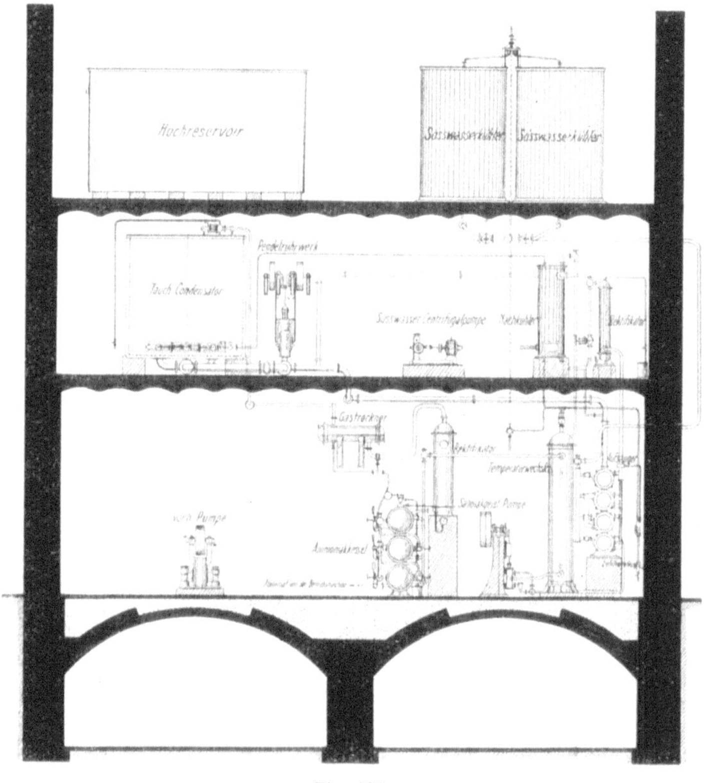

Fig. 179.

Verdampfungstemperatur . . . .— 17°
Kühlwasser vor dem Verflüssiger . . . . 11°
» hinter » » . . . . 20°
» hinter dem Aufsauger . . . . 16°
Kälteleistung der Maschine . . . . 100 000 WE
Dampfverbrauch . . . . 309 kg

Dampftemperatur beim Eintritt	143°
bezw. 1,25 Atm. Überdruck	
Dampfkondenswasser beim Austritt	79°
Kühlwassermenge für den Aufsauger	27 cbm
» » » Verflüssiger	5 cbm

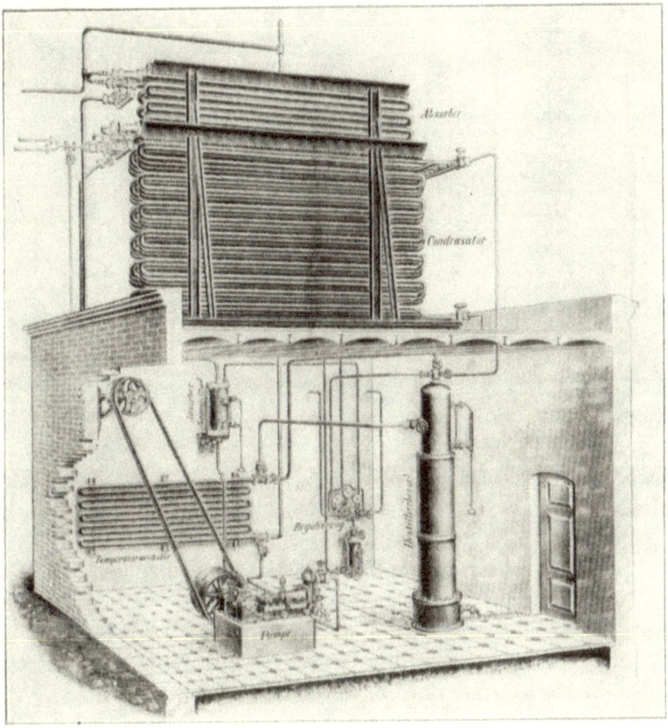

Fig. 180.

Den Lageplan einer Ammoniak-Absorptionsanlage gibt die Fig. 179 (Thomasbräu, München, geliefert von der Halleschen Maschinenfabrik) wieder.

Eine andere Anordnung und die äußere Bauart der »Abdamos«-Maschinenanlagen (Osenbrück-Senßenbrenner) zeigt Fig. 180.

39. Kleine vereinfachte Absorptionsmaschine.

In Fig. 181 ist der Aufsauger und Austreiber in einem Apparat vereinigt, und zwar so, daß der gleiche Apparat

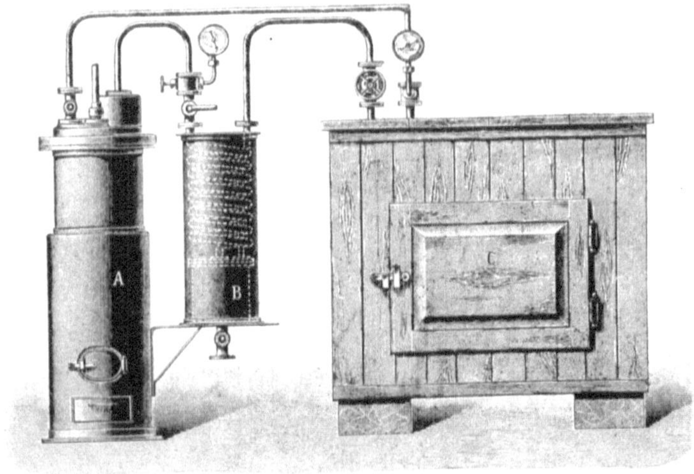

Fig. 181.

abwechselnd einmal als Aufsauger und einmal als Austreiber arbeitet. Es ist *A* dieser Apparat, *B* der Verflüssiger, *C* der Verdampfer.

1. Austreiben und Verflüssigen: In *A* wird langsam Feuer angemacht, *B* wirkt als Verflüssiger, das Regulierventil ist zu, ebenso das Ventil in der Leitung vom Verdampfer zum Apparat *A*. Das Manometer am Kocher ist zu beobachten.
2. Kühlen und Aufsaugen. Das Feuer wird entfernt, das Ventil zwischen *A* und Verflüssiger wird geschlossen, die Ventile am Verdampfer werden geöffnet, *A* wird durch Kühlwasser gekühlt, der Verflüssiger wird nicht weiter gekühlt.

40. Verwendungsgebiet der Absorptionsmaschine.

1. Für Klareis-Erzeugung. Das Niederschlagwasser des Austreibers ist absolut ölfrei und eignet sich daher

sehr gut zur Klareis-Erzeugung, es braucht weder gefiltert noch auch nochmals aufgekocht zu werden, da es schon keimfrei ist.

2. Neben anderen Betrieben, die viel Abdampf abgeben können. Dies ist oft der Fall bei Vergrößerung von Kälteanlagen, die dann mit Dampfmaschinen ohne Kondensation mit hoher Austrittsspannung betrieben werden. Der Gewinn an nutzbarer Wärme ist größer als bei der Maschine mit Kondensation, wenn der Abdampf in der Absorptionsmaschine verwendet wird, weil er aus dieser als Wasser mit etwa 70—80° herauskommt, aus der Dampfmaschine aber als Dampf von 40—50° C, also mit viel größerem Wärmeinhalt.

Im Anschlusse an Elektrizitätswerke können Absorptionsmaschinen oft recht wirtschaftlich betrieben werden, erstens weil die Elektrizitätswerke viel Abdampf billig liefern können, zweitens weil die Kältemaschinen gerade dann am meisten Dampf brauchen, wenn die Ausnutzung der Elektrizitätswerke schlecht ist, nämlich im Sommer[1]). Dieser Umstand sollte bei Neuanlagen von Elektrizitätswerken in der Weise berücksichtigt werden, daß man sie neben Schlachthof- oder ähnliche Kühlanlagen legt. Auch mit größeren privaten Eisfabriken können geeignetenfalls günstige Verträge geschlossen werden. Die städtischen Behörden stehen in dieser Hinsicht oft auf einem sehr unwirtschaftlichen Standpunkt.

3. Vorbedingung ist das Vorhandensein genügender und billiger Kühlwassermengen. Die Absorptionsmaschine braucht etwa $2^1/_2$ bis 3 mal soviel Kühlwasser als die Kompressionsmaschine mit Tauchverflüssiger. Diese Kühlwassermengen können von Elektrizitätswerken an die Kälteanlage abgetreten werden, wenn sie den Abdampf ebenfalls an diese verkaufen können.

[1]) S. Zeitschr. f. d. ges. Kälte-Ind. 1908, S. 182.

Kapitel VIII.

Die Eiserzeugung.

41. Verwendung des Eises.

Zum Kühlen von Räumen wird Eis heute in geringerem Umfange verwendet wie früher, weil man große Räume (z. B. die Keller der Brauereien) billiger auf die in Kap. IX beschriebene Weise kühlt. Kleinere Schlächtereien, Konditoreien, kleinere Krankenhäuser und Hotels sowie Gasthäuser, Weinhändler u. a. begnügen sich zur Aufbewahrung von Nahrungsmitteln oft zweckmäßigerweise mit Räumen, welche durch Eis kühl gehalten werden. Die im Eis gekühlte und dadurch schwer gewordene Luft tritt am unteren Ende des eine Seite des Raumes einnehmenden Eisbehälters aus, durchstreicht, allmählich wärmer und leichter werdend und dabei Feuchtigkeit aufnehmend, den Kühlraum schräg von unten nach oben, wird dann durch einen Kanal, der durch eine an der Decke befestigte Zwischendecke gebildet wird, wieder zum Eisbehälter geführt, dort wieder gekühlt und von einem Teile der Feuchtigkeit (s. S. 269) befreit.

Von der Größe der der durchstreichenden Luft dargebotenen Oberfläche des Eises im Vergleich zu der dem Raume zugeführten Wärme- und Feuchtigkeitsmenge hängt es ab, welche Temperatur und welchen relativen Feuchtigkeitsgrad die Luft bekommt. Der Luftumlauf darf nicht behindert sein und muß nötigenfalls durch einen Ventilator unterstützt werden in der Weise, daß die vom Ventilator aus dem Raum angesaugte Luft in gleichmäßiger Verteilung über das Eis geblasen wird.

Je nach dem aufzubewahrenden Kühlgut wird man Temperatur und Feuchtigkeitsgrad wählen und danach den Eiskasten bauen. Es lassen sich bei zweckmäßiger Bauweise folgende Verhältnisse erreichen:

	Temperatur	Feuchtigkeitsgrad	passend für
entweder	3—4°	85—90%	Bierkeller,
oder	4—6°	ca. 85%	Aufbewahrung von Fleisch bis zu 6 Tagen,
oder	6—8°	ca. 80%	Haushaltungskühlräume.

Der Ventilator sollte etwas (nicht zuviel) Frischluft ansaugen und über das Eis blasen können.

Milchig aussehendes Eis (Trübeis) gibt bei gleicher Größe der Oberfläche und gleicher Lufttemperatur seine Kälte etwas rascher ab als klar durchsichtiges Eis, schmilzt also etwas rascher weg. Beim Bau des Eisbehälters müßte also strenggenommen Rücksicht darauf genommen werden, ob Trübeis oder Klareis verwendet werden soll.

Im Haushalt und im Kleinhandel, besonders mit Lebensmitteln, wird Eis zum Kühlen von Schränken verwendet. Auch hier muß der Luftumlauf unbehindert stattfinden können; die in den Schrank durch eine kleine Öffnung einfallende Frischluft muß zuerst in den Eisbehälter geleitet werden.

Die Temperatur beträgt in diesen Kühlschränken meist nicht unter 10°, der Feuchtigkeitsgehalt ist dann bei richtiger Bauweise und Bedienung des Schrankes 75—80%.

In Eisschränken empfiehlt sich die Verwendung von Kunsteis, weil dieses schlammfrei und reiner ist.

Die chemischen Industrien und deren Laboratorien verwenden Eis zum Kühlen von Flüssigkeiten, Laugen usw., häufig mit Zusatz von Salz zur Erzielung von Kältegraden bis zu 25° C.

Sogenanntes Genußeis wird im Haushalt, in Gasthäusern (besonders in Amerika) zum Kühlen von Getränken und Speisen an der Tafel selbst in der Weise verwendet, daß das Eis unmittelbar in die Getränke oder auf die Speisen gelegt wird. Dieses Genußeis muß aus gereinigtem, unter Umständen außerdem sterilisiertem Wasser hergestellt werden. (Siehe S. 251.)

Die Hochseefischerei verwendet heute große Massen sterilisierten Eises, um die eingefangenen und getöteten Fische im Fahrzeug über die Dauer des Fischfangs (8—14 Tage) genießbar zu erhalten. Das durch eine Eisbrechmaschine in kleine Stücke gebrochene Eis wird in Schichten zwischen die Fische gelegt. Das Eis soll vor dem Brechen 0° C haben; ist es kälter, so gefrieren die Stücke wieder aneinander an.

Zum Transport von Lebensmitteln, auch Blumen, auf dem Schienenwege über längere Strecken werden Eisenbahnwägen mit isolierten Wänden und Eisbehältern verwendet. Kleinere Mengen, welche einen Eisenbahnwagen nicht füllen, werden in Tonnen versandt, welche außer dem Gute noch eine gewisse Menge Eis aufnehmen können.

Über Kühlzüge mit Kälteerzeugungsmaschine s. Kap. XII: (Die hauptsächlichsten Verwendungsgebiete der Kältemaschine).

Die Verwendung künstlich erzeugten Eises zu obigen Zwecken anstatt des früher ausschließlich zur Verfügung stehenden Natureises empfiehlt sich da, wo

1. das Eis schlammfrei sein soll, und wo
2. das Natureis zu gleichem Preise verkauft wird wie das künstlich erzeugte Eis.

Die Verwendung von Natureis ist nach unsern heutigen hygienischen Begriffen unzulässig, wenn das Eis mit den Lebensmitteln direkt in Berührung kommt, oder wenn das Eis in Getränken mitgenossen werden soll. In beiden Fällen ist keimarmes Eis nötig.

42. Die Eiserzeuger (deutscher Bauart).

Hauptbestandteile (Fig. 182).

Das Hauptgefäß zur Aufnahme einer Salzwasserlösung, in welche

die Eiszellen eingehängt werden mit dem zu gefrierenden Wasser,

die Füllvorrichtung für die Eiszellen,

das Auftaugefäß, in welchem die Eisblöcke von den Wänden losgelöst werden,

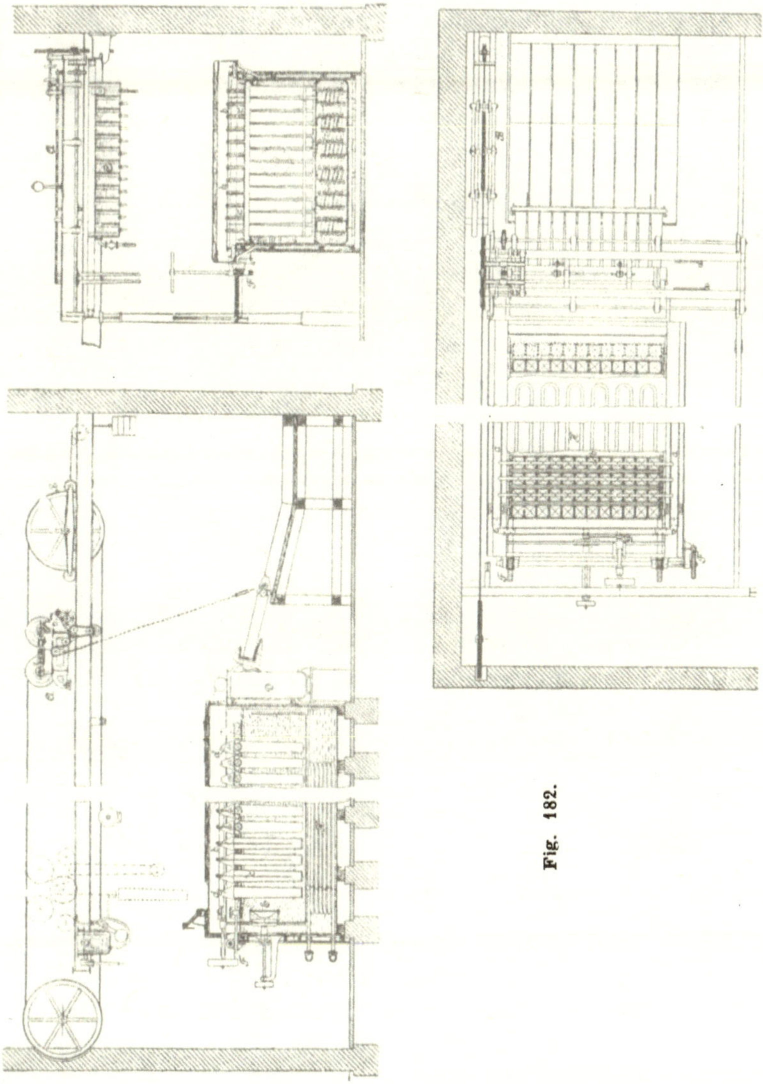

Fig. 182.

die Kippvorrichtung, welche die Zellen auf die Eisrutsche entleert,
der Eiskran, der die Zellenrahmen aushebt und einsetzt.
Außerdem meist noch die Verdampferschlangen, wenn der Eiserzeuger zugleich Verdampfer ist,
der Gefrierwasserbereiter für die Erzeugung von Klareis und sterilisiertem Eis.

Betriebsweise.

1. Füllen der in Rahmen gefaßten und am Krane hängenden Zellen durch die Füllvorrichtung, welche sich am einen Ende des Eiserzeugers befindet,
2. Einsenken des Rahmens in den Eiserzeuger am einen Ende desselben,
3. Fahren des Kranes an das andere Ende des Eiserzeugers,
4. Einhacken und Ausheben des letzten an diesem Ende befindlichen Rahmens,
5. Einsenken desselben in das mit Warmwasser gefüllte Auftaugefäß,
6. nach dem Aufsteigen der Eisblöcke (die leichter als Wasser sind) Ausheben des Rahmens aus dem Auftaugefäß und Einsetzen desselben in die Kippvorrichtung,
7. Kippen des Rahmens um die Horizontalachse der Kippvorrichtung durch den Kran bis zum Aufliegen des Rahmens auf der Eisrutsche,
8. Wiederaufkippen des Rahmens durch den Kran,
9. Fahren des Kranes mit den leeren Zellen unter die Füllvorrichtung,
10. Während des Füllens der Zellen Vorschieben der im Eiserzeuger befindlichen Zellenrahmen um eine Zellenbreite durch die Vorschubvorrichtung.

Bauweise der Einzelteile.

a) Hauptgefäß.

Bestimmend sind:

1. Ob der Eiserzeuger zugleich Verdampfer sein soll; in diesem Falle liegen in dem Gefäß auch die Verdampferschlangen.

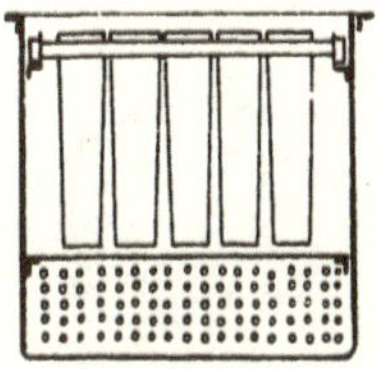

Fig. 183.

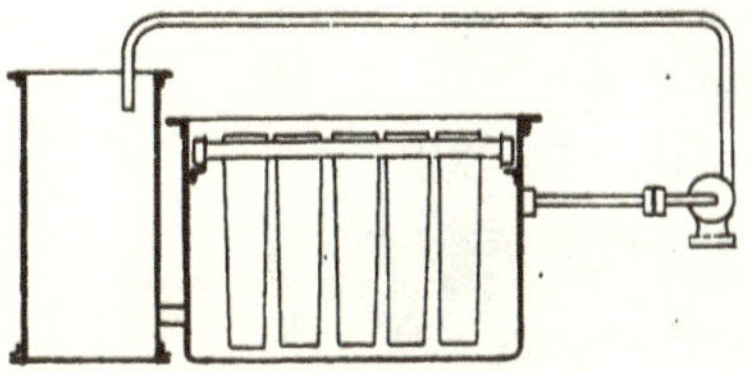

Fig. 186.

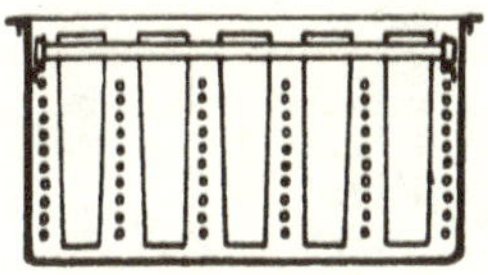

Fig. 184.

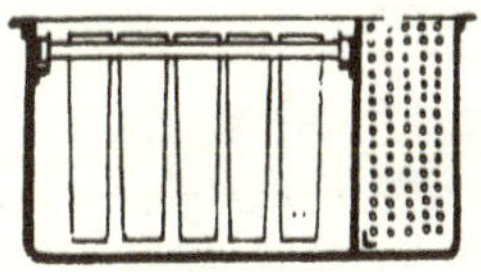

Fig. 185.

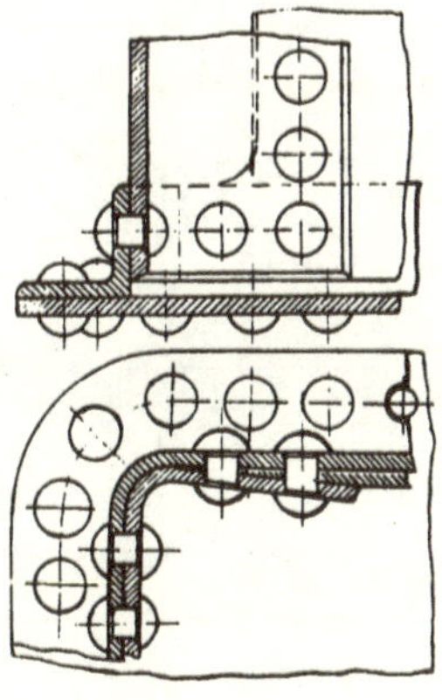

Fig. 187.

2. Ob die in den Verdampferschlangen erzeugte Kälte ausschließlich zur Eisbereitung oder noch für andere Zwecke verwendet werden soll.

Welche der in Fig. 183 bis 186 skizzierten Bauarten vorzuziehen ist, hängt von den Kälteverlusten ab, die um so geringer sind, je kleiner die Gesamtoberfläche der Gefäße ist.

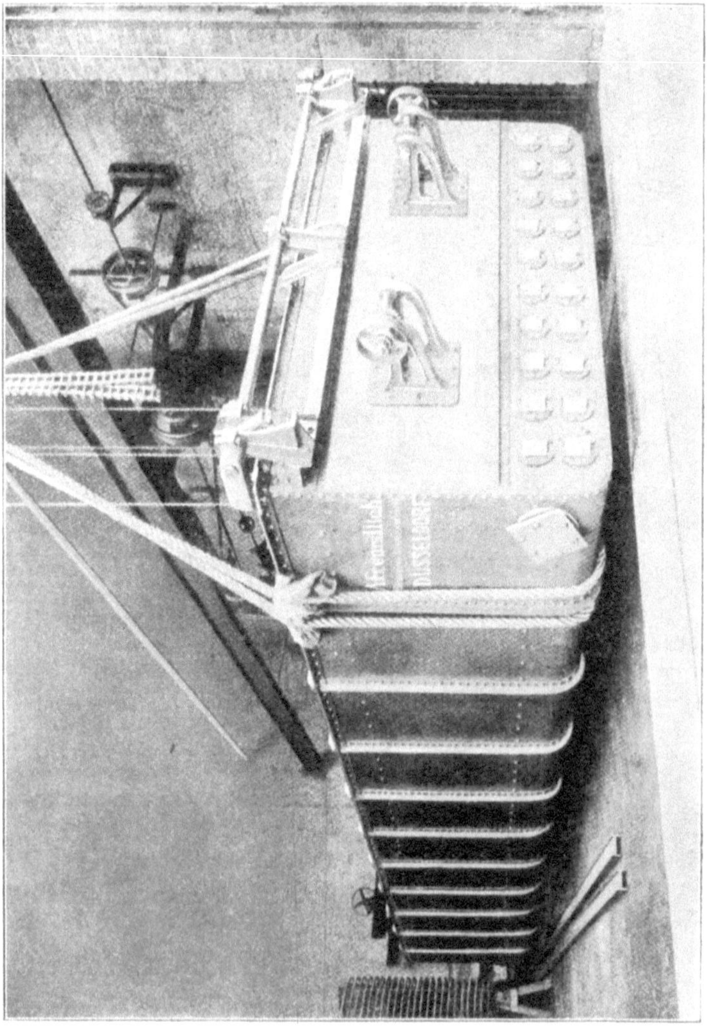

3. Einfache Herstellung: Eckenbildungen nach Fig. 187 sind veraltet, weil sie schlecht verstemmbar sind. Eckenbildung nach Fig. 188 (A. Freundlich) ist leicht und gut herstellbar.

Fig. 189.

4. Gute Versteifungen der Wände gegen Ausbauchen sind nötig.
5. Form und Abmessungen des Raumes, in welchem der Eiserzeuger aufzustellen ist.
6. Die Leistungsfähigkeit des Kranes. Bei zu großem Verhältnis zwischen Länge und Breite des Eiserzeugers werden mit einem zu langsam oder unsicher oder ungenau arbeitenden Kran nicht genügend viele Zellenrahmen in der Stunde ausgehoben.

Erklärung zu Fig. 189: Eiserzeuger der Maschinenfabrik Sürth: Der Solekühler ist als Doppelröhrenkühler nach Fig. 129, S. 166 gebaut. Die Sole wird durch eine Pumpe zwischen diesem und dem Eiserzeuger in Umlauf gehalten. Der gute Kälteaustausch ergibt eine kleine Verdampferschlange, daher gedrängte Bauart und geringen Kälteverlust.

Wichtiges Zubehör zum Gefäß.

Rührwerke zur Erzielung eines kräftigen und auf die ganze Breite des Gefäßes gleichverteilten Salzwasserumlaufes an den Verdampferschlangen entlang zunächst zu den fast schon ausgefrorenen Zellen, dann möglichst gleichmäßig durch alle Zwischenräume zwischen den Zellen (die Zwischenräume sollten alle gleich groß sein) und zurück zu den Schlangen.

Zwischenwände zur Unterstützung des richtigen Salzwasserumlaufes. Je nach der Bauart sind horizontale und vertikale Zwischenwände nötig. Das Rührwerk darf durch die Zwischenwände nicht in seiner Leistung beeinträchtigt werden durch die Bildung einer Wasserspiegelüberhöhung. (Zu hohe Vertikalzwischenwand am Ende des Eiserzeugers oder zu niedriger Salzwasserstand) Fig. 190 und 191.

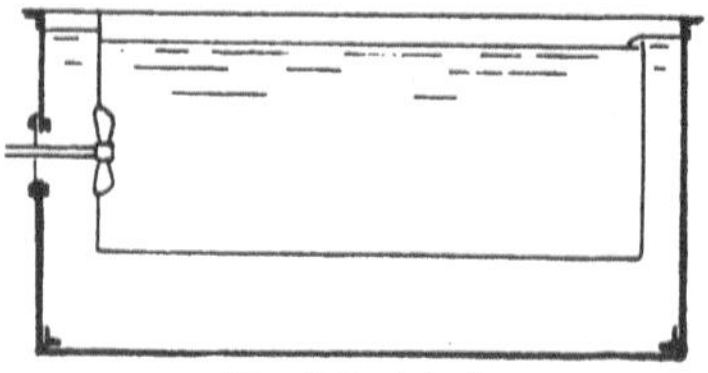

Fig. 190 falsch.

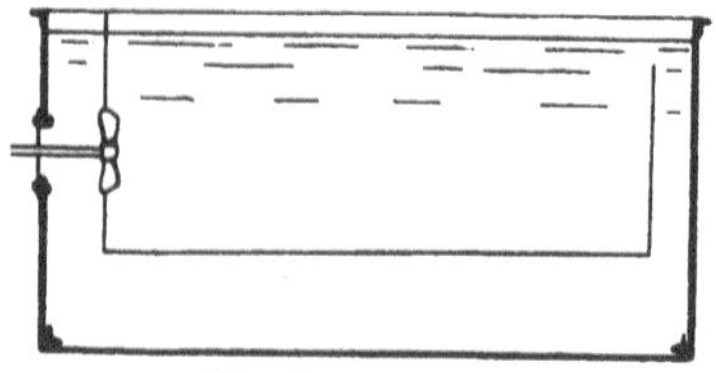

Fig. 191 richtig.

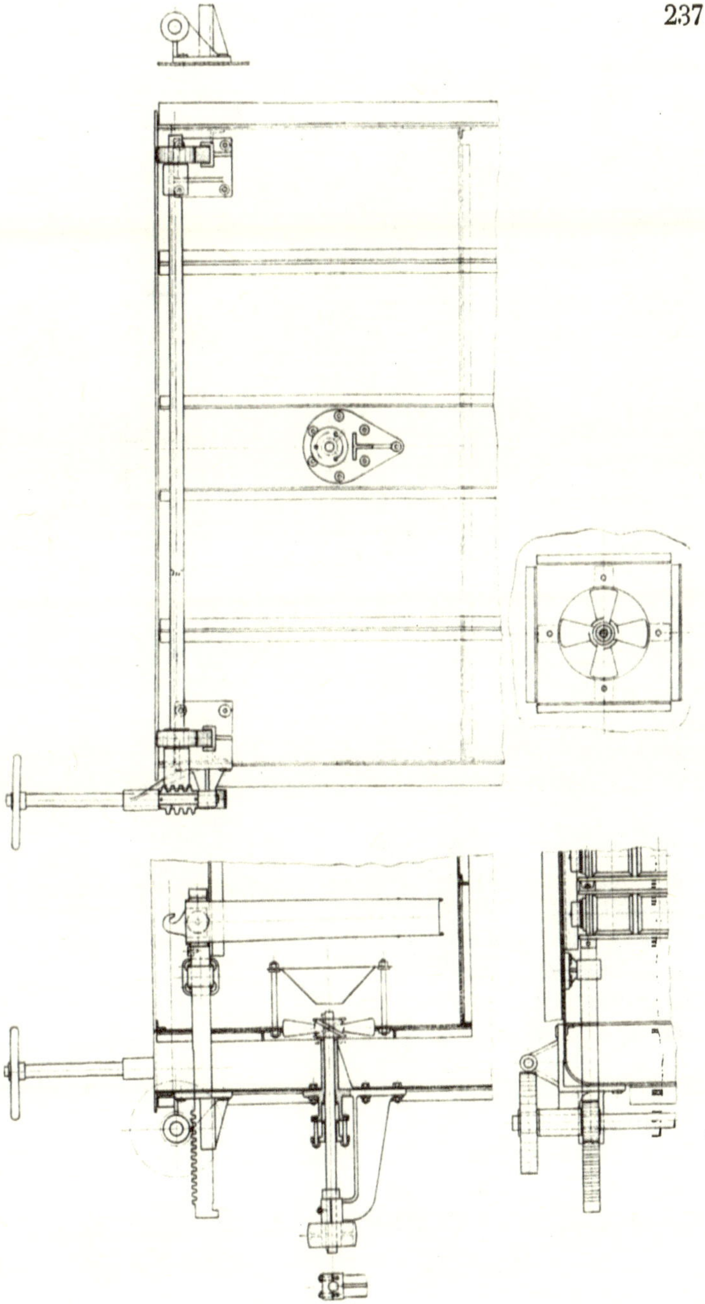

Fig. 192.

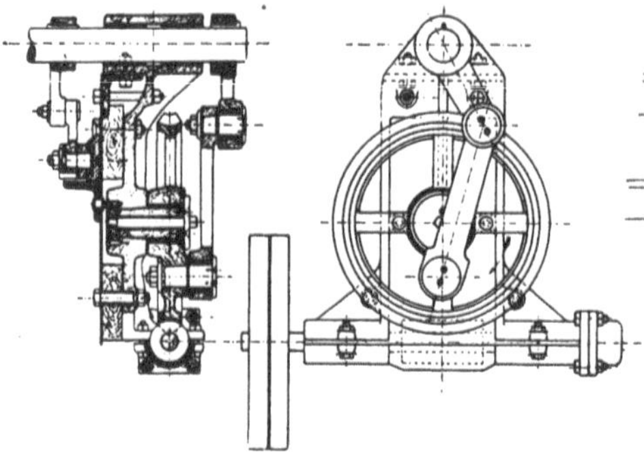

Fig. 193.

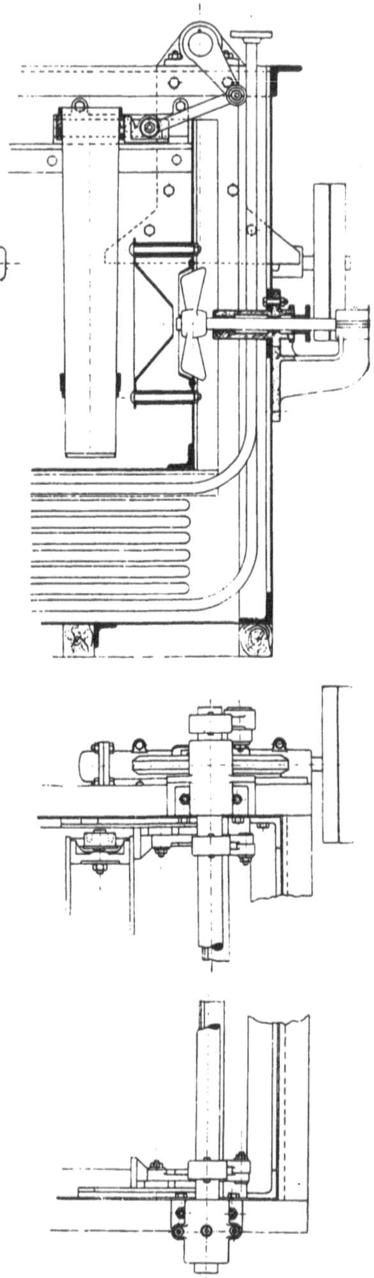

Als Beispiel horizontalen Umlaufs dient Fig. 185 (Sürth).

Grundsätzlich zu verwerfen ist horizontaler Umlauf in der Weise, daß der Eiserzeuger der Länge nach in zwei Teile geteilt ist durch eine senkrechte Wand, so daß das Salzwasser nacheinander den einen Teil von vorn nach hinten und den anderen von hinten nach vorn durchströmt. Dies ergibt große Unterschiede in der Salzwasserhöhe und ungleichmäßiges Ausfrieren. Dieser Nachteil ist nur durch sehr große Umlaufmenge und sehr große Verbindungslöcher in den Zwischenwänden zu vermeiden.

Die Zellenvorschubvorrichtung (Zweck siehe Betriebsweise Nr. 10) kleinerer

Fig. 194.

Eiserzeuger wird von Hand betrieben (Fig. 192), bei großen durch Transmission (Fig. 193). Die Kraftübertragung geschieht vom Handrad durch Schnecke und Schneckenrad auf eine Welle mit Zahnrad, aus diesem durch eine Zahnstange auf die Zellenrahmen, die auf Rollen laufen. Hubbegrenzungen sind nötig.

Fig. 193 zeigt die Kraftübertragung von einer Welle mit Fest- und Losscheibe durch eine Schnecke auf ein Schnecken-

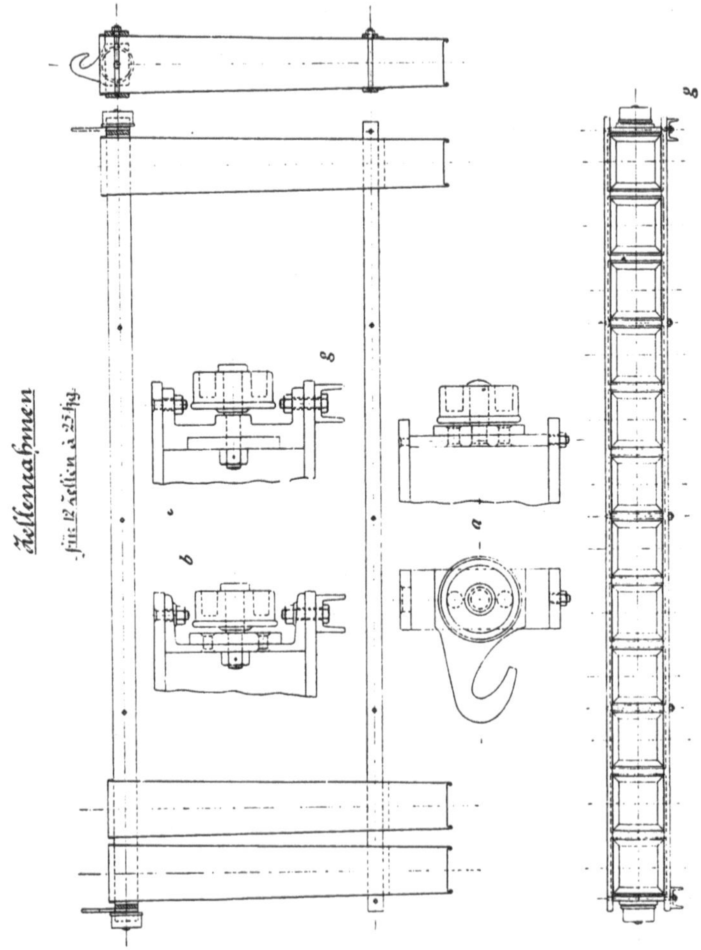

Fig. 195.

rad, von dessen Welle durch eine Kurbel auf eine schwingende Welle mit 3 Hebeln, von denen 2 durch Druckstangen die Zellen vorschieben mit Hilfe zweier geradlinig geführten Druckschuhe. Die Hubbegrenzung ist durch die Vorrichtung schon gegeben.

Die Enden der Verdampferschlangen werden entweder in den Zwischenraum zwischen dem die Rührwerkflügel enthaltenden Zwischenblech und der Gefäßwand hochgeführt und dort an die Verteilungs- und Sammelstücke angeschlossen oder (Fig. 188) durch die Gefäßwand hindurchgeführt unter Zuhilfenahme einer Salzwasserabdichtung (z. B. Fig. 118 oder 167). Jedenfalls müssen alle Flanschen außerhalb des Salzwassers liegen.

Die Laufschienen für die Rädchen der Zellenrahmen sind am Gefäß angenietet und dienen gleichzeitig auch als Versteifung der Blechwand, werden deshalb kräftig gemacht. (Fig. 194.)

b) Die Eiszellen.

Größe und Form der Zellen[1]. Je größer das Verhältnis der vom Salzwasser berührten Oberfläche zum Inhalt der Zellen, desto rascher ist der Zelleninhalt ausgefroren, desto größer aber ist auch der Eisverlust beim Abtauen des Eises von der Zellenwand. Bei geringer Gefrierdauer ist aber die Anzahl der nötigen Eiszellen im Eiserzeuger klein, daher die Oberfläche des Hauptgefäßes klein und damit dessen Kälteverlust. Das meist übliche Verhältnis von 29 bis 35 hat sich als zweckentsprechend erwiesen[2]. Die Zellen müssen sich nach unten verjüngen, damit sie mit möglichst wenig Schmelzverlust entleert werden können. Verbeulte Zellen sind sogleich auszubessern, weil sonst der Schmelzverlust beim Abtauen sehr groß sein muß, um die Eisblöcke zum Herausrutschen zu bringen. Die Zellen werden aus Eisenblech von etwa 1 mm Stärke hergestellt, blankgebeizt und im Bleibad sorgfältig verbleit. Die Nähte sind heute alle doppelt gefalzt und gelötet oder autogen geschweißt. Alljährlicher Anstrich mit salzwasserfester Farbe (Nautonfarbe) erzielt längere Gebrauchsfähigkeit der Zellen, vermindert aber etwas die Kältedurchlässigkeit. Die

---

[1]) S. Heinel, »Bau und Betrieb von Kältemaschinen-Anlagen«, S. 176.

[2]) S. Fischer, »Studien über die industrielle Verwertung von Kälte«. Ziviling. 38, Heft 4.

Zellen werden bei sehr kleinen Eiserzeugern mit Handgriffen versehen und dann einzeln von Hand ausgehoben, bei größeren Eiserzeugern reihenweise in Rahmen gefaßt.

c) Zellenrahmen. (Fig. 195.)

Die Zellen werden am oberen Ende zwischen zwei starke Tragbandeisen geklemmt, gegen Durchrutschen durch angenietete und verlötete Bänder gesichert. Etwa 10—20 cm vom unteren Rande her werden abermals 2 Richtbandeisen aufgeklemmt und gegen Abrutschen durch Bänder, die unterhalb der Richtbandeisen an den Zellen angenietet und verlötet sind, gesichert.

Der obere Rand der Zellen ist grundsätzlich r i n g s u m mit Bandeisen zu versteifen, wobei das vordere und hintere Bandstück zugleich zum Tragen im Zellenrahmen dient, während die seitlichen Bandstücke den wegen ausreichenden Salzwasserumlaufs, d. h. kurzer Gefrierdauer und gleichmäßigen Ausfrierens aller Zellen nötigen Abstand der oberen Zellenwände ermöglichen.

Die Tragbandeisen sind an beiden Enden durch je ein Zwischenstück verbunden, das zugleich die Rolle trägt und die Hacken zum Einhacken der Krantraverse. Form a ist für schmale Rahmen mit wenig Zellen, Form b und c für breitere Rahmen geeignet. Die Druckstücke g sollen vermeiden, daß beim Zellenvorschieben die Rahmen durch Übereinandersteigen der Schraubenköpfe und Muttern in Unordnung geraten und nicht parallel laufen.

d) Einfüllvorrichtung.

Fig. 196 (M a s c h i n e n b a u a n s t a l t H u m b o l d t - K a l k): Ein am Laufkrangerüst hängendes Verteilungsgefäß von der Breite des Eiserzeugers hat durch senkrecht eingenietete Zwischenwände ebensoviel Abteile, als Zellen im Rahmen sind. Jedes Abteil faßt die Füllung einer Zelle. Am Seitenblech des Gefäßes ist ein Überlauf in solcher Höhe angebracht, daß ein Überfüllen der Abteile und dann der Zellen unmöglich ist. Jedes Abteil hat unten seinen eigenen Ablaufstutzen, von dem ein biegsamer, aber nicht einknickender

Fig. 196.

Fig. 197.

Gummischlauch zu einem der Rohre führt, durch welche jeder Zelle das Wasser zugeführt wird. Diese Rohre sind gemeinsam auf einer Welle befestigt, die um etwa 90° gedreht werden kann.

Beim Aufklappen liegen die unteren Rohrenden über dem Wasserspiegel des Verteilungsgefäßes, beim Abwärtsklappen unter den Auslaufstutzen der Abteile.

Da das Zellenfüllwasser häufig besonders gereinigt und zubereitet wird, also besondere Kosten verursacht, ist eine Vorrichtung zu empfehlen, die den Zuflußhahn zum Verteilungsgefäß abschließt, sobald alle Abteile voll sind.

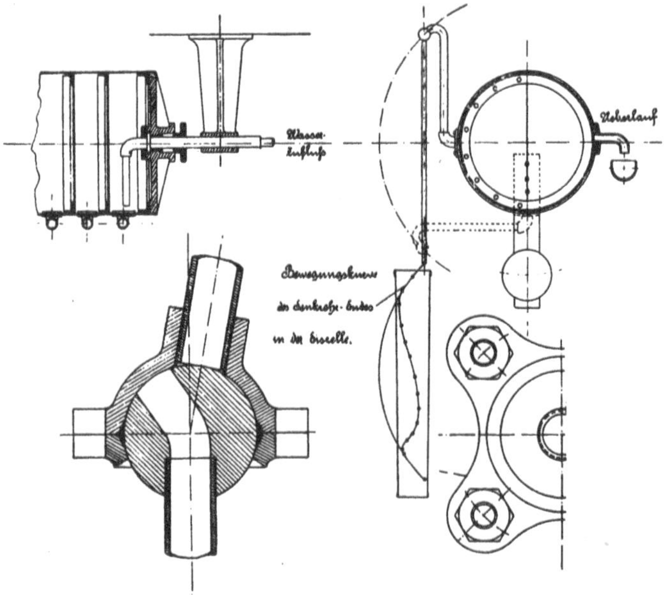

Fig. 198.

Fig. 197 (Otto Wehrle, Emmendingen): Von einem der Ablaufstutzen führt ein biegsamer Schlauch in einen Hohlkegel, der in einem ausbalancierten Hebel hängt. Wenn das Wasser im Abteil und im Hohlkegel steigt, sinkt der letztere und bringt das Zulaufventil zum Schluß. Hat sich das Abteil und der Hohlkegel entleert, so öffnet das Gegengewicht das Ventil wieder, jedoch erst dann, wenn der Kran nicht mehr neben der Füllvorrichtung steht, also erst dann, wenn der gefüllte Rahmen im Eiserzeuger eingesetzt ist. Vorher hindert ein Anschlag am Kran das Gegengewicht am Sinken. Die neueren Füllapparate vermeiden die häufige Ausbesserungen erfordernden Schläuche. Diesen Zweck sowie den weiteren, das entlüftete Wasser unter möglichst geringer Berührung mit der Luft in die Füllabteile und von da zu den Zellen zu bringen, erfüllt die Bauweise Fig. 198 (D. R. G. M.). Das Füllgefäß ist zylindrisch und um seine eigene Achse drehbar, dabei kommen die Oberkanten der halbkreisförmigen Zwischenwände einmal senkrecht und einmal wagrecht zu liegen. Im ersteren Falle (beim Füllen) sind alle Abteile miteinander verbunden, im letzteren (beim Entleeren in die Zellen) sind sie getrennt. Die Kugelgelenkrohre finden Verwendung bei Klareiserzeugung; bei Trübeiserzeugung fehlen sie.

e) Das Auftaugefäß.

Es ist so tief, daß die Zellen vollständig im Wasser untertauchen können. Das Wasser soll nicht über 25—30° haben. Bei höherer Temperatur wird der Schmelzverlust zu groß, weil das Abtauen dann unten schon längst stattgefunden hat, wenn das obere Ende des Eisblockes erst zum Abtauen kommt. Deshalb ist zu empfehlen, die Anwärmevorrichtung für das Wasser nicht zu wirksam zu machen. Zu empfehlen ist: Benutzung des Kühlwassers einer Dampfmaschinen-Oberflächenkondensation, nicht zu empfehlen eine zu große Dampfheizschlange.

Die Drehachse der Kippvorrichtung soll zur Ersparnis an Raum und zum leichteren Arbeiten durch den Gesamtschwerpunkt des mit dem vollen Zellenrahmen belasteten Systems gehen. Die Eisrutsche darf nur eine mäßige Neigung haben, weil sonst die Eisblöcke beim Anstoßen an die untere mit Gummiringen zu polsternde Querleiste zerspringen.

f) Der Eiskran.

Auf die Konstruktion und Wirkung des Eiskranes wird vielfach noch zu wenig Sorgfalt verwendet. Gute, rasch und genau arbeitende Krane ersparen Arbeitslohn und gestatten die Anwendung langer Eiserzeuger, die zwar etwas größeren Kälteverlust haben, aber mit gleichmäßigerer Salzwassertempe-

ratur arbeiten und in der Regel eine bessere Ausnutzung des Baugrundes gestatten als breite und kurze Eiserzeuger.

Von Hand bediente Krane werden nur bei kleinen Eiserzeugern verwendet. Die maschinell betriebenen Krane sind

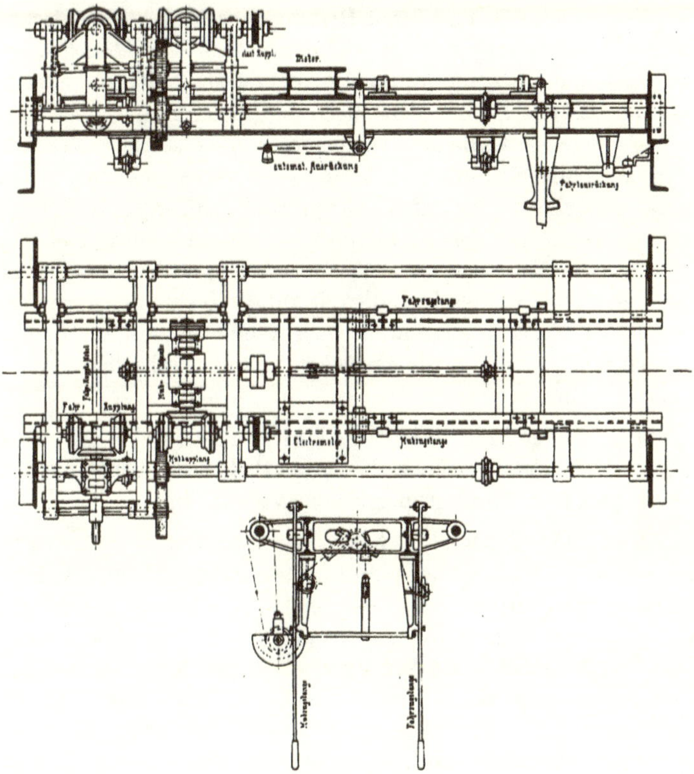

Fig. 200.

nur noch selten Seillaufkrane. (Fig. 199.) Auf einer Transmission sitzt eine Seilscheibe, von der ein Seil neben der Längsseite des Eiserzeugers zu einer an der gegenüberliegenden Wand liegenden Scheibe mit Spannvorrichtung läuft. Das Seil läuft über drei Rollen, die sich am Kran befinden. Eine derselben ist Führungsrolle, die zweite treibt mit Hilfe eines

Wendegetriebes das Hubwerk, die dritte mit Hilfe eines Wendegetriebes das Fahrwerk. Nachteile dieser Krane sind:

Hub- und Fahrgeschwindigkeit lassen sich nicht bequem genug regeln (meist gar nicht) und erfordern deshalb einen gewandten Führer, oder sie müssen sehr klein gewählt werden. Die Wendegetriebe sind meist Reibungskegelräder, die unsicher wirken; Reibungskupplungen können besser durchkonstruiert werden, sind aber teurer und werden deshalb leider seltener verwendet. Die Seile leiden durch den meist großen Feuchtigkeitsgehalt der Luft in Eiserzeugerräumen stark. Vielfach sind auch die Seilrollen zu klein wegen Raummangels. Ein guter Seilkran müßte aufweisen: große Seilrollen, gute Spannvorrichtung, statt der Reibkegelräder Reibkupplungen in den Wendegetrieben, wenn möglich Vorrichtung zur Verminderung der Fahr- und Hubgeschwindigkeit auf die Hälfte der normalen Geschwindigkeit, letztere müßte genügend groß sein, die Kupplungen müssen dann sanft einrücken und auswechselbare Reibflächen haben.

Die Anwendung von Elektromotoren auf dem Kran erleichtert die Aufgabe wesentlich, ist allerdings mit etwas größeren Anschaffungskosten verbunden.

Fig. 200 (Zobel, Neubert & Co., Schmalkalden): Ein einziger Motor treibt durch ein Wendegetriebe das Hubwerk, durch ein zweites das Fahrwerk. Da die Übersetzung ins Langsame durch zwei Schneckentriebe erst hinter den Wendegetriebekupplungen stattfindet, haben diese nur kleine Drehmomente zu überwinden. Durch Veränderung der Spannung des Motors hat man die Veränderung von Hub- und Fahrgeschwindigkeit in der Hand. Da der Motor insgesamt nur wenige Stunden am Tage arbeitet und an und für sich wenig Strom braucht, so darf hier die Verminderung der Spannung durch Widerstände bewirkt werden, was den Vorteil beliebiger Regulierung hat. Hat man ein Netz mit zweierlei Spannung, so wird man dies hier ausnutzen. Man erreicht dann große Geschwindigkeit für Fahren, Heben und Senken, kleine Geschwindigkeit für das Einrichten der Rahmen.

Ein weiteres Beispiel eines Einmotorkranes mit 2 Wendegetrieben für Heben und Senken sowie Fahren zeigt Fig. 201 (A. Freundlich, Düsseldorf).

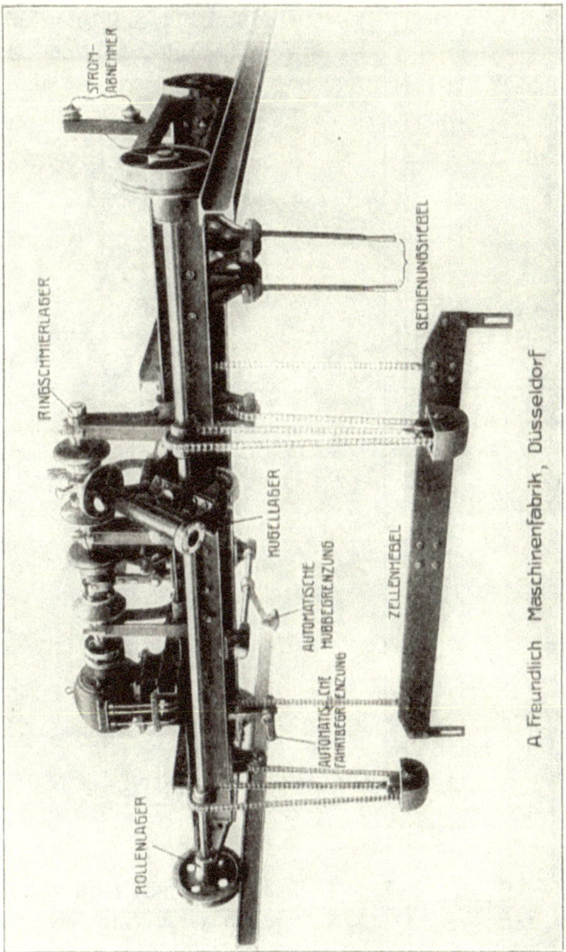

Fig. 201.

Fig. 202 bis 204 (Zobel, Neubert & Co., Schmalkalden): Hub- und Fahrwerk haben je einen besonderen Motor. Die stets mit einer gewissen Unsicherheit verbundenen

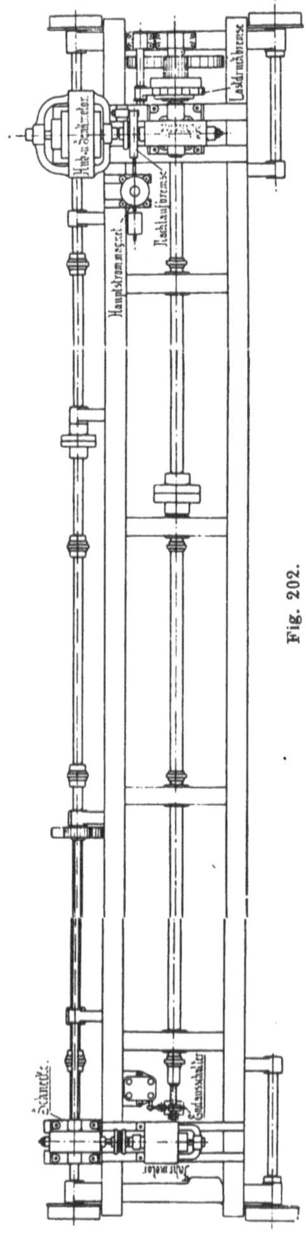

Fig. 202.

Wendegetriebe fallen weg, was von großem Vorteil ist für die Betriebsbereitschaft. Die Motoren sind in moderner Weise mit durch den Hauptstrom gelüfteter Bremse, mit Wendeschaltung und Schnecken-

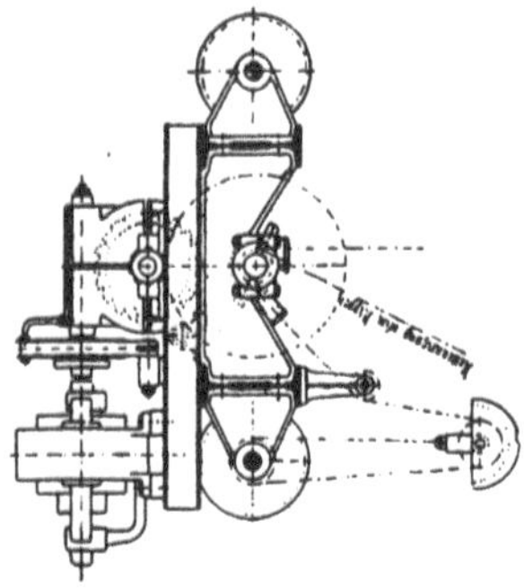

Fig. 204.

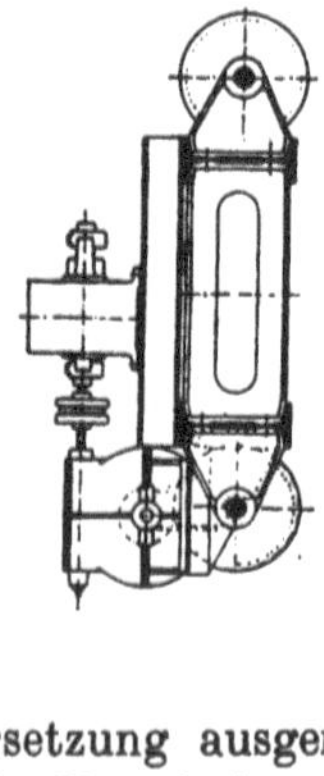

Fig. 203.

triebübersetzung ausgerüstet. Bezüglich der Verminderung der Spannung gilt das gleiche wie vorstehend. Dieser Kran eignet sich besonders gut für sehr große Eiserzeuger.

43. Die Erzeugung von Edeleis.

Das aus Brunnenwasser ohne weiteres hergestellte Eis ist infolge Ausscheidens von Luftbläschen trüb und milchig, und begegnet bei den Abnehmern einigem Mißtrauen bezüglich der Reinheit und Verwendbarkeit für bestimmte Zwecke. Das Eis kann aber veredelt werden.

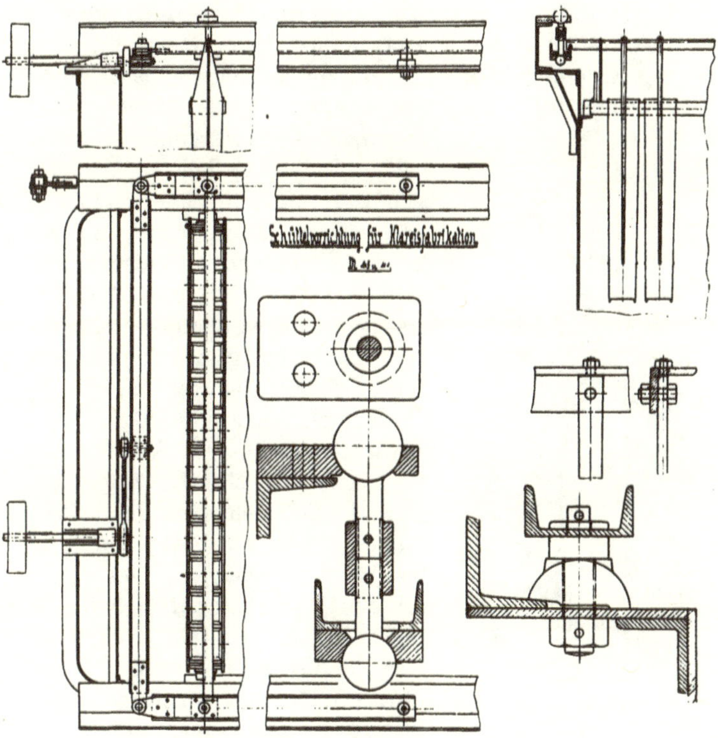

Fig. 205.

Man unterscheidet:

K l a r e i s , durch Entfernung der Luft beim Gefrieren hergestellt.

Eis aus s t e r i l i s i e r t e m und g e f i l t e r t e m Wasser. (Dieses Eis bleibt in der Regel etwas trüb.)

Klareis aus durch Destillation entlüftetem Wasser.

Klareis aus sterilisiertem und entlüftetem Wasser (meist aus destilliertem Wasser). (Krystalleis.)

Das Wasser ist bei niedriger Temperatur sehr luftaufnahmefähig und scheidet die Luft auch bei hoher Temperatur nicht vollständig aus. Dagegen verliert es die absorbierte Luft leicht beim Gefrieren und beim Destillieren.

1. Entlüften beim Gefrieren. Man erreicht dies durch Rühren des Wassers während des Gefrierens.

Fig. 205 und 206. Eine durch Riemenscheibe bewegte Welle bringt durch ein Exzenter eine U-Schiene in horizontal schwingende Bewegung. An den beiden Enden der Schiene befinden sich zwei an den Längsseiten des Eiserzeugers langlaufende und gelenkig aufgehängte U-Schienen, die etwa bei $3/4$ der Länge des Eiserzeugers endigen und dort um einen am Eiserzeugergefäß befestigten Bolzen horizontal schwingen. In die inneren Gurte dieser U-Schienen werden mit Hilfe von Einschnitten Winkeleisen so eingehängt, daß sie längs der U-Schienen mit den Zellenrahmen durch an diesen befestigte Laschen verschoben werden können. An den Winkeleisen hängt für je eine Zelle ein eiserner Rührstock etwa in der Mitte der Zelle. Die Stöcke halten das nicht gefrorene Wasser in Bewegung, wobei sich die Luftbläschen nach der Wasseroberfläche drängen. Wenn die Zelle etwa zu $4/5$ ausgefroren ist, wird das Winkeleisen mit den Rührstöcken ausgehoben. Der Rest des Wassers bildet dann beim Gefrieren einen trüben Kern.

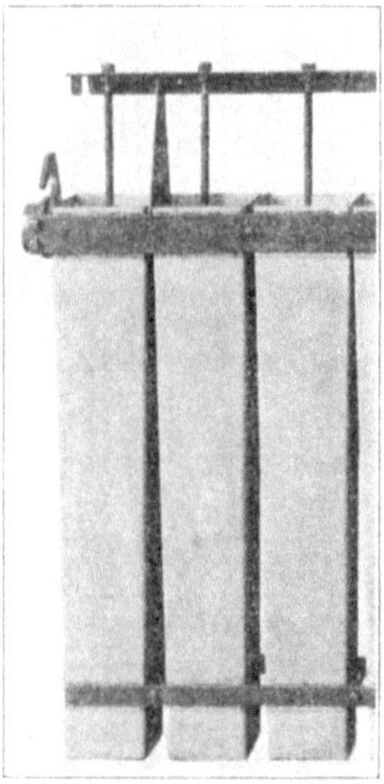

Fig. 206.

2. Sterilisieren kann man Wasser nur durch Aufkochen unter Druck auf etwa 120° C. Das Aufkochen auf 100° wirkt nicht ausreichend. Da sich beim Aufkochen auf 120°

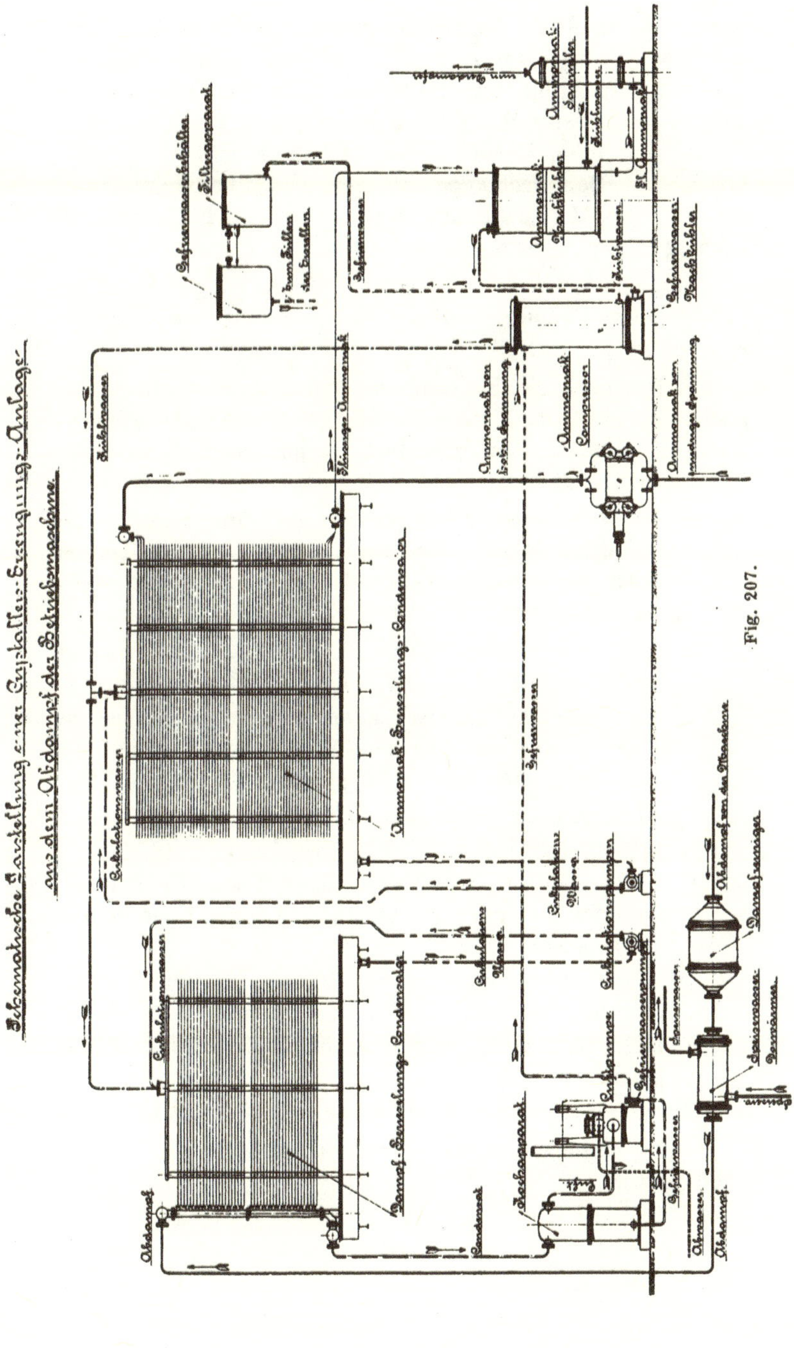

Fig. 207.

gewisse Bestandteile des Brunnenwassers ausscheiden, so muß das Wasser nach dem Aufkochen gefiltert werden. Das mit 120° aus dem Aufkocher abfließende Wasser tauscht in einem Gegenstromapparat die Wärme aus mit dem frisch zum Aufkocher fließenden Wasser. Der Aufkocher wird zweckmäßig durch eine Dampfschlange mit genau regulierbarem Ventil geheizt. Die Apparate und Rohrleitungen müssen sämtlich leicht gereinigt werden können.

3. Destillieren kann man Wasser bei geringer Temperatur unter Vakuum. Dabei wird das Wasser zwar entlüftet, aber nicht sterilisiert.

4. Das nach Nr. 3 destillierte Wasser wird in der Regel noch nach Nr. 2 sterilisiert. So hat die Gesellschaft für Lindes Eismaschinen mehrfach Apparate mit folgendem Verfahren eingerichtet:

a) Kondensation des Dampfes aus der Dampfmaschine bei mäßigem Vakuum, also verhältnismäßig hoher Temperatur (40—50°). Das Kondensat wird nicht zur Eisbereitung verwendet.

b) Abgabe der Dampfwärme an Wasser, das unter hohem Vakuum gehalten wird, wobei dieses Wasser verdampft.

c) Kondensation dieses Sekundärdampfes in einem zweiten Kondensator bei etwa 25—30° C unter Absaugen der Luft durch eine Trockenluftpumpe.

d) Absaugen des Sekundärdestillates durch eine Kondensatpumpe.

e) Aufkochen und Sterilisieren dieses Sekundärdestillates bei etwa 120° nach Vorwärmung in einem Gegenstromwärmeaustauscher.

f) Abkühlen des sterilisierten Wassers in dem eben genannten Gegenstromwärmeaustauscher. (Filtern ist nicht mehr nötig, weil die Reinigung beim Destillieren geschieht.)

Dieses Verfahren eignet sich für sehr große Klareisfabriken.

Etwas einfacher ist das Verfahren nach Fig. 207 (Humboldt-Kalk).

Hier wird der Abdampf der Maschine unter Vakuum entölt und kondensiert, das Kondensat durch Aufkochen entlüftet, vorgekühlt, gefiltert und nochmals entölt.

Wenn die Dampfmaschine bedeutend weniger Dampf abgibt, als zur Deckung der Gefrierwassermenge nötig ist, so kann dies dazu führen, die nötige Niederschlagswassermenge so zu gewinnen, daß zwischen den Kessel und die Dampfniederschlagsanlage Sekundär- und Tertiär-Verdampfer eingeschaltet

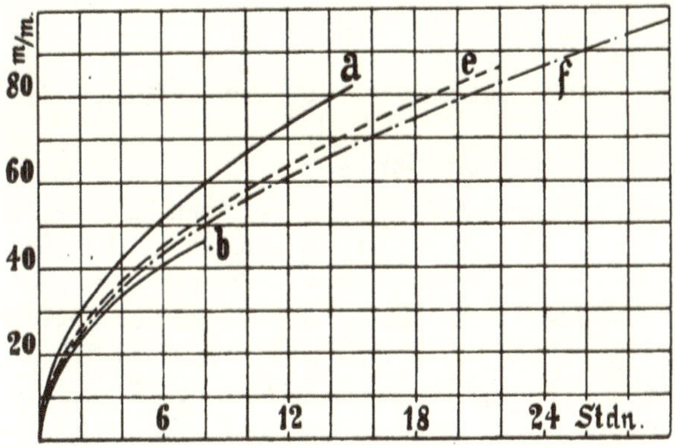

Fig. 208.

a = 25 kg Zelleneis — 8°
b = 13 „ „ — 6°
c = 25 kg Zelleneis — 6°
f = Platteneis — 12°

werden. Für jede dieser Stufen ist ein Temperaturgefälle von 12 bis 15° unbedingt nötig, häufig aber wegen der unvermeidlichen Verunreinigungen der Austauschoberflächen Gefälle von je 20 bis 30°[1]).

Beim Gefrieren werden übrigens eine große Zahl von Verunreinigungen, besonders auch Bakterien, ausgeschieden, die dann in dem zuletzt gefrorenen Kern in größerer Anhäufung zu finden sind. Sorgt man dafür, daß der mit solchen Anhäufungen behaftete Teil nicht in den Handel kommt, z. B. bei

---

[1]) S. Bericht über den II. internationalen Kältekongreß, Wien, Bd. II, S. 114: R. C. A. Baufield. »Über die Herstellung von Kristalleis aus Abdampf und die damit erreichten praktischen Ergebnisse.

der Platteneiserzeugung, so ist eine vorherige Reinigung des Wassers unter Umständen unnötig[1]).

Über die Gefrierdauer der verschiedenen Eisarten machte Stetefeld[1]) umstehende Angaben. (Fig. 208.)

44. Die zur Eisbereitung nötige Kältemenge

setzt sich zusammen aus:

1. Abkühlen des Wassers von der Zulauftemperatur auf 0° (pro 1° C und 1 kg: 1 WE).
2. Gefrieren des Wassers (80 WE für 1 kg).
3. Abkühlen des Eises auf eine gewisse Temperatur unter 0° C.
4. Aus den Kälteverlusten.

Zu 1. Je kühler das Wasser vor dem Einfüllen in die Zellen ist, desto sparsamer und gleichmäßiger arbeitet die Eiserzeugung. Ist das Wasser durch Aufkochen oder Destillieren erwärmt worden (zum Zweck der Entlüftung und Sterilisierung), so wird es mit Brunnenwasser in einem Gegenstromkühler so tief als möglich vorgekühlt; die Vorkühlung durch die Kältemaschine wäre kostspieliger und sollte erst einsetzen nach der Vorkühlung durch Brunnenwasser. Sie ist dann zu empfehlen, wenn ein besonderer Verdampfer mit hoher Verdampfungstemperatur hierfür vorgesehen werden kann, z. B. bei großen Brauereien durch Entnahme des Gefrierwassers aus dem zum Kühlen der Würze und der Gärbottiche auf 0° gebrachten Wasser.

Zu 3. Der Eisblock hat nach dem Ausgefrieren an der Außenwand nahezu die Temperatur des Salzwassers (— 6 bis — 8° C), im oberen Teil des Kernes etwa 0° C bis — 1° C. Die mittlere Temperatur kann je nach der Form und Größe des Blockes zu etwa — 3 bis — 5° C angenommen werden. Da die spezifische Wärme des Eises etwa ½ WE ist, so ist die Abkühlungswärme von 1 kg Eis 0,5 · 3 WE bis 0,5 · 5 WE. Da das Eis etwas unter 0° C kalt ist nach dem Entleeren der Zelle,

---

[1]) S. Zeitschr. f. d. ges. Kälte-Ind. Juli 1912. S. 125: Stetefeld, »Eiserzeugung«.

so gefrieren aufeinandergestapelte Eisblöcke zusammen. Man muß also die Blöcke durch Holzlatten trennen.

Zu 4. Die Kälteverluste bestehen aus

a) Abkühlung des Zellenmaterials und der Rahmen etwa von der Temperatur des Einfüllwassers auf die Salzwassertemperatur:

E kg · spezifische Wärme · Abkühlung.

Die spezifische Wärme ist im Mittel 0,12 WE.

b) Ausstrahlungsverluste des Eiserzeugers. Diese sind im Vergleich zum Verlust eines normalen Verdampfers ziemlich groß wegen der größeren Oberfläche und wegen des zeitweisen Lüftens des Deckels beim Einsetzen und Ausziehen der Zellenrahmen. Man rechnet mindestens auf 5% Strahlungsverlust der Gesamtkälteleistung bei Zellen von 25 kg Inhalt und hoher Form. Je tiefer die Salzwassertemperatur ist, desto rascher werden die Zellen ausgefroren, desto kleiner wird die nötige Zellenzahl und der Eiserzeuger und damit der Strahlungsverlust. Anderseits steigt aber dieser mit sinkender Salzwassertemperatur. Die Gefrierdauer hängt aber auch noch ab von der Geschwindigkeit der Salzwasserbewegung, die man so hoch als möglich macht. Die Zellen müssen alle genügend Zwischenraum zwischeneinander haben, also gut ausgerichtet im Rahmen stecken, damit sie gleichmäßig bespült werden können; breite Eiserzeuger erhalten zwei oder mehr Rührwerke (Fig. 188). Der Arbeitsbedarf der Rührwerke wird, wenn diese richtig konstruiert sind und gut arbeiten, und wenn unnötige Hindernisse für den Salzwasserumlauf vermieden werden, reichlich gedeckt durch die größere Eisleistung. Da infolge der kräftigeren Wärmeabgabe der Zellen die mittlere Salzwassertemperatur etwas höher liegt (etwa 6 statt 8^0 unter Null), so wird auch mit etwas höherer Verdampfungstemperatur gearbeitet, d. h. mit größerer und relativ billigerer Kälteerzeugung.

c) Schmelzverlust beim Lostauen der Blöcke aus den Zellen. Je größer das Verhältnis zwischen Oberfläche und Inhalt des Blockes, desto größer ist der Schmelzverlust. Große Blöcke gefrieren aber langsamer aus, weil Eis kein guter Wärmeleiter ist. Es stehen also kleinen Schmelzverlusten große Strahlungsverluste gegenüber und umgekehrt. Die Verwendung heißen

Wassers zum Lostauen muß man vermeiden. Man rechnet bei 25 kg-Blöcken mit mindestens 3 bis 5% Schmelzverlust, bei 12 kg-Blöcken mit 5 bis 7%.

Die Platteneisfabrikation, welche in Europa nur ausnahmsweise vorkommt, erfordert den Einbau von Gefrierelementen von derselben Seitenfläche wie die verlangten Eisplatten. Die Elemente selbst sind entweder dünnwandige, flache Kästen, welche von der Salzlösung umgebene, horizontal hin- und hergeführte Verdampferrohre (System Smith) besitzen, oder auch einfach die Verdampferrohre selbst (System Pusey). In beiden Fällen geschieht das Ablösen der Platten entweder durch Sägen, welche von Hand oder durch Elementarkraft betrieben werden, oder auch durch Abtauen dadurch, daß die Gefrierelemente zeitweilig mit dem Kondensator der Kühlmaschine in Verbindung treten[1]).

Die Herstellung solchen Platteneises von 12 bis 15 cm Dicke erfordert eine lange Gefrierdauer, weil die kälteabgebende Fläche im Vergleich zum Blockgewicht sehr klein ist, zur Abkürzung der Gefrierdauer außerdem eine sehr tiefe Salzwassertemperatur (etwa — 15 bis — 20°), daher einen relativ großen Arbeitsaufwand. Der Eiserzeuger fällt sehr groß aus und hat sehr große Kälteverluste, dagegen ist der Verlust an Eis beim Ablösen und Ausbringen kleiner. Somit ergeben sich für die Erzeugung von netto 1000 kg Eis von — 6° pro Stunde aus Wasser von + 15° etwa folgende Werte: Tab. XVI.

Der Kälteaufwand schwankt hiernach mit der Form der Eiskörper nur unerheblich, so daß wir für größere Anlagen denselben pro 1 kg Eis auf rund 120 WE, bei kleineren infolge der relativ höheren Verluste auf 130 WE anschlagen dürfen. Rechnet man im Durchschnitt 3500 WE auf 1 ind. Kompressorpferd und einschließlich der Rührwerks- und Pumpenarbeiten 2200 WE auf eine effektive Pferdestärke, so ergibt sich für erstere die Möglichkeit einer stündlichen Eiserzeugung von 27 bis 29, für die effektive Pferdestärke dagegen von 17 bis

[1]) Näheres über Platteneiserzeugung enthält die Arbeit von Gutermuth: Amerikanische Eiswerke, Zeitschrift des Vereins deutscher Ingenieure 1894.

Tabelle XVI.

Form der Eiskörper	Blockeis		Platteneis
Gewicht der Eiskörper . . . . kg	12,5	25	2000—2500
» » Zellen u. Rahmen pro 1000 kg Eis ca. . . . kg	920	720	—
Kälteleistung zur Abkühlung und Eisbildung . . . . . WE	98 000	98 000	98 000
Kälteleistung zur Ausgleichung des Schmelzverlustes . . WE	11 760	7 840	2 000
Kälteleistung zur Abkühlung der Zellen und Rahmen . . .	2 650	2 070	—
Kälteleistung zur Aufhebung d. Wärmezufuhr von außen[1]) 5, 7,5 und 10% . . . . WE	4 900	7 350	15 000
Totaler Kältebedarf für 1000 kg Eis netto . . . WE	117 910	115 260	115 000

18,5 kg Eis unter normalen Betriebsverhältnissen, für die Platteneiserzeugung etwas weniger.

Der Arbeitsaufwand zum Ausbringen des Eises ergibt sich aus der Überlegung, daß die Zellen samt Rahmen durchschnittlich 1,5 m hoch einmal aus dem Eiserzeuger und dann aus dem Auftaugefäß zu heben sind. Rechnet man auf 1000 kg Eis ein Zellen- und Rahmengewicht von rund 900 kg, so ergibt dies eine effektive Leistung von $2 \cdot 1{,}5 \cdot 1900 = 5700$ mkg, die sich bei der Verwendung von Flaschenzügen auf mindestens das Doppelte, also auf 11 400 mk, erhöht. Hierzu tritt noch die Arbeit zum Hin- und Herschieben

[1]) Über diesen Betrag liegen die wenigsten Erfahrungsresultate vor, auch schwankt derselbe mitunter bei ein und derselben Anlage nicht unbeträchtlich, siehe hierüber: Gutermuth und Salomon, Versuche an einer Pictetschen Eismaschinenanlage, Zeitschr. des Vereins d. Ing. 1889.

Der obige Wert von 10% für Platteneis ist nur als Schätzung aufzufassen und dürfte angesichts der großen Dimensionen der Generatoren oft überschritten werden.

der Zellenrahmen und der Laufkatze, zum Aufdecken der Bohlendeckel des Eiserzeugers, Einrücken der Füll- und Kippvorrichtung mit rund 1000 mkg, so daß im ganzen 12 400 mkg durch Handarbeit noch zu bewältigen sind. Dies entspricht ungefähr der stündlichen Durchschnittsleistung eines kräftigen Arbeiters, der mithin durch die Bedienung eines Eiserzeugers von 1000 kg stündlicher Leistung allein vollständig belastet wäre. Soll demnach der Maschinist der Kühlmaschine den Eiserzeuger mitbedienen, so ist dies, ohne die erstere zu vernachlässigen, nur mit von der Transmission angetriebenen Laufkatzen und Aufzugsvorrichtungen möglich.

45. Klein-Eiserzeuger.

Auf Schiffen müssen die Eiserzeuger so angeordnet sein, daß einerseits kein Verspritzen der Salzsole durch die manchmal heftigen Bewegungen des Schiffskörpers, anderseits auch kein Austreten des Gefrierwassers aus den Zellen oder gar eine Vermischung beider Flüssigkeiten eintreten kann. Die Gesellschaft für Lindes Eismaschinen hat ihren Eiserzeugern die in Fig. 209 und 210 dargestellte Form gegeben. Für die Eiszellen ist in denselben ein besonderer Raum vorgesehen, in welchem diese nicht unmittelbar, sondern durch fest darin angebrachte, mit der Zelle möglichst gleichgeformte Taschen eingesetzt werden. Diese Taschen werden von der im Nebenraum durch Ammoniakrohre gekühlten und durch ein Rührwerk in Umlauf erhaltenen Salzlösung umspült. Beide Räume sind nach außen hin dicht abgeschlossen. Die Zellen selbst werden nach dem Einsetzen durch lose aufgelegte Holzdeckel geschlossen, welche ihrerseits durch die äußeren Verschlußklappen fest aufgepreßt werden.

Als Vertreter der Handeismaschine möge dienen:

Fig. 172, S. 212. Von Hand betriebene Kälteerzeugungsmaschine und Eiserzeuger von A. Freundlich, Düsseldorf. Die Kälte wird zunächst auf Salzwasser übertragen; der Verdampfer liegt im unteren Teile des Gestelles. In der Mitte ist die Eiszelle eingesetzt. Die Maschine kann bei Bedienung durch ein bis zwei Mann stündlich 3 bis 5 kg Eis

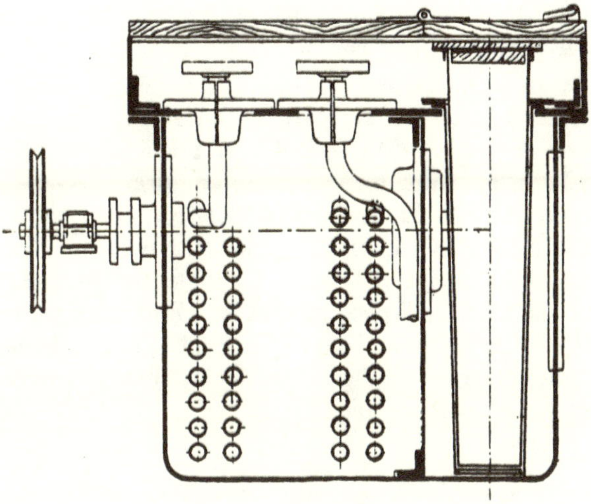

Fig. 209.

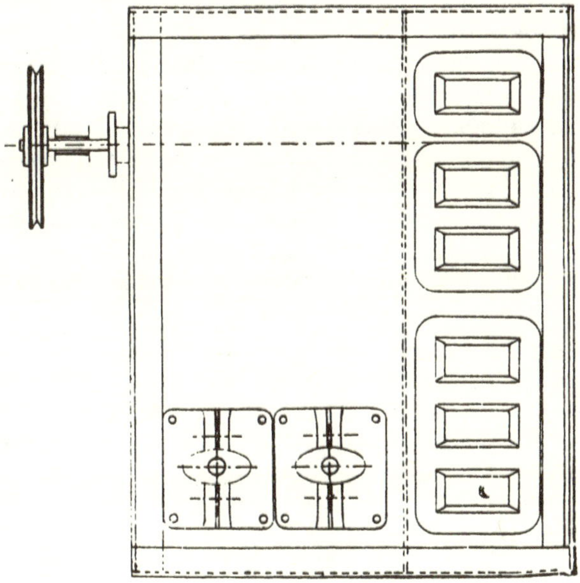

Fig. 210.

erzeugen. Vor Eintritt des Gefrierprozesses muß natürlich das Salzwasser gekühlt werden.

Letzteres bedingt eine gewisse Vorbetriebdauer. Dies vermeidet die in Fig. 170, S. 210 dargestellte von R. Stetefeld konstruierte Maschine. Die Eiszelle wird von einem Mantel umgeben, der als direkter Verdampfer wirkt. Nach dem Ausgefrieren wird durch den Mantel flüssiges, unter Verflüssigungsdruck stehendes Kältemittel geleitet. Dieses wird durch das Eis unterkühlt, gibt von seiner Flüssigkeitswärme ab, wodurch das Eis von der Wand losschmilzt. Das Eis wird durch eine unterhalb befindliche Klappe entfernt. In drei Stunden konnten mit dieser Maschine bei je 40 Minuten Gefrierdauer 5 bis 8 kg Eis erzeugt werden.

46. Weitere Ausbildungen für verschiedene Zwecke.

Die künstliche Kälte hat auch in der chemischen Industrie zur Ausscheidung von kristallinischen Substanzen aus Mutterlaugen bzw. Lösungen Eingang gefunden, nachdem sie gegenüber den älteren meist den sog. Hand- und Kücheneismaschinen nachgebildeten rotierenden Apparaten[1]) sich als einfacher, sowie infolge geringerer Kälteverluste auch als wirtschaftlicher erwiesen hat. So hat sich in der Braunkohlenindustrie der Provinz Sachsen der gewöhnliche Eiserzeuger mit Zellen (von kreisrundem Querschnitte) zur Ausscheidung des Paraffins aus den sog. Schmierölen bei rd. — 10° Soletemperatur recht gut bewährt; die erstarrte Masse wird nach dem Ausbringen nochmals ausgepreßt.

Professor Lunge in Zürich hat sich ein ganz ähnliches Verfahren der Ausscheidung von Schwefelsäure-Monohydratkristallen[2]) aus konzentrierter Schwefelsäure durch Abkühlung auf etwa — 20° in den Generatorzellen

[1]) S. Scheithauer, »Die Fabrikation der Mineralöle usw.«, Braunschweig 1895. S. 176 ff.

[2]) Die vollständige Beschreibung einer solchen Anlage mit Abbildungen gibt der Konstrukteur derselben, W. Kaufmann in der Zeitschr. f. d. ges. Kälte-Ind. 1901, S. 2.

patentieren lassen. Die vollständige Trennung der Kristalle von der anhaftenden Mutterlauge geschieht danach durch Zentrifugieren.

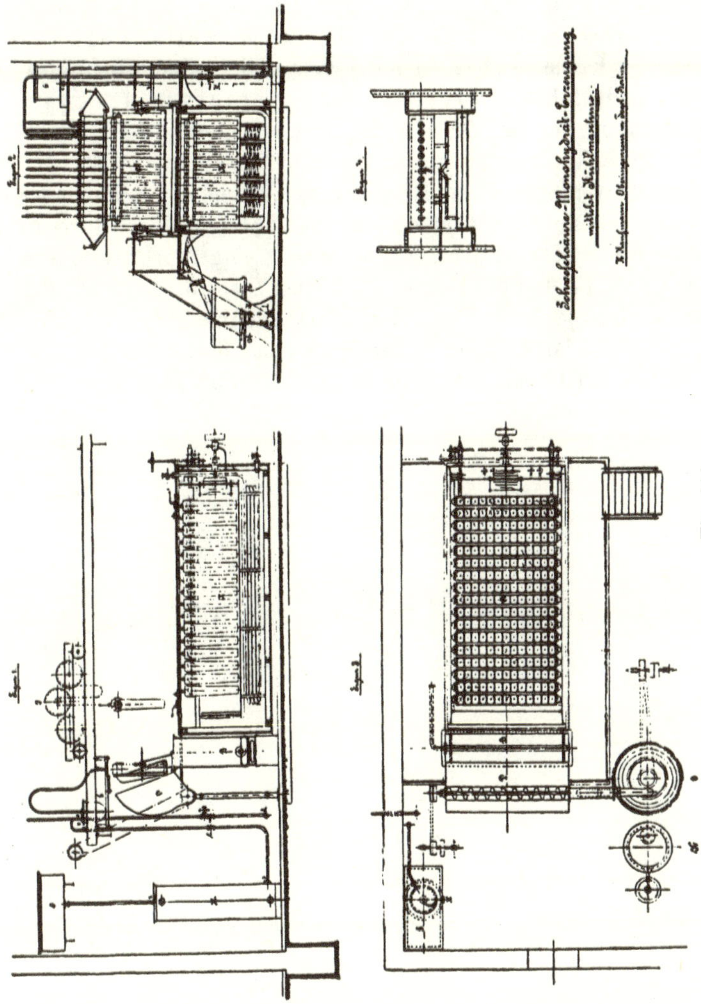

Fig. 211.

Fig. 211 zeigt einen Schwefelsäure-Monohydrat-Erzeuger. Er ist fast ganz wie ein gewöhnlicher Eiserzeuger ausgebildet.

Nur die Kippvorrichtung hat besondere Formen, insofern sie in ein Becken mit Transportschnecke entleert, durch welche die Kristalle aus dem Becken geschafft werden, während der flüssige Teil zur Weiterverwendung besonders abgeleitet wird.

Hierher gehört auch das von der Gesellschaft für Lindes Eismaschinen mit Erfolg in die Schaumweinfabrikation eingeführte Walfardsche Degorgierverfahren zur Entfernung des bei der Flaschengärung entstandenen Trubes ohne große Verluste an Flascheninhalt. Die durchgeschüttelten Flaschen werden mit dem Pfropfen nach unten, auf dem sich der Trub angesammelt hat, in ein Kältebad (Alkohol oder Glyzerin) von etwa — 20° C einige Zentimeter weit eingetaucht, wodurch sich durch Frieren des Weines ein kleiner Eispfropfen bildet, der den Trub abschließt. Nach dem Herausnehmen und Aufrechtstellen der Flasche werden der Kork, der Trub- und der Eispfropfen zusammen durch die Kohlensäure im Flascheninnern herausgeschleudert.

Kapitel IX.

Die Luftkühlung.

47. Gesetze der Luftkühlung.

Die hauptsächlichste Wirkung der künstlichen Kühlung beruht in der Verhinderung bzw. Verlangsamung von Zersetzungsprozessen, denen unter normalen Temperaturen die Nahrungs- und Genußmittel gewöhnlich rasch verfallen. Zur Einleitung solcher Prozesse ist neben der Möglichkeit des Luftzutrittes innerhalb gegebener Temperaturgrenzen auch die Gegenwart von Wasser notwendig, wodurch dann die Lebensbedingungen der die Zersetzungsvorgänge hervorrufenden Mikroorganismen gegeben sind[1]).

Durch Erniedrigung der Temperatur, welche sich bei Festkörpern zunächst auf die dieselben umgebende Luft erstreckt, bei Flüssigkeiten dagegen unmittelbar erzielt werden kann, werden die genannten Mikroorganismen zwar nicht zerstört, jedoch in ihrer Tätigkeit und vor allem in ihrer Vermehrung wirksam gehindert, insbesondere wenn mit der Abkühlung zugleich eine mehr oder weniger vollständige Wasserentziehung verbunden ist. Es herrscht darum in der modernen Kälte-Industrie das Bestreben vor, bei Luftkühlungsanlagen, wie sie mit öffentlichen Schlachthöfen und Markthallen häufig verbunden sind, den relativen Feuchtigkeits-

---

[1]) Daß auch schädliche Parasiten, z. B. Rinderfinnen, durch längeres Lagern in Kühl- und Gefrierräumen zum Absterben gebracht werden können, haben Prof. Ostertag und Direktor Reißmann durch umfassende Versuche erwiesen. Siehe Zeitschrift f. Fleisch- und Milchhygiene 1897. April.

gehalt der Luft mit der Temperatur zu erniedrigen, während der absolute Dampfgehalt ja hierbei ohnehin sinken muß. Dies ist aber nur dadurch erreichbar, daß die abzukühlende und zu trocknende Luft mit Oberflächen in Berührung gebracht wird, an denen eine niedrigere Dampfspannung herrscht als der Sättigungsdruck des Dampfgehaltes der Luft bei der entsprechenden Temperatur.

Solche Oberflächen bieten sich in doppelter Weise dar, nämlich einerseits in Gestalt trockenen Eises und anderseits durch Anwendung von schwer gefrierbaren Salzlösungen. Die treibende Kraft ist in beiden Fällen die Druckdifferenz des Dampfes in der zu trocknenden Luft und an der Oberfläche dieser Körper. Diese Druckdifferenzen sind bei niederen Temperaturen nur sehr klein, immerhin aber ausreichend, um bei großer Oberfläche und reger Luftbewegung die beabsichtigte Wirkung zu erzielen. So fand J. Juhlin (Schwed. Akad. d. Wissenschaften 1892, Anhang) folgende Drucke in Millimetern Quecksilbersäule bei den entsprechenden Temperaturen:

	Über Wasser:	Über Eis:	Differenz:
— 13°	1,744 mm	1,532 mm	0,212 mm
— 10°	2,197 »	1,999 »	0,198 »
— 5°	3,203 »	3,068 »	0,135 »
— 0°	4,618 »	4,602 »	0,016 »

Für Salzlösungen lassen sich diese Druckunterschiede aus dem Molekulargewicht berechnen: man findet unter Benutzung der Tabellen von Landolt und Börnstein die folgenden Werte der Differenzen zwischen Wasser und gesättigter Lösung bei Temperaturen von:

	Für Chlorkalzium:	Für Kochsalz:	Für Chlormagnesium:
— 10°	0,142 mm	0,206 mm	0,209 mm
— 5°	0,334 »	0,457 »	0,447 »

Man erkennt, daß für diese in der Praxis gebräuchlichsten Lösungen, auch wenn sie in der Regel nicht gesättigt verwendet werden, die Druckdifferenz im Durchschnitt höher ausfällt als für trockene Eisflächen bei derselben Temperatur, daß mithin ihre trocknende Wirkung intensiver sein wird. Da durch Aufnahme des Wasserniederschlages aus der Luft die Salslösungen sich verdünnen, so sinkt diese Wirkung naturgemäß mit der Zeit, so daß die Lösung durch teilweises Ablassen und Zugabe frischen Salzes bzw. Eindampfen von Zeit zu Zeit verstärkt werden muß. Im letzteren Falle empfiehlt sich die Einschaltung eines Gegenstromapparates zwischen das Eindampfgefäß und den Luftkühler, wodurch die nicht zu vermeidenden Kälteverluste auf ein Minimum reduziert werden. Die Sole selbst wird im Betriebe durch den Verdampfer einer Kühlmaschine entweder dauernd auf tieferer Temperatur erhalten oder immer wieder auf eine solche gebracht.

Bei der Kühlung und Trocknung der Luft an der Oberfläche trockenen Eises, welches sich auf den entweder direkt vom Kältemedium der Kühlmaschine oder indirekt von einer erst durch dieses gekühlten Salzlösung durchströmten Rohren der Luftkühlvorrichtung ansetzt, schlägt sich auch die Feuchtigkeit in Form von Eis nieder, wobei die mit dem Wasser der Luft wandernden Mikroorganismen zum großen Teile eingeschlossen und dadurch unschädlich gemacht werden. Im Gegensatze hierzu haben wir bei der Kühlung und Trocknung durch die freie Oberfläche von Salzlösungen nur eine Verflüssigung des Dampfgehaltes der Luft, mithin ist auch nur eine (um die Schmelzwärme) geringere Wärmemenge bei gleicher Trocknung in diesem Falle zu binden und abzuführen. Da außerdem sich bei Verwendung von Salzlösungen eine innigere Berührung infolge nahezu beliebiger Vergrößerung der Oberfläche derselben erreichen läßt, so erscheint dieses System zu dem gedachten Zwecke dann wirtschaftlicher, wenn es nicht gelingt, die Schmelzwärme des auf den Röhren gebildeten Eises zurückzugewinnen.

Jedenfalls kann von einer kräftigen Trocknung der Luft bei Berührung mit nassem Eis (Natureis), wie es noch vielfach angewendet wird und vor der Ausbildung der modernen Kältemaschinen ausschließlich im Gebrauche war, nur dann die Rede sein, wenn die herzustellende Raumtemperatur bedeutend über 0° liegt. Hierbei wird nämlich sowohl die Kühlung wie auch ein eventueller Niederschlag von Wasser aus der Luft nur durch Schmelzen einer entsprechenden Eismenge erzielt, so daß die Oberfläche immer feucht bleibt und infolgedessen eine Spannungsdifferenz gegenüber dem Dampfe der Luft nur bei großem Temperaturunterschied aufrecht zu erhalten ist.

Die zur gleichzeitigen Abkühlung und Trocknung der Luft benötigte Wärmeentziehung läßt sich nun leicht ermitteln, wenn man die anfängliche und endliche Temperatur sowie die entsprechenden Feuchtigkeitsgehalte der Luft kennt. Die Abkühlungswärme in WE berechnet sich für jedes Kilogramm atmosphärischer Luft aus der Temperaturdifferenz, multipliziert mit der spezifischen Wärme bei konstantem Druck 0,2377. Ist die Luftmenge dagegen, wie in den meisten Fällen, dem Volumen nach, also in Kubikmetern gegeben, so hat man, da 1 cbm bei 0° und atmosphärischem Drucke rund 1,293 kg wiegt, die Temperaturdifferenz mit $1{,}293 \cdot 0{,}2377 =$ rund 0,31 zu multiplizieren.

Hiernach würde man, um beispielsweise stündlich 1000 cbm Luft von $+2^0$ auf -3^0 abzukühlen, ohne Rücksicht auf deren Feuchtigkeitsgehalt, eine Wärmemenge von $1000 \cdot 5 \cdot 0{,}31 = 1550$ WE stündlich zu entziehen haben.

Zur Ermittelung der Wärmeentziehung für die hiermit verbundene Lufttrocknung bedient man sich alsdann der nachstehenden kleinen Sättigungstabelle, in welcher für jede Temperatur der Dampfgehalt in Gramm von 1 cbm Luft in gesättigtem Zustande enthalten ist.

Die durch Niederschlag von 1 g Wasser aus der Luft frei werdende Wärme kann man im ganzen Bereich dieser Tabelle genügend genau gleich 0,61 WE annehmen und verfährt dann zur Berechnung der ganzen Niederschlagswärme derart, daß man für jedes Kubikmeter den Dampfgehalt im Sättigungszustande mit der relativen Feuchtigkeit erst für die Anfangstemperatur und dann ebenso für die Endtemperatur multipliziert, beide Werte voneinander abzieht und schließlich

Tabelle XVII.

Temperatur °C	Dampfgehalt g pro 1 cbm	Temperatur °C	Dampfgehalt g pro 1 cbm	Temperatur °C	Dampfgehalt g pro 1 cbm
— 20	1,13	— 4	3,70	+ 3	5,95
— 15	1,66	— 3	3,96	+ 4	6,36
— 10	2,40	— 2	4,25	+ 5	6,79
— 9	2,59	— 1	4,52	+ 6	7,25
— 8	2,78	0	4,87	+ 7	7,73
— 7	2,99	+ 1	5,21	+ 8	8,24
— 6	3,21	+ 2	5,57	+ 9	8,73
— 5	3,45			+ 10	9,36

das Ganze mit 0,61 sowie der Zahl der Kubikmeter Luft multipliziert[1]).

Hat man also, wie oben, 1000 cbm Luft, welche bei + 2° etwa 90% ihrer Sättigungsmenge enthalten, während der Abkühlung bis zur Sättigung bei — 3° zu trocknen, so ist, da die Sättigungsmenge nach obiger Tabelle für + 2° pro cbm 5,57, für — 3° pro cbm 3,96 g beträgt, zu dem letzteren Vorgang allein eine Wärmeentziehung von

$$1000 \cdot 0{,}61\ (5{,}57 \cdot 0{,}9 - 3{,}96) = 640 \text{ WE}$$

nötig, während die Temperaturerniedrigung der Luft für sich 1550 WE erforderte. Aus diesem Beispiel erkennt man die große Bedeutung der Trocknung der Luft, deren Wärmebetrag bei der Berechnung der Kühlanlagen unbedingt berücksichtigt werden muß.

Zur Ermittelung des Feuchtigkeitsgehaltes der Luft bedient man sich am sichersten des Psychrometers,

---

[1]) Das oben angegebene Verfahren ist, wie noch hervorgehoben werden soll, eine Annäherungsmethode, welche indessen in den für Kühlanlagen in Frage stehenden Temperaturgrenzen praktisch hinreichend genaue Resultate gibt und sich jedenfalls durch große Einfachheit vor der exakten Bestimmung der Wärmemengen (s. Kap. Feststellung der Leistung) auszeichnet.

welches aus zwei in Zehntelgrade geteilten Thermometern besteht, von denen die Kugel des einen durch ein feuchtes Läppchen stets naß gehalten wird. Durch die an dieser Kugel stattfindende Verdunstung, welche um so intensiver sein wird, je trockner die Luft ist, wird Wärme gebunden und daher das feuchte Thermometer eine tiefere Temperatur anzeigen als die vom trockenen angegebene Lufttemperatur. Die Differenz beider Temperaturen (sog. psychrometrische Differenz) ergibt alsdann ein sicheres Maß für die relative Feuchtigkeit, worüber ausführliche Tabellen[1]) vorliegen. Die

Tabelle XVIII.

Temperatur ° Celsius	Psychometrische Differenz ° Celsius			
	1	2	3	4
— 10	0,67	—	—	—
— 9	0,69	—	—	—
— 8	0,71	0,42	—	—
— 7	0,73	0,46	—	—
— 6	0,74	0,49	—	—
— 5	0,76	0,52	—	—
— 4	0,77	0,55	—	—
— 3	0,78	0,57	0,36	—
— 2	0,80	0,60	0,40	—
— 1	0,80	0,61	0,43	—
0	0,81	0,63	0,45	0,28
+ 1	0,81	0,65	0,48	0,32
+ 2	0,82	0,65	0,50	0,35
+ 3	0,83	0,66	0,51	0,37
+ 4	0,84	0,67	0,52	0,39
+ 5	0,84	0,69	0,54	0,39
+ 6	0,85	0,70	0,56	0,42
+ 7	0,85	0,71	0,57	0,44
+ 8	0,86	0,72	0,59	0,46
+ 9	0,87	0,73	0,61	0,48
+ 10	0,87	0,74	0,62	0,50

[1]) Jelineks Psychrometer-Tafeln. 1903.

nachstehende Tabelle umfaßt das für uns in Betracht kommende Gebiet, und zwar bei einem Barometerstande von 755 mm.

Zeigt z. B. das trockene Thermometer $+ 3^0$, das feuchte dagegen $+ 1^0$ C an, so beträgt die psychrometrische Differenz 2^0, und die Tabelle ergibt für diese Werte einen Feuchtigkeitsgehalt von 0,66. Da nun 1 cbm Luft von $+ 3^0$ nach der vorigen Tabelle im gesättigten Zustande 5,95 g Wasser enthält, so besitzt er mit einer Feuchtigkeit von 0,66 nur

$$0{,}66 \cdot 5{,}95 = 3{,}93 \text{ g},$$

kann also noch $5{,}95 - 3{,}93 = 2{,}02$ g aufnehmen.

Es sei noch bemerkt, daß die vielfach verbreiteten Haarhygrometer sehr wenig zuverlässig sind und vor ihrem Gebrauche stets justiert werden müssen. Jedenfalls verdient das Psychrometer vor allen anderen Apparaten unbedingt den Vorzug, wenn die am Psychrometer herrschende Luftgeschwindigkeit bekannt ist.

48. Kennzeichnung der verschiedenen Bauarten der Luftkühlvorrichtungen.

Luftkühler mit natürlichem Luftumlauf nennt man solche Kühler, bei welchen die Luftbewegung nur dadurch unterhalten wird, daß die an dem Kühler kälter und deshalb schwerer gewordene Luft nach abwärts fällt und nach der Abgabe der Kälte an die zu kühlenden Güter wieder nach oben steigt, um von neuem gekühlt den Kreislauf wieder anzutreten. Um diese Luftbewegung zu erzeugen, muß die Kühlvorrichtung höher liegen als die Kühlgüter.

Luftkühler mit künstlichem Luftumlauf sind mit einem Ventilator ausgerüstet, der die Luft aus dem kalt zu haltenden Raume ansaugt, durch den Luftkühler schickt und dem Kühlraume wieder zubläst. Der Standort des Luftkühlers ist bis zu einem gewissen Grade freigegeben.

Die beiden genannten Luftkühler können gebaut werden nach einer der nachgenannten Arten:

Luftkühler mit direkter Verdampfung nennt man (nicht gerade geschickt, besser wäre der Name

Kaltdampf-Luftkühler) solche Kühler, bei welchen die Luft die Verdampferrohre unmittelbar bespült.

Luftkühler mit indirekter Verdampfung (besser Salzwasser-Luftkühler) erhalten ihre Kälte zugeschickt durch kaltes Salzwasser, welches in einem besonderen Verdampfer gekühlt wurde.

Diese Salzwasser-Luftkühler teilen sich wieder in trokkene Luftkühler, bei welchen das Salzwasser durch Rohre fließt, die von der Luft bespült werden, und in nasse Luftkühler, bei welchen Salzwasser und Luft sich unmittelbar berühren.

49. Luftkühler mit natürlichem Luftumlauf.

Zu diesen gehören fast alle die Kühlanlagen, welche durch einen angebauten Eiskeller oder durch Eisbehälter gekühlt werden. Der Eiskeller überragt deshalb grundsätzlich den Kühlraum an Höhe, die Eisbehälter hängen dicht unter der Decke des Kühlraumes.

Bei Anwendung künstlich erzeugter Kälte hängen die Kühlrohre zweckmäßigerweise an der Decke nach Fig. 212; die Bauart nach Fig. 213 ist weniger zweckmäßig und wird nur im Notfalle angewendet, nämlich dann, wenn die Kühlgüter ziemlich dicht an die Außenwand gelegt werden müssen. Die Berührung zwischen den Kühlgütern und der Außenwand ist unzulässig, denn erste Bedingung für gute Kühlung ist, daß die Güter dem Luftumlauf frei ausgesetzt werden.

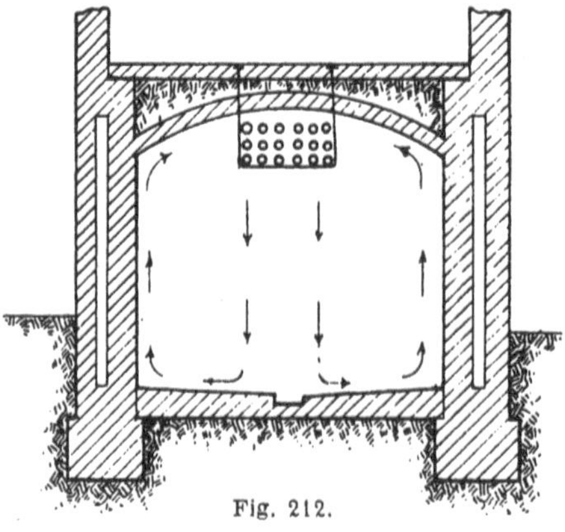

Fig. 212.

Die Anordnung nach Fig. 214 wird nur dann am Platze sein, wenn die Kühlrohre im Kühlraume nicht mehr untergebracht werden können ohne unzulässige Einschränkung des Fassungsvermögens des Kühlraumes. Die Anlage nach Fig. 213 arbeitet mit größerem Kälteverbrauch als die Anlage

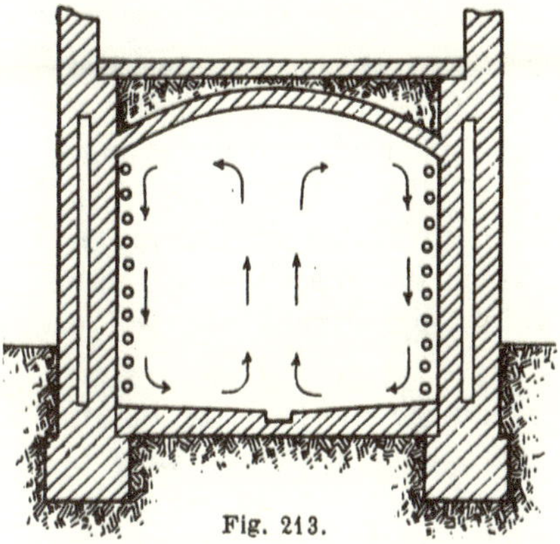

Fig. 213.

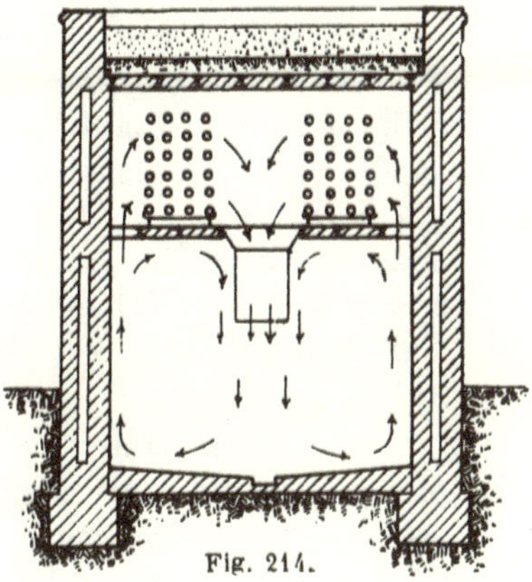

Fig. 214.

nach Fig. 212, weil ein größerer Teil der Kälte sofort durch die Seitenmauern und den Boden nach außen fließt. Der Luftumlauf ist bei Fig. 212 kräftiger.

Bei Fig. 213 darf die Raumhöhe nicht völlig für die Lagerung der Güter ausgenutzt werden, weil der Luftumlauf an der Decke schlecht ist, dagegen sind die neben den Wänden und nahe am Boden liegenden Güter bei Fig. 213 besser gekühlt als bei Fig. 212.

Bauart der Kühlrohre[1]).

Bei kleinen Anlagen entweder gebogene Schlangenrohre oder Rohrbündel aus geraden, durch Doppelkrümmer verbundenen Einzelröhren, bei großen Anlagen in der Regel Rohrbündel aus Einzelröhren. Für Salzwasserrohre verwendet man meist glatte, nahtlose Bördelflanschrohre mit umgebördelten Enden und lose dahinter sitzenden Flanschen, 2″ = 50 mm l. W., ca. 3 mm Wandstärke, in Baulängen von 5, 4 (ausnahmsweise auch 2) m, Abstand der Einzelrohre 130—150 mm, oder Rippenrohre von

[1]) S. Zeitschr. f. d. ges. Kälte-Ind. 1907, S. 1 und 1908, S. 81.

75 mm l. W. mit ca. 38 Rippen in 1 lfd. m, Durchmesser der Rippen ca. 190 mm, Baulängen 2, 1,5 und 1 m, Kühlfläche rund 1,5 qm in 1 lfd. m, Abstand der Rohre 240 oder 270 oder 300 mm. Rippenrohre aus Stahl mit aufgegossenen gußeisernen Rippen werden bis 4 m Länge geliefert.

Als Verdampfer-Luftkühlrohre verwendet man gerne möglichst lange Rohrschlangen aus einem Stück, damit nur wenige Flanschen abzudichten sind, l. W. und Wandstärke wie bei den Verdampfern (s. S. 158, Tabelle), Flanschen und Dichtungen wie bei den normalen Kaltdampf-Leitungen, oder Rippenrohre von 40 mm l. W. in Baulängen von 4, 3 und 2 m, Kühlfläche 1,7 qm für 1 lfd. m, Abstand der Rohre 250 oder 300 mm.

Da die Temperatur der Rippen nach außen hin zunimmt, so ergibt sich im allgemeinen, daß 2 qm des Rippenrohres in der Wirkung gleichkommen 1 qm des glatten Rohres. Dies gilt jedoch zunächst nur für einen Unterschied der Temperatur des Kälteträgers und der Luft von rund 7° C. Also würden 1 m Rippenrohr von 75 mm l. W. und 190 mm Rippendurchmesser entsprechen rund 5 m glatten Rohres von 50 mm l. W. Glatte Rohre beanspruchen etwa die 2,5 fache Fläche an der Decke und haben etwa den 2,2 fachen Salzwasserinhalt wie die Rippenrohre bei gleicher Leistung.

Letzteres ist dann wichtig, wenn man Wert legt auf den im Salzwasser liegenden Kältevorrat, der freilich auch bei großen Anlagen meist nicht weiter reicht als für den Kältebedarf von 1—2 Stunden.

Größer ist der Vorrat an Kälte, wenn Verdampferrohre von einem etwas weiteren Gefäße umgeben sind, in denen Wasser zum Gefrieren gebracht wird. Um das Platzen der Gefäße zu vermeiden, müssen sie bestimmte Formen haben.

Da Eis nur 0° hat, während zur Erzeugung genügender Lufttrockenheit meist eine Temperatur der Kühlflächen unter 0 nötig ist (siehe nächste Unterabteilung), hat man versucht, eine Salzlösung zum Gefrieren zu bringen. Dies ist aber, wie Stetefeld nachgewiesen hat, nur möglich, wenn das Salzwasser so rasch zum Gefrieren kommt, daß sich das Salz nicht ausscheidet. Es kommt sonst nur zu teilweisem Gefrieren und zu einer geringeren Kälteaufspeicherung. Auch ist dann die Temperatur beim Auftauen nicht gleichbleibend.

50. Leistung der Luftkühler mit natürlichem Luftumlauf[1]).

Glatte Rohre geben nach Betriebsversuchen ab bei einem Unterschied der Temperatur des Salzwassers und der Luft von:

	3	5	7	9° C
rund	15	30	70	110 WE/qm

Rippenrohre leisten etwa die Hälfte davon.

Bei Verdampfungs-Luftkühlern, in denen so naß gearbeitet wird, daß aus dem Verdampfer noch Flüssigkeit herauskommt, ist die Leistung um etwa 30—50% höher, dagegen um 30 bis 50% niedriger, wenn überhitzter Dampf den Verdampfer verläßt.

Mit glatten Rohren kann in nicht zu feuchten Kühlräumen bei nahezu ununterbrochenem Betriebe die folgende Luftfeuchtigkeit eingehalten werden bei einem Temperaturunterschied von:

	3	5	7	9° C
etwa	90	85	80	75 %.

Bei Rippenrohren muß man 1—2° tiefere Temperatur annehmen im Kühlmittel.

Da jedes Kühlgut zu möglichst zweckentsprechender Aufbewahrung die Einhaltung einer bestimmten Raumtemperatur und einer bestimmten Luftfeuchtigkeit erfordert, so ist durch die Art des Kühlgutes und die Wahl des Luftkühlersystems die Temperatur des Kühlmittels gegeben und aus dieser und dem Kältebedarf die nötige Rohroberfläche zu rechnen.

Tropfrinnen.

Die von der Luft an die Kühlrohre abgegebene Feuchtigkeit schlägt sich entweder als Wasser oder bei tieferer Kühlrohrtemperatur als Schnee am Rohr nieder. Bei Unterbrechung des Kühlbetriebs schmilzt der Schnee, sobald die Rohrtemperatur annähernd wieder auf 0° kommt. Das von den

[1]) S. Zeitschr. f. d. ges. Kälte-Ind. 1907, S. 1 und 1908, S. 81.

Röhren abtropfende Wasser muß unter allen Umständen aufgefangen werden. Hierzu dienen Tropfrinnen aus Holz, deren Oberseite mit Blech ausgekleidet ist. Die Tropfrinnen müssen breit genug sein, um das Tropfwasser sicher aufzufangen, sollen aber andernteils den freien Luftumlauf am Rohr nicht hindern. Holzrinnen ohne Blechauskleidung werden ohne jede Ausnahme mit der Zeit wasserundicht, verfehlen dann ihren Zweck, bilden Anlaß zu Schimmelerzeugung zunächst an der Unterseite der Rinnen und häufig des weiteren zur Verbreitung des Schimmels und weiterer Fäulniserzeuger im ganzen Raum.

Breite der Rinnen:

bei glatten Rohren gleich dem 1,2 fachen Rohrdurchmesser,
bei Rippenrohren gleich dem 0,7 fachen Rippendurchmesser.

Die Rinnen müssen genügendes Gefälle haben. Hierauf ist bei Bemessung der lichten Höhe des Raumes Rücksicht zu nehmen.

51. Abtauen der Kühlrohre.

Durch den Schneeansatz wird die Kältewirkung der Rohre allmählich abgeschwächt, deshalb muß der Schnee von Zeit zu Zeit entfernt werden. In Kühlräumen mit Temperatur über 0^0 geschieht dies durch zeitweise Unterbrechung der Kühlung. In Gefrierräumen mit Temperaturen unter 0^0 darf die Temperatur nie über 0^0 kommen, daher ist das Abtauen durch die Kühlraumluft nicht möglich. Man muß entweder den Schnee abkratzen, was oft umständlich ist, besonders wenn die Kühlrohre durch geschlossene Aufbewahrungszellen laufen, oder man muß nacheinander durch einen kleinen Teil der Rohre warmes Salzwasser schicken, während der andere Teil weiterkühlt. Dabei wird die Schneekruste von innen heraus abgelöst, fällt zum Teil auf die Tropfrinnen, zum Teil auf den Boden oder die Kühlgüter, wenn sie nicht durch besondere (provisorische) Hilfsmittel aufgefangen wird. Diese sind um so mehr nötig, als sorgfältig vermieden werden muß, daß auch Wasser von den Röhren auf die Kühlgüter tropft. Diese Abtauvorrichtungen fehlen in Gefrierräumen heute fast immer, sehr zum Nachteil, denn die Verschlechterung des Kältedurchganges durch den Eisansatz bedingt, daß mit sehr viel tieferer Verdampfungstemperatur gearbeitet werden muß. Die Ausgaben für richtige Abtauvorrichtungen würden sich also rasch bezahlt machen, zumal ein Teil der Kosten bestritten werden könnte aus der Ersparnis, welche sich daraus ergibt, daß man weniger Kühlrohre brauchen würde, wenn sie immer eisfrei wären.

52. Kälteverteilung.

Innerhalb eines Kühlraumes soll der Unterschied der Temperaturen an einzelnen Punkten nicht mehr als ½ bis 1° sein. Man erreicht dies durch gleichmäßige Verteilung der Kühlrohre, durch eine den natürlichen Luftumlauf fördernde Anordnung derselben, sowie endlich dadurch, daß man nötigenfalls die Kühlrohre in zwei oder mehr Stränge teilt, die parallel geschaltet sind und gleiche Länge haben. Jedoch empfiehlt sich diese Anordnung nur bei Salzwasserröhren. Bei Verdampferröhren ist zu beachten, daß die gleichmäßige Verteilung der kleinen Flüssigkeitsmenge auf viele Stränge große Schwierigkeiten bietet.

Glatte Salzwasser-Rohrstränge sollen nicht länger als etwa 200 m sein, Rippenrohr-Stränge für Salzwasserumlauf nicht länger als 40 m. Die Parallelteilung bietet den Vorteil, daß zu Zeiten geringeren Kältebedarfes einzelne Stränge ausgeschaltet werden können. Zu diesem Zwecke sind Absperrventile einzubauen. Tut man dies nicht, so kann es vorkommen, daß infolge zu reichlicher Rohroberfläche der Feuchtigkeitsgrad zu hoch bleibt, während die Raumtemperatur unzulässig tief wird[1]), da man den richtigen Temperaturunterschied (s.S. 275) nicht einhalten kann.

Zur richtigen Verteilung der Kälte auf mehrere Räume ist nötig:

genaue Berechnung des Kältebedarfes jedes einzelnen Raumes, richtige Bemessung der Kühlrohrflächen,
richtige Wahl der Länge der Einzelstränge,
Einbau von Absperrventilen an richtiger Stelle,

[1]) S. Zeitschr. f. d. ges. Kälte-Ind. 1908, S. 81.

genaue Überlegung, welche Stränge hintereinander oder nebeneinander zu schalten sind,

Vermeidung von Luftsäcken (Anbringung von Entlüftungshähnen oder selbsttätiger Entlüftungen an richtiger Stelle),

rechtzeitiges Entfernen des Eisniederschlages.

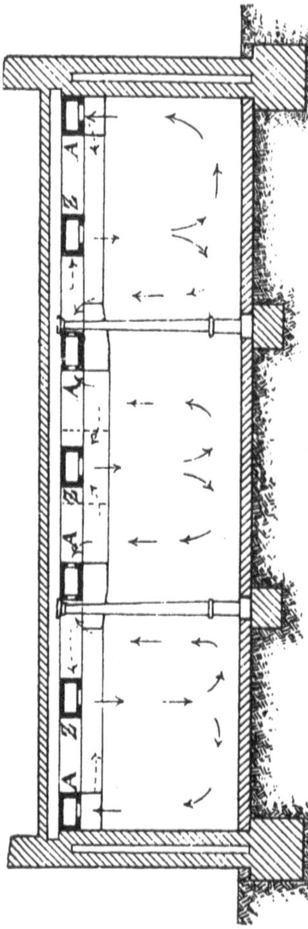

Fig. 215.

Die Verteilung durch Abdrosseln der Ventile einzelner Stränge zu bewirken, ist im allgemeinen zu vermeiden, da hiermit stets eine Erhöhung der Arbeit der Salzwasserpumpen verbunden ist. Nur zur feineren Regulierung darf dieses Hilfsmittel in engen Grenzen verwendet werden und nur mit möglichst weit geöffneten Ventilen.

53. Luftkühler mit künstlichem Luftumlauf.

Der eigentliche Luftkühler ist mit *isolierten* Wänden umgeben und in der Regel in einem besonderen Nebenraum aufgestellt. Die Bedingung gleichmäßiger Temperatur im Kühlraum wird erfüllt durch gleichmäßiges Absaugen und Wiederzublasen der Luft mit Hilfe von *Luftschläuchen* (Fig. 215 bis 216). Diese werden aus weichem, mit Eisenvitriol gut getränktem (nicht nur oberflächlich angestrichenem) Holz hergestellt. Blechschläuche sind nicht verwendbar, weil sie außen schwitzen und dann Wasser von den-

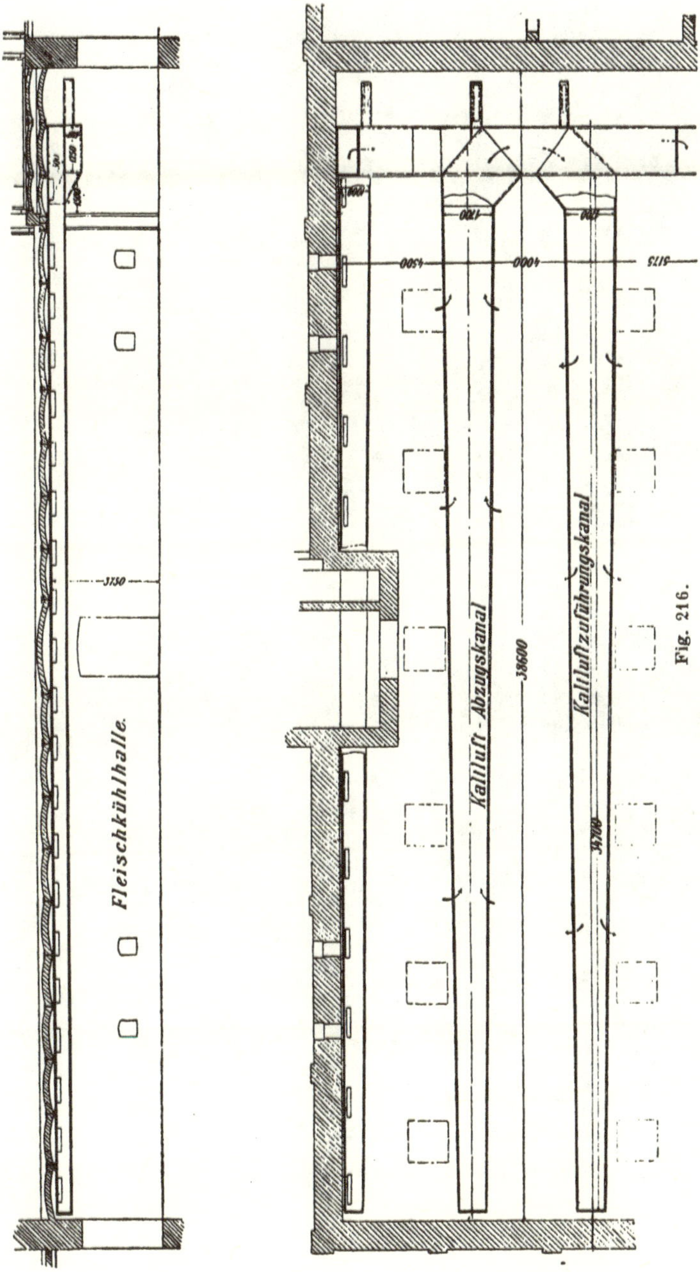
Fleischkühlhalle.
Kaltluft-Abzugskanal
Kaltluftzuführungskanal
3750
38600
4500
4000
5175

Fig. 216.

Fig. 217.

Fig. 218.

selben abtropft. In jeden Hauptkanal wird eine Drosselklappe aus Holz eingebaut zur g r o b e n Regelung der Luftverteilung. Die Einzelschläuche erhalten Schlitze, die nach

Fig. 219.

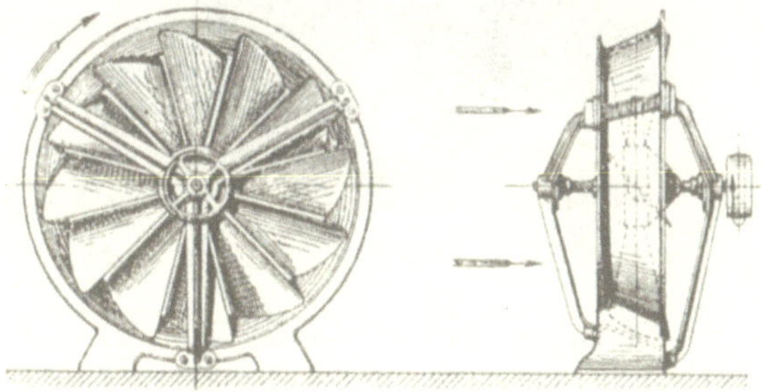

Fig. 220.

Bedarf durch Holzschieber zugedeckt werden zur f e i n e r e n Regelung der Luftverteilung.

Bei der ersten Inbetriebsetzung sind die Klappen und Schieber so einzustellen, daß an allen Stellen der Luftschlauchschlitze annähernd gleiche Luftgeschwindigkeiten mit dem Anemometer gemessen werden. Klappen und Schieber sind dann in der richtig befundenen Stellung festzuschrauben.

In Fig. 217 ist die Anordnung solcher Luftschläuche in einem Fleischvorkühlraum, in Fig. 218 das gleiche in einem Fleischkühlraum gezeigt. Die dort gezeigten Luftschläuche

Fig. 221.

bestehen aus Holz, neuerdings werden sie auch aus Eisenbeton gleich mit dem Bau des Gebäudes zusammen hergestellt.

Luftgeschwindigkeit: In den Saugkanälen nicht über 4 m/sec, in den Druckkanälen nicht über 5 m/sec, beim Austritt aus den Schlitzen etwa $^1/_2$ m/sec, ebenso beim Eintritt in die Schlitze. Scharfe Eckenbildungen sind zu vermeiden; je geradliniger die Luftleitungen sind, desto geringeren

Widerstand bieten sie (siehe w. u.). Der Widerstand der Luftleitungen beträgt etwa 5 mm Wassersäule bei kleinen Anlagen, bis 20 mm bei großen Anlagen.

Ventilatoren. Die hier in Frage kommenden Bauarten sind bedingt durch den Widerstand der Luftleitungen. Gewöhnliche Schraubenventilatoren (Fig. 219) überwinden einen Widerstand bis zu 3 mm Wassersäule, der Wirkungsgrad ist verhältnismäßig klein. Besser wirken bei Pressungen bis 15 mm Wassersäule schon die Schraubenventilatoren mit konisch erweitertem Gehäuse Fig. 220. (G. Schiele & Co., Bockenheim.)

Fig. 222.

Fig. 223.

Große Widerstände können durch Zentrifugalventilatoren (Fig. 221, G. Schiele & Co., Bockenheim) überwunden werden. Der hohen Pressung entspricht eine entsprechend hohe Erwärmung der Luft, indem sich die Arbeit des Ventilators der Luft als gleichwertige Wärmemenge mitteilt. Die großen Metalloberflächen erfordern eine gute Isolierung. Der Einbau dieser Ventilatoren in die Luftleitungen ist ab und zu schwierig. Mittlere Widerstände bis 20 mm Wassersäule werden am besten durch Ventilatoren mit Schraubenschaufeln auf der Saugseite und Zentrifugalschaufeln auf der Druckseite (Fig. 222 und 223

Pelzer, Dortmund) überwunden. Diese Ventilatoren besitzen innerhalb der hier in Betracht kommenden Druckverhältnisse die besten Wirkungsgrade[1]).

Ebenfalls für hohen Widerstand geeignet sind die neuen Schrägschaufelgebläse von G. Schiele & Co., Bockenheim, Fig. 224 und 225.

Fig. 224.

Antrieb der Ventilatoren. Selten nur wird die Transmission so günstig liegen, daß sich der Ventilator von ihr aus antreiben läßt. In der Regel wird ein kleiner Elektromotor bessere Dienste leisten. Dieser und seine Leitungen sind sorgfältig vor Schwitzwasser zu schützen. Häufig wählt man

[1]) S. Zeitschr. f. d. ges. Kälte-Ind. 1909, S. 14.

die Umlaufzahl des Motors und des Ventilators so, daß man sie unmittelbar kuppeln kann durch gemeinsame Welle. Dies ist aber nur zulässig, wenn die Umlaufzahlen, bei welchen sowohl der Ventilator innerhalb des gegebenen Druckunterschiedes wie auch der Motor die besten Wirkungsgrade geben, nicht zu weit auseinanderliegen. Andernfalls muß durch Riementrieb die Übersetzung so geschaffen werden, daß jeder Teil mit der günstigsten Umlaufzahl arbeitet. Die

Fig. 225.

Riemenscheiben werden in der Regel zu klein gewählt, die Riemen häufig zu schmal und zu dick, die Achsenabstände zu klein, so daß der Riementrieb mit 5 und mehr % Verlust arbeitet.

54. Bauweise der Luftkühler mit künstlichem Luftumlauf.

Nasse Luftkühler, Regen- und Berieselungskühler. (Salzwasser-Luftkühler.) Fig. 226 u. 227: Regenluftkühler (A. Borsig, Tegel). Die kaskadenförmig

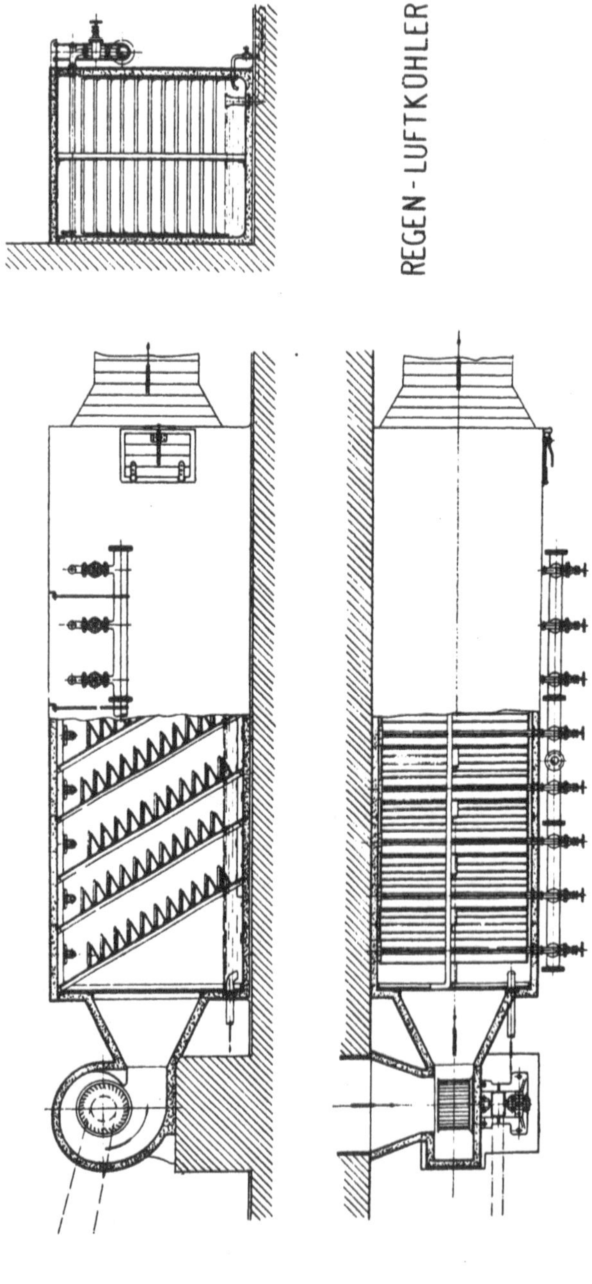

Fig. 226.

angeordneten Horizontalbleche sind an allen vier Seiten aufgebogen und bilden daher ein Becken. Die Bleche sind gelocht; dem obersten Becken wird so viel Salzwasser zugeschickt, daß alle Becken an einer Breitseite überlaufen. Damit dies auf die ganze Breite gleichmäßig geschieht, müssen die Becken bei der Montage genau horizontal gelegt und nachstellbar unterstützt werden. Man muß also auch in den Kühler

Fig. 227.

zwischen je zwei Kaskadenreihen einsteigen können. Die Sieblöcher sind ab und zu von Schlamm zu befreien. Durch den freien Fall des Salzwassers von Becken zu Becken entsteht etwas Wasserstaub, der hinter dem Kühler sorgfältig zu entfernen ist durch Verminderung der Luftgeschwindigkeit auf 0,6 m/sec. Die Luftgeschwindigkeit im Kühler soll 1,5 m/sec nicht übersteigen.

Fig. 228 und 229: Berieselungsluftkühler (Escher, Wyß & Co., Zürich). Senkrecht nebeneinanderhängende Bleche werden mit Hilfe von genau horizontal gelegten Becken mit siebartig gelochtem Boden berieselt. Die Bleche sind oben

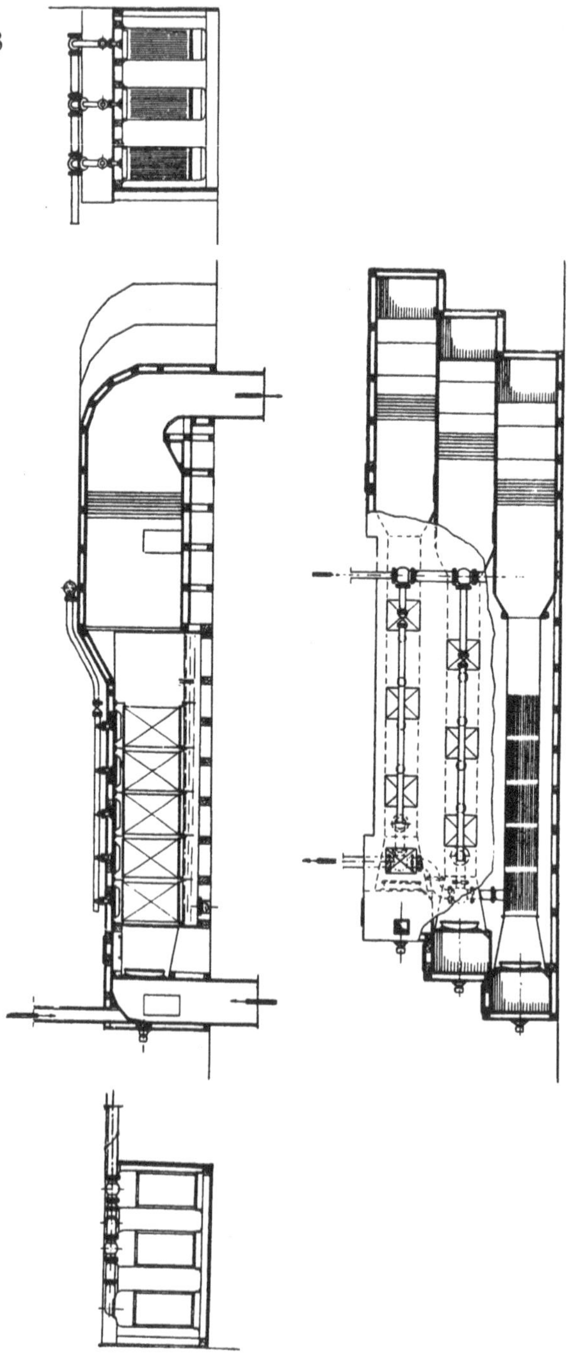

Fig. 228.

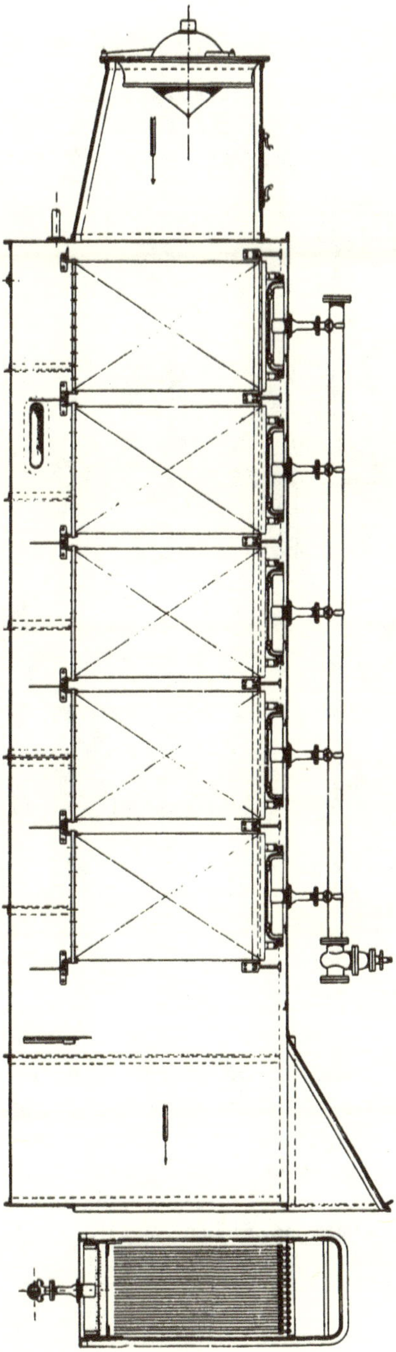

Fig. 229.

durch ein Längsflacheisen versteift. Letzteres überragt die Bleche und setzt sich auf den Flanschen von Quer-T-Eisen auf. Das Parallelhängen der Bleche wird dadurch erreicht,

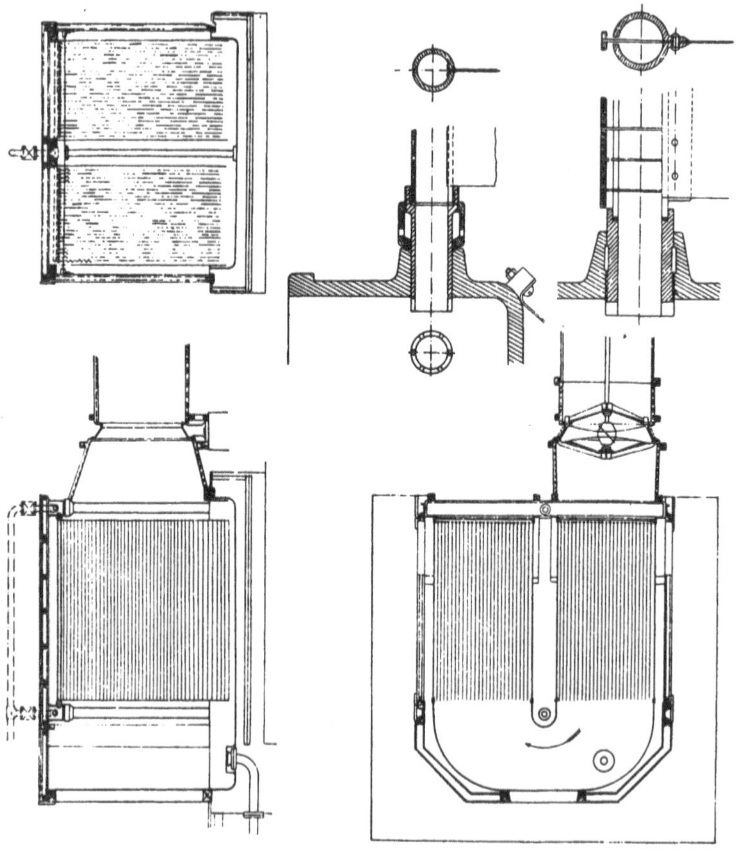

daß die am unteren Ende angebrachten Versteifungseisen durch Schrauben gefaßt werden, die durch querliegende Winkel gehen. Hinter den drei nebeneinanderliegenden Luftkühlern von denen jeder einen eigenen Ventilator hat, sind große Trockenkammern (Luftgeschwindigkeit unter 1 m/sec) mit senkrecht stehenden Sieben angeordnet zur Abscheidung des Spritzwassers.

Fig. 230: Berieselungskühler Patent Zirngibl, (Hallesche Maschinenfabrik). Dieser Luftkühler vereinigt fast alle guten Eigenschaften, welche von einem Berieselungskühler verlangt werden. Große Einfachheit, vorzügliche Berieselung, leichte Montage und Auswechselung, leichtes Reinigen, billige Herstellung aus lauter Normalteilen. Senkrecht nebeneinander hängende Wellbleche sind befestigt an Schlitzröhren oder oben gelochten Röhren, und zwar so, daß sich der an beiden Seiten des Rohres niederrieselnde Salzwasserstrom unter dem Rohr nicht mehr vereinigen kann,

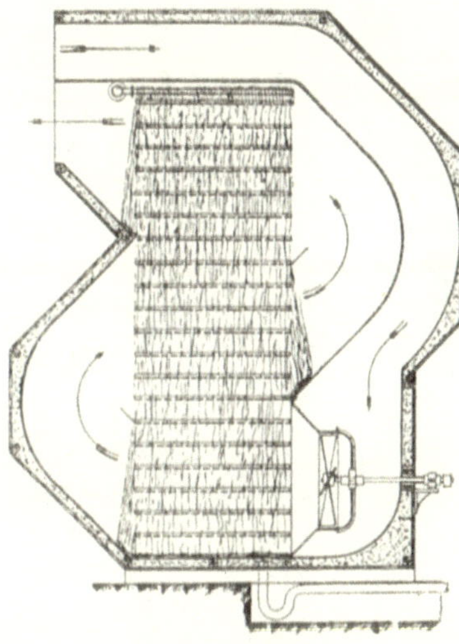

Fig. 231.

sondern getrennt bleibend an beiden Seiten des Wellbleches herablaufen muß. Die Rohre sind an beiden Enden in ein Verteilungsgefäß eingesteckt. Diese Bauweise ist billig, leicht montierbar und von zuverlässiger Wirkung. Die Geschwindigkeit des Salzwassers beim Eintritt in das Schlitzrohr darf höchstens 0,3 m/sec sein.

Fig. 231: Kaskaden-Kühler Bauart Stetefeld. Dieser strebt an: Einhaltung des Gegenstromes und größere Erwärmung des Salzwassers bzw. kleinere Salzwasser-Pumpenarbeit. Die

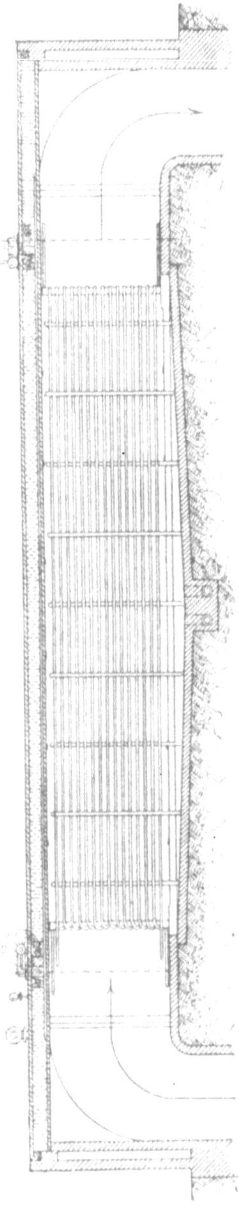

Fig. 232.

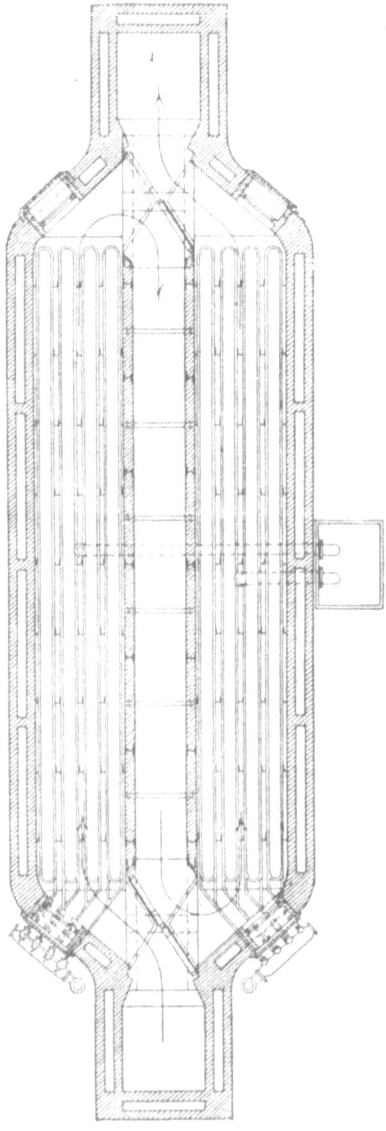

Fig. 233.

Anwendung dieser an sich sehr zweckmäßigen Bauweise begegnet Schwierigkeiten insofern, als diese Kühler mehr hoch als lang gebaut werden müssen. Das müßte eigentlich wegen der Ersparnis an Baugrund den Baumeistern willkommen sein, der Vorteil wurde aber nicht ausgenutzt infolge einer gewissen Schwerfälligkeit, die sich dem Abgehen von vorhandenen Bauvorlagen entgegenstellt.

Trockene Luftkühler.

Fig. 232 bis 234: Luftkühler mit Verdampferröhren (Humboldt-Kalk).

Dieser Kühler besteht aus zwei getrennten Verdampfern in je einer Kammer, deren Wirkungsweise in drei Perioden wechselt wie folgt:

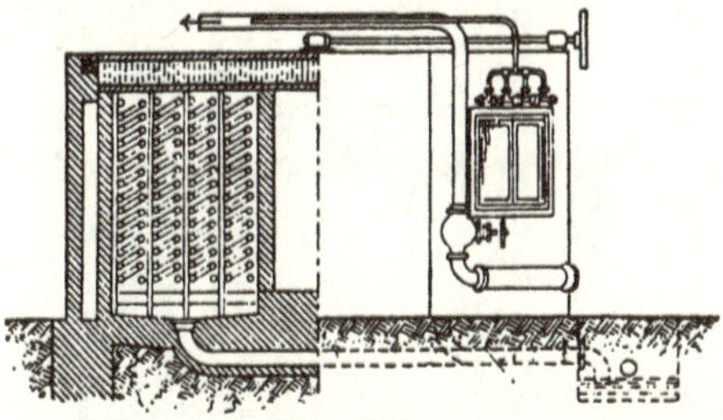

Fig. 234.

Erste Periode: Die Luft gelangt zunächst in Kammer 1, deren Verdampfer 1 abgestellt ist durch Schließen der Ammoniakventile; die warme Luft wird vorgekühlt durch das an den Schlangen von der vorangegangenen Periode her hängende Eis, taut dieses ab und geht dann durch einen Zwischenkanal zur Kammer 2, deren Verdampfer in Tätigkeit ist und die Luft weiterkühlt und trocknet. Dauer der ersten Periode etwa 4½ Stunden.

Zweite Periode: Luftführung wie bei der ersten Periode, beide Verdampfer arbeiten, Dauer der zweiten Periode etwa 1½ Stunden.

Dritte Periode: Die Klappen vor und hinter dem Luftkühler werden umgelegt, so daß die Luft zuerst durch die Kammer 2 geht und dann erst zur Kammer 1; der Ver-

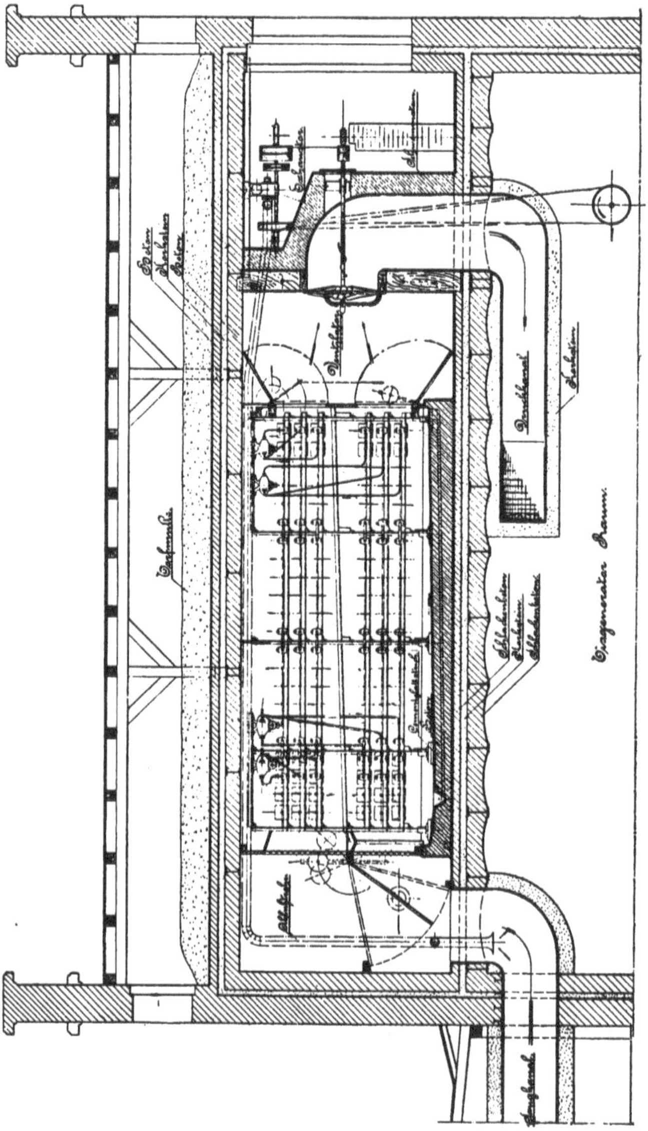

Fig. 235.

dampfer 2 wird abgestellt, Verdampfer 1 bleibt in Tätigkeit; Dauer der dritten Periode etwa 4½ Stunden. Die Dauer der Perioden richtet sich im übrigen nach der Geschwindigkeit, mit der sich die Röhren mit Eis beschlagen. Je mehr Eis bildung, desto kürzer die Perioden. Die Bedienung dieses Luft-

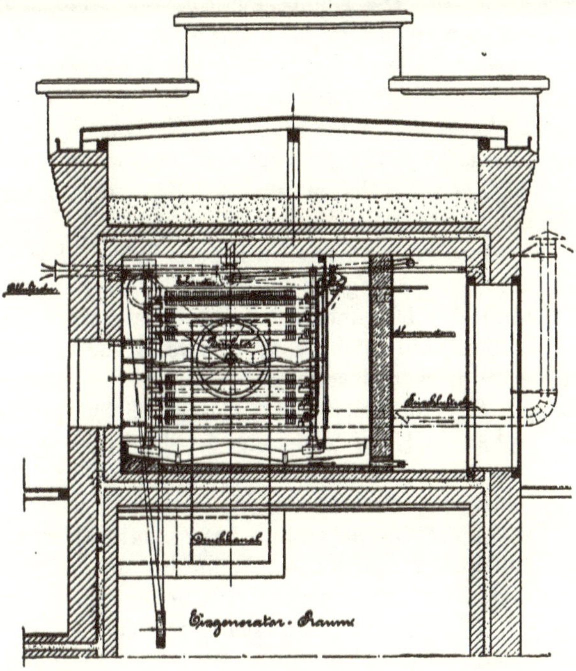

Fig. 236.

kühlers erfordert etwas Gewandtheit und Aufmerksamkeit, der Eisniederschlag und das richtige Arbeiten der Verdampfer wird durch Schaufenster beobachtet. Wegen des periodischen Arbeitens der Verdampfer ist auch der Bedienung des Hauptregulierventils und dem Arbeiten des Druckverdichters Aufmerksamkeit zu schenken.

Fig. 235 und 236: Luftkühler mit Kohlensäure-Verdampfer (L. A. Riedinger, Augsburg).

Auch dieser Kühler arbeitet mit 3 Perioden.

Erste Periode (Hauptperiode): Die Klappe am Eingang steht so, daß der Luftstrom zur Hälfte durch den einen, zur anderen Hälfte durch den zweiten Verdampfer strömt. Beide Schlangen arbeiten als Verdampfer. Die beiden Klappen am Ende sind offen.

Zweite Periode: Die Klappe am Eingang verschließt den Luftkühler 1, der außerdem auch durch die Klappe am Ende geschlossen wird. Die Schlange 1 arbeitet als Flüssigkeitsunterkühler. Die Flüssigkeitswärme der flüssigen Kohlensäure bewirkt das Abtauen des Eises von der Schlange 1.

Dritte Periode: Schlange 2 arbeitet als Flüssigkeitsunterkühler, Schlange 1 als Verdampfer, die Klappen verschließen den Luftkühler 2. Weiter ist zu beachten an diesem Luftkühler, daß die Rippenrohre quadratische Rippen haben; dies ermöglicht die beste Ausnutzung des Luftkühlraumes und vermeidet den Übelstand, daß bei runden Rippen die Luft wegen des geringeren Reibungswiderstandes vorzugsweise an den äußeren Flächen der Rippen vorbeistreicht.

Die Fig. 235 und 236 bieten außerdem ein gutes Beispiel für den Einbau und die Isolierung des Luftkühlers. Außer dem Hauptventilator ist ein kleiner Exhaustor aufgestellt, der mit Hilfe eines Abluftrohres ständig etwas verbrauchte Luft vor dem Luftkühler absaugt und ins Freie schafft. Unmittelbar vor dem Luftkühler mündet ein Rohr aus dem Freien ein, durch welches Luft vom Hauptventilator eingesaugt wird.

Fig. 237. (Germania, Chemnitz.) (Tafel.) Trockener Luftkühler mit Verdampfer.

Das Abtauen geschieht bei geschlossenen Klappen, die gut dicht schließen müssen, durch einen warmen Luftstrom, der von einer unten liegenden Dampfschlange aufsteigt.

Luftkühler mit Verdampfer und Hilfsberieselung.

Fig. 238. Über den Verdampferschlangen sind Schlitzrohre so aufgehangen, daß sie genau horizontal ausgerichtet werden können. Die Eintrittsgeschwindigkeit des Salzwassers in die Schlitzrohre darf 0,3 m/sec nicht überschreiten. Ungleichmäßige Berieselung würde stellenweise Eisansatz er-

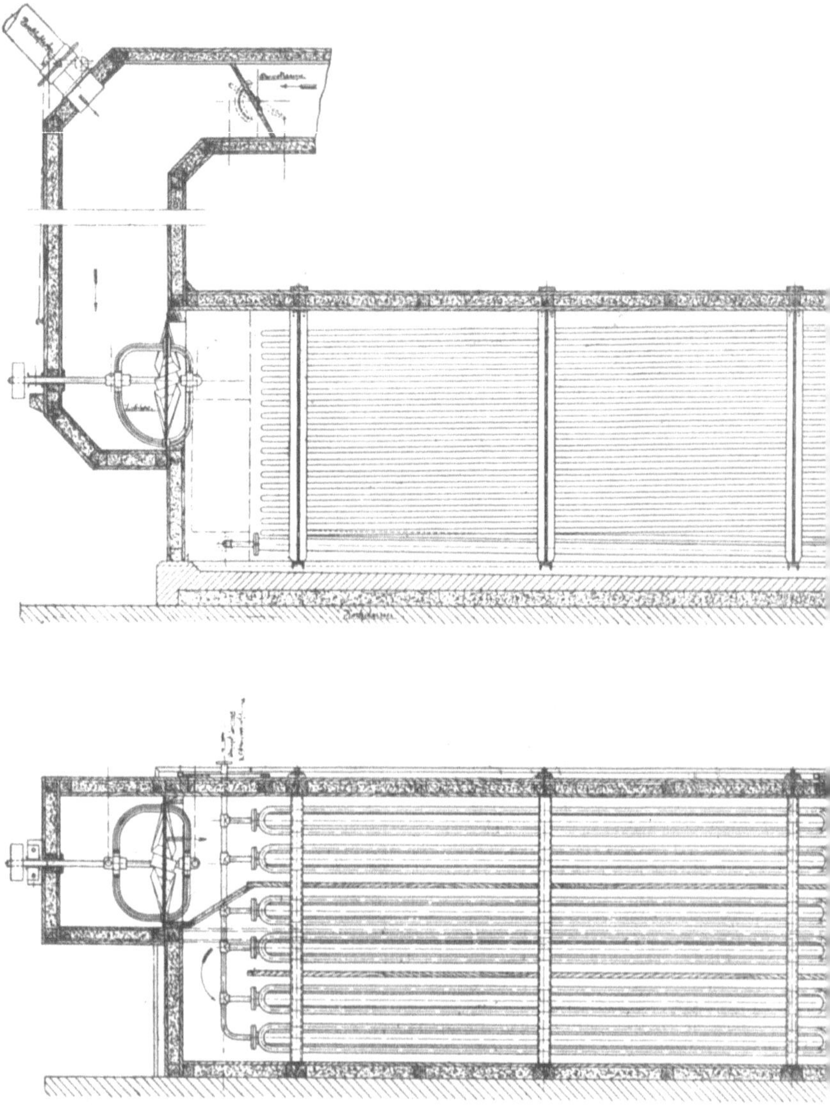

Fig.

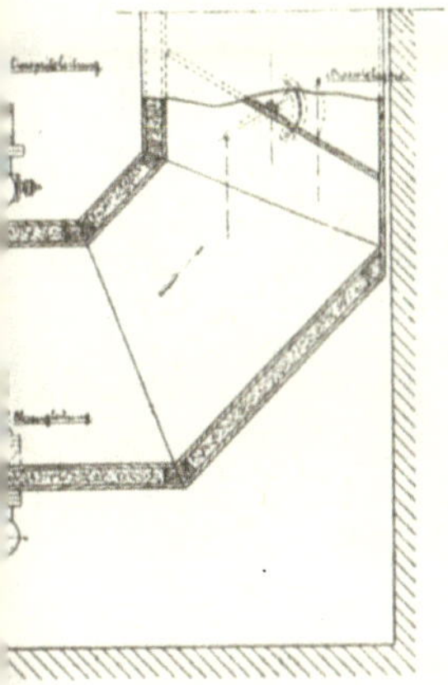

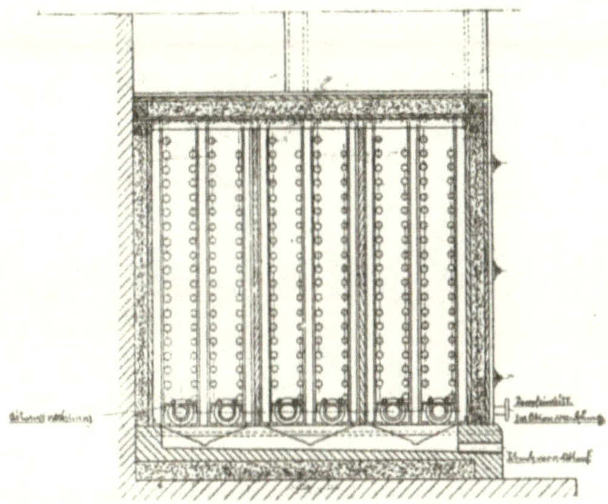

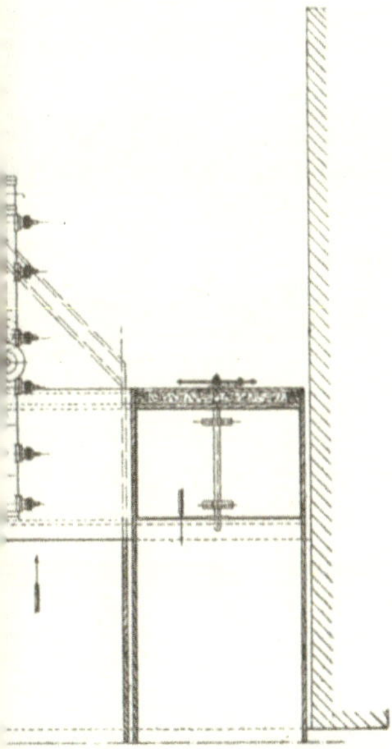

Luftkühler

für direkte Verdampfung.

Druck und Verlag von R. Oldenbourg in München und Berlin.

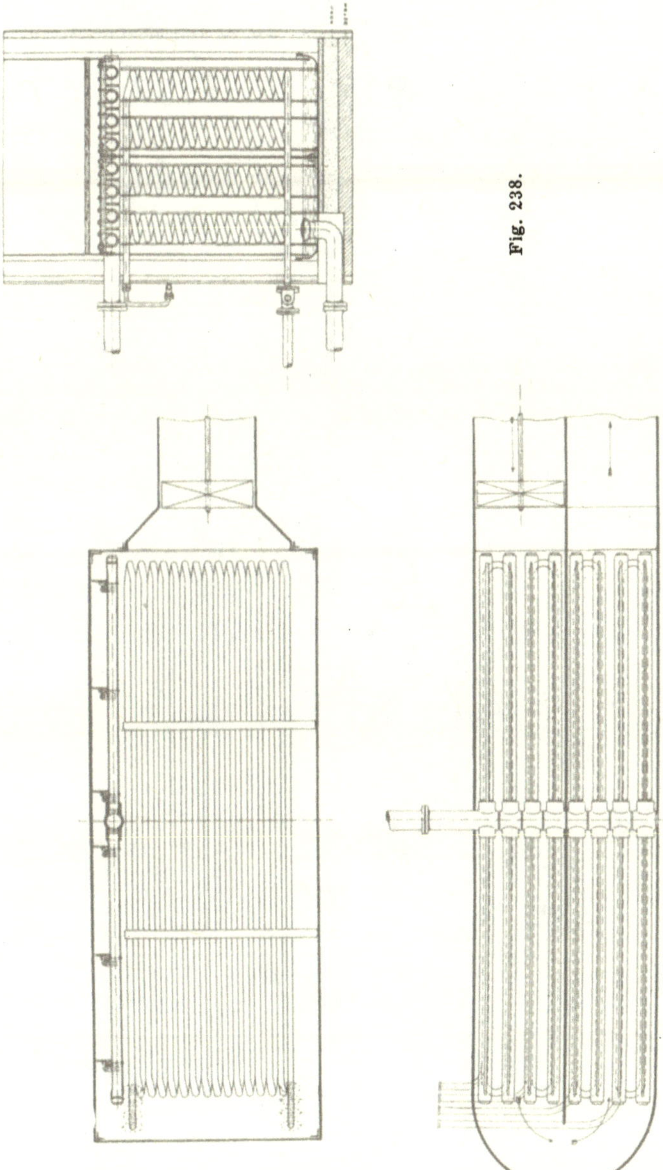

Fig. 238.

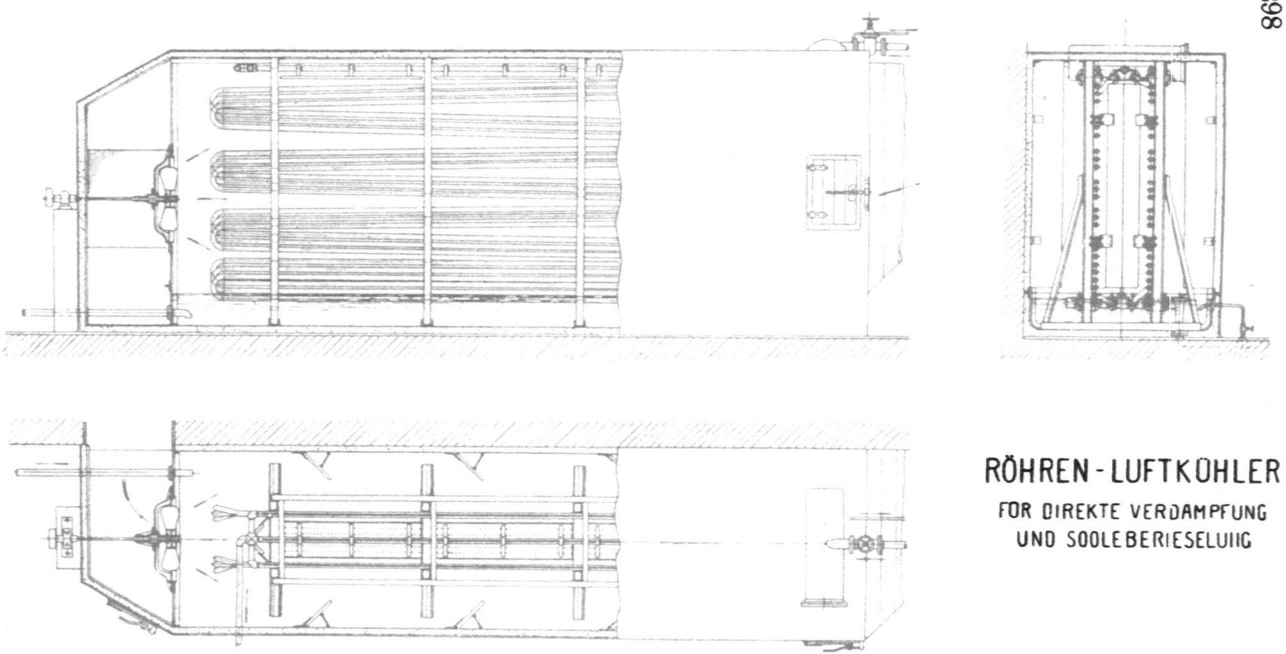
RÖHREN-LUFTKÜHLER
FÜR DIREKTE VERDAMPFUNG
UND SOOLEBERIESELUNG

Fig. 239.

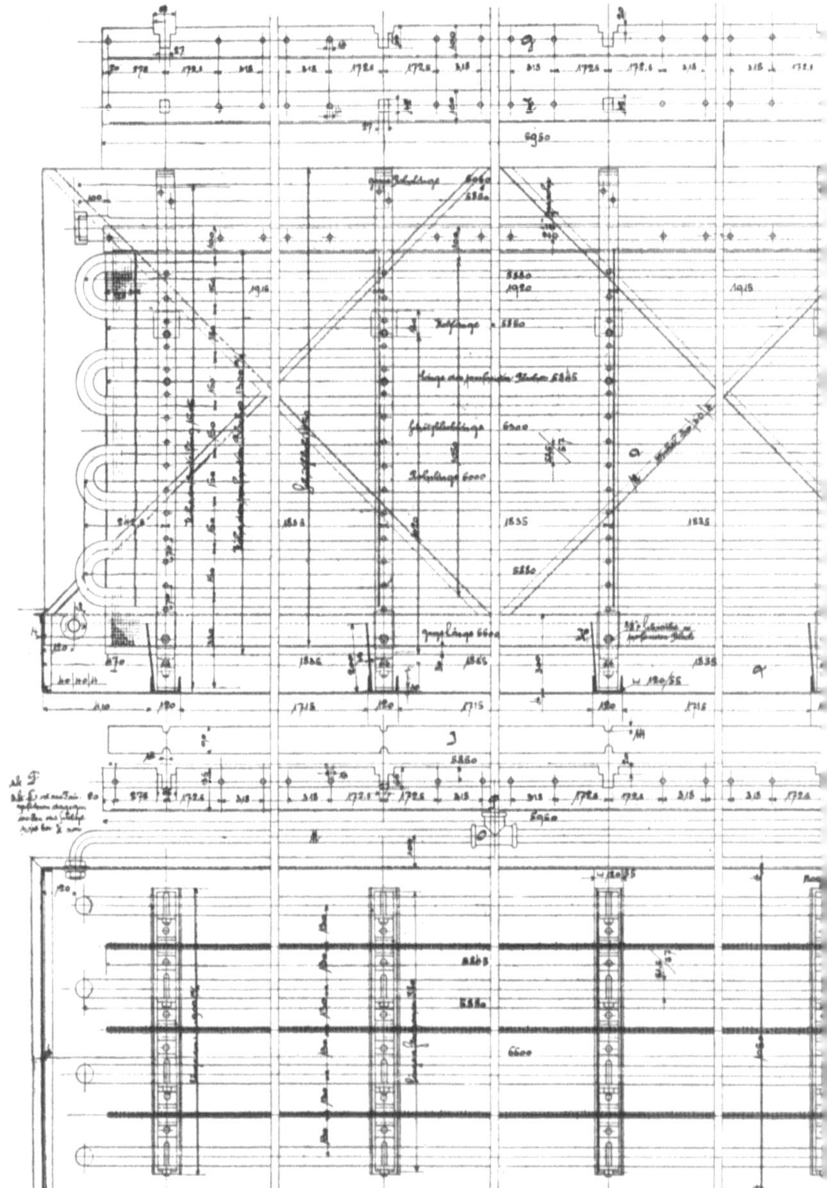

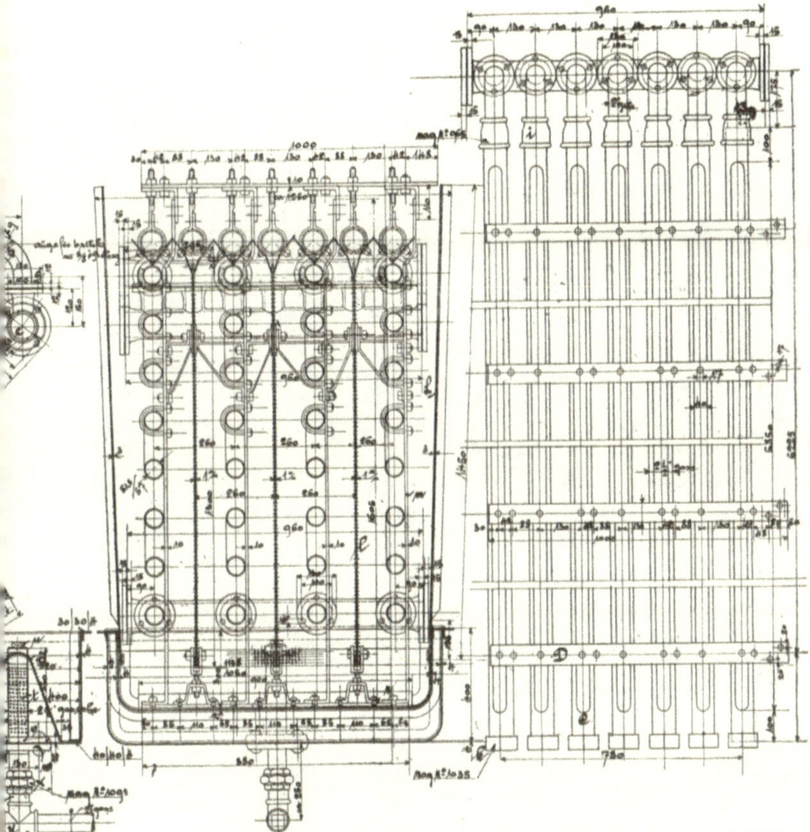

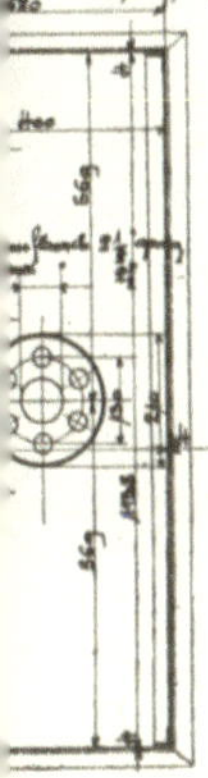

Pos.	Stck.	Gegenstand	Material.	Pos.	Stck.	Gegenstand	Material.
P	1	Abflußleitung	Schm.-Eisen	q	1	Blechkasten	Schm.-Eisen.
O	1	T-Fitting	" "	p	4	⊔-Eisen Norm.-Profil	" "
N	1	Ueberlaufleitung	" "	o	4	Flach- " " "	" "
M		Versteifungswinkel	" "	n	16	Schrauben	" "
L	2	Schutzbleche	" "	m	16	Flacheisenständer	" "
K	4	Blechschikanen	" "	l	3	Berieselungsbleche	" "
J	28	Holzschikanen	Holz	k	7	Verschlußmuttern	" "
H	4	Verteilbleche	Schm.-Eisen	i	7	Reduktionsmuffen	" "
G	4	" " "	" "	h	7	Bogenstücke	" "
F	3	" " "	" "	g	45	Schrauben	" "
E	3	" " "	" "	f	7	Flanschen z. d. Bogenst.	" "
D	4	Flacheisen	" "	e	24	Schrauben	" "
C	7	Berieselungsröhren	" "	d	6	Blindflanschen	" "
B	4	Muttern z. Ueberlauf	" "	c	3	Sammelstücke	Guss- "
A	2	Gasrohrabfälle	" "	b	8	Flanschen dazu	Schm.- "
z	1	Verschlußzapfen	" "	a	4	Rohrsysteme	" "
y	1	T-Fitting	" "				
x	1	Holländer	" "				
w	1	Flansch m. Gasgewinde	" "				
v	1	" " " "	" "				
u	1	Verschlußzapfen	" "				
t	1	perforiertes Gasrohr	" "				
s	1	perfor. Haube	" "				
r	1	Scheidewand	" "				

Zürich, 8. Juni 08.

Luftkühler mit 4 Systemen Siederöhren und Berieselungsblechen.

Druck und Verlag von R. Oldenbourg in München und Berlin.

möglichen und eine Verengung des Luftquerschnittes verursachen. Das gleiche tritt ein bei zu dünner Salzsole. Die Luftgeschwindigkeit sollte 1,2 m/sec nicht überschreiten.

Fig. 239 (A. Borsig-Tegel). Die Schwefligsäure-Verdampferrohre sind geneigt angeordnet, um das Abwärtsfließen der flüssigen schwefligen Säure zu ermöglichen. Der freie Luftraum wird durch Salzwasserregen berieselt. Seitlich und in der Mitte angebrachte, um senkrechte Zapfen drehbare Klappen zwingen die Luft, an die Rohre heranzutreten; das Spritzwasser scheidet sich zum großen Teil an diesen Klappen ab.

Fig. 240 (Escher, Wyß & Co., Zürich). (Tafel.) Berieselungskühler mit Salzwasserrohren und Berieselungsblechen. Die senkrechten Zwischenräume zwischen den Salzwasserrohren sind durch ein Holz ausgefüllt zur Vermeidung des Verspritzens und zur Vergrößerung der Oberfläche.

55. Leistung der Luftkühler mit künstlichem Luftumlauf.

Die nassen Kühler arbeiten im allgemeinen gleichmäßiger als die trockenen, da man bei ihnen nicht mit dem die Kälteübertragung verschlechternden Eisansatz rechnen muß. Die größere Luftgeschwindigkeit v ermöglicht gegenüber den unter 50. S. 275 gegebenen Werten für den Kältedurchgang höhere Werte. Der Temperaturunterschied ist bei $v > 1$ m/sec ohne Einfluß auf den Wärmeaustauschkoeffizienten. Infolgedessen kann man mit folgenden Zahlen rechnen:

Es überträgt 1 qm für je 1° C mittleren Temperaturunterschied[1])

	bei $v = 1$ m/sec	bei $v > 1$ m/sec
beim glatten Salzwasserrohr ohne Berieselung . . .	$k_1 = 12$ WE	$k' = k_1 \cdot \frac{2 + 70\sqrt{v}}{12}$
beim glatten Verdampferrohr ohne Berieselung . . .	16 »	
beim Rippen-Salzwasserrohr ohne Berieselung . . .	6 »	
beim Rippen-Verdampferrohr ohne Berieselung .	8 »	

[1]) S. Heinel, »Bau und Betrieb von Kältemasch.-Anlagen«, S. 76., bzw. E. Hausbrand, »Verdampfen, Kondensieren und Kühlen«, S. 2.

beim glatten Verdampferrohr mit Berieselung (Temperaturen gemessen in der Luft und im verdampfenden Kältemittel) . . .	20 WE	$k' = k_1 \cdot \frac{2 + 18\sqrt{v}}{20}$
bei Blechen mit Berieselung auf jeder Seite d. Bleches je	20 »	

Hierbei ist k_1 die Wärmeübertragung bei $v = 1$ m/sec, k' die Übertragung bei $v > 1$ m/sec.

Was unter 50. S. 275 über den Temperaturunterschied gesagt ist, der zur Erzielung eines bestimmten Feuchtigkeitsgehaltes der Kühlhausluft nötig ist, gilt auch hier. Man kann annehmen, daß die Luft mit rund 95—98% Feuchtigkeit aus dem Kühler herauskommt. Jedoch ist zu beachten, daß der Feuchtigkeitsgehalt im Kühlhaus verändert wird mit

der umlaufenden Luftmenge,
dem Temperaturunterschied zwischen Luft und Kühlmittel,
den Betriebsverhältnissen im Kühlhaus,
der Größe der arbeitenden Kühlflächen,
dem Kältebedarf des Kühlhauses (Außentemperatur).
der Betriebsdauer der Maschinen.

Man tut also gut daran, auch hier die Kühlflächen teilweise ausschaltbar zu machen in genügender Abstufung. Ferner empfiehlt es sich, womöglich auch die Umlaufzahl des Ventilators in gewissen Grenzen zu regeln.

Bei größeren Anlagen werden zweckmäßigerweise vor und hinter dem Luftkühler Thermometer und Feuchtigkeitsmesser eingebaut. Außerdem müssen in jedem Kühlraum Temperatur- und Feuchtigkeitsmesser vorhanden sein.

In Fleischkühlkellern kann man (mangels genauerer Versuche) annehmen, daß die Luft in der Stunde umlaufen muß bei einem Unterschied der Temperaturen der Luft im Kühlhaus und hinter dem Kühler von:

	4	6	8	10° C
mindestens	7	5	4	3 mal,

und zwar sowohl wegen der Luftkühlung als auch wegen der Lufttrocknung.

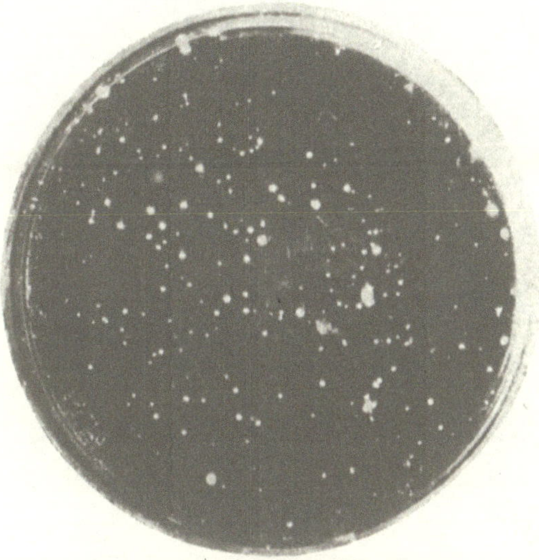

Fig. 241.

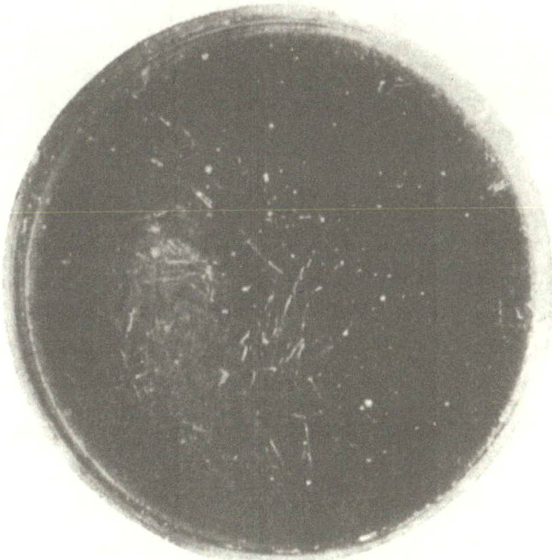

Fig. 242.

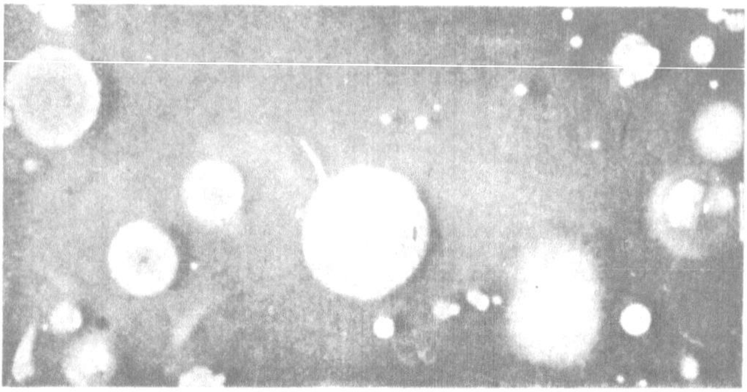

Fig. 243.

Fig. 244.

Bei unterbrochenem Betriebe muß mit tieferer Verdampfertemperatur gearbeitet werden als bei ununterbrochenem Betriebe, da die Luft zu Ende des Betriebes besonders trocken sein muß. So ist z. B. in einer Fleischkühlanlage mit Verdampfer-Luftkühler und 12 stündigem Betriebe eine Verdampfertemperatur von — 13° als nötig ermittelt worden.

Verminderung der schädlichen Keimzahl in der Kühlhausluft.

Die Frage, welche der genannten Bauarten der Luftkühler am besten wirkt in bezug auf die Keimzahl, ist durch Versuche dahin entschieden, daß jede der Bauarten gleich geeignet ist, wenn nur die nötige Sorgfalt angewendet wird auf die Entfernung oder Unschädlichmachung der im Kühler mit der Luftfeuchtigkeit aus der Luft ausgeschiedenen Keime.

Fig. 241—244 stellen Versuchsergebnisse dar, die an einer Luftkühlanlage nach Fig. 232/233 (trockener Kühler) gewonnen sind.

Fig. 241 Gelatinekulturplatte, die 30 Minuten dem Luftstrom vor dem Luftkühler ausgesetzt war. Fig. 242 Platte, die 30 Minuten hinter dem Luftkühler lag (die Gelatinerisse sind keine Kulturen). Fig. 243 Platte, die 30 Minuten in dem für den Verkehr geöffneten Kühlhaus lag. Fig. 244 Platte, die 30 Minuten im geschlossenen und seit 3 Stunden gekühlten Kühlhaus ausgesetzt war[1]).

56. Erneuerung der Salzsole.

Bei den nassen Kühlern verdünnt und vermehrt sich die Salzsole infolge der Aufnahme eines Teiles der Luftfeuchtigkeit ständig. Hierdurch kommt die Sole unter die auf S. 184 als nötig angegebene Lösungsmenge, es bildet sich Eis am Verdampfer, Verengung der Luftquerschnitte in Luftkühlern mit Verdampferschlangen, Rückgang der Kälteleistung des Verdampfers, Verschlechterung der Luftkühlung und Lufttrocknung. Die Sole kann wieder auf den hohen Lösungsgrad gebracht werden

1. durch Eindampfen,
2. durch Ablaufenlassen des überschüssigen Salzwassers und Zusatz frischen Salzes,
3. durch beide Mittel.

Das Eindampfen in flachen Schalen, in welchen eine Heizschlange liegt, ist nur bei kleineren Anlagen möglich, bei großen würde die Schale zu groß werden. Auch ist das Abkratzen des Salzes von den Heizschlangen schwierig. Bei großen Anlagen baut man Berieselungs-Eindampfer, bei denen die Sole an

[1]) S. Zeitschr. f. d. ges. Kälte-Ind. 1902, Bericht über die Kühlanlage für den Schlachthof in Brüssel-Anderlecht von J. Musmacher, Köln.

einer senkrecht stehenden Heizschlange herabrieselt, wobei die Sole nicht auf den Siedepunkt gebracht zu werden braucht, sondern nur auf etwa 40°, da die Verdampfung durch den Luft-

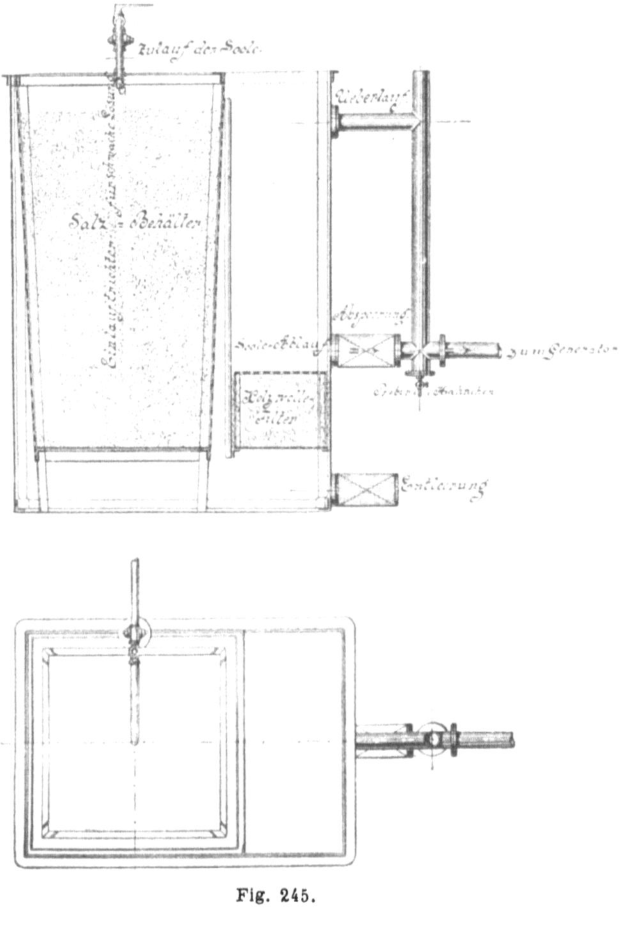

Fig. 245.

strom unterstützt wird. Die Heizschlange wird zweckmäßigerweise nicht mit Frischdampf, sondern mit Warmwasser oder mit Abdampf der mit Kondensation arbeitenden Dampfmaschine geheizt. Man vermeidet hierdurch den raschen Ansatz von Salz an den Heizschlangen und hat es in der Hand, die Lösung bei der hohen Temperatur ungesättigt zu lassen.

Die vom Luftkühler kommende kalte und die vom Eindampfer kommende, zum Luftkühler zurückfließende warme Salzlösung tauschen ihre Temperaturen in einem Wärmeaustauscher im Gegenstrom aus. Zweifellos hat das Eindampfen den Nachteil, daß der Gehalt an Keimen in der Sole allmählich größer wird. Diesem Übelstand steht nun allerdings die Wirkung des Salzes entgegen, jedoch nur solange, als die Sole stark genug ist.

Aus diesem Grunde ziehen viele vor, ständig durch einen Überlauf die überschüssige Sole ablaufen zu lassen und von Zeit zu Zeit wieder Salz zuzusetzen. Bei großen Anlagen ist die Ausgabe für Salz ziemlich groß.

Das richtigste scheint bei großen Anlagen zu sein, mit einem Eindampfer zu arbeiten, daneben aber auch ständig einen Teil der Sole weglaufen zu lassen und von Zeit zu Zeit Salz zuzusetzen.

Das Salz darf nicht mit riechenden oder öligen Bestandteilen vermengt sein, und die frische Lösung muß sorgfältig gefiltert werden. Es empfiehlt sich die Aufstellung eines Sole-Erzeugers (Satisfakteur), Fig. 245 (B. Weißer, Basel).

57. Frischluftbeschaffung.

In allen Fällen, in denen die Kühlluft mit den aufzubewahrenden Kühlgütern in Berührung kommt, oder die Kühlgüter Gerüche abgeben, ist eine zeitweise oder ständige Zufuhr von Frischluft und die Entfernung der verbrauchten Luft nötig.

Falsche Bauart: Einfaches Verbindungsrohr zwischen dem Kühlraum und dem Freien, oder Absaugen von Luft aus dem Kühlraume ohne Vorkehrung, daß die Ersatzluft aus dem Freien an geeigneter reiner Stelle entnommen und vor dem Eintritt in den Kühlraum gekühlt und getrocknet wird.

Richtige Bauarten: Die Frischluft wird von einem besonderen oder vom Hauptventilator aus dem Freien angesaugt und durch den Luftkühler geblasen, die verbrauchte

Luft geht durch ein Abluftrohr direkt aus dem Kühlraum ins Freie infolge des kleinen, vom Hauptventilator im Kühlraum erzeugten Überdruckes. Bei größeren Anlagen wird außerdem ständig ein kleiner Teil der verbrauchten Luft von einem besonderen Ventilator abgesaugt und ins Freie geschafft (siehe Fig. 235). Ist in der Umgebung des Kühlhauses die Luft nicht rein genug, so muß ein Luft-Wattefilter in das Einsaugrohr eingebaut und oft genug erneuert werden.

Bei großen Anlagen ist durch die Frischluftbeschaffung und durch das ständige Ausstoßen eines Teils der kalten Luft aus dem Kühlraum ein erheblicher Kälteaufwand bedingt. Man kann denselben vermindern, aber nicht vollständig ausgleichen, dadurch, daß die ankommende und austretende Luft durch einen Gegenstrom-Wärmeaustauscher geschickt wird.

Bei Anlagen mit unmittelbarer Raumkühlung (Luftkühlung mit natürlichem Luftumlauf) muß die Frischluft durch eine besondere kleine Vorrichtung gekühlt werden, bevor sie in den Kühlraum tritt.

58. Berechnung der Luftkühler.

Hierbei ist folgende Reihenfolge einzuhalten:

1. Wahl der Temperatur des Kühlmittels mit Rücksicht auf die im Kühlraum herzustellenden Temperatur- und Feuchtigkeits-Verhältnisse (s. S. 275 und 300).
2. Wahl bzw. Berechnung der Austrittstemperatur der Luft aus dem Kühler und der umlaufenden Luftmenge (s. S. 300).
3. Berechnung des Kältebedarfes der Kühlräume, und zwar:
   a) aus Einstrahlung von Wärme durch Wände, Decken, Boden, Fenster, Türen,
   b) aus Beleuchtung,
   c) aus Öffnen der Türen zum Aus- und Einbringen der Waren,
   d) aus Wärmemenge der eingebrachten Waren und der Zeit, in welcher diese abzukühlen sind,

e) aus Frischluftbeschaffung (Kühlung und Trocknung),
f) aus Wärmeausstrahlung der im Kühlraume arbeitenden Menschen,
g) aus Umwandlung der Ventilatorarbeit in Wärme (unter Berücksichtigung des schlechten Wirkungsgrades des Ventilators),
h) aus Kälteverlust des Luftkühlers durch Wärmeeinstrahlung und Luftverlust.

4. Wenn nötig, Berichtigung des Wertes der umlaufenden Luftmenge und der Umwandlung der Ventilatorarbeit in Wärme sowie der Endsumme von 3.
5. Berechnung der Größe des Luftkühlers, wobei bei Annahme des mittleren Temperaturunterschiedes bestimmte Regeln zu beachten sind[1]).

59. Luftkühlung durch gemischtes System.

In vielen Fällen, namentlich bei großen Anlagen, zieht man mit Rücksicht auf den Arbeitsaufwand der Ventilatoren, die Schwierigkeit der Unterbringung genügend großer Holz-Luftschläuche, den mit dem Betrieb der Ventilatoren verbundenen Kälteverlust und die Anlagekosten, vor, die Kälte zum größten Teile durch Luftkühler mit natürlichem Luftumlaufe übertragen zu lassen, daneben jedoch einen kleineren Luftkühler mit künstlichem Luftumlauf wirken zu lassen, um die Trocknung der Luft wirksamer zu machen und die Kühlhausluft in kräftigerer Bewegung zu halten. Bei ungeschickter Anordnung kann aber gerade hierdurch der natürliche Luftumlauf gestört und die Wirkung der an der Decke hängenden Kühlrohre vermindert werden. Der Luftkühler mit Ventilator hat außerdem hier hauptsächlich die Aufgabe der Kühlung und Trocknung der Frischluft. Die Teilung ist meist so, daß der Luftkühler mit Ventilator $\frac{1}{4}$ bis $\frac{2}{3}$ der Gesamtkälteleistung übernimmt. Man beobachtet nun häufig, daß bei dieser Anordnung die Betriebsführer der Ersparnis wegen den Ventilator nur selten arbeiten lassen. Das führt, besonders im Sommer,

---

[1]) E. Hausbrandt, »Verdampfen, Kondensieren und Kühlen«.

zu ungenügender Kühlung und Trocknung des Kühlraumes und zu ungenügender Frischluftzufuhr.

Dieses System eignet sich besonders für große Kühlhäuser, weil es gestattet, den Verwendungszweck der einzelnen Räume (bei entsprechender Größenbemessung der Kühlvorrichtungen und richtiger Anordnung von Reguliervorrichtungen) beliebig zu wechseln.

Kapitel X.

Die Abkühlung und Kühlhaltung von Flüssigkeiten.

60. Die Vorrichtungen zum Kühlhalten von Flüssigkeiten.

Hierbei handelt es sich darum, eine bestimmte Flüssigkeitsmenge, in welcher durch Gärung oder andere chemische Veränderungen Wärme frei wird (z. B. Bierwürze), oder der durch die Gefäßwand hindurch Wärme zugeführt wird, auf einer bestimmten, für den gewünschten chemischen Vorgang oder die Erhaltung günstigen Temperatur zu erhalten. In der Regel sind die abzuführenden Wärmemengen so gering, daß man eines der folgenden Mittel anwenden kann:

1. Einlegen von Eis unmittelbar in die Flüssigkeit. Dieses Verfahren wird nur angewendet, wenn eine gewisse Verdünnung der Flüssigkeit durch das Schmelzwasser zulässig ist.
2. Einhängen von Gefäßen, in welche Eis gelegt wird. Der Ersatz des Eises führt oft zur Unreinlichkeit. Deshalb ist dieses Verfahren nur noch da angewendet, wo es sich um ganz geringe Wärmemengen handelt, oder wo künstliche Kälte nicht zur Verfügung steht.
3. Einhängen von Röhrenkörpern, durch welche eine künstlich gekühlte Flüssigkeit oder verdampfendes Kältemittel fließt. Verdampfendes Kältemittel wird hier nur dann angewendet, wenn es sich um größere Kältemengen handelt, und wenn nicht häufige Entfernung des Röhrenkörpers aus der zu kühlenden Flüssigkeit nötig ist.

Stets muß die Temperatur der Flüssigkeit dauernd kontrolliert und geregelt werden. Das Verfahren nach 1 gestattet leichte Regelung, erfordert aber viel Aufmerksamkeit, desgleichen das Verfahren nach 2. Am sichersten und mühelosesten läßt sich die Regelung bei dem Verfahren nach 3 durchführen. So findet man z. B. in der Großbierbrauerei nur noch letzteres angewendet.

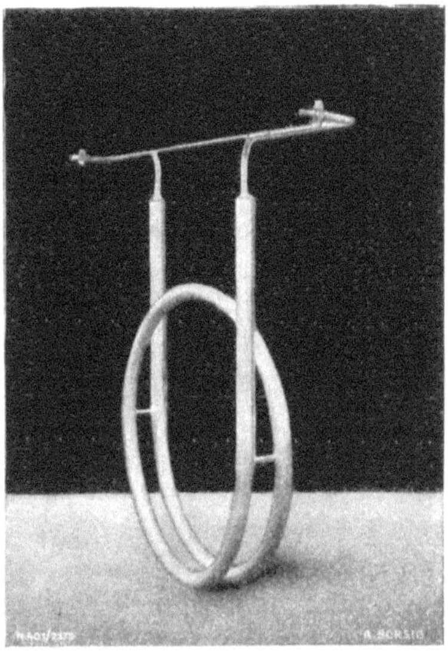

Fig. 246.

Fig. 246. Trompetenkühler aus Kupfer oder Stahl.

Fig. 247. Taschenschwimmer. Dieser besteht aus zwei Blechwänden, zwischen denen horizontal Blechstreifen so eingelegt sind, daß die Kühlflüssigkeit hin und her geführt wird. Auch werden häufig die Zickzackwege gleich wellenförmig in die beiden Blechwände eingepreßt. Bedingungen für diese Apparate ist kleines Gewicht bei großer Oberfläche, leichte und gründliche Reinigung.

Beide Apparate erhalten in der Ableitung einen Absperrhahn, in der Zuleitung einen Regulierhahn; mit diesen

Hähnen werden die Kühler durch Gummischläuche verbunden. (Fig. 248 und 249.) Um in Gefäßen mit größerem Inhalte (z. B. Würzegärbottichen) die Temperatur an allen Stellen gleichzuhalten, ohne die zu kühlende Flüssigkeit in Bewegung zu halten, was z. B. bei Bierwürze unzulässig ist, ist es nötig, den Raum, in welchem die Gefäße aufgestellt sind, auf einer Temperatur zu halten, die etwas unter der Tem-

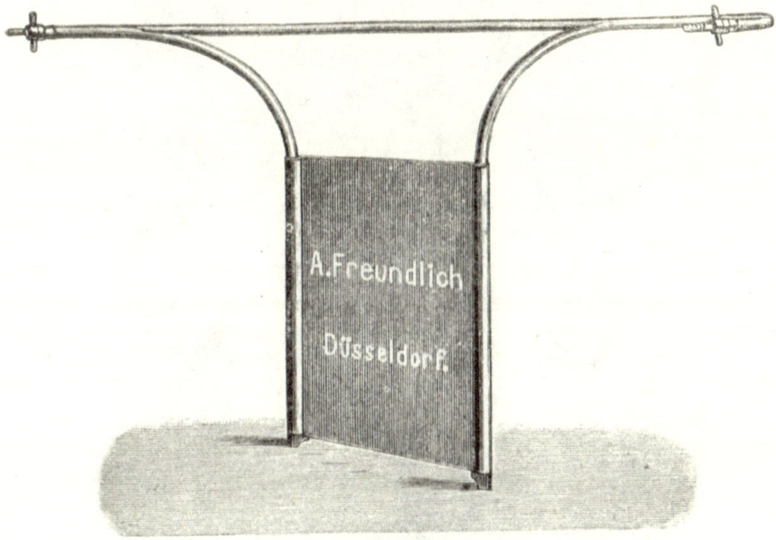

Fig. 247.

peratur liegt, welche die Flüssigkeit haben soll. In Fig. 248 (Gärkeller einer Bierbrauerei) sicht man an der Decke daher über den Zu- und Ableitungen für die Kühlflüssigkeit noch Rippenröhren zur Kühlhaltung des ganzen Raumes.

Die starke Entwicklung von Gärungs - Kohlensäure veranlaßte die Brauer, für die Gärkeller neuerdings Luftkühlung mit künstlichem Luftumlauf zu verlangen, wobei der Luftersatz zweckmäßiger gestaltet werden kann. Fig. 250 (A. Freundlich, Düsseldorf).

Handelt es sich nur darum, Flüssigkeiten, welche irgendwie auf eine bestimmte Temperatur gebracht sind, auf dieser

Fig. 248.

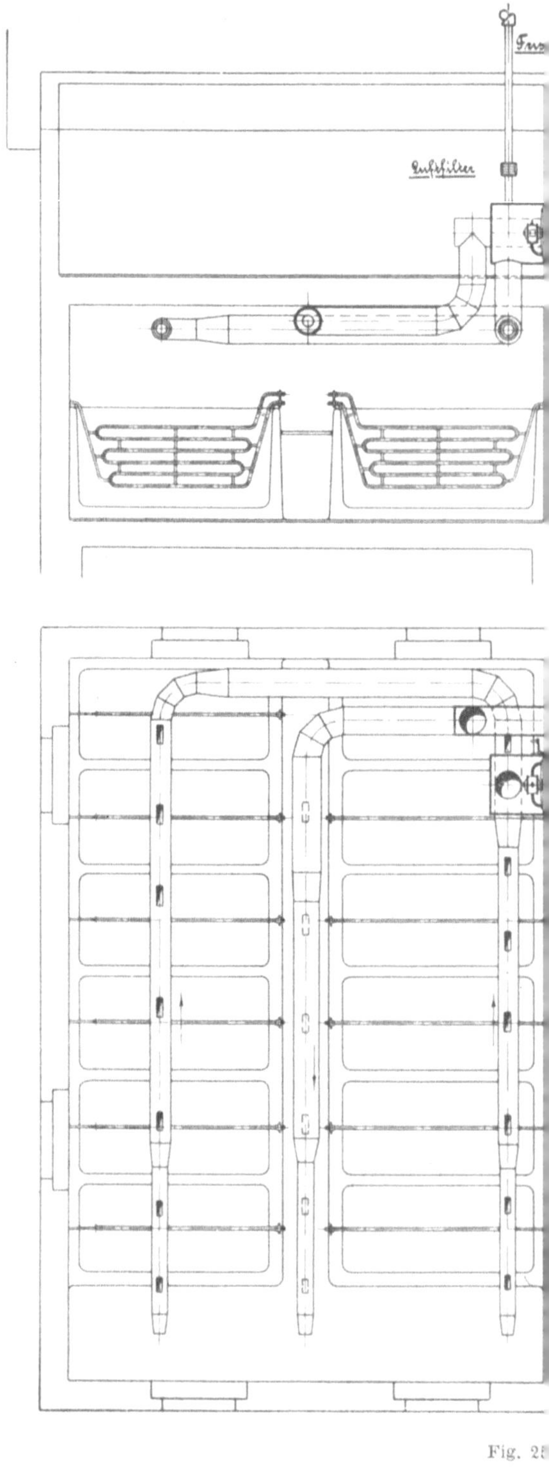

Fig. 25

Luftkühler

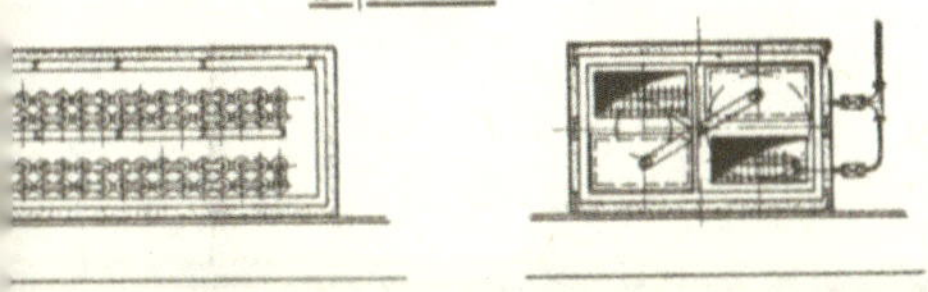

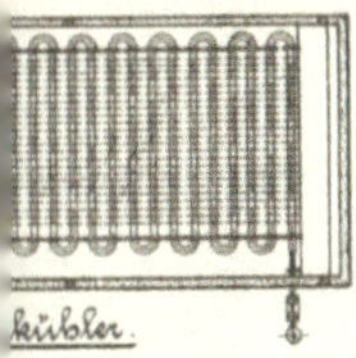

kühler.

uck und Verlag von R. Oldenbourg in München und Berlin.

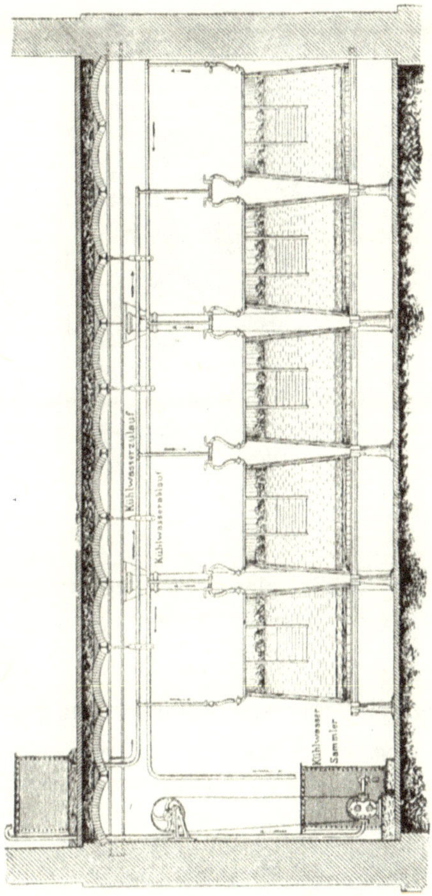

Fig. 249.

zu erhalten, ohne daß durch chemische Vorgänge innere Wärme entwickelt wird, so erhalten die Gefäße (z. B. die Lagerfässer der Bierbrauerei) keine Kühlvorrichtung, sondern

Fig. 251.

es wird nur der ganze Raum (z. B. Lagerkeller Fig. 251) auf der geeigneten Temperatur erhalten. (Siehe Kapitel IX. Luftkühlung.)

61. Die Vorrichtungen zum Abkühlen von Flüssigkeiten.

Diese dienen dazu, entweder in ununterbrochenem Betriebe oder zeitweise größere Mengen von Flüssigkeit von hoher auf niedere Temperatur zu bringen.

a) Ununterbrochener Betrieb. Hierbei handelt es sich in der Regel um Abkühlung unedler Flüssigkeiten, z. B. Wasser, das wieder zur Abkühlung eines Produktes dient. Dann wird der Flüssigkeitskühler als normaler Verdampfer nach Kapitel V gebaut oder als Berieselungsverdampfer, z. B. Fig. 239, bei welcher man nur die Luftumlaufvorrichtung wegzudenken hätte. Der Tauchverdampfer hätte hier vor dem Berieselungsverdampfer den Vorzug größeren Kältevorrates, daher gleichmäßigerer Temperatur, der Berieselungsverdampfer dagegen den Vorzug etwas besserer Oberflächenausnutzung und kleineren Platzbedarfes.

b) Zeitweiser Betrieb. In Betracht kommen hier solche Flüssigkeiten, die nicht in ununterbrochenem Betriebe erzeugt werden (z. B. Bierwürze), oder solche, welche nur zu bestimmten Tagesstunden in das Werk gelangen (z. B. Milch) und zu bestimmten Tagesstunden das Werk verlassen. Die Abkühlung der Flüssigkeit ist in einer bestimmten beschränkten Zeit zu beenden. Würde man die Kälteerzeugungsmaschine nur während dieses Zeitraumes arbeiten lassen, so müßte sie sehr groß und teuer werden. Dies wird umgangen, indem die Maschine den größeren Teil des Tages durcharbeitet und in einem Speicher Kälte ansammelt. Hat die Maschine außerdem noch Kälte für andere Zwecke zu liefern, gestattet es jedoch der Betrieb, daß die Kältelieferung für diese Zwecke zeitweise unterbrochen werden kann, so kann die ganze Kälteleistung auf einige Zeit der Flüssigkeitskühlung zur Verfügung gestellt und die Anlage eines großen Kältespeichers ganz oder teilweise vermieden werden. Der Flüssigkeitskühler selbst wird dann als Verdampfer gebaut. Diese Arbeitsweise erfordert einen gewandten Maschinisten.

Man kann folgendes Schema als allgemeinen Anhaltspunkt, aber nicht als immer gültige Regel aufstellen:

1. Die Maschine dient nur zur zeitweiligen Flüssigkeitskühlung: Verdampfer mit Kältevorrat durch Vorkühlung einer Kühlflüssigkeit[1]).
2. Die Maschine erzeugt außerdem Kälte für andere Zwecke, ohne daß zeitweilige Unterbrechung dieser Kältelieferung zulässig ist: Verfahren wie bei 1.

---

[1]) S. Heinel, »Bau und Betrieb von Kältemaschinenanlagen« Süßwasserkühlung für Brauereien, S. 182 u. ff.

3. Die unter 2 genannte Kältelieferung für andere Zwecke kann zeitweilig unterbrochen werden, die stündliche Leistung der Maschine reicht aus für die gesamte Kälte, welche in einer Stunde zur Flüssigkeitskühlung nötig ist: Der Flüssigkeitskühler wird als Verdampfer gebaut, ohne Hilfsflüssigkeit, ohne Kältespeicher.
4. Voraussetzungen wie bei 3. aber die stündliche Leistung der Maschine reicht nicht aus, um ohne Kältespeicher arbeiten zu können: Ein Teil der Maschine arbeitet ständig oder längere Zeit auf einen Kältespeicher wie bei 1, oder ein Teil der Maschine arbeitet auf einen Kältespeicher und die ganze Maschine außerdem (wie bei 3) zeitweilig auf die Flüssigkeitskühlung. Dann wird in der Regel die Flüssigkeitskühlung in mehreren Stufen vorgenommen, nämlich erstens soweit als möglich mit Brunnenwasser, zweitens mit Hilfe der im Kältespeicher befindlichen Hilfsflüssigkeit, endlich durch einen als Verdampfer ausgeführten Flüssigkeitskühler.

   Häufig arbeitet aber auch in diesem Falle nur ein Teil der Maschine auf den als Verdampfer ausgebildeten Teil des Flüssigkeitskühlers, um die Bedienung zu erleichtern, und weil der Flüssigkeitskühler häufig kleiner ist als der für die ganze Maschine nötige Verdampfer.

Weitere Verfahren und Ausführungsarten sind möglich und richten sich je nach der Art des Betriebes und der für die einzelnen Zwecke nötigen Kältemengen und der Zeit, in welcher sie verbraucht werden sollen.

Stets sind hierbei folgende Regeln zu beachten:

Einfache Bedienung, möglichst gute Ausnutzung der Kälteerzeugungsmaschine bei geringstmöglichem Arbeitsbedarf, kleine Kälteverluste, billige Bauweise, geringer Platzbedarf, Berücksichtigung der Art der abzukühlenden Flüssigkeit und deren Verhalten beim Abkühlen.

Alle diese Bedingungen zu gleicher Zeit zu erfüllen, ist nicht möglich, die Verhältnisse entscheiden darüber, welche der Punkte in den Hintergrund treten müssen zugunsten der anderen.

Zu 1. Die Bedienung ist einfach, die Maschine arbeitet wegen der Zwischenflüssigkeit mit etwas tieferer Verdampfertemperatur, also nicht mit der größten Leistung bei kleinstem Arbeitsverbrauch. Die Kälteverluste sind groß, weil der Kältespeicher große Oberflächen bietet. Der Platzbedarf ist groß.

Zu 2 wie bei 1.

Zu 3. Die Bedienung ist weniger einfach, die Maschine wird voll ausgenutzt, die Kälteverluste sind sehr klein, die Bauweise ist einfach, der Platzbedarf der kleinstmögliche.

Zu 4. Die Bedienung ist schwierig, die Maschine wird gut, aber nicht ganz voll ausgenutzt, die Kälteverluste sind groß, die Bauweise ist nicht einfach, der Platzbedarf mittelgroß.

Nur ein sehr gewandter Ingenieur wird hier in schwierigen Fällen das Beste treffen.

Welche Temperatur die Kühlmittel (Hilfsflüssigkeit oder Verdampfungsmittel) haben dürfen, hängt ab vom Verhalten der abzukühlenden Flüssigkeit beim Abkühlen und von der bestmöglichen Ausnutzung der Kältemaschine.

Z. B. alle eiweißhaltigen Flüssigkeiten (Bier, Milch) haben eine untere Temperatur, bei welcher Eiweißausscheidungen entstehen, die nicht gewünscht werden.

Es haben Versuche an einem Rahmkühler[1]) ergeben, daß die zweckmäßigste Zulauftemperatur des Salzwassers bzw. die Verdampfungstemperatur nicht unter — 2° sein soll, weil sonst keine ausreichende Bewegung des zu dick werdenden Rahmes an den Kühlflächen mehr bleibt. Da die Kühlanlage meist mehr Kälte liefert als die Rahmkühlung benötigt, so muß das Absinken der Zulauftemperatur des Kühlmittels verhindert werden, am zweckmäßigsten durch gleichzeitiges regulierbares Kühlen des Kühlraumes[1]).

---

[1]) S. Bericht über die Hauptprüfung von Tiefkühlern (Arbeiten der Deutschen Landwirtschafts-Gesellschaft, Heft 210, Maschinenprüfungen VII. 1912).

Bauweise der Flüssigkeitskühler.

Am einfachsten wäre die Ausführung nach Art der Eiserzeuger ohne oder mit Verdampferschlangen nach Fig. 182. Die mit der zu kühlenden Flüssigkeit gefüllten Behälter werden einfach in die durch einen Verdampfer gekühlte und

Fig. 252.

durch eine Pumpe oder ein Rührwerk in Bewegung gehaltene Hilfsflüssigkeit eingehängt. Die Abkühlung geht aber dabei langsam und nicht gleichmäßig vor sich.

Unedle Flüssigkeiten, bei denen es nicht auf oftmalige Reinigung des Kühlers ankommt, können einfach mit Hilfe eines Temperaturwechslers (z. B. in Fig. 175) gekühlt werden.

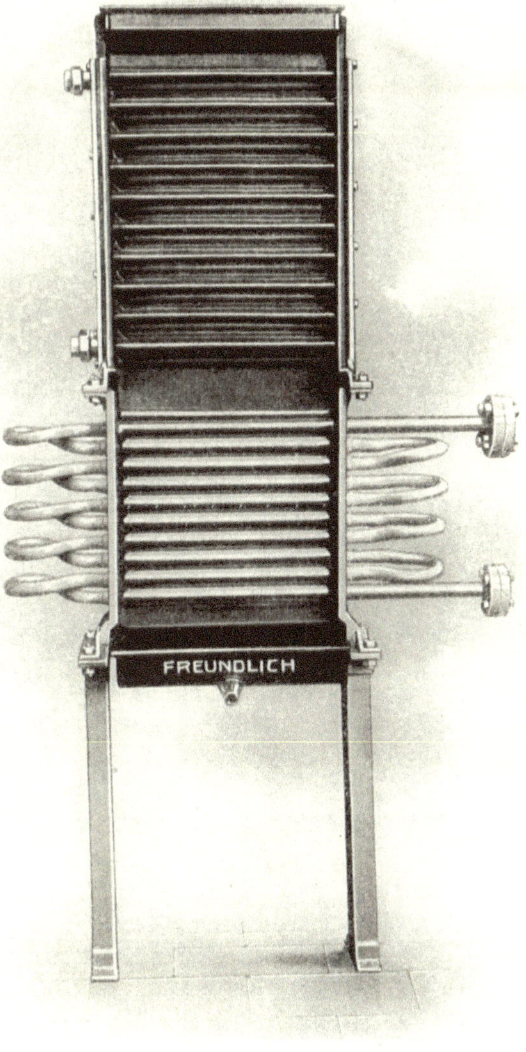

Fig. 253.

Handelt es sich dagegen um Nahrungsmittel (Bier, Milch), so ist die leichte Reinigung der Apparate erste Bedingung. Es sind hierfür die Berieselungskühler besonders geeignet.

Fig. 252. Milch-Berieselungskühler mit Verdampfer. (Schlüter und Gsell, Düsseldorf).

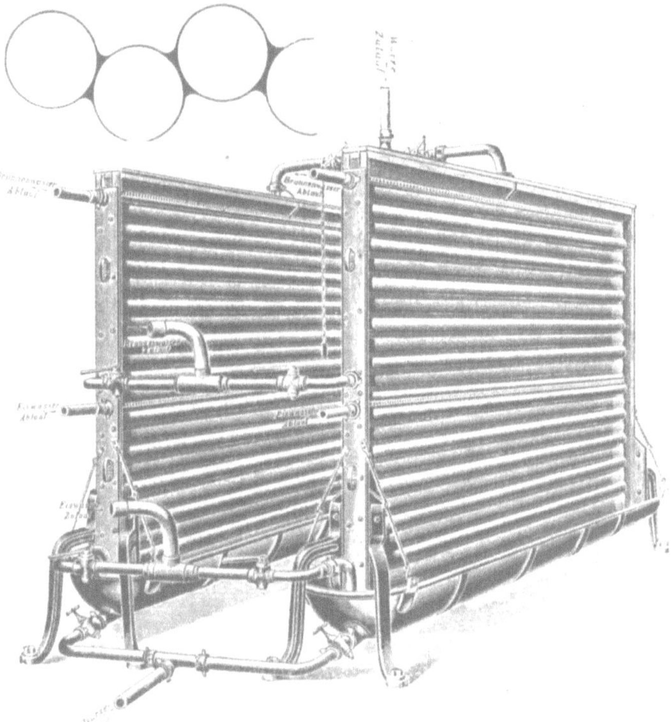

Fig. 254.

Fig. 253. Milch- und Rahmkühler (A. Freundlich, Düsseldorf). Oberteil für Vorkühlen mit Brunnenwasser, unterer Teil als Verdampfer ausgebildet.

Fig. 254. (A. Klotz.) Bierwürzekühler für zweistufige Kühlung, im oberen Teil durch Brunnenwasser, im unteren Teil durch künstlich gekühltes Wasser.

ck und Verlag von R. Oldenbourg in München und Berlin.

Fig. 255. (A. Freundlich.) Bierwürzekühler für zweistufige Kühlung, oben durch Brunnenwasser, unten durch Verdampfung.

Fig. 255.

Fig. 256. (Tafel). Bierwürzekühler für dreistufige Kühlung, oben durch Brunnenwasser, in der Mitte durch künstlich gekühltes Wasser aus dem Kältespeicher, unten (durch Verdampfung oder) durch Wasser aus einem Kältespeicher mit noch tieferer Temperatur.

Fig. 257.

Fig. 257. (A. Freundlich, Düsseldorf). Andere Bauweise eines zweistufigen Kühlers mit Verdampfung im unteren Teil mit geschweißten Übergangstaschen.

Soll die zu kühlende Flüssigkeit nicht mit der Luft in Berührung kommen oder z. B. aus einem Gefäß, in welchem sie unter Druck steht, bei gleichbleibendem Druck in ein anderes

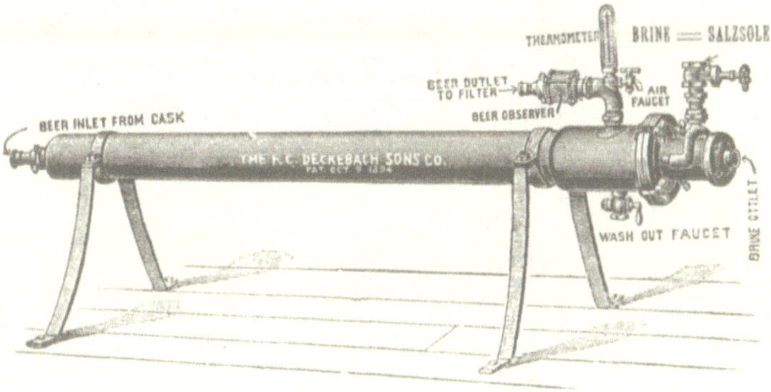

Fig. 258.

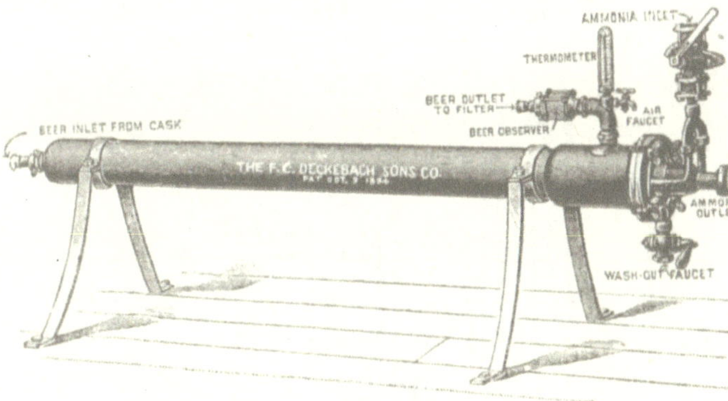

Fig. 259.

Gefäß umgefüllt werden (Bier), so müssen geschlossene Apparate verwendet werden. Fig. 258. Amerikanische Bauart eines Bierkühlers mit Kühlung durch Salzsole; Fig. 259 das gleiche mit Kühlung durch Ammoniak-Verdampfung.

Fig. 260. (A. Freundlich.) Bierkühler. Das Bier läuft durch die Schlangen, die außen durch kaltes Wasser berieselt

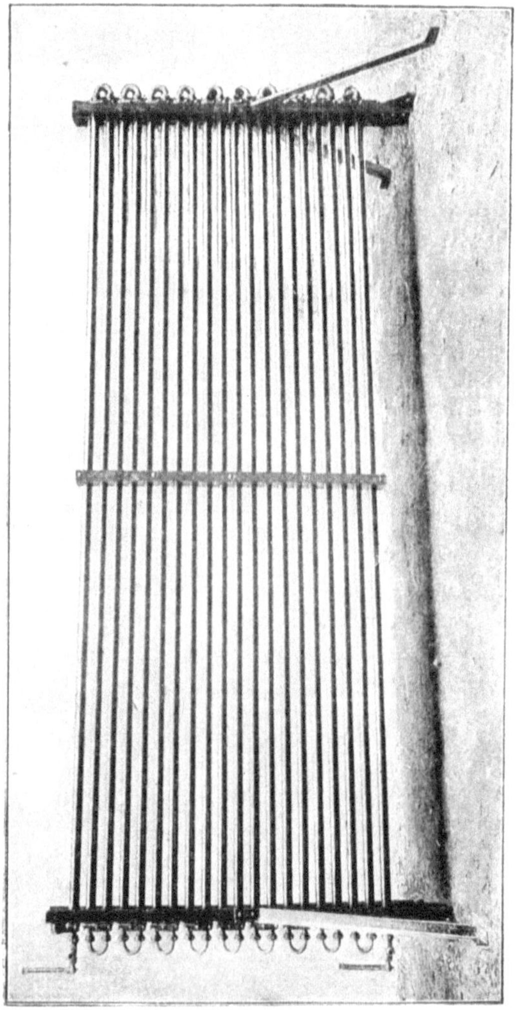

Fig. 260.

werden. Die Reinigung geschieht durch Durchleiten von klarem Wasser nach dem Gebrauch.

Kapitel XI.

Wahl und Verwendung der Kälteschutzmittel.

62. Verwendbare Stoffe und deren Eigenschaften.

Die Anforderungen, welche an die Schutzmittel für Rohrleitungen, Gefäße und Kühlräume gegen Kälteverluste gestellt werden, sind folgende:

Kleiner Wärmedurchlaß bei geringer Dicke,
Bequeme Anbringung,
Widerstandsfähigkeit gegen Stoß, Druck, Biegung, Ausdehnung durch Temperaturschwankung und gegen Eindringen von Feuchtigkeit,
Vollkommener Mangel an Neigung zu innerer Zersetzung,
Leichte Entfernbarkeit und Erneuerung,
Billiger Preis und leichter Transport.

Ungeeignet sind die naß aufgetragenen Schutzmittel da, wo ihr Austrocknen nicht durch Hitze erfolgen kann. Bei Leitungen oder Räumen unter 0 Grad würde die Feuchtigkeit gefrieren und nie mehr herauszubringen sein.

Zur Klärung der Frage des Wärmedurchlasses sind in neuerer Zeit mehrere Arbeiten erschienen.[1]) Die Ergebnisse

---

[1]) De la Conductibilité des materiaux isolants A. Desvignes. L'industrie frigorifique 1908 Déc.

Nusselt, »Die Wärmeleitfähigkeit von Wärmeisoliermitteln« (Mitteilungen über Forschungsarbeiten V. d. I. Heft 63 und 64, auch Zeitschr. f. d. ges. Kälte-Ind. 1908).

Versuche über den Wärme- und Spannungsverlust bei der Fortleitung des gesättigten und überhitzten Wasserdampfes, von Chr. Eberle. Zeitschr. d. Bayr. Revisions-Vereines 1908.

Naturkork.

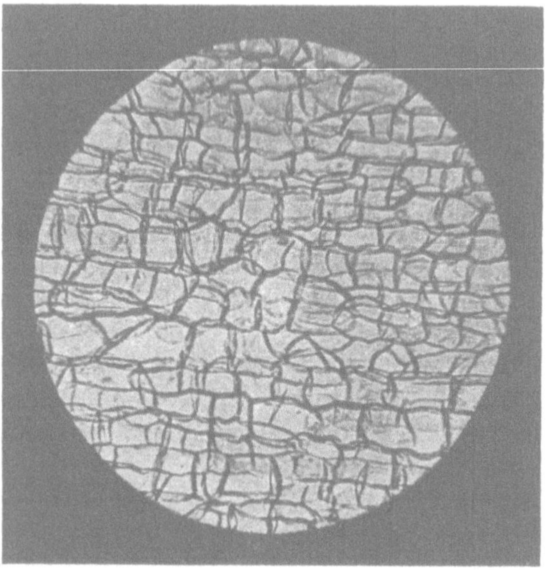

Fig. 261. Schnitt durch die Zellen quer zum Stamm.

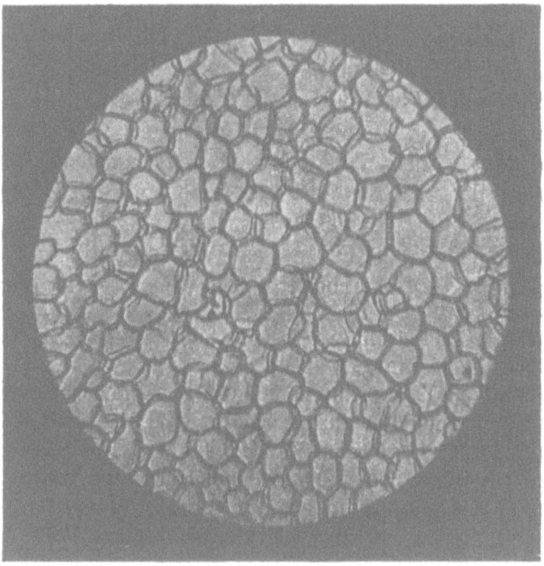

Fig. 262. Schnitt durch die Zellen parallel zum Stamm.

Expansitkork.

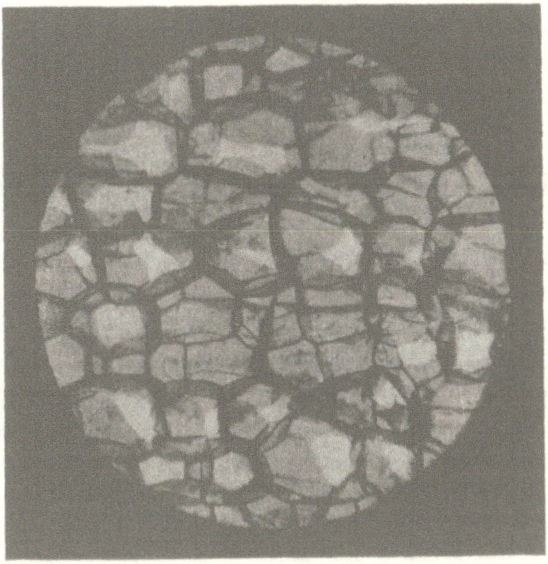

Fig. 263.

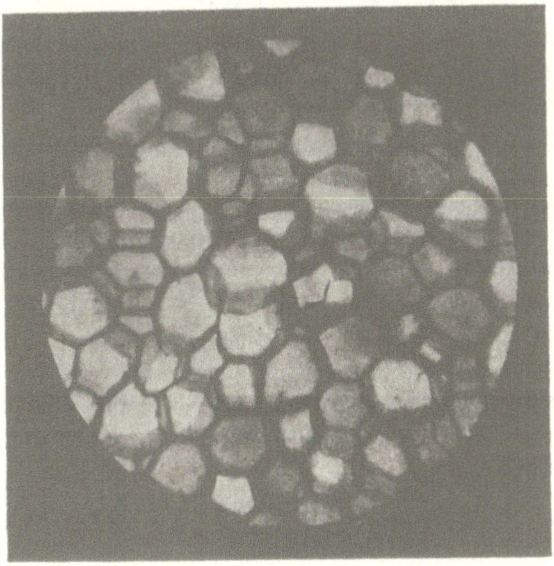

Fig. 264.

sind ungefähr folgende: Der Wärmedurchlaß-Widerstand zerfällt in mehrere Teile: Widerstand der Wärmeaufnahmeflächen und Wärmeabgabeflächen, Widerstand der Stoffe (Rohrmaterial und Kälteschutzmittel) gegen Wärmeleitung.

Über die Wärmeleitung der in Betracht kommenden Stoffe geben die beiden in der Anmerkung zuerst genannten Arbeiten ausreichende Auskunft. Vor allem ist aus denselben zu entnehmen, daß mit der Temperatur im Rohr die Wärmeleitfähigkeit wächst.

Ferner ist von großem Einfluß der Druck, unter welchem die in den Poren stehende Luft steht.

Endlich ist nachgewiesen, daß die Wärmeleitfähigkeit selbst wieder zerfällt in die Überwindung des Widerstandes gegen die Wärmewellen - Übertragung vom Molekül auf das zwischen den Molekülen eingelagerte Gas und von diesem wieder auf das andere Molekül, und in den Widerstand des Moleküles selbst. Der letztere verschwindet gegenüber dem ersteren. Folglich isolieren die porösesten Stoffe am besten, und unter diesen wieder diejenigen Stoffe, deren Poren allseitig geschlossen und groß genug sind bei feinster Verteilung.

Dies ist zurzeit am weitgehendsten erreicht mit dem Expansitkork der Firma Grünzweig & Hartmann, Ludwigshafen.

Fig. 261 bis 264 zeigt die Veränderung, welche der Kork durch das hierzu nötige Vorbehandeln in hoher Temperatur erleidet. Durch dieses wird der Kork leichter, poröser, wasserärmer und fast ganz unfähig zur Wasseraufnahme, und verliert dadurch fast jede Neigung zur Fäulnis. Daß er auf diese Weise ein ideales Isoliermittel wird, ist einleuchtend.

Der Wärmeübergang von Molekül zu Molekül durch das eingeschlossene Gas wird noch mehr erschwert, wenn der Unterschied zwischen den spez. Gewichten der Moleküle und des Gases sehr groß gemacht wird durch Erzeugung eines Vakuums[1]).

[1]) Bericht über den II. Internat. Kälte-Kongreß Wien, S. 166 (Prof. Maryen von Smoluchowski).

Stoff	C
Tragfähige Baumaterialien:	
Marmor u. ähnl. Stein	1,1 bis 2,9
Basalt	1,1 bis 2,4
Schiefer	1,2 bis 1,7
Beton mit Sandkies	0,55
Portlandzementmörtel	0,3 bis 0,5
Ziegelstein u. Backstein	0,45 bis 0,6
Sandstein	0,9 bis 1,8
leichter Stein	0,5 bis 1,0
Tuffstein	1,6 bis 2,2
Metalle:	
Eisen	51 bis 75
Kupfer	330
Bronze	55
Zink	100
Blei	28
Wasser (ruhendes)	0,43 bis 0,57
Quecksilber	5,3 bis 7,3
Schnee leicht, flockig	0,02
Schnee fest	2,0
Schnee auf Röhren als Niederschlag	0,5
Eis	1,8 bis 2,1

Stoff	C	Gewicht von 1 cbm	chemische Eigenschaft	ob leicht anzubringen
Wärmeschutzmittel:		kg		
Kieselgur lose geschichtet	0,06	350	gut	nicht bei Rohrleitungen, etwas umständl. und nur bei heißen Leitungen, trocken leicht zu verwenden
desgl. gebunden	bis 0,6	580	gut	
desgl. trocken	0,2			
gebrannter Kieselgurstein	0,11	200	gut	
Asbest	0,195	576	gut	reiner Asbest ist teuer, Asbestpappe nicht leicht anzubringen
Hochofenschaumschlacke	0,19	360	veränderl.	bei Rohrleitungen nicht
Blätterholzkohle	0,055	215	gut	» » »
Torfmull trocken	0,045	160—190	gut	» » »
Torfmull etwas feucht	0,07	190	noch gut	» » »
Sägemehl	0,06	215	veränderl.	» » »
Korkmehl (1 mm Korn)	0,031	161	gut	» » »
Asphaltiert. Korkstein	0,061	200	sehr gut	überall leicht zu verwenden
Expansit- »	0,035	80	vorzügl.	
Baumwolle	0,054	81	wenn trocken, gut	» » »
Schafwolle	0,042	136		» » »
Seide in lockeren Zöpfen	0,05	140		bei Rohrleitungen nur in Zöpfen
Bimssteinbeton	0,2	600—800	gut	leicht zu verwenden
Isolierkunstbims	0,095	360	gut	
Eichenholz	0,2		muß trocken sein	» » »
Weißtanne	0,12			» » »
				» » »

Über den Widerstand der Oberflächen ist noch wenig bekannt. Die Frage des Wärmedurchlasses im ganzen ist infolgedessen noch ziemlich ungeklärt, wir müssen uns deshalb praktisch zunächst auf wenige Erfahrungswerte[2]) stützen. Aber

Tabelle XX.

Bezeichnung	spez. Gew. s	Wärmeleitungskoeffizient λ $\frac{WE}{st \cdot m^2 \, {}^0C}$
Expansitschrot Nr. 1 Korngröße 1 mm	0,048	0^0 20^0 40^0 60^0 0,0243 0,0294 0,0318 0,0334 80^0 100^0 120^0 140^0 0,0347 0,0363 0,0377 0,0389
Expansitschrot Nr. 3 Korngröße 2—5 mm	0,045	0^0 25^0 50^0 75^0 100^0 0,033 0,036 0,039 0,042 0,046
Expansitstein aus reinem Expansitschrot ohne Bindemittel	0,08	20^0 40^0 60^0 0,0352 0,0369 0,0385 80^0 100^0 120^0 0,0402 0,0420 0,0437
Origin.-Korkstein Marke E aus Expansitschrot mit Pechtonemulsion als Bindemittel	0,22	20^0 50^0 90^0 0,058 0,064 0,068
Imprägnierter Expansit-Korkstein aus Expansitschrot mit Pech als Bindemittel	0,169	15^0 20^0 25^0 35^0 60^0 0,039 0,040 0,041 0,042 0,043
Desgl.	0,18	15^0 20^0 0,041 0,042
Desgl.	0,199	10^0 25^0 50^0 0,043 0,044 0,045

[2]) S. Heinel, »Bau und Betrieb von Kältemaschinen-Anlagen«, S. 66 u. ff.

die Werte der Wärmeleitung geben uns wenigstens die Mittel an die Hand, die verschiedenen Kälteschutzstoffe gegenseitig zu vergleichen.

In der Tabelle XIX (S. 329) bedeuten die Zahlen diejenige Wärmemenge, welche bei 1° C Temperaturunterschied der beiden Enden eines 1 qm starken und 1 m langen Stabes stündlich durch diesen geleitet werden kann, und zwar gelten diese Zahlen für etwa 50° C Temperaturunterschied, was ungefähr der höchst vorkommende Unterschied ist bei normalen Kälteerzeugungsmaschinen.

Die in der Tabelle XIX angeführten Zahlen von Kunstbims und Bimsbeton beziehen sich auf Erzeugnisse der Firma H. Ottmann, München.

Die Tabelle XX gibt ein Bild der Veränderlichkeit der Wärmeleitung mit der Temperatur bei einigen Erzeugnissen der Firma Grünzweig & Hartmann, nach Beobachtungen von Nusselt, Gröber, Poensgen und Noell[1]).

Aus diesen Tabellen dürfen nun die Stoffe ohne weiteres miteinander verglichen werden, von denen man annehmen kann, daß ihre Oberflächen ungefähr gleichen Widerstand gegen Wärmeaufnahme bzw. -abgabe besitzen. Dies ist z. B. der Fall, wenn alle festen Kälteschutzmittel außen mit einem hellen Anstrich gleicher Art versehen sind, was meist der Fall ist. Hieraus erklärt sich die besondere Vorliebe der Kälteindustrie für asphaltierte Korksteine, die leicht anzubringen sind, sich nicht verändern, die Wärme schlecht leiten, die Feuchtigkeit nicht leicht annehmen, und gute Widerstandsfähigkeit gegen Stoß und gegen Längenänderungen bei Temperaturschwankungen haben.

63. Kälteschutz für Rohrleitungen.

Der bei unisolierten Kälterohren sich bildende Schnee ist nur solange ein guter Schutz, als er sehr leicht ist. Bei längerem Betrieb wird er dichter, bei gelegentlichem Abtauen eisig. Die glatte Eisfläche wirkt allerdings der Kälteabgabe mehr entgegen als die rauhe Schneefläche. Jedenfalls muß z. B. folgender Fall

[1]) Bericht über den Internationalen Kältekongreß in Wien.

sorgfältigst vermieden werden: Ein Rohr geht ohne Isolierung durch eine Mauer, der Zwischenraum zwischen Rohr und Mauer ist durch Beton oder Gips ausgefüllt; das Mauerwerk am Rohr wird bald naß werden und gefrieren, und Anlaß zu großem Kälteverlust geben. Man muß zwischen Mauer und Rohr unbedingt ein (am besten durch ein Außenblechrohr) gegen Feuchtigkeitsaufnahme gesichertes Kälteschutzmittel von genügender Dicke einschieben.

Im allgemeinen empfiehlt es sich, von den kalten Rohrleitungen möglichst alles einschließlich der Flanschen[1]), durch Korkschalen oder Seidenzöpfe oder eine kombinierte Art (Baumwollzöpfe mit äußerem Schutz gegen Wasser durch Bänder und Anstrich oder dgl.) zu schützen.

Legt man z. B. die Werte für den Wärmedurchgang durch ungeschützte und geschützte Rohre zugrunde, die Chr. Eberle in Z. des Bayer. Rev. Vereins 1908 31. Aug. S. 169 u. ff. angibt, so kann man herausrechnen, daß bei einer kleinen Anlage von 5000 WE die Rohrleitungen zwischen dem Verdichter und den Apparaten ungeschützt etwa 3000 WE, geschützt immer noch 500 WE Verlust an Kälte ergeben können.

Man rechnet nämlich für 1 qm Außenfläche und 1^0 C Temperaturunterschied in unserem Falle etwa

12,0 WE stdl. Verlust bei ungeschützter Leitung

2,8 WE stdl. Verlust bei geschützter Leitung mit nackten Flanschen

2,0 WE stdl. Verlust bei geschützter Leitung mit geschützten Flanschen.

Bei besonders gut geschützten Leitungen (doppelte Lage von besten Korkschalen) kann man die Hälfte der letzten Werte rechnen. Der Wert von ca. 1,7 ist erreichbar durch sorgfältiges Anbringen von Expansitzöpfen, das sind mit Expansitkorkschrot gefüllte Juteschläuche.

Sorgfältig muß vermieden werden, daß die Kälteschutzmittel naß werden, denn dann bekommen sie die Wärmeleitfähigkeit des Eises, die 40 mal größer ist. Daher ist es unzulässig, die Rohrleitung der Bequemlichkeit und Billigkeit halber

---

[1]) Siehe den obengenannten Aufsatz von Chr. Eberle.

an solchen Stellen ungeschützt zu lassen, von denen aus das Schwitzwasser an und in die Schutzmittel der nächsten Teile der Leitung gelangen kann, z. B. bei Krümmungen von senkrechter in wagrechte Lage. Schon aus diesem Grunde sollten auch die Flanschen geschützt sein.

Bei der Anbringung der Kälteschutzmittel muß erste Regel sein, den Luftumlauf zwischen Rohr und Außenfläche des Schutzmittels unmöglich zu machen. Daher muß das Schutzmittel gut schließen, ohne zusammengedrückt zu werden, und es muß die Außenfläche glatt umwickelt sein ohne Lücke.

64. Kälteschutz für Kältegefäße.

Hierher gehören: Die Verdampfer, Flüssigkeitskühler, Luftkühler, Kältespeicher u. a. Man verwendet als Kälteschutzmittel die in Fig. 265 schematisch angegebenen Formen.

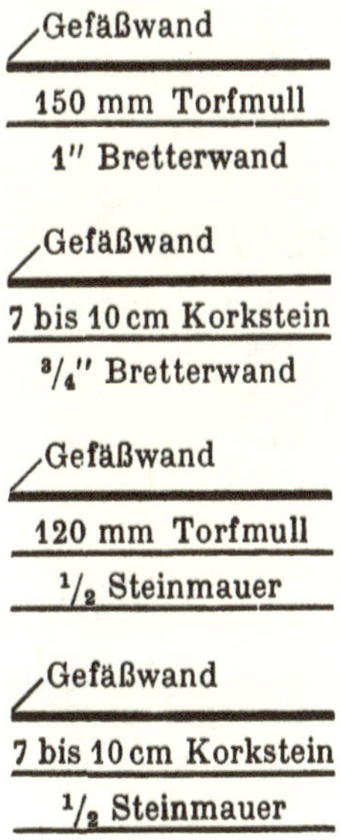

Fig. 265.

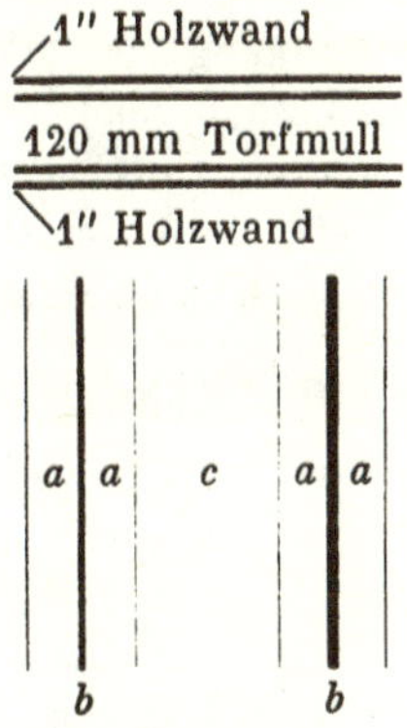

a 7/8" Holzwände
b Isolierpapier
c Kälteschutzmittel

Fig. 266.

oder

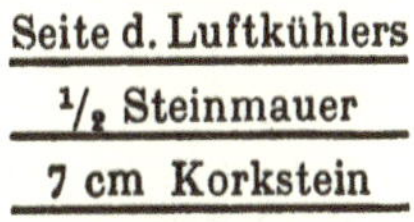

Fig. 267.

Statt der Torfmulle werden auch Blätterholzkohle, Seiden-, Wollabfälle, Kunstbims verwendet.

Besondere Sorgfalt ist oben beim Anschluß der Schutzhülle an den Versteifungswinkel des Gefäßes anzuwenden, besonders bei Eiserzeugern, da das Eindringen von Feuchtigkeit in die Schutzhülle oder zwischen diese und die Blechwand vermieden werden muß. Es muß also die obere Fläche der Schutzhülle stets durch Blech abgedeckt sein, mit Gefälle nach außen.

Bei Luftkühlern wird wohl auch die Bauart nach Fig. 266 und 267 angewendet. Dann bilden diese Umbauten besondere Wände für sich. (Siehe auch Fig. 230 Seite 290.)

Holzwände werden zweckmäßig mit sogenanntem Isolierpapier bekleidet, um sie luft- und wasserdicht zu machen. In Amerika, das großen Holzreichtum hat, werden vielfach mit gutem Erfolg Doppelholzwände verwendet nach Fig. 266.

Für die oben angegebenen Formen wäre ein angenommener Wärmedurchgang von 1 WE für 1 qm und 1° C Temperaturunterschied noch reichlich bemessen.

Bei kleinen Gefäßen kommt bei sehr tiefen Temperaturen noch in Betracht unter ständigem Vakuum stehende Füllung des Isolierzwischenraumes mit Expansitkorkschrot.

65. Kälteschutzmittel für Bauwerke.

Die Ausführungsformen sind sehr mannigfaltig. Für alle gelten folgende Regeln neben den unter 62 genannten Anforderungen:

Grundwasser, Regenwasser, überhaupt Feuchtigkeit, Mauerschwamm u. dgl. dürfen nicht bis zu den Kälteschutzmitteln dringen.

Eisensäulen und Eisenträger müssen verhüllt werden, sobald die Möglichkeit vorliegt, daß durch sie Kälte abgeleitet wird. Die hohe Leitfähigkeit des Eisens (bis 75 WE) erfordert dies. Sonst ist die Gefahr vorhanden, daß sich die Mauerteile, in denen die Eisenteile eingelegt sind, stark abkühlen und mit Feuchtigkeit aus der Luft beschlagen. Neben dem Kälteverlust besteht also noch die Gefahr, daß die Mauer allmählich schadhaft wird.

Das vielfach übliche Anhängen der Rohre an die Deckenträger ist demnach nicht zu empfehlen. Richtiger ist es, die Träger zu verkleiden und die Rohre an Hölzer zu hängen, die von einem Träger zum andern eingespannt oder an ihnen aufgehängt sind.

Es sollten auch die Deckengewölbe, wenn sie nicht geschützt sind, wie es vorkommt, wenn mehrere Kühlräume von gleicher Temperatur übereinanderliegen, an ihrer Stirnseite

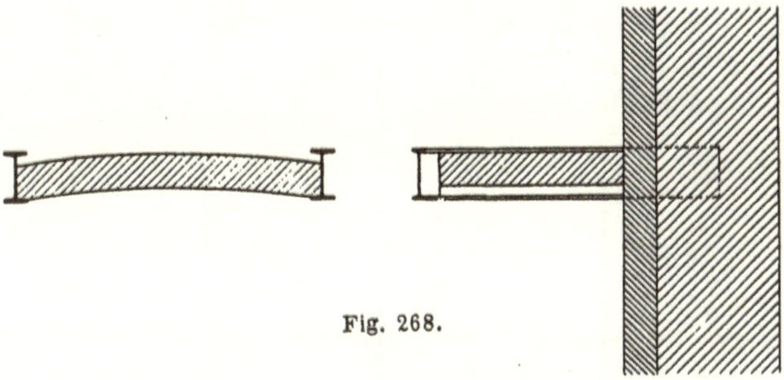

Fig. 268.

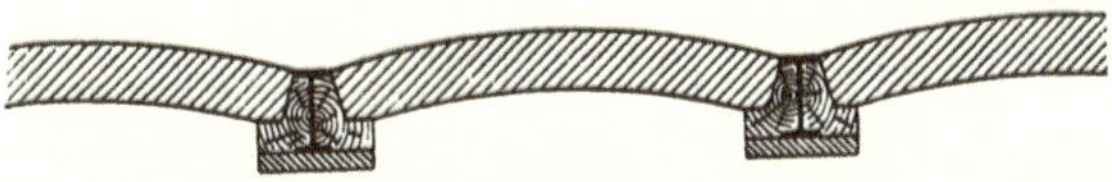

Fig. 269.

nicht an die Tragmauer stoßen, sondern es müßte hier die Tragmauer auf ganze Bauhöhe isoliert werden, bevor die Deckengewölbe fertiggestellt werden. Diese stoßen dann wenigstens an der Stirnseite an den durchgehenden Kälteschutz der Tragmauer, statt an diese selbst (Fig. 268). Außerdem empfiehlt es sich, das Deckengewölbe nicht gegen die Träger unmittelbar stoßen zu lassen, sondern den Träger in Holz und Isolierung einzukleiden nach Fig. 269. Das Holz ist mit Fäulnis verhindernder Flüssigkeit zu tränken und nötigenfalls noch gegen Eindringen von Nässe zu schützen.

Diese Bauweisen empfehlen sich auch dann, wenn der Kälteschutz dadurch erreicht wird, daß oberhalb der Decke eine $^3/_4$ bis 1 m hohe trockene Torfmullschicht aufgeschüttet wird.

Im übrigen lassen sich allgemeine Regeln nicht geben, da die richtige Anbringung des Kälteschutzes je nach Bauart und Anordnung der Kühlräume sehr verschieden sein kann. Beim Entwurf des Gebäudes muß der Verwendungszweck der einzelnen Räume feststehen, und es muß berücksichtigt werden, ob die Räume ununterbrochen gekühlt werden oder ob längere Unterbrechungen im Kühlbetrieb eintreten und wie groß in diesem Falle die Schwankungen der Temperatur und des Feuchtigkeitsgrades der Luft sein dürfen. Sollen die Schwankungen der Temperatur klein sein, so müssen vor den Isolierungen Mauern von $\frac{1}{2}$ bis 1 Stein aufgeführt werden als Kältespeicher nach Fig. 270.

Fig. 270.

Dieser Kältespeicher hat aber einen Nachteil, nämlich den, daß seine Temperatur sehr nahe an der Kühlraum-Lufttemperatur liegt. Infolgedessen kann dieser Kältespeicher wohl zur Erzielung einer kleinen Temperaturschwankung verwendet werden, aber das Ansteigen der Luftfeuchtigkeit über das zulässige Maß nicht hindern. Deshalb ist z. B. bei Fleischkühlanlagen ein weiterer Kältespeicher mit tieferer Temperatur (s. S. 344) nötig, sobald die Unterbrechung des Kühlbetriebes eine gewisse Stundenzahl überschreitet und so viel Fleisch eingelegt ist, daß dadurch der Feuchtigkeitsgehalt der Luft erheblich beeinflußt wird. Oder es muß während des Kühlbetriebes mit besonders tiefer Verdampfungstemperatur und abnormal niedrigem Feuchtigkeitsgehalt der Luft gearbeitet werden.

Kapitel XII.

Die hauptsächlichsten Verwendungsgebiete der Kältemaschine.

66. Brauereien.

Die aus dem Sudhaus kommende Bierwürze wird mit den unter Kapitel X genannten Vorrichtungen erst durch Brunnenwasser, dann durch künstliche Kälte auf die sogenannte Anstelltemperatur gekühlt, nämlich die Temperatur, welche die Würze anfangs im Gärbottich haben soll, d. i. etwa 5^0 C. Diese Abkühlung geschieht in etwa 1 Stunde, je nach der Menge der Bierwürze und der Größe der Kühloberfläche.

	Ql = Würzemenge
Nötige Brunnenwassermenge $\dfrac{Q\,(t_1 - t_2)\ \text{Würze}}{(t_e - t_a)\ \text{Wasser}}$	t_1 = Würzetemperatur am Anfang $\sim 70^0$ ohne Anwendung eines Kühlschiffes $\sim 30^0$ mit Anwendung eines Kühlschiffes
Die Würze kann bis auf etwa 5^0 über der Zulauftemperatur des Brunnenwassers vorgekühlt werden.	t_2 = Würzetemperatur am Ende t_e = Eintrittstemper. des Brunnenwassers t_a = Austrittstemper. des Brunnenwassers
Von der Kältemaschine sind zu liefern: $Q \cdot (t_2 - t_{anst})$ WE.	spez. Wärme der Würze ~ 1 t_{anst} = Anstellungstemperatur

Wird diese Tiefkühlung nur durch Süßwasser, nicht durch Verdampferkühler vorgenommen, so ist eine Süßwassermenge von 0° C nötig gleich:

$$\frac{Q\,(t_2 - t_{anst})}{(t_e - 0)}\,l$$

wobei angenommen ist, daß das Süßwasser bis auf die Eintrittstemperatur des Brunnenwassers erwärmt wird.

Diese Süßwassermenge ist nun so groß, daß die zu ihrer Wiederabkühlung nötige Kältemenge, um wirtschaftlich zu arbeiten, auf mehrere Stunden verteilt werden muß. Es liegt der Fall vor, der unter 61 b. beschrieben ist. Siehe dort [1]).

Der Vorgang bei der Würzekühlung an Oberflächen-Berieselungskühlern ist folgender: Die Luft wirkt da, wo die Würzetemperatur wesentlich über dem Taupunkt der Luft liegt, kühlend und zwar hauptsächlich durch die Verdunstung von Wasser aus der Würze, also am stärksten in den oberen Teilen des Kühlers. Am unteren Teile des Kühlers liegt die Temperatur der Würze tiefer als die der Luft und meist auch tiefer als der Taupunkt der Luft. Daher gibt dort die Luft Wärme und Wasser an die Würze ab. Durch Abgabe von Wärme und Wasser an die Luft wird der Übergang von Infektionskeimen aus der Luft an die Würze erschwert, durch Abgabe von Wasser aus der Luft an die Würze dagegen erleichtert. Es wäre daher eine Trennung des Tiefkühlers von dem übrigen Apparat wünschenswert in der Weise, daß die Kühlung bis auf Lufttemperatur und etwas darunter durch einen Berieselungskühler, die weitere Kühlung auf 5° in einem geschlossenen Kühler nach amerikanischem Muster geschieht.

Die mit der Anstelltemperatur in die Gärbottiche kommende Würze muß in diesen auf einer bestimmten Temperatur gehalten werden, indem die Gärwärme durch Kühlwasser und durch Kühlung der Gärkellerluft abgeführt wird.

Da die Flüssigkeit im Gefäße keine Temperaturveränderung erleiden soll, so ergibt sich der Kältebedarf lediglich aus der chemischen Reaktionswärme. Hat man z. B. Bierwürze

---

[1]) S. auch Heinel, »Bau und Betrieb von Kältemaschinenanlagen. Süßwasserkühlung für Brauereien.« S. 182 ff.

von 15 kg Extraktgehalt pro 1 hl, von welchem 50% vergoren werden sollen, so sind, da bei der Gärung von 180 g Zucker (entsprechend dem Molekulargewicht) rund 32 WE frei werden[1]) pro 1 hl der Würze $32 \frac{15\,000 \cdot 0{,}5}{180} = 1333$ WE durch die Kühlung abzuführen. Für einen Bottich von 30 hl Inhalt ergibt sich demnach ein totaler Kältebedarf von 40 000 WE, der sich auf die ganze Gärdauer, also etwa 10 Tage = 240 Stunden verteilt, so daß auf jeden mit Würze angestellten Bottich stündlich rund 167 WE kommen. Soll nun die Temperatur nicht über 6° C steigen, so darf das Kühlwasser, welches mit rund + 1° eintritt, den einzelnen Kühler jedenfalls nicht mit höherer Temperatur als 5° verlassen.

Werden täglich 2 Sude à 150 hl in den Gärkeller gebracht, so sind, da die Gärdauer 10 Tage ist, ca. 20 Sude gleichzeitig in Gärung bzw. 100 Bottiche à 30 hl. Die stündlich abzuführende Gärwärme beträgt also: $167 \cdot 100 = 16\,700$ WE.

Durch die Bottichwand und die Flüssigkeitsoberfläche werden stündlich in jedem Bottich etwa 40 WE abgegeben, der Rest muß durch die Kühlvorrichtung abgeführt werden. Man hätte also bei jedem Bottich von 30 hl Inhalt etwa 33 l Kaltwasser nötig und eine Oberfläche des Schwimmers von etwa 0,22 qm. Für 100 Bottiche à 30 hl wären benötigt $100 \cdot 130 : 4 = 3250$ l Kaltwasser von 0°, welches sich durchschnittlich auf 5° erwärmt.

Nun ist aber die Entwicklung der Gärwärme nicht gleichbleibend, sie ist anfangs klein, steigt bis zu einem Höchstmaß und fällt dann wieder. Die Kühlvorrichtung des einzelnen Bottiches muß ausreichen für das Höchstmaß.

Es empfiehlt sich deshalb in einem Gärbottich von 30 hl Inhalt einen Kühler von etwa 0,35 qm Gesamtoberfläche einzusetzen und die Wasserleitung so reichlich weit zu machen, daß dem einzelnen Bottich von 30 hl Inhalt 50 l Kaltwasser zugeführt werden können. Die Temperatur der Würze muß

---

[1]) Nach Buffard, »Comptes rendus 1862« Nr. 8. S. auch Zeitschr. f. d. ges. Kälte-Ind. 1895, S. 215.

fortlaufend gemessen und durch die in Kapitel X Abschnitt 60 erwähnten Hähne in der Kaltwasserleitung geregelt werden.

Die schon in Kapitel X erwähnten Kühlrohre an der Decke führen den Teil der Gärwärme ab, der durch die Bottichoberfläche sowie die Flüssigkeitsoberfläche abgegeben wird, außerdem noch die durch die Mauern, Decke und den Boden des Kellers eindringende Wärme sowie die bei der Abkühlung einer bestimmten Menge Frischluft abgegebene Wärme. Den Gärkellern muß Frischluft zugeführt werden, weil bei der Gärung viel Kohlensäure frei wird. Hierbei ist zu berücksichtigen, daß die Kohlensäure schwerer ist als die Luft und daß außerdem die Luft im Keller kälter und schwerer ist als außen. Man muß also unterirdische Gärkeller durch einen Ventilator lüften, oberirdische erhalten ihren Luftabzug nicht an der Decke, sondern am Boden. Siehe Seite 311.

Das ausgegorene Bier wird sodann in die Fässer des Lagerkellers umgefüllt. In diesen findet noch eine schwache Nachgärung statt, deren Gärungswärme unbedeutend ist. Die an der Decke des Kellers befindlichen Kühlrohre brauchen daher nur für die durch die Mauern, Decke und den Boden des Kellers eindringende Wärme und für die Abkühlung der aus dem Gärkeller in den Lagerkeller kommenden Biermenge von 5^0 auf 2^0 bemessen zu werden.

Bei beiden Kellern rechnet man außerdem noch für die Entwickelung von Wärme durch Arbeiter und Beleuchtung eine Kälteleistung von etwa 2% des gesamten Kältebedarfes des Kellers.

Die allgemeine Anordnung einer Brauerei mit Kühlanlage zeigt Fig. 271 (Tafel). (A. Borsig, Tegel).

67. Fleischereigewerbe.

Die gegenwärtige Verwertung der Kältemaschinen im Fleischereigewerbe teilt sich in zwei Stufen. Die Städte oder die Metzgerinnungen besitzen meist große Schlachthöfe, welche mit Kühlanlagen zur Abkühlung der frisch geschlachteten Tiere in Vorkühlhallen und Kühlhallen zur Aufbewahrung des ausgeschlachteten Fleisches ausgerüstet sind.

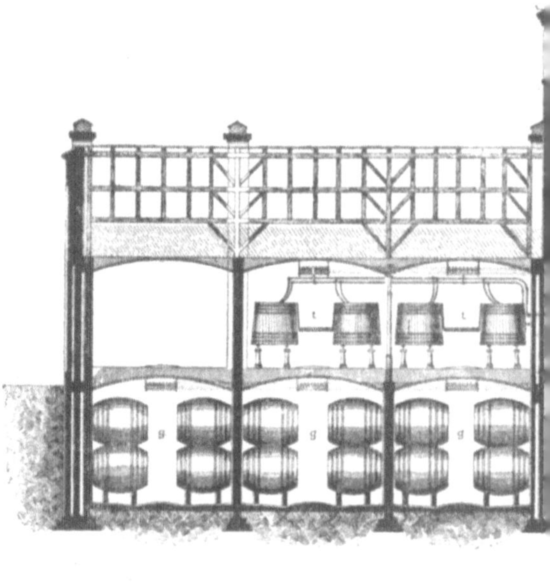
t
t
g
g
g

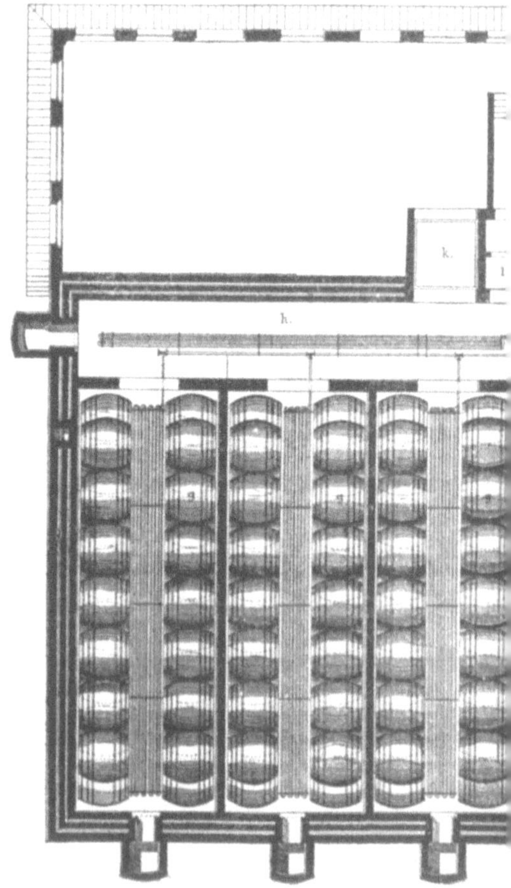
k.
h.

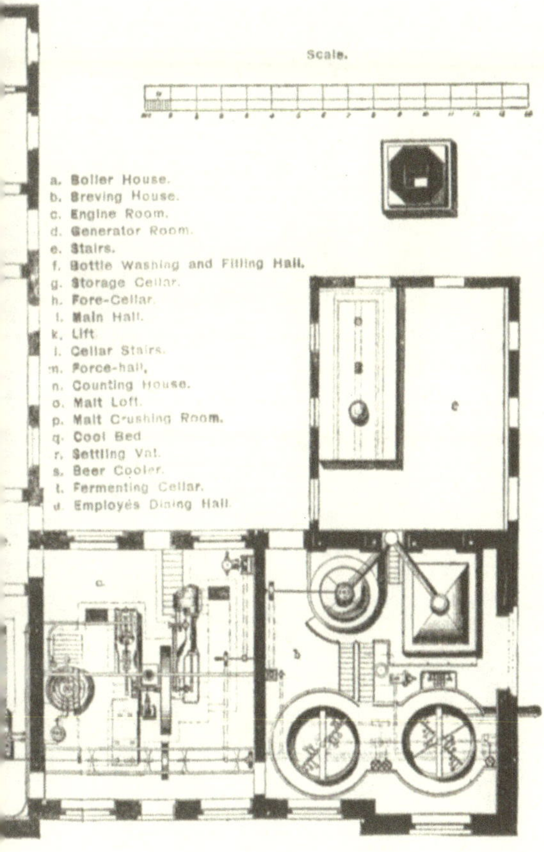

… und Verlag von R. Oldenbourg in München und Berlin.

Fig. 217, S. 280: Vorkühlhalle. Die Tierhälften hängen an Wagen, die auf Schienen laufen, welche unter der Decke der Halle hängen und bis in den Schlachtraum fortgeführt sind. Oberhalb dieser Schienen sind die Luftschläuche für die Zubringung der gekühlten und das Absaugen der wiedererwärmten Luft.

Kältebedarf: Für die Abkühlung des Fleisches von der Außentemperatur auf etwa 6° rechnet man 24 Stunden Zeit. Jedoch sind dann die innersten Teile noch nicht ganz auf 6° angelangt. Die spez. Wärme des Fleisches wird als nahezu 1 angenommen. Auf 1 qm Grundfläche der Vorkühlhalle kann man etwa 200 bis 250 kg Fleisch rechnen.

Q^{kg} = Fleischmenge, die an einem Hauptschlachttag eingebracht wird (sie benötigt etwa bis zu ⅔ der Grundfläche der Vorkühlhalle).

t_e = Einbringtemperatur, t_{vk} = Vorkühltemperatur.

Kältemenge: $Q \cdot (t_e - t_{vk}) \cdot 1$ in 24 Stunden.

$Q \cdot (t_e - t_{vk}) \cdot {}^1/_{24}$ in 1 Stunde.

Dazu kommt noch die durch die Mauern, Decke, Boden usw. verlorengehende Kälte, die durch die Arbeiter, die Beleuchtung, das Öffnen der Türen, die Vorkühlung und Trocknung der nötigen Frischluft und die Ventilatorarbeit verbrauchte Kältemenge. Die Vorrichtung zur Frischluftzufuhr muß so reichlich bemessen sein, daß stündlich ein halb bis einmal der ganze Luftinhalt erneuert werden kann.

Siehe Kapitel IX. Luftkühlung Abteilung 47.

Fig. 218, S. 280: Hauptkühlhalle. Diese dient zur längeren Aufbewahrung des ausgeschlachteten Fleisches (bis zu 6 Wochen). Die Temperatur beträgt zwischen 2 und 4°. Für den Feuchtigkeitsgehalt der Luft besteht in Preußen eine neuere Ministerialverordnung dahingehend, daß, bezogen auf 4°, der Feuchtigkeitsgehalt 75 % betragen soll. Vorübergehende Überschreitung des vorgeschriebenen Feuchtigkeitsgehaltes und der Temperatur wird als zulässig erachtet, solange das aufbewahrte Fleisch keinen Schaden nimmt. Um diese letztere Bestimmung genauer auslegen zu können, haben Stetefeld und Heinel Versuche angestellt an einer Kühlanlage mit großen Betriebsunterbrechungen. (Siehe Fig. 272.) Hiernach erscheinen Schwankungen soweit zulässig, daß die Temperatur der Oberfläche des Fleisches im Kühlraum nie unter der Taupunkts-

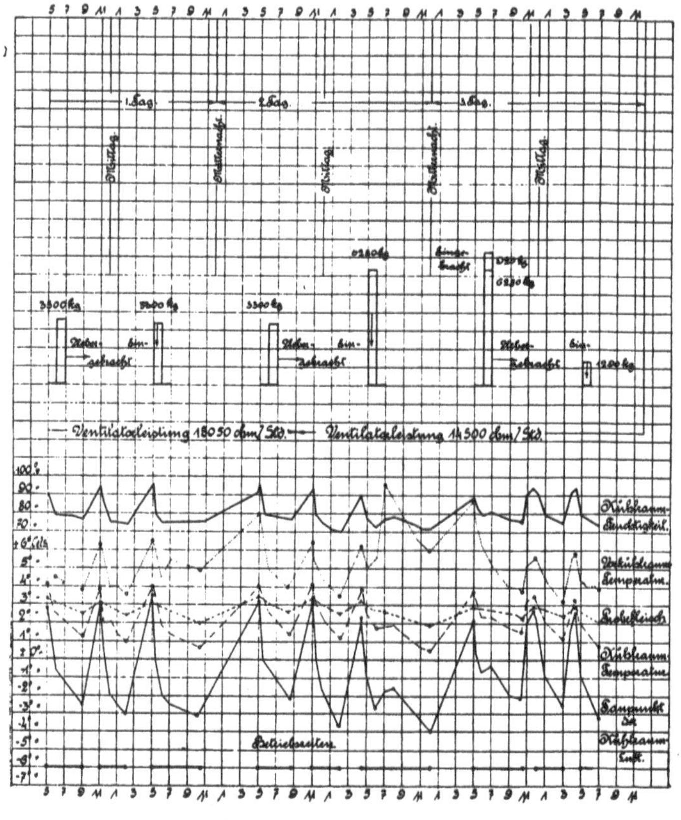

Fig. 272.

Die Kühlhallen waren geöffnet täglich früh von 5—7, mittags von 12—1, abends von 5—7, Eis wurde gezogen täglich früh von 5—7.

temperatur der Luft liegt. Es ist zweckmäßig, den Unterschied zwischen diesen beiden Temperaturen nicht kleiner als $\frac{1}{2}^0$ werden zu lassen. Bei großen Betriebsunterbrechungen müssen zu diesem Zwecke unter Umständen Kältespeicher eingebaut werden, deren Temperatur immer unter dem Taupunkt der Kühlraumluft liegen muß.

In den Schlachthöfen ist der Kältebedarf der Vorkühlräume an Hauptschlachttagen nach dem Einbringen des frisch geschlachteten Fleisches am größten, im Kühlraum am Tage nach dem Hauptschlachttag. Diesem Bedarf muß sich der Betrieb anschmiegen, und es muß die der Luft im Luftkühler erteilte Kältemenge jeweils durch Regulierung und Umstellen der Klappen in den Luftkanälen dem Raume zugeführt werden, der sie gerade am nötigsten braucht. Demnach wird die tägliche Betriebszeit am Hauptschlachttage und am Tage darnach länger sein müssen als an den anderen Tagen.

K ä l t e b e d a r f: Zur Abkühlung des Fleisches von der Vorkühltemperatur auf die Hauptkühlraumtemperatur in etwa 24 Stunden: $Q\,(t_{vk} - t_k) \cdot 1$ WE, dazu kommt der Ersatz der durch Mauern, Decke, Boden, Fenster und Türen verloren gehenden Kälte, der durch die Ventilatorarbeit, die Arbeiter und die Beleuchtung vernichteten und der zur Abkühlung und Trocknung der Erneuerungsluft nötigen Kältemenge. Die Frischluft soll so reichlich gegeben werden, daß täglich 6 bis 12 mal der ganze Luftinhalt erneuert wird.

Da das Fleisch in diesen Räumen in kleineren Stücken aufgehängt wird, und zwar meist in geschlossenen Zellen, so rechnet man auf den qm Kühlraumfläche, die Gänge mitgerechnet, etwa 150 kg Fleisch. Die nach einem Hauptschlachttag eingehängte Fleischmenge beansprucht in der Regel ½ bis ⅔ der Gesamtfläche, je nach den örtlichen Marktverhältnissen, und je nachdem einzelne Schlächter in ihrem Hause noch eine eigene kleine Kühlanlage besitzen oder nicht.

Solche kleinere Kühlanlagen werden in der Regel nach den gleichen Gesichtspunkten gebaut und eingerichtet, wie die großen, nur in wesentlich vereinfachter Form. Da außerdem das Fleisch in diesen kleinen Anlagen selten länger als 8 bis höchstens 14 Tage hängt, so genügt hier eine Durchschnittstemperatur von 5° und ein Feuchtigkeitsgehalt von 80%. Über 6° sollte aber die Temperatur nie steigen, der Feuchtigkeitsgehalt nie über 85%. Lufterneuerung und Vorkühlung der Erneuerungsluft darf nicht fehlen. Statt eines außerhalb des

Kühlraumes liegenden Luftkühlers kann man Kühlröhren verwenden, die an der Decke des Raumes hängen. (Siehe S. 271 u. ff.) Zweckmäßig ist die Verwendung von Kältespeichern.[1])

Übrigens lassen sich auch große Fleischaufbewahrungsanlagen durch Luftkühler mit natürlichem Luftumlauf kühlen. Ein Ventilator und besonderer Luftkühler für die Vorkühlung der Erneuerungsluft ist aber nicht zu umgehen. Der Luftkühler mit natürlichem Luftumlauf muß eben dann mit der aus Kapitel IX Abteilung 50 zu entnehmenden Temperatur des Kühlmittels arbeiten, damit der richtige Feuchtigkeitsgrad eingehalten wird.

Über Eiskühlanlagen siehe S. 228.

Besondere Vorkehrungen sind bei den Fleischkühlanlagen zu treffen gegen große Temperaturschwankungen (s. S. 336). Wenn nämlich die Temperatur des Fleisches zufällig tiefer liegt als der Taupunkt der Kühlhausluft, so beschlägt sich das Fleisch außen mit Feuchtigkeit. Dies läßt sich mit Sicherheit vermeiden durch Beschränkung der Temperaturschwankung auf höchstens 3° C. Ermöglicht wird dies:

a) durch ununterbrochenen Betrieb, b) bei nicht fortwährendem Betrieb durch Kältespeicher. Ersteres kommt nur bei sehr großen Anlagen in Frage, wobei die Maschinen so einzurichten sind, daß die Kälteerzeugung jederzeit dem Kältebedarf angepaßt werden kann. S. Kap. III 17.

Über Kältespeicher siehe S. 336.

Die Gesellschaft für Lindes Eismaschinen besitzt neuere Patente, nach denen das Tropfwasser in Rinnen oder Trichtern aufgefangen wird, die mit dem Kühlrohr verbunden sind. Dieses so angesammelte Tropfwasser wird während des Betriebes gefrieren und speichert dann eine erhebliche Kältemenge auf. Die Temperatur dieses Speichers beträgt 0° C. Will man demselben mit Rücksicht auf den Feuchtigkeitsgrad der Luft dauernd eine Temperatur unter 0° geben, so muß eine abgeschlossene Menge Salzwasser von einem bestimmten spezifischen Gewicht (s. S. 184) zum Gefrieren gebracht werden.[2]) Das aus

---

[1]) S. Zeitschr. f. d. ges. Kälte-Ind. 1907, S. 1.

[2]) Siehe S. 274.

der Luft ausscheidende Wasser darf sich mit dem Salzwasser nicht vermischen.

Eine wichtige Frage[2]) ist die des Antriebes der Maschinenanlagen von öffentlichen Schlachthöfen. Diese Frage kann wirtschaftlich gut nur gelöst werden in Verbindung mit der Frage nach dem großen Bedarf an Warmwasser und Heizdampf. Am wirtschaftlichsten arbeitet die Gesamtanlage dann, wenn hierzu genügend große Mengen von Abdampf aus Dampfmaschinen zur Verfügung stehen oder Abgase aus einer größeren benachbarten Feuerungsanlage. Aus diesem Grunde kommen Gaskraftmaschinen und Elektromotoren nur in Frage, wenn die Gasanstalt oder das Elektrizitätswerk dicht benachbart sind, so daß diese den größten Teil der für Warmwasser und Heizdampf nötigen Wärme zu Selbstkosten liefern oder wenn beide Werke das Gas bzw. den elektrischen Strom zu reinen Selbstkosten liefern können.

Eine sehr große Kühlanlage zeigt die Tafel Fig. 273 bis 276 (Schweineschlachthof Berlin, ausgeführt von A. Borsig, Tegel.

68. Kühl- und Gefrierhäuser.

Bei der Anlage solcher Häuser ist der jeweilige Zweck genau ins Auge zu fassen und die Bauweise diesem in gewissenhaftester Weise anzupassen.

Ungünstige Grundrisse, verzwickte Bauweise, unbequeme Treppen, unrichtig angelegte Aufzüge, schlechte oder falsch angebrachte Ein- und Ausfuhrwege, Mangel an Platz für den Verkehr der Fuhrwerke, falsche Luftkühleranordnung, sowie überhaupt unrichtige oder ungenügende Versorgung mit Kälte rächen sich schwer, selbst dann, wenn nur einzelne scheinbar untergeordnete Punkte zutreffen.

In den nachfolgenden Zeilen sind die Hauptregeln für einige Sonderbeispiele gegeben.

a) Gefrieranlagen für Fleisch oder Fische. Solche finden sich in Rußland, Australien, Süd-

[2]) Siehe die Aufsätze von Heinel in Zeitschr. f. d. ges. Kälte-Ind. 1908, S. 178 u. ff. und Eis- und Kälte-Industrie 1911, S. 144.

amerika. Sie dienen ausschließlich dem Zwecke, Fleisch oder Fische einzufrieren für einen langen Überführungsweg in Kühlschiffen oder Kühlzügen. Diese Anlagen sind verhältnismäßig einfach, aber infolge meist sehr großer Abmessungen von besonderer technischer Bedeutung.

Das Haus besteht meist aus einer Reihe von Räumen von großer Grundfläche und 3—4 m Höhe. Da nur ein- und dieselbe Warengattung oder nur wenige in Betracht kommen, ist es nicht nötig, viele Abteilungen mit getrennten Luftkühlern einzurichten, die ganze Anlage erhält vielmehr einen sehr einheitlichen Charakter. In der Regel wird mit der Kühl- bzw. Gefrieranlage eine durch isolierte Tore verschließbare Halle verbunden, in welcher die Eisenbahnwagen vor dem Einladen des Gefriergutes ausgekühlt werden. Die Kühlgüter müssen, bevor sie das Haus verlassen, vollkommen durchgekühlt bzw. durchgefroren sein. Dies dauert stets mehrere Tage, selbst dann, wenn sie der kalten Luft gut zugänglich sind. Unzulässig ist es, die Kühlgüter in Verpackung in das Gefrierhaus zu bringen und so ausfrieren zu wollen. Die Verpackung wirkt isolierend und hindert den Kältedurchgang unter Umständen so lange Zeit, daß in den inneren Partien mittlerweile die Zersetzung beginnen kann. Ebenso ist es unzulässig, Waren, die in Verpackung gefroren ankommen und in einem Kühlhause längere Zeit aufbewahrt werden sollen, ohne weiteres in der Verpackung einzulagern. Es muß bei jeder Kiste eine genaue Kontrolle stattfinden, ob dieselbe noch durch und durch gefroren ankam. Wenn dies nicht der Fall ist, so muß man die ganze Ware erst auspacken, luftig lagern, und darf sie erst nach dem Wiedergefrieren wieder in die Verpackung legen. Das Auspacken darf nur im kalten Raume geschehen, nicht im Freien, weil sich die gefrorenen Güter sonst mit Luftfeuchtigkeit beschlagen würden. Falsch wäre die Einlagerung auch in folgendem Falle. Wenn sich unter einem Gefrierraume ein Raum mit einer Temperatur über 0° befindet und die Waren oder Kisten im Gefrierraum sehr dicht aneinander, unmittelbar auf dem Boden liegen, so wird die Wärme von unten her durch den isolierten Boden allmählich durchdringen und zu den Waren gelangen. Es müssen die Waren auf genügend hohe

Kühl-, Gefrier- u. Eismaschinen-Anl

der Herren E. u. J. Mayer in Frankfurt a/M.

ausgeführt von der

Maschinenbau-Anstalt Humboldt in Kal

Schnitt A-B, C-D.

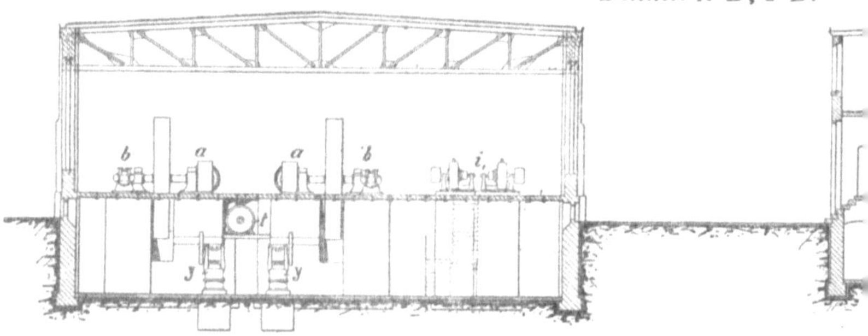

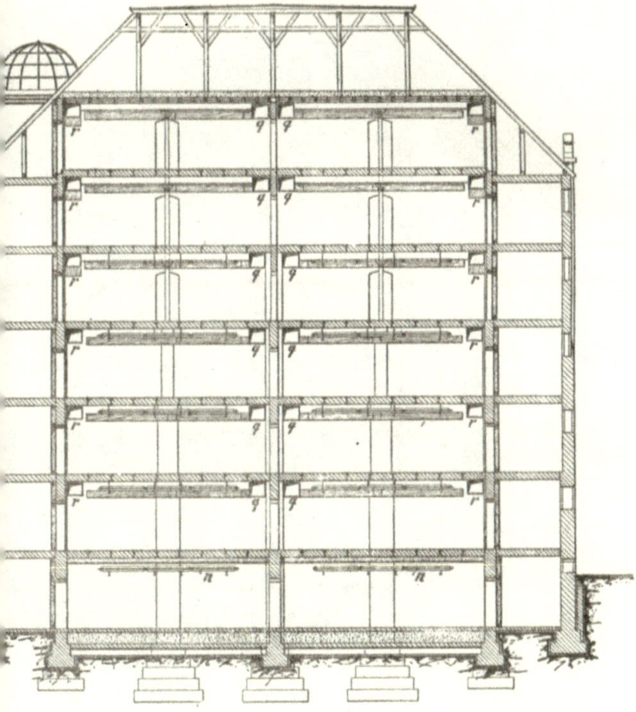

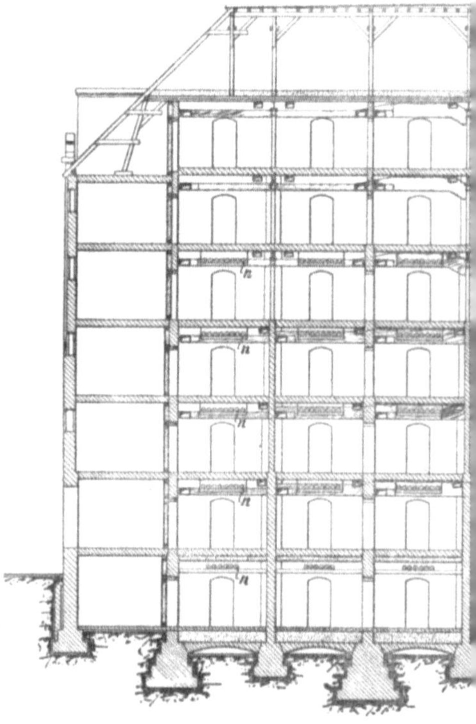

F.

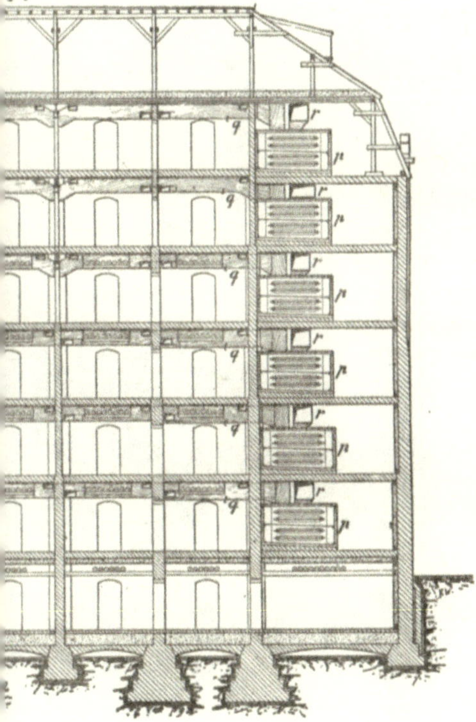

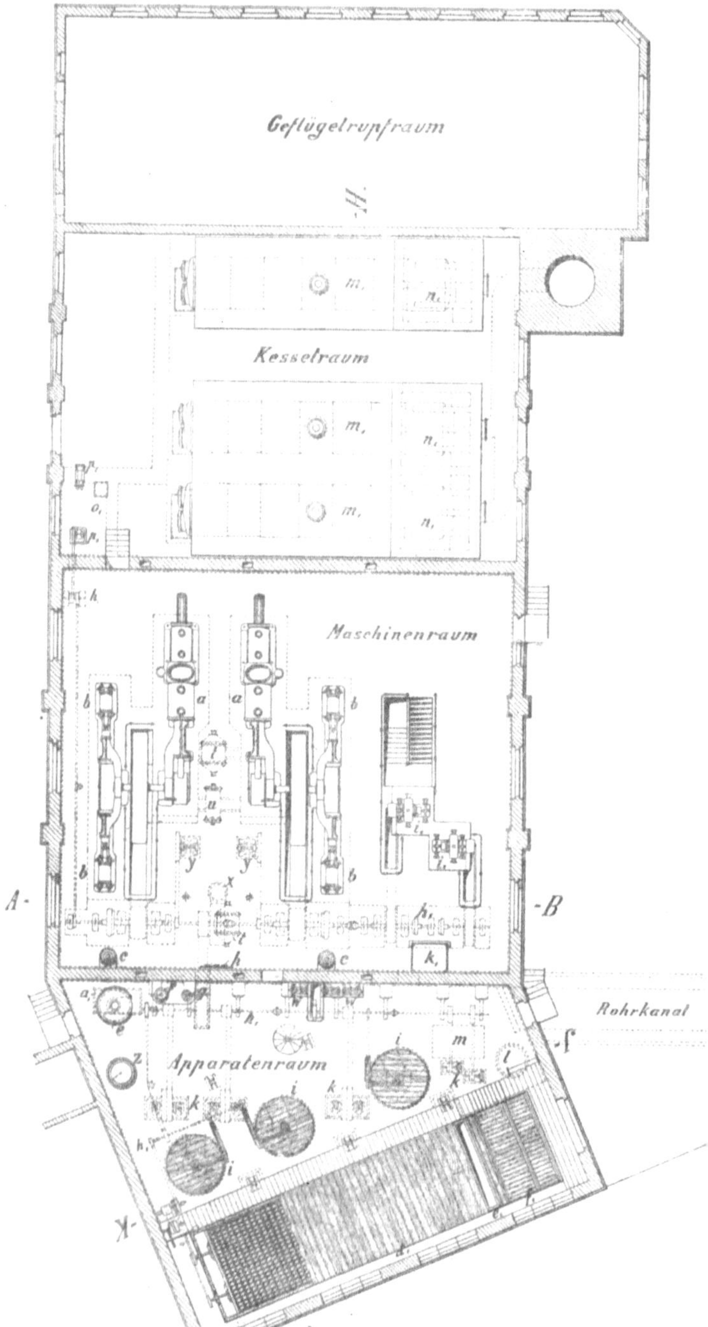

Geflügelrupfraum
Kesselraum
Maschinenraum
Apparatenraum
Rohrkanal
A-
-B

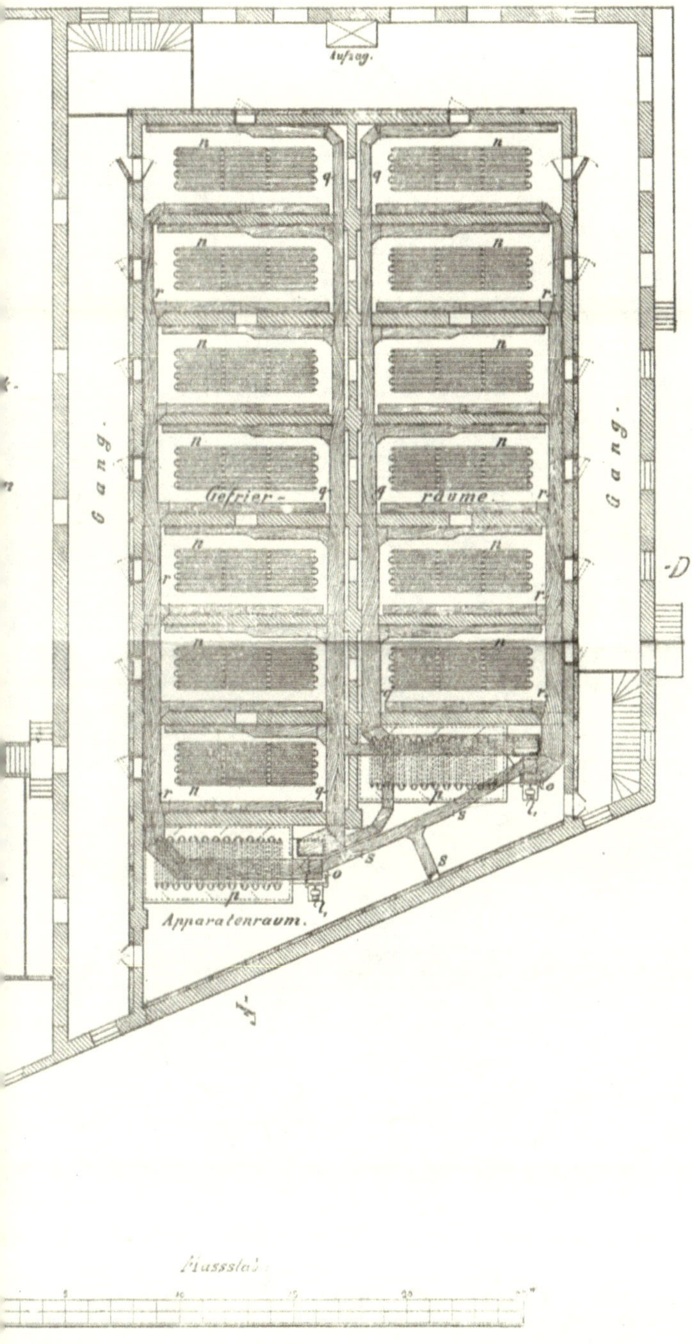

Fig. 277.

Stündl. Gesamt-Kälteleistung : 60000

Kühl- u. Gefrier	
2 Kühlräume Dach- u IV. Obergeschoss	: 99
4 Gefrierräume III., II., I. Obergeschoss u. Erdgeschoss	: 186
1 Lagerkeller	. 55
Zusammen	: 341

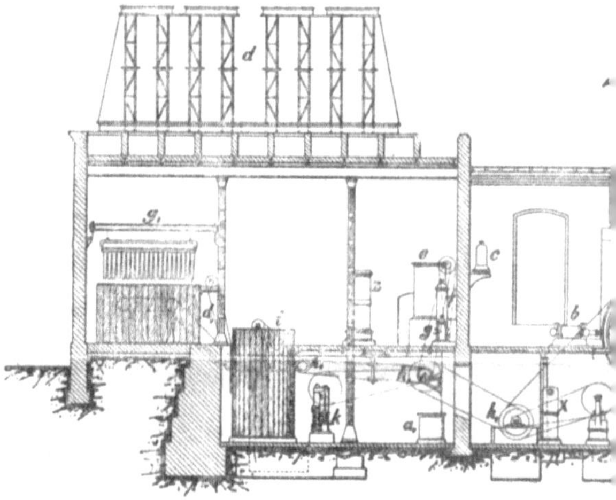

Schnitt J-K.

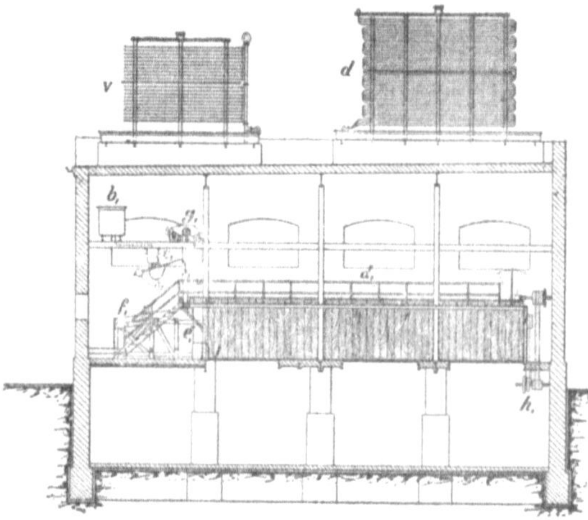

…chl. 1000 kg Crystalleis.

…cbm Inhalt bei 1,5 m bezw. 3 m Höhe
… cbm " " 3 m Höhe
… cbm " " 1,5 m "

… cbm Inhalt

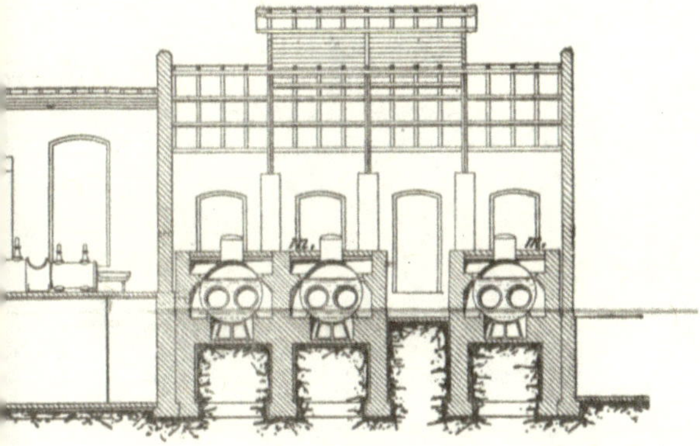

Erklärung:

…ampfmaschinen	v Dampf-Berieselgs. Condensator
…mmoniak-Compressoren	w Circulationswasser-Pumpen
…labscheider	x Kochapparat
…mm. Berieselgs. Condensatoren	y Luftpumpen
…chkühler für Ammoniak	z Nachkühler für Gefrierwasser
…mmelgefäss " "	a, Filterapparat
" " " Oel	b, Gefrierwasser-Behälter
…anometertafel	c, Füllvorrichtung
…dampfer für Salzwasser	d, Eisgenerator
…zwasser-Pumpen	e, Auftaugefäss
" - Anwärmer	f, Entleerungstisch
" - Sammelbassin	g, Laufkran
…hlrippenrohre	h, Transmission u. Vorgelege
…ntilatoren	i, Dynamos
…ftkühlapparate	k, Schalttafel
…tung für kalte Luft	l, Electromotoren
" " warme "	m, Dampfkessel
" " frische "	n, Ueberhitzer
…ampfreiniger	o, Speisewasser-Bassin
…isewasser-Vorwärmer	p, " " -Pumpen.

…und Verlag von R. Oldenbourg in München und Berlin.

Kühl-, Gefrier

Kühl- u. Gefrierräume:

		Bodenfl.	Inhalt
1	Kühlraum f. Eier	350 qm	1281 cbm
2	Ausbringräume	53 qm	181 cbm
	Zusammen	403 qm	1462 cbm
3	Kühlraum f. Fleisch	547 qm	1876 cbm
4	Vorraum	33 qm	105 cbm
	Zusammen	580 qm	1981 cbm
5	Gefrierr. f. Wild u. Geflügel	130 qm	440 cbm
6	" " "	138 qm	460 cbm
7	Vorräume	24 qm	74 cbm
	Zusammen	292 qm	974 cbm
8	Gefrierraum f. Fische	223 qm	751 cbm
9	Vorraum	20 qm	64 cbm
	Zusammen	243 qm	815 cbm
10	Kühlraum f. Bier	433 qm	1316 cbm
11	Ausbringraum	99 qm	295 cbm
	Zusammen	532 qm	1611 cbm
12	Kühlraum f. Käse	36 qm	108 cbm
Gesamt-Kühlräume	mit Vorräumen	2086 qm Bodenfl.	6951 cbm Inhalt
	ohne "	1857 qm "	6232 cbm "

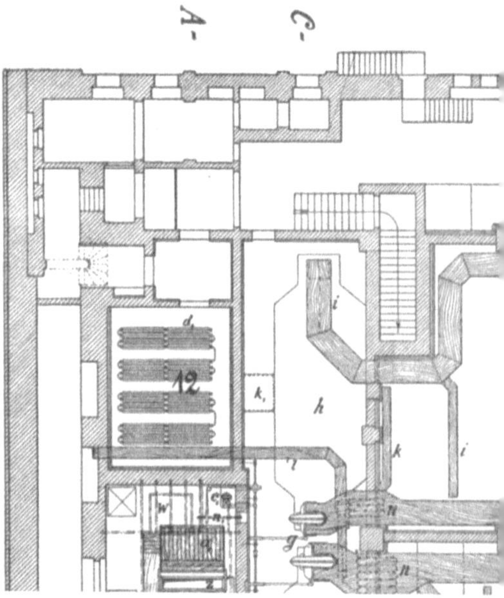

…maschinen-Anlage der städt. Haupt-…

von der Maschinenbau-Anstalt Humboldt in …

Stündliche Kälteleistung 225000 Calorien einschl. 312 kg Crystalleis.

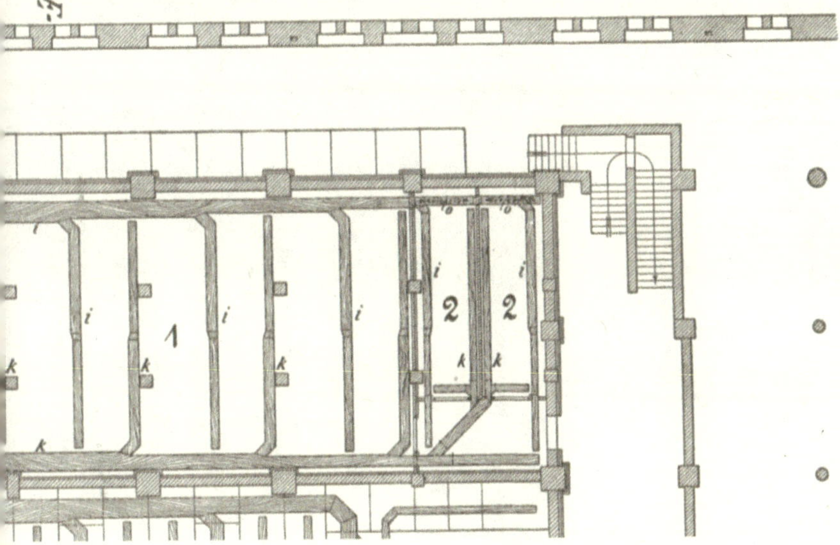

Erklärung:

a Dampfmaschinen
b Ammoniak-Compressoren
c Oelabscheider
d Ammoniak-Condensatoren
e Sammelgefäße für Ammoniak
f " " " Oel
g Exhaustoren
h Luftkühlapparate
i Leitung für kalte Luft
k " " warme "
l " " frische "
m " " Abtau- "
n Heizschlangen
o Heizkörper
p Dampfreiniger
q Dampf-Oberflächencondensator
r Kochapparat
s Luftpumpen
t Gefrierwasser-Pumpen
u " -Kühler
v " -Filter
w " -Behälter
x Füllvorrichtung
y Eisgeneratoren
z Auftaugefäße
a, Entleerungstisch
b, Laufkran
c, Salzwasser-Pumpe
d, " -Kühlrippenrohre
e, Ammoniak- "
f, Kühlwasserpumpen
g, Speisewasser-Pumpen
h, " -Bassins
i, Schmutzwasser- "
k, Tauwasser- "
l, Dampfkessel
m, Wasserreiniger
n, Transmission u. Vorgelege
o, Dampf-Dynamos
p, Riemen-Dynamo
q, Schalttafel
r, Frischluft-Vorkühler.

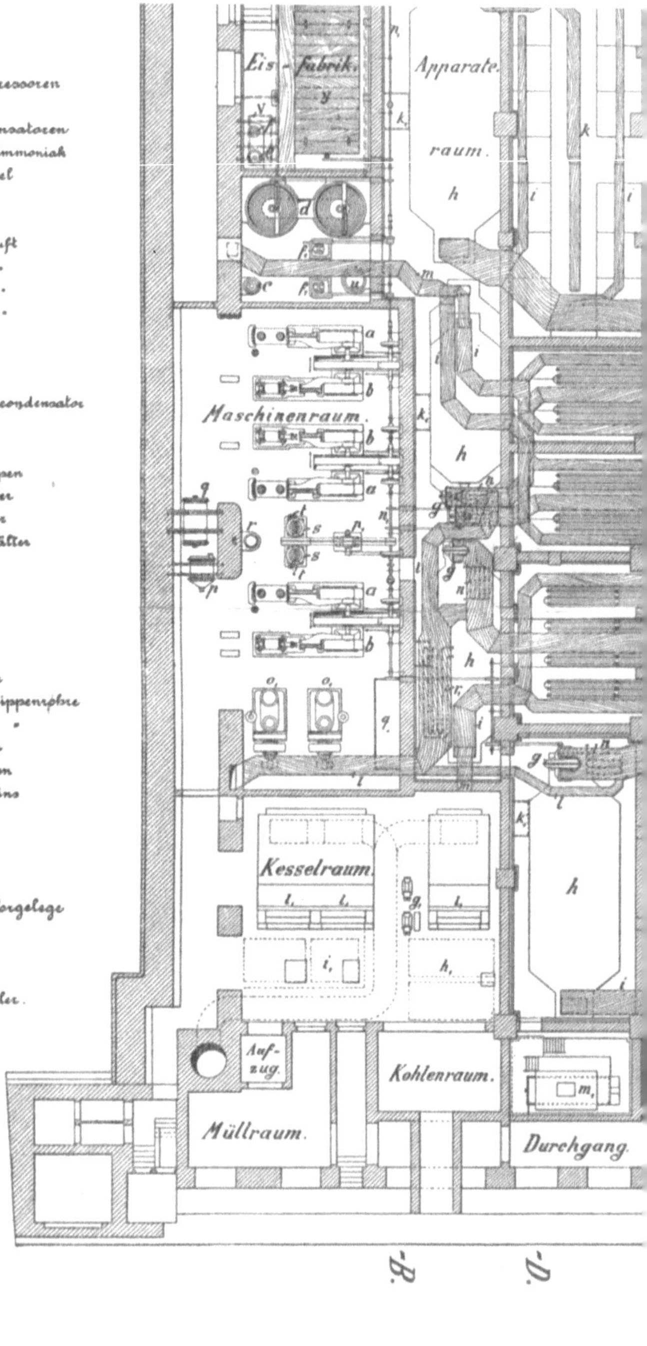

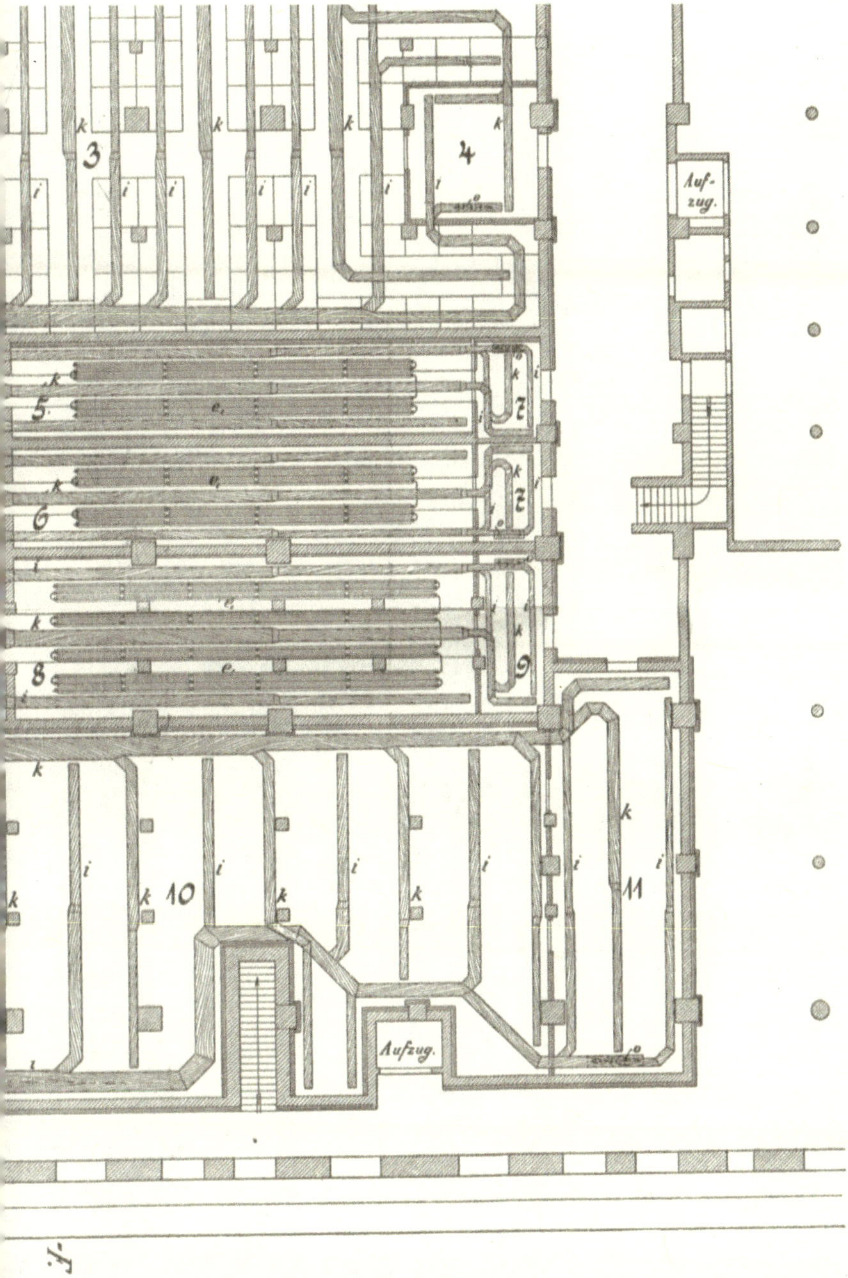

Fig. 278.

-Markthalle in Cöln

Kalk.

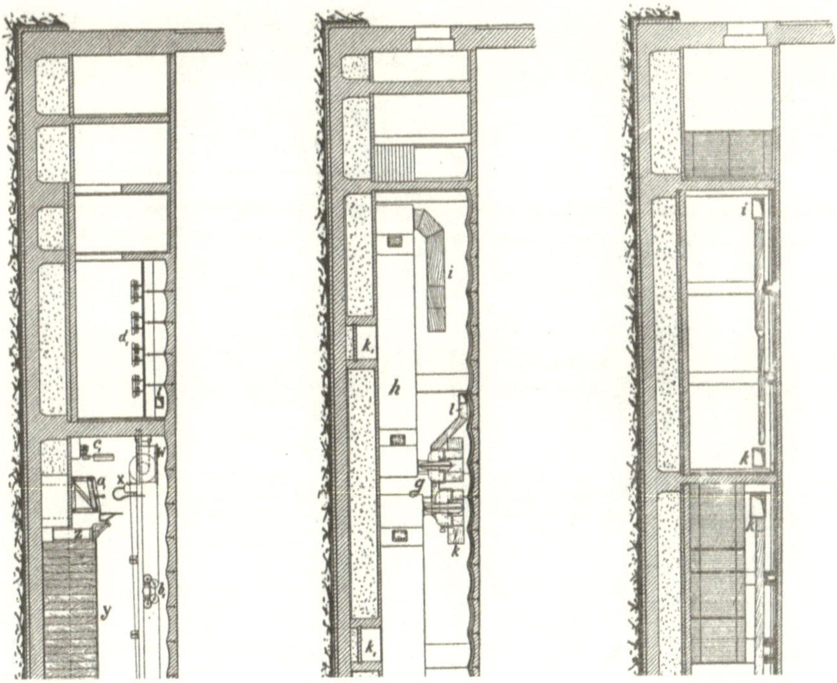

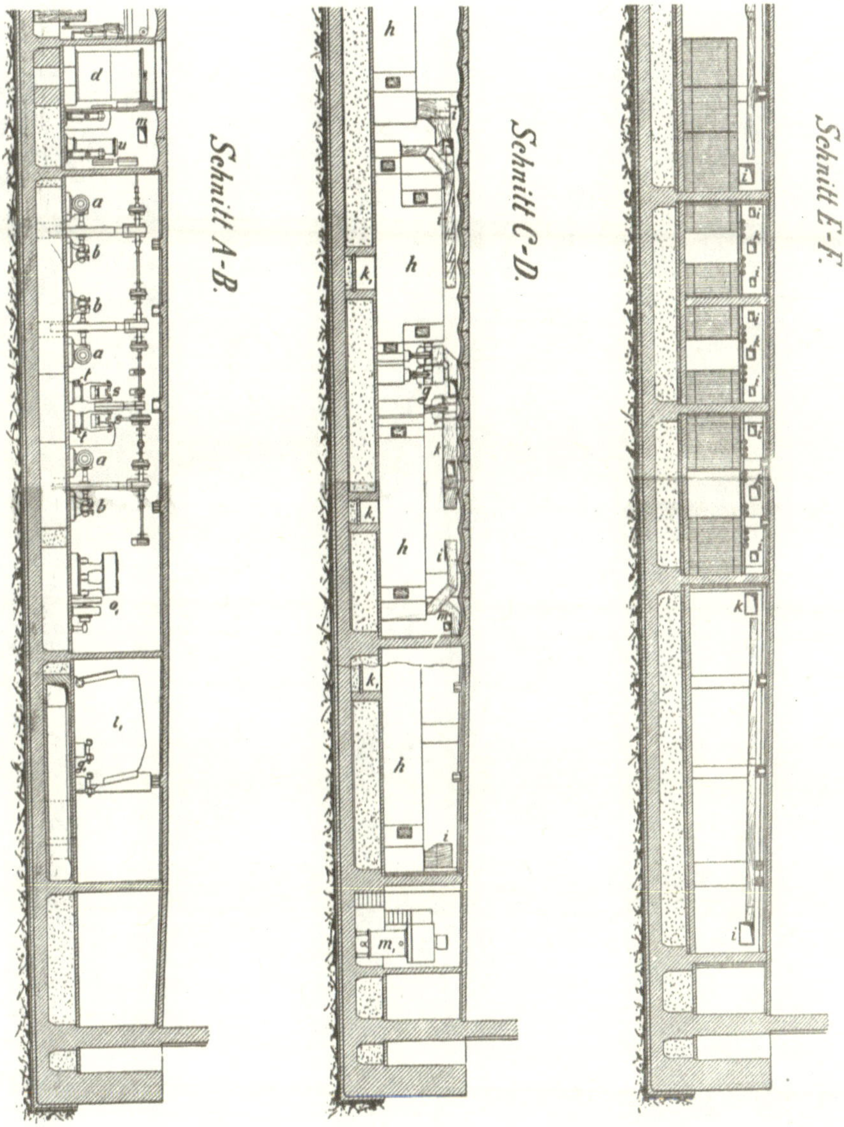

Druck und Verlag von R. Oldenbourg in München und Berlin.

Gitterpodeste, die Kisten auf genügend hohe Unterlaghölzer so gelegt werden, daß die Luft unten durchstreichen kann.

b) Die obigen Bemerkungen unter a gelten sämtlich auch für die großen Obstkühlanlagen in den Ländern, welche Obst in großen Mengen ausführen.

c) Schwieriger liegt die Aufgabe bei den Kühl- und Gefrierhäusern, welche die Aufgabe haben, dem Handel mit Lebensmitteln in einer Großstadt Gelegenheit zur zeitweisen Einlagerung von Lebensmitteln zu geben, deren Erzeugung an bestimmte Jahreszeiten gebunden ist. In diesem Falle muß es zur wirtschaftlichen Ausnützung des Kühlhauses möglich sein, die verschiedenen Räume immer wieder für andere Güterarten zu verwenden. Dies zwingt dazu, die Hallen in eine größere Zahl gegeneinander abgeschlossener Räume zu unterteilen und für jeden derselben oder wenigstens für jede Gruppe besondere Luftkühler aufzustellen, soferne diese mit Luftumlauf arbeiten. Den weitesten Spielraum gewährt hierbei das in größeren Kühlhäusern jetzt mit Vorliebe benützte System, die einzelnen Kühlräume mit Luftkühlern mit natürlichem Luftumlauf (s. Kapitel Nr. IX, S. 272 ff.) zu versehen und nur für Frischluft ein oder mehrere geschlossene Luftkühler aufzustellen. Dann kann ein einziger Frischluftkühler mehrere oder alle Räume mit kalter Frischluft versehen.

Werden die Gefrierräume durch Latten- oder Drahtverschläge in einzelne Zellen eingeteilt, so empfiehlt es sich, die Hallen so hoch zu halten, daß zwischen der Drahtdecke der Zellen und den Kühlrohren Platz genug bleibt für Anbringung von Schneeauffängern (s. S. 276) bzw. zum Abkratzen des Schnees.

Die Tafeln (Fig. 277 u. 278) zeigen zwei Anlagen, bei denen jeder einzelne Raum oder Gruppen von Räumen besondere Luftkühler mit künstlichem Luftumlauf und Frischluftkühlung besitzen.

Die Regeln für die richtige Einlagerung sind bei diesen Kühlhäusern mit besonderer Sorgfalt einzuhalten. Leider fehlt es hierfür trotz der von den Kühlhäusern mit den Mietsverträgen hinausgegebenen gedruckten Anweisungen vielfach noch an dem richtigen Verständnis auf Seite der Mieter, so daß oft große Warenmengen verderben, trotzdem die Kühlvorrichtungen durchaus ordnungsgemäß arbeiten. Die unter a) betreffs der Verpackung, des Ein- und Auspackens und des Einlagerns gemachten Bemerkungen gelten auch hier.

Besonders bei diesen Lagerhäusern ist für alle Räume ein genügender Kältespeicher und zwar am besten in dem vor der Isolierung stehenden Mauerwerk zu schaffen, weil von vornherein die Art der jeweils einzulagernden Güter nicht feststeht, und viele Güter (z. B. Eier) in bezug auf Temperaturänderungen sehr empfindlich sind.

Beim Ausbringen der Waren aus dem Kühl- bzw. Gefrierraum sollte stets dafür gesorgt werden, daß die Feuchtigkeit der warmen Außenluft sich nicht auf die kalten Güter niederschlagen kann. Dies geschieht entweder nach dem (patentamtlich geschützten) Verfahren, die Güter erst in Räumen erwärmen zu lassen, deren Luft zwar die Temperatur der Außenluft aber den absoluten Feuchtigkeitsgehalt der Kühlhausluft besitzt, also sehr trocken ist. Diese große relative Trockenheit der Luft wird dadurch hergestellt, daß die Luft im Anwärmeraum aus der Kühlhausluft erneuert und vor dem Eintritt in den Anwärmeraum angewärmt wird.

Besitzt das Kühlhaus die eben beschriebenen Anwärmeräume nicht, so müssen die Waren vor dem Ausbringen aus dem Kühlhaus so eingepackt werden, daß die Außenluft nicht direkt die Waren berühren kann. Will man nun aber die Waren kalt halten, um sie nach einem andern Kühlraum zu schaffen, so muß die Verpackung außerdem noch isolierend wirken.

Auch diese Regel wird sehr oft nicht eingehalten. Ganz verkehrt ist es natürlich, die Waren offen herauszunehmen, eine Zeitlang in warmen Verkaufshallen frei an der Luft hängen zu lassen, sie dann wieder ins Kühlhaus zu bringen und endlich das Kühlhaus für das Verderben der Waren haftbar machen zu wollen.

69. Molkereien.

Die Anwendung der künstlichen Kälte im Molkereiwesen ist in größerem Maßstabe möglich geworden, nachdem zahlreiche eingehende Versuche den günstigen Einfluß der Kälte erwiesen haben:

1. bei der raschen Abkühlung der Milch,
2. beim Gefrieren von Milch,
3. beim Aufbewahren von Milch,
4. zum Erkennen des Wasserzusatzes,
5. bei der Vorbereitung des Rahms zur Butterbereitung und bei der Butterbereitung selbst,
6. beim Aufbewahren von Butter,
7. bei der Bereitung von Käse und dessen Ausreifung,
8. bei der Aufbewahrung von Käse.

Die auf möglichst wirtschaftliche Ausnützung der Milch ausgehende Molkerei ist übrigens ein ziemlich verwickelter Betrieb. Deshalb empfiehlt es sich, sich über das Molkereiwesen genau zu unterrichten, besonders auch über die Versuche über den Einfluß der künstlichen Kälte auf die verschiedenen Molkereierzeugnisse.[1])

Durch Kälte kann man einwirken

a) auf das Wachstum und die Vermehrung der Keime, Bakterien und die Bildung der Säure,
b) auf die chemische Zusammensetzung,
c) auf die mechanischen Mischungsverhältnisse.

Zum Abkühlen der Milch[2]) dienen heute meist Berieselungsapparate ähnlich wie Fig. 252 u. 253 S. 318/319, deren Schlangen bzw. Wände durch Salzwasser oder unmittelbare Verdampfung des Kältemittels gekühlt werden. Diese Apparate haben den großen Vorzug, daß sie leicht zu reinigen sind, und der Grad der Reinheit mit dem Auge erkannt werden kann. Apparate, bei welchen die Milch in Röhren oder dgl. umläuft, können nur in sehr gut überwachten Betrieben zufriedenstellend arbeiten. Sie müssen nach jedem Gebrauch sofort mit gegen 100° heißem Wasser kräftig und genügend lange ausgespült werden.

---

[1]) S. z. B. Otto Kasdorf, »Eis und Kälte im Molkereibetrieb« und andere.

[2]) S. S. 317 und Fußnote dort.

Die Milch hält sich, wenn sie bald nach dem Melken auf etwa 2 bis 4° abgekühlt und auf dieser Temperatur gehalten wird, bis zu 7 Wochen, jedoch ist diese Zeitdauer sehr abhängig von der Reinheit der Milch und der Gefäße. Im allgemeinen wird man die Milch nicht über 14 Tage aufbewahren. Je länger die Milch aufbewahrt werden soll, desto näher muß die Temperatur der Milch an 0 bis 0,5° gehalten werden. In der chemischen Zusammensetzung wird die Milch durch die Abkühlung bis auf 0° nicht geändert, ebenso nur ganz wenig die Verteilung ihrer Bestandteile.

Beim Gefrieren der Milch dagegen findet eine starke Entmischung statt. Diese ist am geringsten, wenn das Gefrieren in kleinen engen Kannen möglichst rasch geschieht. Man muß also die Gefäße in tief gekühltes Salzwasser stellen bzw. hängen. Dem Gefrieren sollte das Abkühlen in einem Berieselungskühler vorhergehen, damit das Gefrieren rasch genug eintritt. Gefrorene Milch verändert sich allmählich in der Weise, daß sich Eiweiß in Flocken ausscheidet. Deshalb wird man gefrorene Milch in der Regel nicht über einen Monat aufbewahren wollen. Der Gefrierpunkt der normalen Milch liegt bei etwa —0,55°. Zum Gefrieren von 1 l Milch braucht man ca. 135 WE. Gefrorene Milch wird mit Vorteil verwendet beim Transport von Milch in nicht gekühlten Wagen in der Weise, daß in die Milchkannen, deren Inhalt vorher schon abgekühlt wurde, Stücke von Eismilch gelegt werden, die beim Schmelzen die andere Milch kalt halten.

Der Gefrierpunkt der mit Wasser verdünnten Milch nähert sich mit zunehmendem Wassergehalt dem Gefrierpunkt reinen Wassers und beträgt

bei 10%	Wasserzusatz	— 0,51° C
» 20%	»	— 0,44° C
» 50%	»	— 0,26° C

Es kann also aus dem Gefrierpunkt auf den Wasserzusatz geschlossen werden. Außerdem kann aber auch aus dem Aussehen der gefrorenen Milch die Menge des zugesetzten Wassers erkannt werden.

Zur Butterbereitung muß der Rahm von guter Beschaffenheit sein. Deshalb wird er nach der Gewinnung aus der Zentrifuge bei 4° aufbewahrt. Die Verbutterung geschieht bei etwa 8 bis 10°, wobei angeblich der Wassergehalt der Butter kleiner wird als bei höherer Temperatur. Das Kühlhalten geschieht am besten durch Kühlhalten des Gefäßes oder durch Einwerfen von gefrorenem Rahm. Ebenso soll das Auskneten bei etwa 8° C geschehen.

Zur Aufbewahrung von Butter dienen Kühlräume, deren Luftkühlvorrichtungen mit natürlichem Luftumlauf arbeiten, bei einer Temperatur von etwa 0° und 80 bis höchstens 85% Feuchtigkeitsgehalt der Luft. Frischluft ist reichlich genug zu geben. Diese muß vorgekühlt und getrocknet sein. Das Gefrieren der Butter verändert diese und sollte vermieden werden. Die Aufbewahrungsdauer bei 0° beträgt ½ Jahr und darüber. Als Verpackung werden luftdichte Steingefäße empfohlen zur Vermeidung von Gewichtsverlusten oder Schimmelbildung.

Bei der Käseerzeugung hat das Kühlhalten des Käses auf etwa 2 bis 10° C einen Einfluß auf die Zeitdauer der Reifung und den Geschmack. Das Reifen geht langsamer vor sich, der Geschmack wird milder. Das Kühlen geschieht in Kühlräumen mit Kühlröhren. Bei Beginn der Reife soll die Temperatur etwa 4° sein, am Ende derselben etwa 10°.

Die Aufbewahrung des Käses soll in Kühlräumen mit gleichbleibender Temperatur (Schwankung bis 1°) von etwa — 2 bis + 2° und bei max. 85, min. 75% Luftfeuchtigkeit geschehen.

Da Molkereien sich häufig in Gegenden befinden, in denen Obstbau und Hühnerzucht betrieben wird, so empfiehlt es sich manchmal, der Kühlanlage Räume für die Lagerung von Obst, Eiern und Ackerbauerzeugnissen anzugliedern.

70. Bergwerks- und Hüttenbetrieb.

Gefrierverfahren zur Schachtabteufung[1]).

Das Gefrierverfahren, welches zur Schachtabteufung im schwimmenden Gebirge zuerst 1886 von Pötsch

[1]) S. auch J. Riemer, »Das Schachtabteufen in schwierigen Fällen« (Freiberg i. S.).

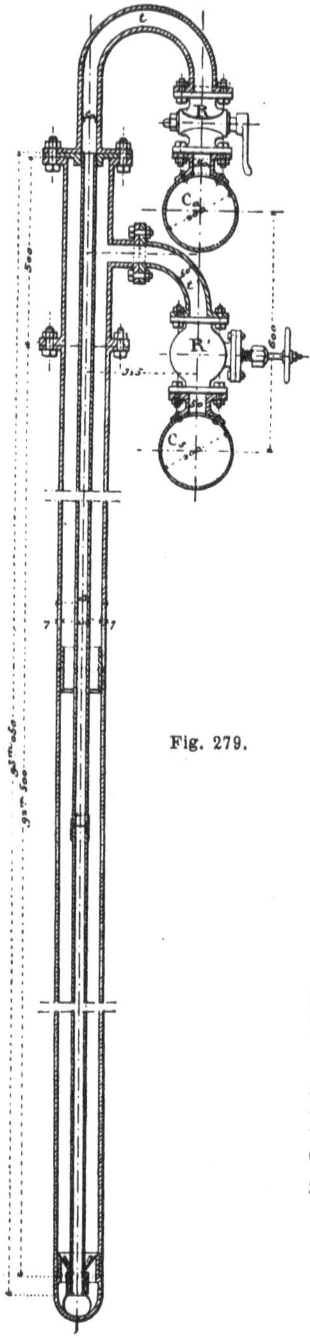

Fig. 279.

vorgeschlagen wurde und seither mit gutem Erfolge an verschiedenen Orten zur Anwendung gelangte, verfolgt den Zweck, in wasserhaltigen Boden- oder Gesteinsschichten einen festen, dem Drucke und der Durchsickerung äußeren Wassers widerstehenden Eiskörper herzustellen und so lange zu erhalten, bis der Schacht durch die gefahrdrohende Schicht hindurchgeführt und durch Einsetzen einer versteiften Eisenröhre (sog. Cuvelage), hinter welche Beton mit rasch bindendem Zement gestampft wird, gegen Wassereinbrüche selbst geschützt ist. Der fragliche Eiskörper, welcher entweder eine vollzylindrische oder ringförmige Gestalt mit senkrechter (mit der Schachtachse zusammenfallender) Achse erhält, bildet sich nach und nach durch Gefrieren des im Boden befindlichen Wassers um eine Reihe von Doppelrohren, die in gegenseitigen Abständen von ca. 1 m in einem gegenüber dem Schachtdurchmesser um mindestens 1,5 m größeren Durchmesser eingesenkt sind. In den Doppelrohren zirkuliert eine vom Kühlmaschinenverdampfer kommende und nach demselben zurückkehrende Salzwasserlösung. Diese Rohre können naturmäß erst, nachdem durch einen Bohrer die nötigen Löcher bis zur erforderlichen Tiefe erstellt sind, eingeführt und dabei zusammengesetzt werden. Sie bestehen stets aus bestem Stahl; die äußeren besitzen meist lichte Weiten von 110 bis 130 mm, die inneren von 30 mm bei Wandstärken von 7 bzw. 4 mm, so daß

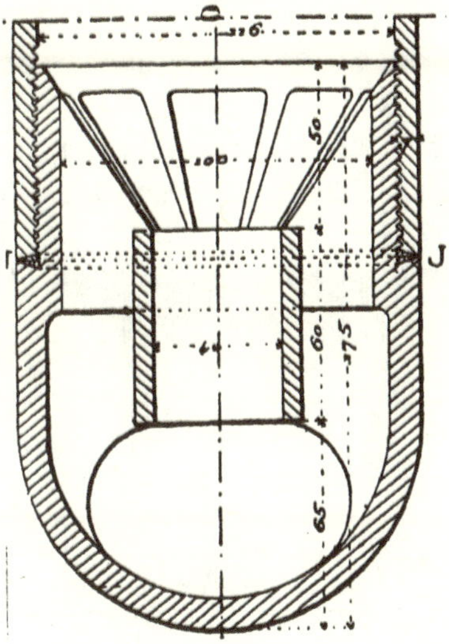

Fig. 280.

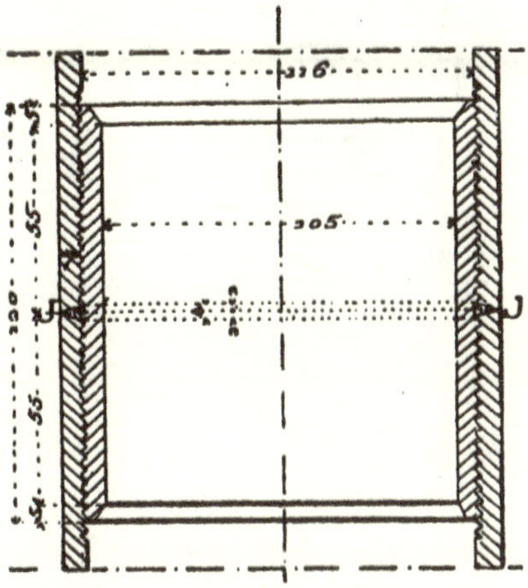

Fig. 282.

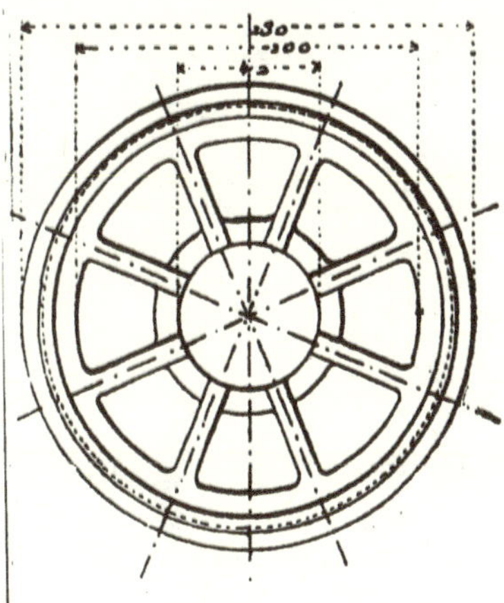

Fig. 281.

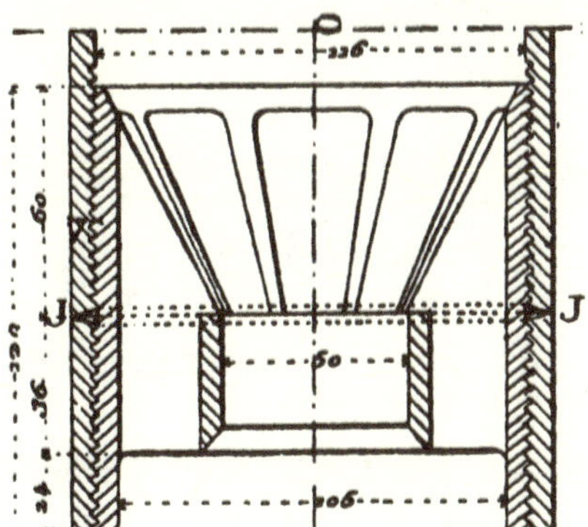

Fig. 283.

die äußere Wärmedurchgangsfläche 0,34 bis 0,41 qm pro 1 lfd. m beträgt. Wie aus Fig. 279 bis 283 hervorgeht, werden die einzelnen Stücke der äußeren Rohre durch Innenmuffen, die der inneren Rohre durch Außenmuffen zusammenge-

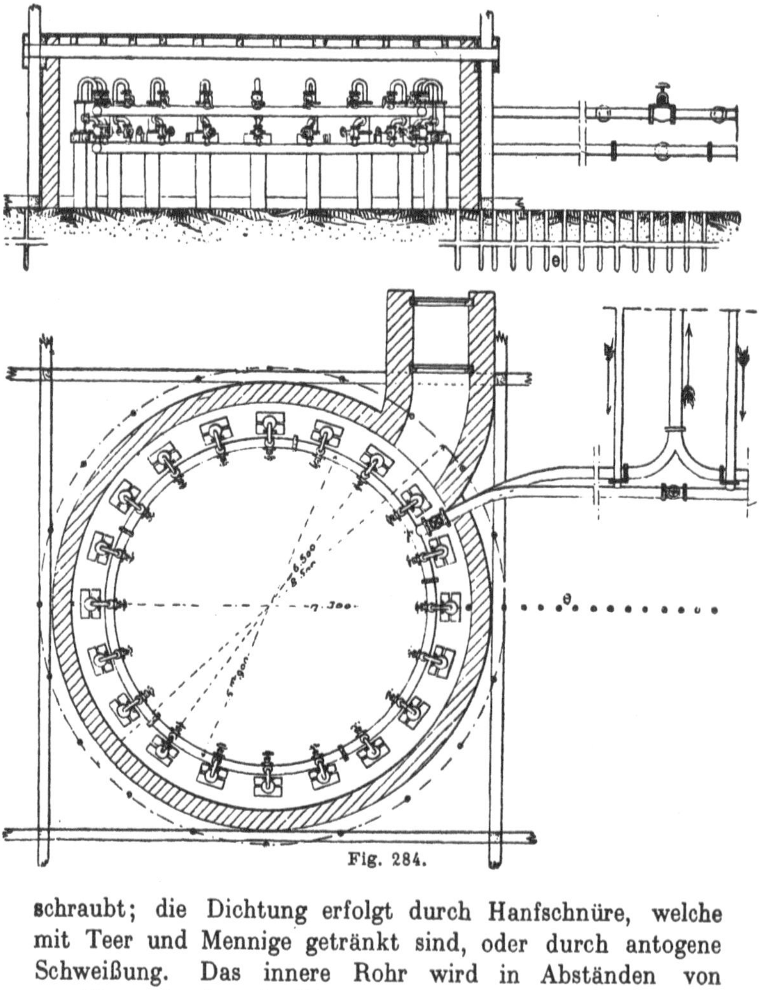

Fig. 284.

schraubt; die Dichtung erfolgt durch Hanfschnüre, welche mit Teer und Mennige getränkt sind, oder durch antogene Schweißung. Das innere Rohr wird in Abständen von ca. 30 m durch mit Rippen versehene Muffen (Fig. 283) des äußeren zentriert und schließlich in dem ebenfalls mit Rippen ausgerüsteten halbkugelförmigen Abschlußstück des Außenrohres (Fig. 280), in welchen es offen mündet, zentrisch befestigt. Obertags werden sowohl das innere wie auch das äußere Rohr unter Einschaltung von Abschlußorganen R und R' durch geeignete Paßstücke mit ringförmigen Sammelrohren C_a und C_s von etwa 200 mm l. W. verbunden (Fig. 284). Die Salzlösung durchfließt das innere Rohr von oben nach unten, das äußere umgekehrt. Das gleichmäßige Arbeiten der Rohre wird kontrolliert durch Thermometer, von denen je eines in dem Steigrohr vor Eintritt in das Sammelstück steckt.

Mit der Geschwindigkeit der Salzlösung im äußeren Rohre geht man niemals über 0,13 m pro Sekunde, um nicht durch Reibungsverluste den Arbeitsaufwand nutzlos zu erhöhen und eine langsame Ausnutzung der Kälte zu erzielen, während man anderseits die Lösung im Innenrohre möglichst rasch an die Stelle ihrer Wirksamkeit zu bringen beabsichtigt und darum dort ihre Geschwindigkeit auf 1,5 bis 2 m pro Sekunde steigert.

Die Salzsole hat zu Beginn der Arbeit eine Temperatur von etwa —10°, die mit fortschreitender Bildung des Eiskörpers absinkt bis auf etwa —25° C.

Der Arbeitsvorgang gestaltet sich nach Fertigstellung der Anlage ungefähr so, daß zunächst die Umgebung der Rohre nach innen und außen zu eine rasche Abkühlung erfährt. Sobald diese unmittelbar an den Rohren den Gefrierpunkt erreicht hat, beginnt dort die Eisbildung, welche, langsam von den Rohren ausgehend, nach innen und außen fortschreitet unter gleichzeitiger weiterer Temperaturabnahme der entfernteren, konzentrischen Schichten, wobei die Rohre durchschnittlich in der Stunde 230—250 Kal. pro 1 qm aufnehmen. Unter normalen Verhältnissen darf man erwarten, daß der Eiskörper, von den Rohren ab gerechnet, nach außen eine Dicke von 0,5 m, nach innen dagegen bis zu 1 m erreicht, während seine Temperatur von den Rohren bis zu den Mantelflächen, wo sie 0° beträgt, kontinuierlich abnimmt. Die weitere Abkühlung der Umgebung erstreckt sich bis auf eine Entfernung von rund 2,5 m, und zwar von der Eisfläche mit 0° ab bis zur Bodentemperatur. Sind diese Grenzen im allgemeinen erreicht, so dient die ganze Kälteleistung nur noch zur Deckung der Verluste, muß aber trotzdem im Betrage von 50—55 Kal. stündlich pro 1 qm der inneren und äußeren Mantelfläche des Eiskörpers weiter geleistet werden, bis die Abteufungsarbeiten vollendet sind. Erst dann kann man ohne weitere Befürchtungen die Schachtumgebung bei eingestelltem Kühlmaschinenbetriebe sich selbst überlassen, die Salzsole aus den Rohren emporheben, diese selbst herausziehen und die Löcher mit Beton ausfüllen. Soll die Sole nicht wieder benutzt werden, so verdrängt man sie am einfachsten durch Einpumpen warmen Wassers, wodurch die Rohre selbst rasch abgetaut werden. Im Falle der Wiederbenutzung hebt man sie durch zylindrische, mit Fußventil versehene Rohre (Fig. 285) von etwa 2,5 m Länge, deren äußerer Durchmesser 15 mm kleiner ist als der Innendurchmesser der Verbindungsmuffen, empor, besser noch durch Preßluft, welche in das äußere Rohr gepreßt wird.

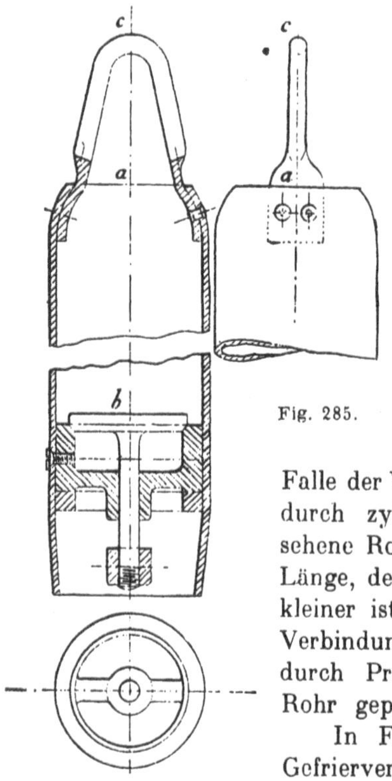

Fig. 285.

In Fig. 286 ist das Ergebnis des Gefrierverfahrens an einem Schachte der Gruben von Anzin (Nordfrankreich) verdeutlicht[1]), die Dicke des ringförmigen, hier schraffierten Eiskörpers, in welchem man die Gefrierrohre eingebettet erkennt,

[1]) Näheres hierüber enthält die Arbeit von Saclier und Waymel, »Fonçage des puits de Vicq par le procédé Poetsch«; Bulletin de la société minérale de St. Etienne 1895, im Auszuge: Zeitschr. f. d. ges. Kälte-Ind. 1896. Die einzelnen Schichten bestanden dort von oben gerechnet aus: 1. Schwemmsand mit Humusdecke 7 m, 2. toniger, wasserundurchlässiger Sandstein 4 m,

variiert vorwiegend nach innen etwas mit der Formation der Schichten; an der tiefsten Stelle, wo die Kältewirkung am stärksten ist, füllt er den Schacht in einer Mächtigkeit von 12,5 m sogar vollständig aus.

Es sei z. B. ein Schacht von 4,5 m Durchmesser

---

3. lockere Kreidelager mit Grundwasser 20 m, 4. feste Kreideschicht mit Mergel und Grundwasser 60 m, 5. kalkiger und plastischer Ton, grüner Sandstein 97 m, 6. Kohlenlager. Die Gefrierrohre wurden bis zu einer Tiefe von 91 m eingesenkt.

Die fragliche Veröffentlichung enthält das Ergebnis sehr ausgedehnter Versuche, aus denen die im Texte gegebenen Erfahrungswerte größtenteils abgeleitet werden konnten.

Weiteres interessantes Material über diesen Gegenstand enthält die umfassende Arbeit von F. Schmidt, Paris, »Die Benutzung des Gefrierverfahrens zur Ausführung bergmännischer Arbeiten«. Zeitschr. f. d. ges. Kälte-Ind. 1898.

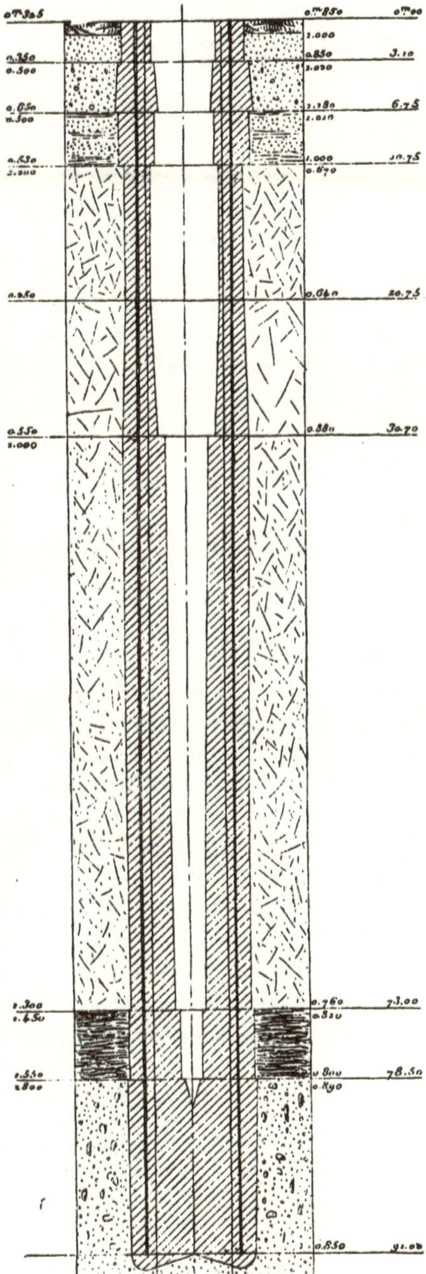

Fig. 286.

auf eine Tiefe von 50 m abzuteufen, das Gestein enthalte durchschnittlich pro 1 cbm 250 kg Wasser, nur eine 10 m mächtige Sandschicht führe 500 kg; das spezifische Gewicht des wasserfreien Gesteins sei im Mittel 2,3, das des trockenen Sandes 1,4, die spezifische Wärme beider Stoffe im trockenen Zustande sei 0,2; die Bodentemperatur $+ 10^0$.

Alsdann wird man zunächst auf einem Kreise von 6 m Durchmesser ca. 20 Gefrierrohre einsetzen, um welche sich ein ringförmiger Eiskörper von ca. 4 m innerem und 7 m äußerem Durchmesser, also bei 50 m Tiefe von ca. 1300 cbm Inhalt, bilden wird. Der Wasserinhalt des Körpers beträgt unter den oben genannten Verhältnissen 390 000 kg, das Gewicht des darin befindlichen Gesteines und Sandes 2 656 000 kg. Beide Massen werden vor dem Gefrieren auf 0^0 abgekühlt und nach der Eisbildung auf eine Mitteltemperatur von $\frac{1}{2}(0-16) = -8^0$ gebracht, wobei wir voraussetzen, daß die Temperatur von den Röhren (-16^0) gleichmäßig bis zu den Mänteln (0^0) zunimmt. Der Innenraum dieses Ringzylinders, welcher auf eine mittlere Temperatur von $\frac{1}{2}(0 + 10) = 5^0$, gebracht wird, enthält in 625 cbm rund 188 000 kg Wasser und 1 325 000 kg Gestein, der außerhalb des Eiskörpers auf dieselbe Temperatur abzukühlende Ringzylinder von 11 m äußerem, 7 m innerem Durchmesser und 2825 cbm umfaßt 847 500 kg Wasser und 5 989 000 kg Gestein und Sand. Schließlich wird infolge der in der Tiefe stärksten Kältewirkung noch der unterste Teil des Innenraumes etwa von 10 m Mächtigkeit ganz auf 0^0 abgekühlt und hierbei gefrieren, wovon rund 38 000 kg Wasser und 265 000 kg Gestein betroffen werden.

Wir haben demnach folgende Kälteleistungen:

a) zur Temperaturerniedrigung des späteren ringförmigen Eiskörpers von $+ 10^0$ auf 0^0:
$390\,000 \cdot 10 + 2\,656\,000 \cdot 10 \cdot 0{,}2 =$ 9 212 000 Kal.

b) zur Eisbildung bei 0^0: $390\,000 \cdot 80 =$ 31 200 000 »

Übertrag: 40 412 000 Kal.

Übertrag: 40 412 000 Kal.

c) zur weiteren Abkühlung des Eiskörpers von 0^0 auf -8^0:
$390\,000 \cdot 8 \cdot 0{,}5 + 2\,656\,000 \cdot 8 \cdot 0{,}2 =$ 5 809 600 »

d) zur Abkühlung des inneren Zylinders von $+10$ auf $+5^0$:
$188\,000 \cdot 5 + 1\,325\,000 \cdot 5 \cdot 0{,}2 =$ 2 265 000 »

e) zur Abkühlung des äußeren Ringzylinders von $+10$ auf $+5^0$:
$847\,500 \cdot 5 + 5\,989\,000 \cdot 5 \cdot 0{,}2 =$ 10 226 500 »

f) zur Abkühlung des untersten Innenraumes von 5^0 auf 0^0 und Eisbildung:
$38\,000 \cdot 5 + 265\,000 \cdot 5 \cdot 0{,}2 + 38\,000 \cdot 80 =$ 3 495 000 »

Mithin sind insgesamt abzuführen: 62 208 100 Kal.

Die Gefrierrohre mit einer Wärmedurchgangsfläche von 0,35 qm pro lfd. m, also insgesamt von $20 \cdot 50 \cdot 0{,}35 = 350$ qm, können nun stündlich $230 \cdot 350 = 80\,500$ Kal. aufnehmen, so daß zur Bewältigung des ganzen Vorganges $\frac{62\,208\,100}{80\,500} =$ rund 773 Stdn. oder etwas über 32 Tage erforderlich sein werden.

Infolge des stets provisorischen Charakters derartiger Anlagen fallen noch die Strahlungsverluste obertags, insbesondere bei langen Leitungen, sehr beträchtlich ins Gewicht, so daß man die Anlage etwa für eine stündliche Leistung von rund 100 000 Kal. bemessen würde.

Die Kältemenge, welche bei dem Schacht Anzin gebraucht wurde, läßt sich auf Grund der Versuchsergebnisse zeichnerisch ermitteln. In Abständen von ca. $^1/_3$ m in radialer Richtung waren Thermometer im Boden versenkt. In Fig. 296 sind die am 16. Juli vor Beginn des Abteufens gefundenen Temperaturen aufgetragen. Über diese Temperaturkurve wird nun zunächst eine zweite Kurve eingezeichnet, deren Ordinaten das Produkt aus dem jeweiligen Durchmesser, der Zahl π, der Temperaturabsenkung von der Erdtemperatur (11^0) ab gerechnet und des Produktes aus der Dicke der Schichten des Gebirges und deren spezifischer Wärme darstellen.

Endlich wird bei dem gefrorenen Teil (zwischen den zwei Punkten, bei denen die erste Kurve durch 0° geht) auf die zweite Kurve eine Kurve aufgesetzt, die um das Produkt aus jeweiligem $d \cdot \pi$ und der mittleren Gefrierwärme des Gebirges

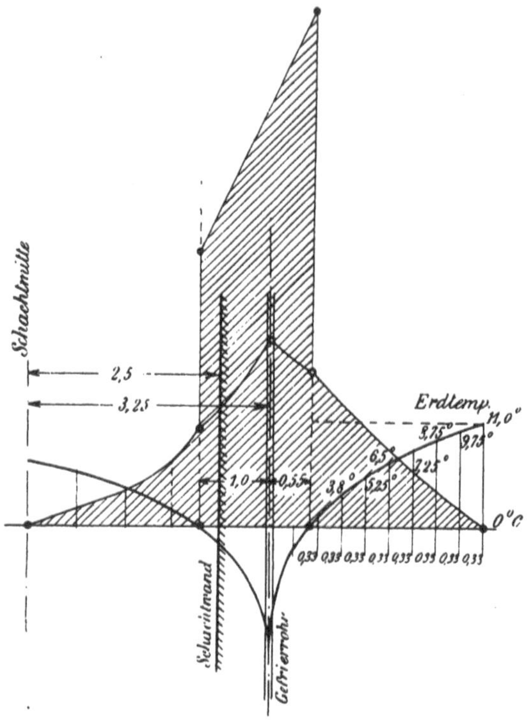

Fig. 287.

höher liegt als die zweite Kurve. Die schraffierte Fläche stellt dann die gesamte bis zum Beginn des Abteufens aufgewendete Kältemenge dar.

Für das Gelingen des Verfahrens ist die *Parallelität der einzelnen Gefrierrohre* Grundbedingung. Größere Abweichungen hiervon, wie sie sich leicht bei tiefen Bohrlöchern einstellen, bewirken zu große Abstände der Rohre, so daß sich keine zusammenhängende bzw. an allen Stellen genügend starke Frostmauer bildet.

Bei sehr schräg einfallendem Gebirge ist die Gefahr des Verlaufens der Bohrlöcher besonders groß. In neuerer Zeit sind ziemlich zuverlässige Lotmethoden gefunden. Wenn starkes Verlaufen einzelner Löcher gefunden wird, so muß daneben ein neues Loch gebohrt werden, damit die Gefriermauer möglichst gleichmäßig dick ausfällt.

Wegen der Schwierigkeit, genau senkrechte Löcher abzuteufen, ist das Gefrierverfahren über 250 m Tiefe in der Regel nicht möglich. Ferner versagt es, wenn ein unterirdisch fließender Wasserstrom den Schacht berührt. An dieser Stelle wird die Kälte weggeschwemmt, und es ist nicht möglich, eine Gefriermauer herzustellen. Leider werden diese Ströme immer erst dann entdeckt, wenn der Bau des Schachtes schon ziemlich weit fortgeschritten ist. In der Regel gibt es dann einen plötzlichen, folgenschweren Wassereinbruch.

Endlich versagt das Gefrierverfahren da, wo das Wasser stark salzhaltig ist, so daß der Gefrierpunkt wesentlich unter 0^0 liegt. Auch scheint es, daß der hohe Wasserdruck bzw. Erddruck die Bildung des Eises bei Salzgehalt des Wassers erschwert.

Eine große Gefahr liegt in dem Undichtwerden der Salzwasserrohre. Wenn Salzwasser in das bereits gefrorene Gebirge eintritt, so taut dieses auf und ein Wasserdurchbruch ist die Folge. Diese Gefahr wird rascher erkannt, wenn nach Patent 158 412 (Haniel & Lueg) die Salzsole aus den Steigrohren offen in Trichter ausläuft, die an dem Sammelstück befestigt sind. Die Abnahme der Dicke eines Salzwasserstrahles deutet auf Undichtheit des Rohres hin, allerdings nur dann in auffälliger Weise, wenn die Undichtheit schon ziemlich groß ist. Außerdem sichert Haniel & Lueg seine Anlagen dadurch, daß er die Saugleitung der Laugepumpen mit einem offenen Rohre ausrüstet, dessen Mündung nur 5 cm tief unter den normalen Spiegel der Lauge in den Verdampfern hinabreicht. Würde nun Lauge verloren gehen, also der Stand der Lauge in den Verdampfern sinken, so würden die Laugepumpen schon bald Luft saugen, und damit wäre automatisch das Nachfließen der

Lauge abgestellt. Dieser Fall ist allerdings bisher glücklicherweise noch nicht eingetreten.

Das Abteufen des Schachtes der Gewerkschaft Schieferkante vermittelst des Gefrierverfahrens verdient besondere Beachtung, weil hier die Firma Haniel & Lueg zum erstenmal das Abteufen nach der sogenannten absatzweisen Gefriermethode ausführte. Dasselbe erfolgte in der Weise, daß außer den außerhalb des Schachtes im Durchmesser von 9 m stehenden 30 Bohrlöchern noch im Schachtinnern vier Bohrlöcher niedergebracht wurden.

Während nun die äußeren Gefrierrohre bis zur Endteufe bei 185 m in den wasserfreien, festen Ton hinabreichten, gingen die vier inneren Gefrierrohre nur bis zur Teufe von 100 m.

Es wurde nun zunächst nur der oberste Absatz bis zu 100 m Teufe ausgefroren, indem man die Fallrohre nur bis zu dieser Teufe einhing, und die Lauge demnach ihre Kälte vorerst nur diesem obersten Schachtteile abgab und hier die wasserreichen Gebirgsmassen zum Erstarren brachte.

Die vier inneren Gefrierrohre waren so eingerichtet, daß die Lauge in den oberen 80 m die Gefrierrohre sehr schnell durchströmte, während sie die Strecke zwischen 80 und 100 m Teufe sehr langsam durchfloß, so daß sie also bei den inneren Gefrierrohren fast ihre gesamte Kälte in einer Teufe von 80 bis 100 m abgab und hier im Schachte einen provisorischen Frostboden erzeugte.

Unter dem Schutze dieses Frostbodens konnte man mit dem Abteufen beginnen, ehe der zweite von 100 bis 180 m reichende Absatz ausgefroren war. Erst nachdem man ca. 50 m fertig abgeteuft hatte und sich ergab, daß die Kälteabgabe in dem oberen Absatze nur noch sehr gering sei, senkte man die Fallrohre in den äußeren Gefrierrohren tiefer, zunächst bis 125 m und dann bis 185 m, so daß, als der Schacht bis 100 m fertiggestellt war, mittlerweile auch der untere Absatz von 100 bis 180 m vollständig ausgefroren war, wie man durch vorsichtiges Vorbohren beim Durchteufen des Frostbodens feststellte.

Das Abteufen konnte somit ohne jegliche Unterbrechung unterhalb des Frostbodens weiter fortgesetzt werden. Durch die

Disposition, den Schacht absatzweise auszufrieren, ist es also möglich geworden, bedeutend früher mit dem Abteufen zu beginnen, als wenn man den Schacht sofort in der Gesamthöhe ausgefroren hätte.

Hervorgehoben zu werden verdient es auch, daß der Ausbau des Schachtes sofort beim Abteufen nach der sogenannten Methode des Ausbaues in Unterhängetübbings vorgenommen wurde.

Der Ausbau mit Unterhängetübbings ging sehr glatt vonstatten; jedesmal, wenn die Schachtsohle um 1,50 m vertieft war, wurde sofort ein Tübbingsring zur Sicherung der Schachtwandung als definitiver Ausbau eingebaut und der Zwischenraum zwischen Frostwand und Eisentübbings sofort mit Beton durch in den Tübbings eigens angebrachte Gießlöcher ausgegossen. Dann werden die Gießlöcher zupikotiert. Hervorzuheben ist die Schnelligkeit, mit welcher diese Arbeit vonstatten geht, da sie jede provisorische Verzimmerung, das Umlegen der Schachtbühnen, das Ansetzen der Pikotagefugen usw. überflüssig macht. Für Gefrierschächte dürfte diese Methode des Ausbaues noch ganz besonders zu empfehlen sein, da der Schacht bei Anwendung derselben ständig bis zur Sohle gesichert ist, und die Gefahr eines Wasserdurchbruches aus der Schachtwandung definitiv vermieden ist; dadurch gewinnt die Gefriermethode aber außerordentlich an Sicherheit, da die Bergleute höchstens durch einen Durchbruch aus der Schachtsohle überrascht werden können, hierbei aber Gelegenheit haben, sich außer auf den Fahrten allenthalben an den Rippen und Schrauben der Tübbings emporkletternd vor den andringenden Wassern zu retten.

Das Gayleysche Windtrocknungsverfahren.

Zuerst in Amerika und darnach auch in Deutschland sind Versuche an Hochöfen angestellt worden[1]), die ergeben haben, daß mit trockenem Wind eine wesentliche Steigerung der Leistungsfähigkeit und ein viel gleichmäßigerer Betrieb der

[1]) Zeitschr. d. Vereins deutsch. Ing. 1904, S. 1897; 1905, S. 69. — Stahl und Eisen 1904, 15. Nov. — Zeitschr. f. d. ges. Kälte-Ind. 1909, S. 220.

Hochöfen erzielt werden, und daß gleichzeitig die Windmenge kleiner sein kann. Besonders wird der Hochofenbetrieb von der Witterung unabhängig gemacht. Die theoretische Begründung hat u. a. Geh. Reg.-Rat Wüst im Jahre 1910 ausführlich gegeben.[1]) Bei der Oxydation des im Hochofen niedergehenden geschmolzenen Eisens spielt die Anwesenheit von Wasserdampf eine diese Oxydation fördernde Rolle. Man muß deshalb bemüht sein, diese Wasserdampfmenge erstens möglichst klein und zweitens möglichst gleichbleibend zu machen. Das Verfahren besteht darin, daß die Luft vor dem Eintritt in das Gebläse in Luftkühlern auf etwa —5° abgekühlt und damit getrocknet wird. Da die Windmengen sehr groß sind, ist der Kältebedarf und damit der Arbeitsaufwand sehr erheblich. Da die Luft im Sommer von 20 bis 25° an abgekühlt werden muß, so ist zur Ersparnis an Verdichtungsarbeit nötig, drei bis vier, im Winter vielleicht nur eine Verdampfungsstufe anzuwenden dadurch, daß jede Saugseite der Zylinder auf einen besonderen Verdampfer arbeitet. Da die Kühlung durchaus gleichmäßig sein muß, eignet sich ein Luftkühler mit Salzwasserumlauf, also einem gewissen Kältespeicher, besser als ein Luftkühler mit unmittelbarer Kühlung durch das verdampfende Kältemittel. Aus dem gleichen Grunde ist Vorsorge zu treffen für gleichmäßiges Arbeiten des Luftkühlers durch rechtzeitiges Abtauen, wobei während des Abtauens die Kühlung nicht unregelmäßig werden darf. Es eignen sich daher die Luftkühler besser, bei denen der Schnee durch die einströmende warme Luft abgetaut wird durch Umschalten der Strömrichtungen. Trockene Luftkühler werden bevorzugt, weil hier das staubförmige Mitreißen von Salzwasser nicht zu befürchten ist. Ein Teil der Kälte, etwa 50%, ließe sich wiedergewinnen, wenn man die Luft vor dem Eintritt in das Gebläse mit Hilfe der frisch anzusaugenden, noch nicht gekühlten Luft wieder erwärmt. Tut man dies nicht, so hat man dagegen den Vorteil, daß die vom Gebläse angesaugte Luftmenge dem Gewichte nach erheblich größer ist; man spart also an Gebläsearbeit (etwa 5 bis 6%). Diese Ersparnis deckt schon einen gro-

---

[1]) Zeitschr. f. d. ges. Kälte-Ind. 1910, S. 121 u. 142.

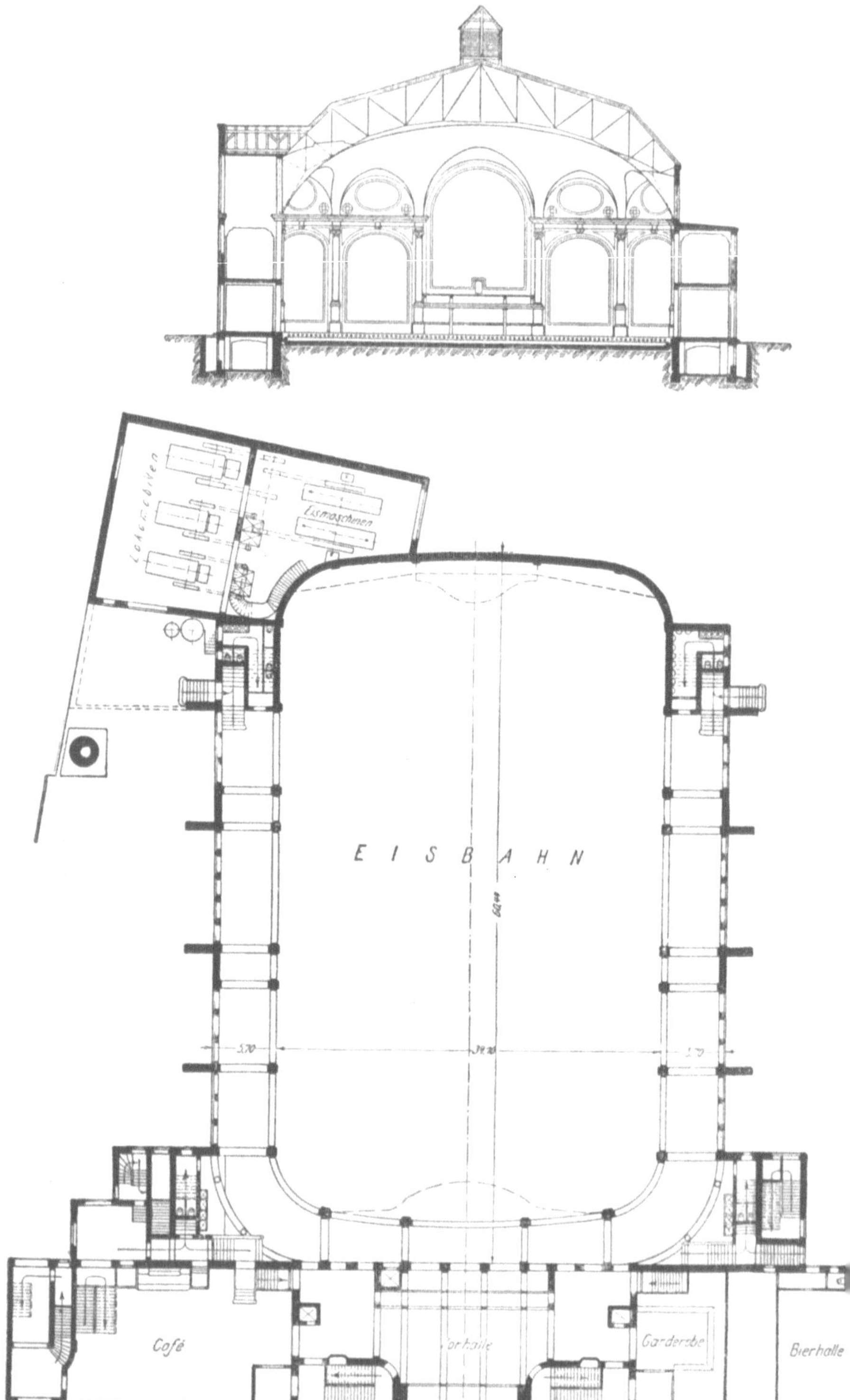

Fig. 288. Querschnitt und Grundriß der Halle. Maßstab 1 : 600.

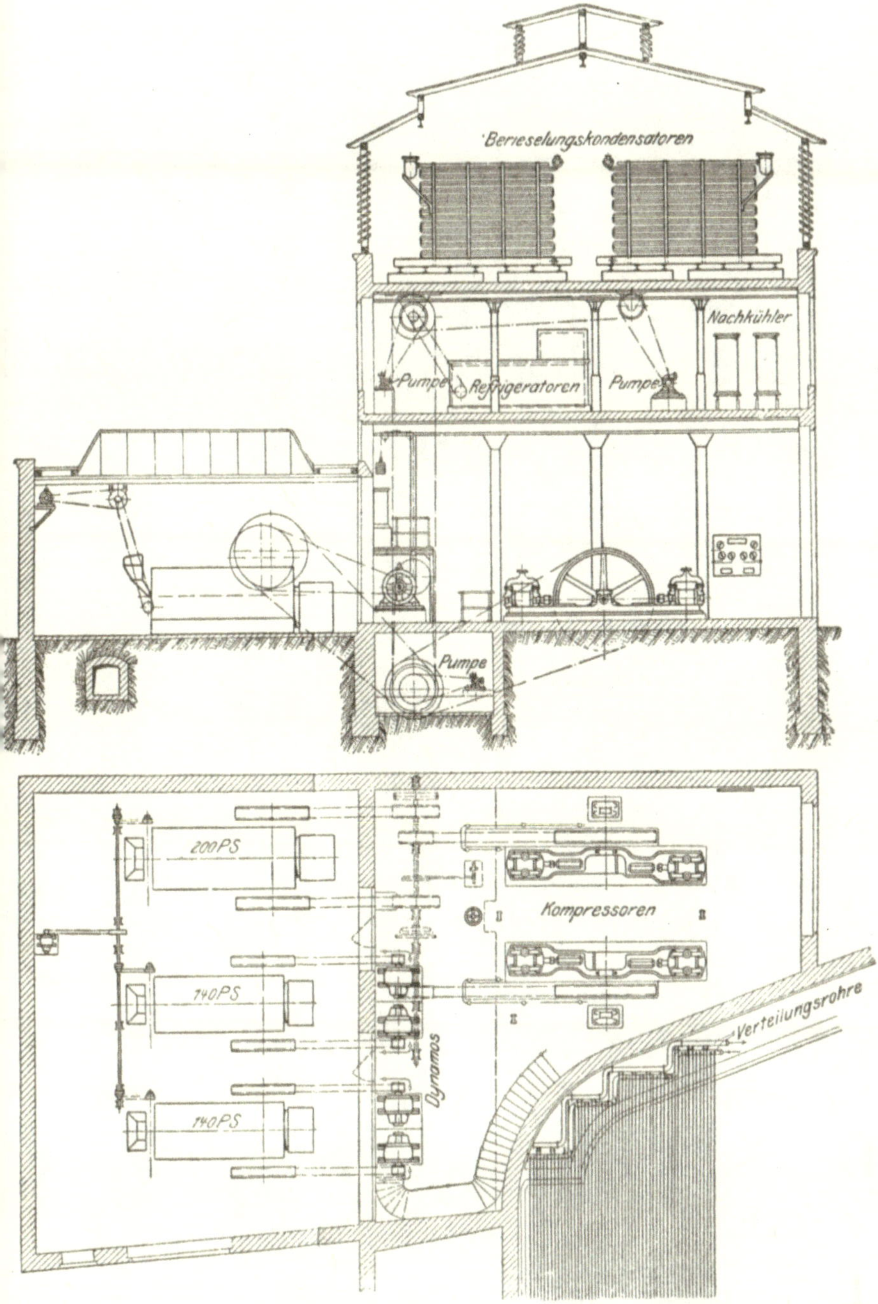

Fig. 289. Schnitt durch das Maschinenhaus. Maßstab 1 : 250.

Druck und Verlag von R. Oldenbourg in München und Berlin.

ßen Teil der Arbeit für die Kältemaschine (etwa 40 bis 50%, wenn das Gebläse auf etwa 0,8 Atm. Überdruck verdichtet). Diese Arbeitsgrößen lassen sich je nach den obwaltenden Verhältnissen berechnen. Bei einer Berechnung der gesamten Jahreskosten muß die während der Jahreszeiten schwankende Temperatur der Luft und ihr Feuchtigkeitsgehalt in Rechnung gezogen werden, damit der Einfluß der Besitzkosten im richtigen Verhältnis zu den Betriebskosten erscheint.

Ferner werden zurzeit Versuche angestellt mit der Verwendung getrockneten Windes für den Bessemerprozeß. Auch hier scheint der Erfolg sicher zu sein, denn der Wasserdampf ist in der Bessemerbirne zweifellos noch schädlicher wie im Hochofen.

71. Künstliche Eisbahnen.

Als Beispiel einer solchen sei die Eisbahn des Berliner Eispalastes erläutert. Fig. 288 bis 290 (Gefriereinrichtung von A. Borsig, Tegel). Die Aufgabe: Glattes, ebenes, nicht zu hartes, und vor allem trockenes Eis, Temperatur der Luft etwa 18° C wegen der Gasträume auf den gegen die Eisbahn zu offenen Galerien, möglichst hohe Verdampfertemperatur, d. h. billige Kälteerzeugung, dünne Eisschicht, um rasche Inbetriebsetzung zu ermöglichen, ist hier wie folgt gelöst.

Die Oberfläche des Eises soll so kalt sein, daß das Niederschlagswasser sofort gefriert. Dies wird, wenn man mit möglichst hoher Salzwassertemperatur (bzw. Verdampfertemperatur) arbeiten will, ermöglicht durch Halten einer möglichst dünnen Eisschichte über den Rohren. Zu diesem Zwecke sind Flanschen im allgemeinen vermieden, und nur an den Enden Ovalflanschen angebracht bei den Doppelkrümmern (Fig. 290). Die Rohrschlangen sind gebildet durch autogenes Aneinanderschweißen der Rohre.

Wenn die Eisoberfläche 3 cm über Rohroberkante liegt, kann die Eisoberfläche mit einer Salzwassertemperatur von — 8° trocken gehalten werden. Das während des Betriebes zukommende Eis wird jede Nacht durch Schlittenhobel entfernt, dazu noch eine weitere Schicht von 1—2 cm, zusammen etwa

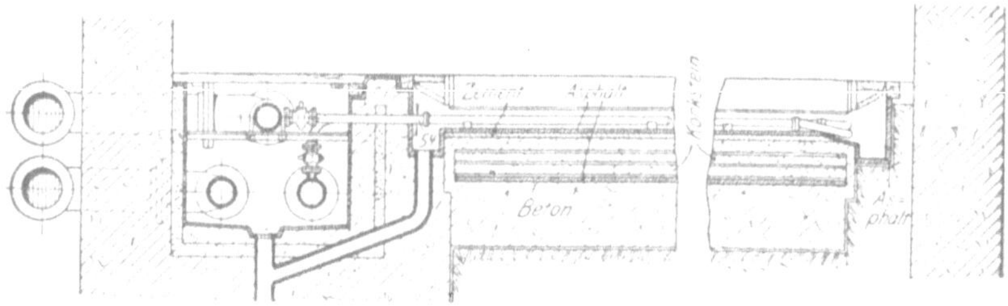

Fig. 290.

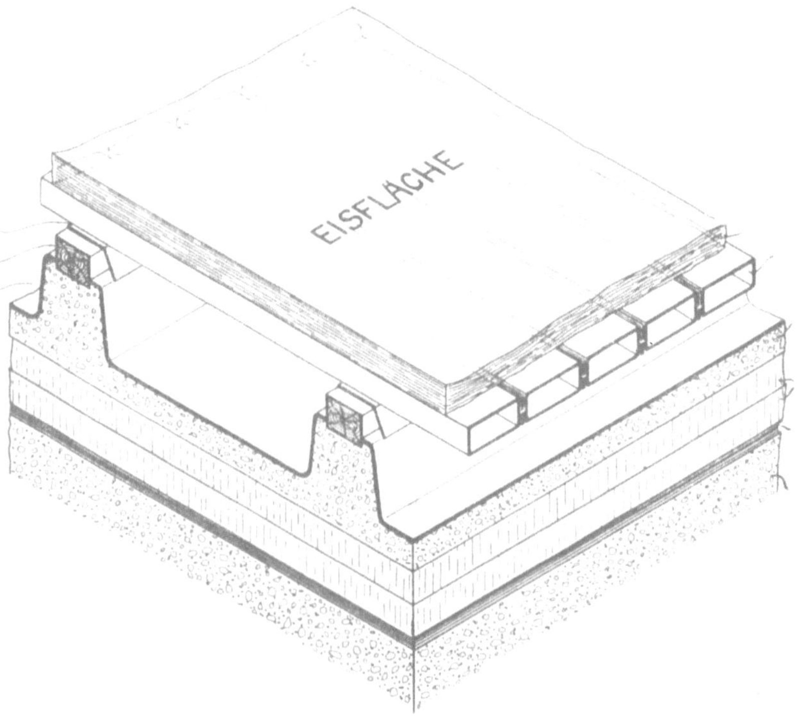

Fig. 291.

3—4 cm. Darauf wird, um eine glatte, ebene Fläche herzustellen, wieder 1—2 cm Wasser aufgegossen und zum Gefrieren gebracht.

Die Luft wird durch Heizkörper auf 18° C gehalten und dadurch Nebelbildung verhindert.

Für die Kälteerzeugung sind vier Druckverdichter zu je 100 000 WE aufgestellt, von denen von 4 Uhr morgens bis

Fig. 292.

6 Uhr abends zwei arbeiten, von 6 Uhr abends bis 12 Uhr nachts drei. Die Fläche beträgt bei 56 m Länge und 34 m Breite rund 1900 qm. Die 45 Kühlrohre von 54 mm äußerem Durch-

messer liegen auf gußeisernen Unterlagen. An der einen Seite sind die 56 m langen Rohre durch Doppelkrümmer verbunden, während auf der anderen die Rohre an die Verteilungs- bzw. Sammelstücke angeschlossen sind. Alle Rohranschlüsse sind mit Rotgußhähnen zur Regulierung versehen. Die Gesamteisstärke beträgt 12 cm.

Rings um die Bahn läuft eine mit Asphalt ausgekleidete, durch Klappen überdeckte Rinne von 25 cm Tiefe, in die das überschüssige Wasser läuft, und der abgeschabte Schnee eingeworfen wird, der dann in dieser Rinne wegschmilzt. Die Salzsole erwärmt sich beim Umlauf um nur 1—2°, damit die Eistemperatur überall gleichmäßig ist.

Sehr zweckmäßig erscheint die rechteckige Ausführung der Solerohre, da hierbei die zu gefrierende Wassermenge sehr klein, die Gefrierdauer kurz wird und die Verlegung eines Parkettbodens zu vorübergehendem anderweitigen Gebrauch des Raumes erleichtert wird. Fig. 291. (Escher, Wyß & Co., Zürich).

Daß in Herbst- und Frühjahrsmonaten auch künstliche Freilufteisbahnen betrieben werden können, zeigt Fig. 292 (L. A. Riedinger, Augsburg).

72. Luftkühlung und Lufttrocknung für Wohn-, Versammlungs- und Arbeitsräume[1]).

Über die Apparate und deren Berechnung ist in Kapitel IX das Nötige gesagt. Die Aufgabe liegt hier vorerst so, daß nur eine sehr geringe Abkühlung der Luft nötig wäre, daß aber die Lufttrocknung der wichtigere Teil ist. Ärztliche Gutachten bezeichnen als zureichend für Räume, in denen mit mäßiger Anstrengung körperlich gearbeitet wird, eine Temperatur von 13° C und einen Feuchtigkeitsgrad von 50%, für Räume, in denen körperlich nicht gearbeitet wird, eine Temperatur von 18 bis 20° und einen Feuchtigkeitsgehalt nicht über 60%. Bei höherer Temperatur müßte der Feuchtigkeitsgrad entsprechend niedriger sein, bei tieferer kann er etwas höher

[1]) Comptes rendus du Premier congrès international du froid à Paris. I. Band. S. 142. Vortrag von Prof. v. Linde.

liegen. Um eine Durchschnittstemperatur von 20° C mit 55% Feuchtigkeit im Saale zu halten, müßte die Luft auf etwa 8 bis 10° C abgekühlt werden. Jedoch kommt es noch darauf an, ob die im Saale entwickelte Feuchtigkeit (z. B. in Färbereien) sehr groß ist. In diesem Falle wird die Luft auf mindestens 2 bis 4° abzukühlen sein, kann aber zur Wiedergewinnung eines Teiles der aufgewendeten Kälte wieder erwärmt werden unter Abgabe der Kälte an die neu zu kühlende und zu trocknende Luft im Gegenstrom.

Stets liegt also die Aufgabe vor, die Luft bis unter den Taupunkt abzukühlen, weil ja sonst Feuchtigkeit nicht ausgeschieden würde.

Es ist zu ermitteln:

die pro Stunde dem Raume von außen zugeführte Wärme,
die im Raume selbst entwickelte Wärme,
die im Raume selbst entwickelte Feuchtigkeitsmenge,
die von den im Raume arbeitenden Menschen abgegebene Wärme,
die von den im Raume arbeitenden Menschen abgegebene Feuchtigkeitsmenge,
die vor Benutzung der Räume zu entfernende Luftwärme,
die vor Benutzung der Räume zu entfernende Mauerwärme,
die zur Wegschaffung der stündlichen größten Wärmemenge benötigte Luftmenge,
die durch den Umlauf derselben erzeugte Wärmemenge,
die Kälteverluste, soweit sie nicht in obigem enthalten sind,
die nötige Frischluftmenge und die zu ihrer Abkühlung und Trocknung nötige Kältemenge.

Besondere Sorgfalt ist der Verteilung der Luftzufuhr und Luftabsaugung zu widmen. Sie soll sehr gleichmäßig sein, und es darf an keiner Stelle eine lästige Luftgeschwindigkeit entstehen.

Die Austrittsgeschwindigkeit aus den Luftkanälen soll etwa 0,8 m/sec nicht überschreiten, wobei zu berücksichtigen ist, daß durch den Unterschied der Temperaturen, wenn er größer ist als 3°, die zutretende kältere Luft schon von sich aus eine unangenehm wirkende Fallgeschwindigkeit bekommen kann. Die Luftzufuhr soll über der ganzen Decke, die Luftabfuhr über den ganzen Boden gleichmäßig verteilt sein, sonst entstehen örtliche Einzelströmungen von zu hoher Geschwindigkeit.

Es ist besser, eine reichliche Luftmenge mäßig tief, als eine kleine Luftmenge tief zu kühlen. Man kann zwar mit beiden Mitteln das gleiche erreichen, bei kleiner Luftmenge und tiefer Temperatur wird aber die Gleichmäßigkeit der Luftverteilung in Frage gestellt; außerdem arbeitet aber auch die Kälteerzeugungsmaschine unwirtschaftlicher.

Sehr wichtig ist, daß die Wände, Decken, Böden der Räume vor der Benützung durch die Menschen die gleiche Temperatur schon haben, welche nachher die Luft in den Räumen haben soll. Andernfalls würde ein störender Luftstrom und ein unangenehm empfundener Strahlungsaustausch stattfinden.

Räume, welche abwechselnd verbunden und getrennt werden (z. B. Bühne und Zuschauerraum) müssen auf gleicher Temperatur und gleichem Luftdruck gehalten werden.

Bei nur stundenweise (z. B. Theater) benützten Räumen wird ein Kältespeicher verwendet, so daß eine kleine Maschine fast den ganzen Tag über die nötige Kälte im voraus erzeugt. Da die Luft nicht unter 0° zu kühlen ist, eignet sich Eisansatz als Kältespeicher.[1])

Ausführungsbeispiele sind beschrieben in:

Zeitschrift für die gesamte Kälte-Industrie 1899, S. 101; 1905, S. 1. Ice and Refrigeration 1901 (Dez.), S. 224; 1903 (Juni), S. 232; 1904 (März), S. 148, 298; 1901 (Okt.), S. 135; 1905 (April), S. 145; 1907 (Okt.), S. 126; Sonderabdruck aus »Eis- und Kälte-Industrie«: Die Kühlanlage im Stadttheater zu Rio de Janeiro (A. Borsig, Tegel).

73. Sonstige Verwendungsgebiete.

a) In anatomischen Instituten und Leichenschauhäusern[2]).

In der Regel genügt eine Temperatur von 0° bis 2°. Es werden jedoch einzelne Zellen auf etwa —15° bis 20° ge-

---

[1]) S. Heinel, »Bau und Betrieb von Kältemaschinenanlagen«. S. 185.

[2]) Zeitschr. f. d. ges. Kälte-Ind. 1907, S. 161.

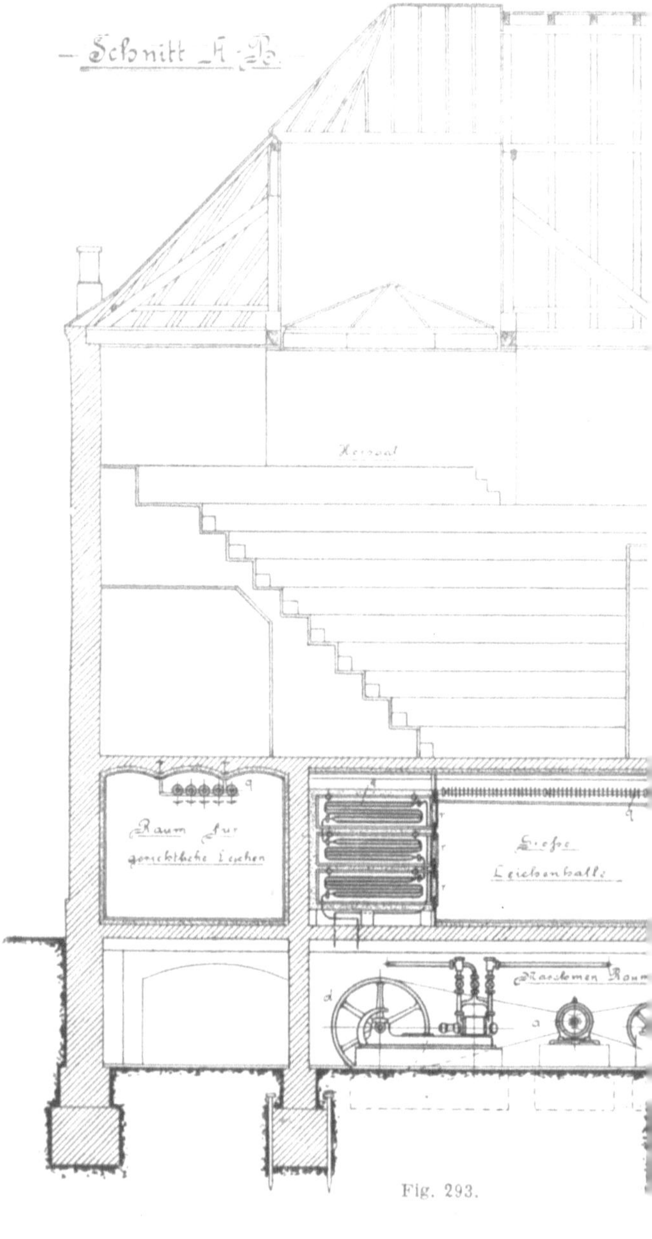
Schnitt A-B.
Raum für gerichtliche Leichen
Große Leichenhalle
Maschinen Raum

Fig. 293.

Erklärung.

a Elektromotoren
b Anlasser
c Transmission
d Kompressor
e Kondensator
f Verdampfer I
g „ II
h Manometer für Regulierventil
i Hauptsolepumpe
k Solepumpe für die Gefrierzellen
l Sole-Verteilungsstück
m Sole-Sammelstück
n Luftkühler
o Elektroventilator
p Luftkanäle
q Kühlrohre
r Kühlzellen
s Gefrierzelle
t Elektroventilator im Präparatenraum
u Elektroventilator im Raum für ansteckende Leichen

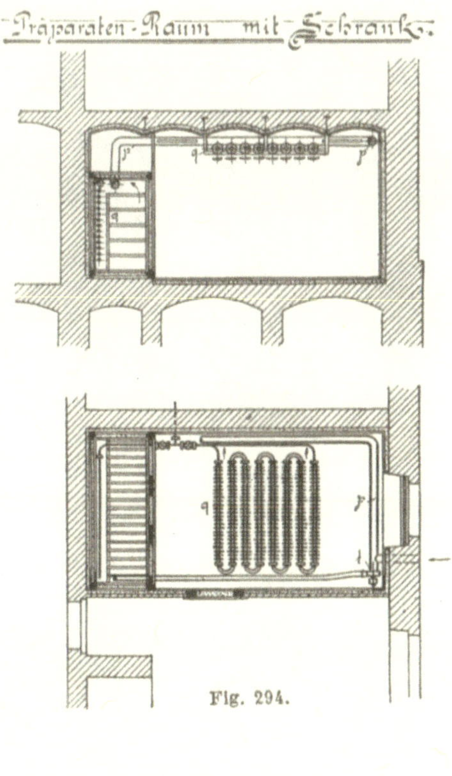

Fig. 294.

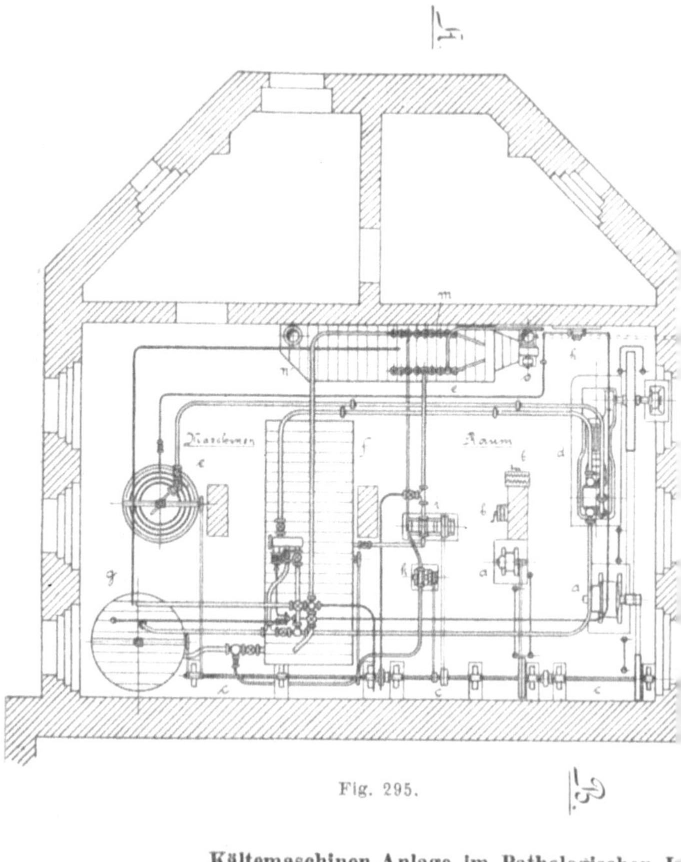

Fig. 295.

Kältemaschinen-Anlage im Pathologischen I

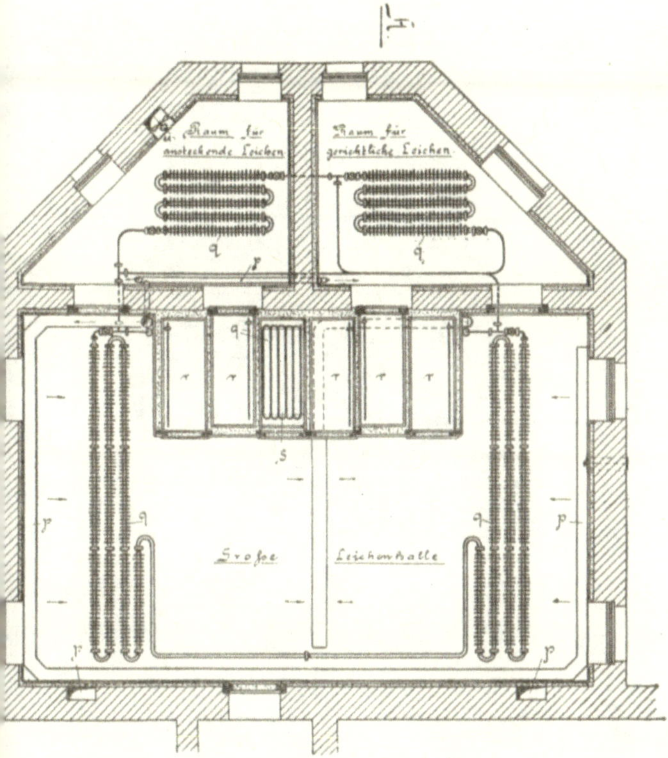

Fig. 296.

Kgl. Charité zu Berlin. (A. Borsig-Tegel.)

Druck und Verlag von R. Oldenbourg in München und Berlin.

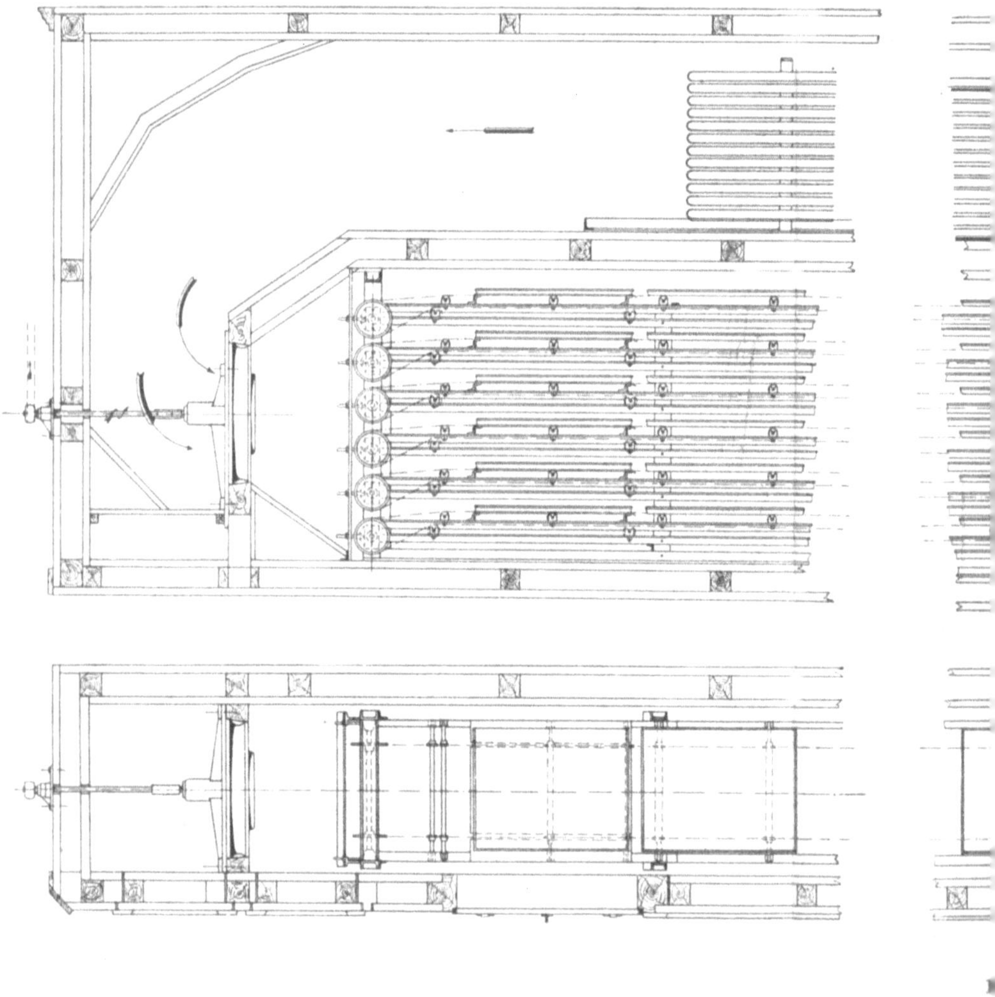

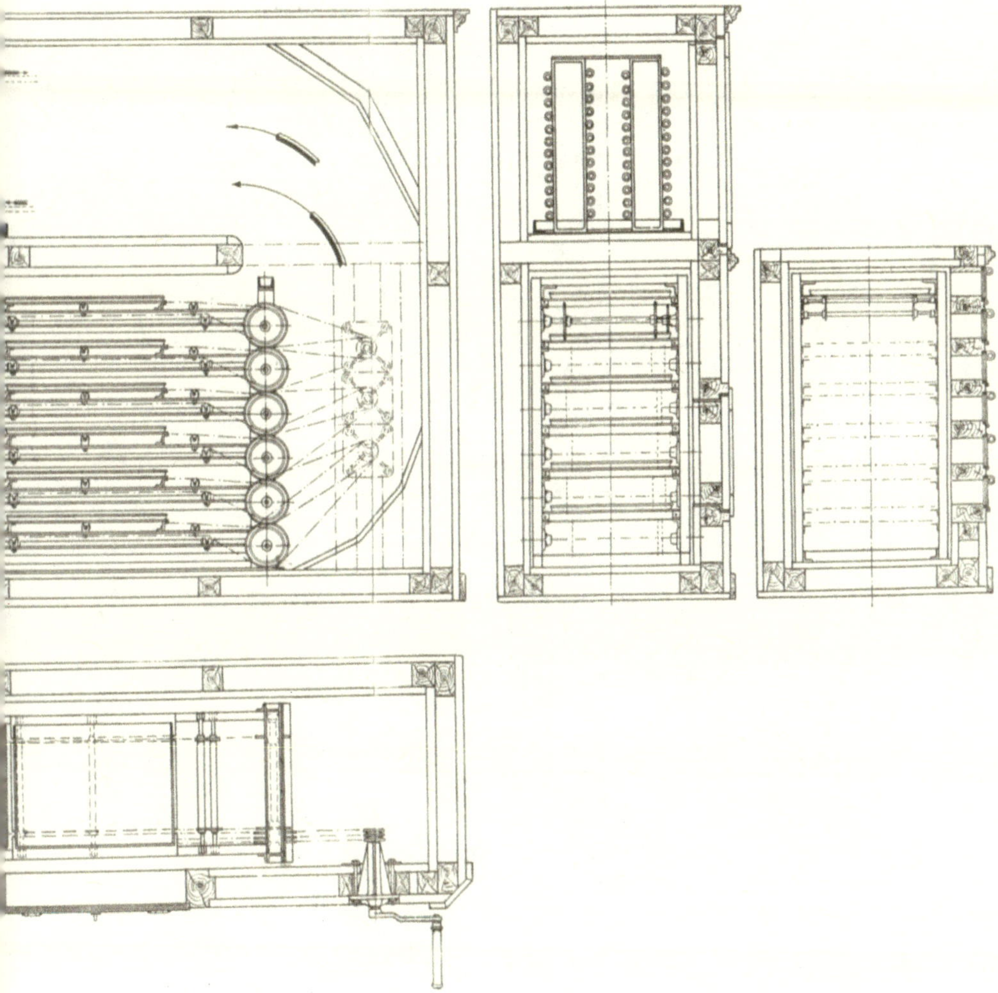

Druck und Verlag von R. Oldenbourg in München und Berlin.

bracht dann, wenn Leichen eingebracht werden, bei denen der Verwesungsprozeß schon eingetreten ist und unterbrochen werden soll. Außerdem werden Präparate ausgefroren zu anatomischen Zwecken. Fig. 293 bis 296 (Tafel).

b) Schokoladefabrikation.

Die Vorrichtungen zum Erstarrenlassen der Schokolade durch Kaltluft sind manchmal sehr primitiv und kosten dann viel Kälte. Die Schränke oder Räume, in denen die Masse erstarren soll, sind manchmal direkt mit Salzwasser- oder Verdampferrohren ausgestattet. Sie sollten immer etwas isoliert sein und gut schließende Türen haben. Es ist nicht günstig für den Kälteverbrauch, Schränke zu verwenden, die sehr lang und schmal sind. Man lasse das Ein- und Ausbringen nur von einem Arbeiter besorgen, der verantwortlich ist für den Kühlbetrieb. Dagegen sorge man für bequeme Transportvorrichtungen vom Kühlraum zu den Arbeitsplätzen.

Einen Kühlschrank größerer Art stellt die Fig. 297 (Tafel) dar[1]). (Escher, Wyß & Co.) Die Schalen mit Schokoladebrei werden an einem Ende des Schrankes auf endlose Gurten gestellt, die über Rollen laufen und durch Handkurbel vorgeschoben werden, sobald am anderen Ende des Schrankes die dort befindlichen Schalen entfernt sind. Über dem Schranke befindet sich ein Luftkühler mit künstlichem Luftumlauf. Der Schrank kann bis 4000 kg Schokolade in Tafeln üblicher Dicke in 10 Stunden zum Erstarren bringen, bei einer mittleren Kühllufttemperatur von 10 bis 12° C.

Für 1 kg Schokolade rechnet man 40 WE. Die Luftgeschwindigkeit darf im Luftkühler nicht größer als 1,5 m/sec sein, weil sonst Feuchtigkeitströpfchen mitgerissen und auf die Masse geschleudert werden. Salzwasserberieselung wird man ausschließen und kann es auch sehr gut, weil der Verdampfer mit einer Temperatur über 0° arbeiten kann.

Fig. 298 (A. Borsig, Tegel) zeigt einen Schokoladekühler ohne Transportvorrichtung, dafür mit gut schließenden und isolierenden Türen, sonst ähnlich wie vorher.

---

[1]) Zeitschr. f. d. ges. Kälte-Ind. 1907, S. 91.

c) Paraffingewinnung[1]).

Das Rohöl wird einem Destillationsprozeß unterworfen, bei dem zuerst die leichteren Produkte (Benzin und Petroleum) abdestillieren. Aus dem weiteren Destillationsprodukt wird das Paraffin in großen Gefäßen durch Abkühlen gewonnen. Das Paraffin setzt sich an den auf 0° bis auf — 15° gekühlten

Fig. 298.

Flächen an und wird durch Kratzer entfernt, während das Öl abläuft. Das so gewonnene Paraffin wird in Pressen mit etwa 15 Atm. Druck von dem noch anhaftenden Öl befreit. In neuerer Zeit wird jedoch statt des Auspressens das sogenannte Schwitzverfahren angewendet.

d) In Kabelfabriken

wird die Isolierung der Kabel zum raschen Erstarren gebracht durch Kühlen mit kaltem Wasser von etwa 0 bis 1° C. Das Kabel läuft hierbei durch lange Rinnen, durch die im Gegenstrom das Wasser läuft. Das Wasser kehrt zum Verdampfer zurück und wird dort von neuem gekühlt.

---

1) Zeitschr. f. d. ges. Kälte-Ind. 1909. S. 101.

e) Bei der Fabrikation photographischer Platten und Papiere

wird die Kälte in der Weise verwendet, daß durch Kälte getrocknete und dann durch Dampf wieder bis auf 20° erwärmte Luft in die Räume geblasen wird, in denen die Papiere bzw. Platten mit der lichtempfindlichen Schicht überzogen und getrocknet werden. Die Gelatine selbst wird nach der Herstellung in flache Gefäße gegossen und in einem Raume von 0° zum Erstarren gebracht. Ferner wird kalte Luft oder besser Kältestrahlung angewendet, um die auf das Papier aufgebrachte Schicht rasch zum Erstarren zu bringen, damit sie beim Aufhängen im Trockenraume nicht vom Papier abfließt. Bedingung ist absolute Staubfreiheit der Luft und Fernhalten von Salzwasser aus derselben.

f) Gekühlte Frachtschiffe[1]) und Eisenbahnwagen.

Gekühlte Frachtschiffe unterscheiden sich von Lagerhäusern in bezug auf Bau und Betrieb der Kühlvorrichtungen nicht wesentlich, es gelten also auch bei diesen die für die Luftkühlung von Lagerhäusern schon gegebenen Regeln. Bei den in den Tropen verkehrenden Schiffen ist die Isolierung der Schiffswandungen bzw. der Kühlraumwände und -decken besonders sorgfältig herzustellen; außerdem ist beim Bau und bei den Abmessungen der Kälteerzeugungsmaschine darauf Rücksicht zu nehmen, daß man zeitweise mit sehr warmem Kühlwasser arbeiten muß.

Deutschland besitzt zurzeit nur wenige Frachtschiffe mit Kühlvorrichtung. Es sind einige Schiffe zum Transport von Seefischen vorhanden. Außerdem verkehren auf der Elbe gekühlte Transportkähne für Bier und andere Nahrungsmittel. Dagegen besitzen fast alle größeren Passagierdampfer und Kriegsschiffe Kühlmaschinen mit Kühlräumen für Nahrungsmittel und Munition.

Da der Einbau größerer Ventilatoren und der dazu gehörigen Luftschläuche mit Rücksicht auf die geringe Höhe des

[1]) Zeitschr. f. d. ges. Kälte-Ind. 1907, S. 181.

Decks zweckmäßigerweise vermieden wird, so werden die Kühlräume in der Hauptsache mit Kühlrohren für natürlichen Luftumlauf ausgestattet. Die Ventilatoren versehen die Räume mit Frischluft und unterstützen den Luftumlauf.

Die für kleinere Schiffsräume verwendeten Kältemaschinen sind meist nach Art der in Kapitel VI dargestellten Kleinkühlmaschinen gebaut. Auf Kriegsschiffen ist möglichst große Verminderung des Gewichtes und des Raumbedarfes nötig.

Fig. 299.

Es wird daher dort möglichst Schmiedeeisen zu verwenden sein, z. B. Fig. 299, Gehäuse für den Verflüssiger (A. Borsig, Tegel).

Eisenbahnzüge mit künstlicher Kühlung.

Man unterscheidet drei Arten:

1. Eisenbahnwagen mit Kältespeicher in Form von Eis oder sonstigen Kühlkörpern.
2. Eisenbahnwagen mit kleinen Kühlmaschinen, die von der Achse des Wagens aus oder elektrisch betrieben werden und nur diesen einen Wagen kühlen.
3. Eisenbahnzüge, bestehend aus Kühlwagen mit Kühlkörpern für Salzwasserumlauf und einem Maschinenwagen, in welchem die Maschine steht, die den ganzen Zug mit Kälte versorgt.

Zu 1. Eisenbahnwagen mit Eisvorrat sind schon lange im Gebrauch zum Versand von Bier. Sie haben den Nachteil, daß das Eis auf längeren Strecken erneuert werden muß, daß bei geringer werdender Eismenge die Temperatur im Wagen steigt, daß das Eis einen großen Teil des Laderaumes wegnimmt. Zu berücksichtigen ist hierbei, daß der Wagen erstens den Sonnenstrahlen eine große Oberfläche darbietet, und daß der Wärmedurchgang durch den starken Luftzug beim Fahren begünstigt wird. Man muß also Wände, Boden und Decke des Wagens mit Korkplatten aufs beste isolieren. Das Eis wird zweckmäßigerweise in an der Decke angebrachte Behälter gelegt. Mehrere auf die Länge des Wagens gleichmäßig verteilte Behälter sind besser als ein einziger Behälter, da hierdurch die Kälteverteilung gleichmäßiger wird. Will man Temperaturen unter 0° im Wagen halten, oder Feuchtigkeitsgrade der Luft herstellen, deren Taupunktstemperatur nahe bei oder unter 0° liegen, so sind entsprechend größere Behälter mit dünnem gefrorenem Salzwasser von entsprechendem Gefrierpunkt vorzusehen. Stetefeld[1]) hat berechnet, daß die Kühlkosten einschließlich der Besitz- und Bedienungskosten mit sogenanntem »Minuseis« geringer sind als diejenigen beim Kühlen mit im Zug befindlichen Maschinen, wenn das Minuseis im Großen an bestimmten Halteplätzen erzeugt und eingeladen wird. Sie sollen dann höchstens 5 bis 6 Pfennige für jeden Zentner Ladegewicht des Wagens betragen gegenüber 10 Pfennig bei der Kühlung durch mitgeführte Maschinen. Dabei sind 100 Fahrtage mit Kühlung im Jahr angenommen.

Da der Wagen auch gegen Ende der Fahrt noch kühl sein soll, so muß man einen reichlichen Überschuß an Eis mitgeben, der dann in der Regel nach der Fahrt nutzlos wegschmilzt.

Bei einem Wagen von 12 m Länge kann man demnach für eine 20 stündige Fahrt etwa 1500 kg Eis rechnen.

Vor dem Beladen muß der Wagen schon durchgekühlt sein, desgleichen das Transportgut. Die zum Abkühlen des Wagens nötige Eismenge ist also noch besonders zu berechnen.

---

[1]) Bericht über den II. Intern. Kältekongr. in Wien.

Das Transportgut kommt meist aus Kühlhäusern. Ist dies nicht der Fall, so muß es im Wagen ausgekühlt werden und hierfür eine weitere Menge Eis berechnet und eingelegt werden. Dies ist z. B. bei Milchwagen manchmal der Fall, desgleichen bei Obst. Es wird die Ausnahme bilden, da natürlich das Abkühlen in größeren Anlagen billiger ist als im Wagen.

Zu 2. Eisenbahnwagen mit kleiner, nur für einen Wagen berechneter Kühlmaschine laufen zurzeit in Frankreich und Rußland (Fig. 300, Maschinenbauanstalt Humboldt, Kalk). Diese Wagen eignen sich besonders zum Einstellen in Personenzüge und Güterzüge, die nur wenig gekühltes Gut zu befördern haben.

Der früher gebräuchliche Antrieb des Verdichters und der Nebenmaschinen von der Wagenachse aus bedingt, daß die Wagen einen Kältespeicher erhalten, weil bei längerem Stillstand des Wagens die Kälteerzeugung unterbrochen ist. Bei langsamer Fahrt ist die Kälteerzeugung gering. Dies ist ein Nachteil dieser Antriebsart. Ferner ist das Durchkühlen vor dem Beladen mit Hilfe der Kühlmaschine des Wagens nicht möglich. Es muß zu diesem Zwecke vorher Eis eingeladen werden, oder es muß ein Elektromotor im Wagen sein, der in den Güterstationen von einem stationären Netz aus elektrischen Strom erhält, oder es muß der Wagen in einer Kühlhalle ausgekühlt werden. Die Wagen werden in Hallen eingeschoben und haben an der Decke eine Öffnung zum Einblasen kalter Luft. Diese Öffnungen werden an Luftschläuche angeschlossen, die an der Decke der Halle hängen. Außerdem kann eine Salzwasserleitung mit Salzwasserrohren, die im Wagen liegen, verbunden werden. Das Salzwasser kühlt den Wagen und bildet nachher einen gewissen Kältespeicher.

Diese Salzwasserrohre können wieder von dünner Salzsole umgeben sein, die, zum Gefrieren gebracht, einen weiteren größeren Kältespeicher bildet.

Diese Durchkühlung der Wagen in Hallen kann natürlich auch bei den unter 1. beschriebenen Wagen durchgeführt werden.

Zweckmäßiger ist der durch die jetzige Entwicklung der Verbrennungskraftmaschinen ermöglichte Antrieb durch diese

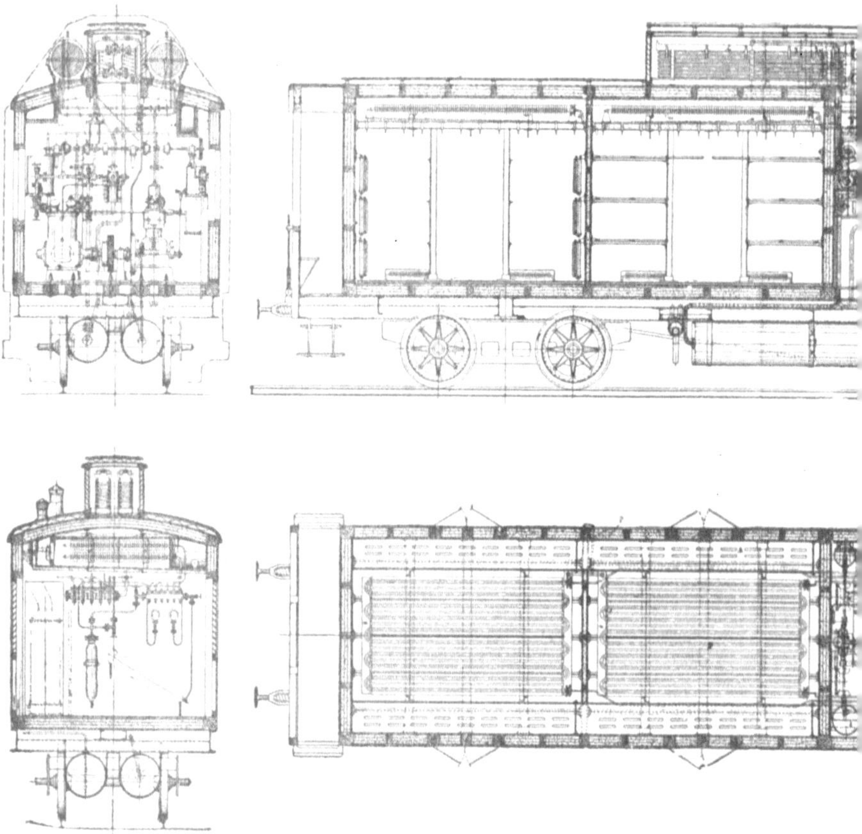

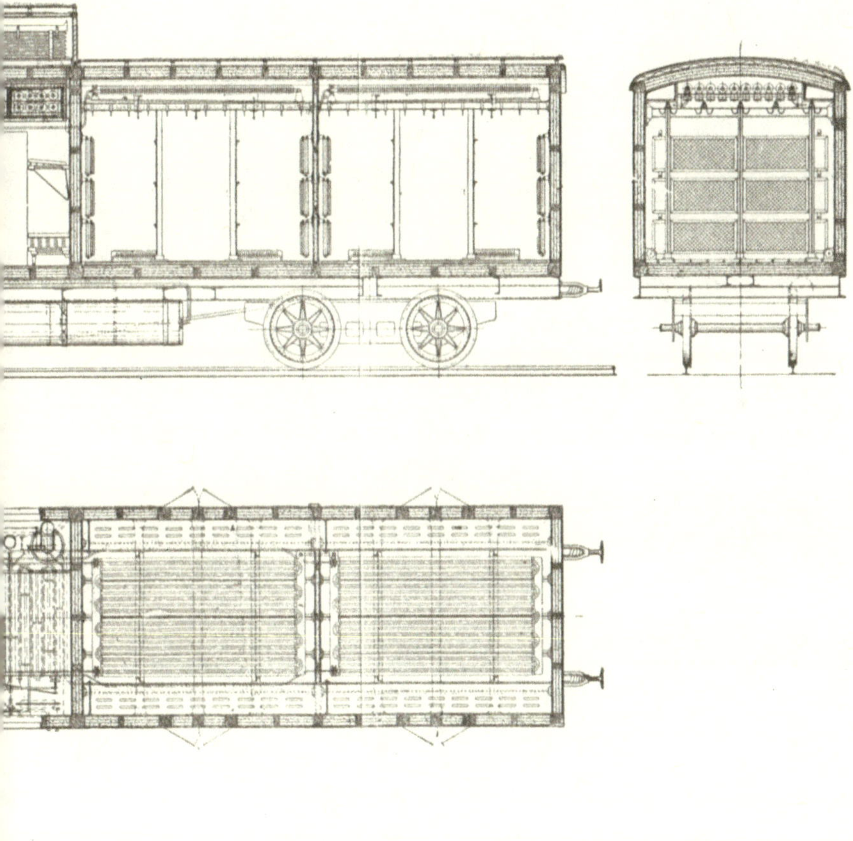

Druck und Verlag von R. Oldenbourg in München und Berlin.

(s. S. 208). In diesem Falle ist dann allerdings nötig, daß ein Maschinenführer die ganze Fahrt mitmacht und einen Aufenthaltsraum neben dem Maschinenraum erhält.

Zu 3. Eisenbahnzüge mit einem Maschinenwagen. Diese werden nur in Betracht kommen für Massentransport gekühlter Waren über größere Strecken.

Durch die schon oben erwähnte Antriebsart mit Hilfe einer Verbrennungskraftmaschine ist eine der beiden schwierigsten Fragen gelöst. Die zweite Schwierigkeit liegt im ausreichenden Kühlen des Verflüssigers, da nur ein sehr beschränkter Wasservorrat mitgeführt werden kann. Grundsätzlich finden wir einen Berieselungsverflüssiger, der durch die beim Fahren entstehende Zugluft oder beim Stillstand des Zuges durch einen mit Ventilator hergestellten künstlichen Luftzug gekühlt wird. Das verdunstete Wasser ist zu ersetzen, am zweckmäßigsten an den Plätzen, an welchen die Lokomotive ausgewechselt oder mit Wasser versehen wird.

Der Maschinenwagen wird etwa in der Mitte des Zuges eingestellt. Die Verteilung der Kälte auf die einzelnen Wagen geschieht durch Salzwasserumlauf, zu welchem Zwecke von Wagen zu Wagen ein oder mehrere Salzwasserkupplungsschläuche gehen von so kleinem Durchmesser, daß ausreichende Nachgibigkeit vorhanden ist.

Wesentlich vereinfachen wird sich die Aufgabe in dem Augenblicke, wo Fernzüge durch Elektromaschinen betrieben werden. Dann sind in dem Maschinenwagen Transformatoren unterzubringen, um eine für den Antriebsmotor der Kühlanlage günstige Stromart und Spannung zu bekommen. Alle Maschinen und Apparate haben auf einem Wagen Platz. Der Kühlzug kann gekühlt werden, auch wenn er ohne Lokomotive auf einem Bahnhof oder vor der Einlade- oder Ausladehalle liegt. Der Maschinenwagen kann an günstiger Stelle in den Zug eingestellt werden. Die Bedienung der ganzen Maschinenanlage kann einem einzigen Manne anvertraut werden. Das mitzuführende tote Gewicht ist sehr klein. Kältespeicher sind kaum nötig in den Kühlwagen. In jeden Kühlwagen kann ein Ventilator mit Elektromotor eingebaut werden und vom Maschinenwagen aus ein- und ausgeschaltet werden.

Mit dem Bau von Elektrobahnen werden sich auch Einzelkühlwagen, wie unter 2. beschrieben, rascher einführen, da ihre Bedienung dann einfacher ist, als bei Verwendung eines Verbrennungsmotors.

g) Ölkühlung.

Die Deutsch-Überseeische Elektrizitätsgesellschaft hat in Buenos Aires ein Elektrizitätswerk errichtet, welches nach seinem Ausbau 10 Turbogeneratoren von je 11 200 PS enthalten wird. Von diesen gelangten zunächst 5 Gruppen zur Aufstellung. Das Öl, mit welchem die Lager der Turbogeneratoren geschmiert werden, erwärmt sich auf ca. 50° C und wird in Röhrenkühlern durch Süßwasser rückgekühlt. Da kaltes Brunnenwasser für diesen Zweck nicht zur Verfügung steht, so wird das Süßwasser mit Hilfe einer Kältemaschinenanlage von 28° C auf 18° C gekühlt. Die Kältemaschinenanlage (A. Borsig, Tegel) umfaßt 2 Doppelkompressoren von zusammen 400 000 Kal. stündlicher Kälteleistung bei einer Verdampfungstemperatur von ± 0° C gemessen, und arbeitet mit schwefliger Säure als Kältemittel. Das Süßwasser wird in 4 Verdampfern gekühlt, in deren kupfernen Rohrschlangen die schweflige Säure direkt verdampft, und durch Zentrifugalpumpen den Ölkühlern zugeführt.

h) Prüfung von Gummi.

Die bei kalter Witterung im Freien zu verwendenden Gummigegenstände, z. B. Kupplungsschläuche der Luftdruck-Eisenbahn-Bremsen, werden bei — 30° geprüft in bezug auf Brüchigkeit bzw. Elastizität.

Mit den Aufzählungen unter a bis h sind natürlich die Verwendungsgebiete nicht erschöpft. Weitere Aufzählungen und Besprechungen (z. B. die Verwendung von Kälte in der Blumenzucht) sind aber von geringem Interesse, weil bei allen anderen Verwendungsgebieten die bisher besprochenen Einrichtungen immer wiederkehren mit geringen Anpassungsabänderungen, die unschwer zu wählen sind, sobald die Bedingungen für die günstigste Arbeitsweise auf dem neuen Verwendungsgebiete klargelegt sind.

Kapitel XIII.

Betriebsführung der Verdichtungs-Kältemaschine.[1])

74. Führung des Druckverdichters.

Die Bedienung und Instandhaltung des Kurbeltriebes ist hier von besonderer Wichtigkeit wegen des sehr kleinen schädlichen Raumes. Dieser muß genau eingestellt sein, am besten durch Mikrometermessung in folgender Weise: Man stellt die Kurbel in den hinteren Totpunkt: es wird gemessen die Entfernung *a* zwischen Kreuzkopf und Stopfbüchsflansch. (Mißt man bis zur Stopfbüchsbrille, so muß diese unbeweglich bleiben beim Hin- und Herschieben des Kolbens.) Kurbel im vorderen Totpunkt: es wird wieder die genannte Entfernung, hier *b*, gemessen. Dann wird die Kurbelstange vom Kurbelzapfen losgelöst: Man schiebt nun den Kreuzkopf so lange nach hinten, bis der Kolben am hintern Deckel anstößt. Es ergibt sich ein kleineres Maß als *a*, wird dann der Kolben bis an den vorderen Deckel geschoben, so ergibt sich ein Maß etwas größer als *b*. Die kleinen Unterschiede sind die schädlichen Räume.

Bleiabdrücke, auch Wachsabdrücke täuschen manchmal, besonders dann, wenn das Gestänge sich etwas zusammenschieben oder biegen kann, oder wenn der Zylinder oder der

[1]) Für einige besondere Fälle, nämlich Untersuchung der Anlage und Instandsetzung, gibt »Heinel, Bau und Betrieb von Kältemaschinenanlagen« genauere Anweisungen in Tabellenform, die aufgezogen und im Maschinenhaus aufgehängt werden können.

Deckel etwas nachgiebig sind. Addieren sich mehrere dieser kleinen Fehler, so entsteht ein Gesamtfehler bis zu $1\frac{1}{2}$ mm.

Zwischen den Schalen des Kurbeltriebes und des Wellenlagers müssen Beilagen von so genau abgemessener Dicke liegen, daß die Schrauben mit Vorspannung angezogen werden können, ohne daß Luft zwischen den Zapfen und den Schalen ist und ohne daß die Schalen die Zapfen pressen. Haben die Schrauben keine Vorspannung, so dehnen und kürzen sie sich elastisch im Betriebe und verursachen den gefürchteten Stoß, der die Schalen sehr stark abnutzt.

Tropföler, Zentralkurbelzapfenschmierung dürfen nicht fehlen und müssen stets mit reinem Öl arbeiten.

Man halte die Maschine rein, wische überflüssiges Öl ab und vermeide, daß das Öl auf dem Fundament schwimmt, da dieses manchmal durch das Öl aufgeweicht wird und dann der Druckverdichter nicht mehr ruhig auf dem Fundament stehen bleibt.

Besondere Sorgfalt ist auch der S t o p f b ü c h s e und der Kolbenstange zu widmen. Das zur Schmierung der Kolbenstange verwendete Öl muß wasser- und säurefrei sein. (Siehe S. 138.) Es dürfen hierzu nur folgende Schmiermittel verwendet werden:

für Ammoniakmaschinen: Mineralöl von niedrigem Gefrierpunkt, sog. Kompressoröl,

für Kohlensäuremaschinen: chemisch reines Glyzerin,

für Schwefligsäuremaschinen: am besten nur reine Vaseline. (Siehe S. 77.)

Die Stopfbüchsbrille muß genau gleichachsig angezogen werden; der Abstand des Flansches der Stopfbüchsbrille vom Stopfbüchsflansch ist durch Abtasten überall genau gleich zu machen. Ist eine Kühlung vorgesehen, so darf das Anstellen derselben nicht übersehen werden. Der Ablauf des Wassers aus dieser Kühlung muß sichtbar sein. Da die Dauer der Packungen begrenzt ist (siehe beim Kapitel Konstruktion der Druckverdichter), so sind diese rechtzeitig zu ersetzen. Hierbei kann, wenn die Maschine sonst gut geführt ist und nie heiß geht, in der Weise vorgegangen werden, daß man einige Male nur die vorderen Ringe ersetzt. Mindestens alle Vierteljahre und dann, wenn die Maschine heiß geworden ist, ist die ganze Packung zu entfernen und nachzusehen, ob der Grundring noch gut ist. Alle in der Stopfbüchse liegenden Metallringe müssen Löcher mit Schraubengewinde haben, damit sie leicht durch Stängchen herausgeholt werden können. Das Abschmirgeln der Kolbenstange soll man möglichst unterlassen, da sie hierbei leicht unrund gemacht wird. Vor Rost muß sie durch Einschmieren geschützt sein. Das Nachrunden der Stange überlasse man der Fabrik. Bezüglich des Öffnens des Druckverdichters zum Zwecke der Erneuerung der Packungen siehe S. 109. Die Packungsringe dürfen nicht zu reichlich sein, sie sollen die Stopfbüchse satt ausfüllen und doch leicht von Hand eingeschoben werden können. Das Einkeilen durch Hölzer und Hammer ist falsch.

Die Ölabscheidevorrichtung ist in richtigen Zeitabständen zu bedienen. Überreißen von Öl in die Schlangen darf nicht stattfinden. Man wiege ständig das in die Stopfbüchsschmierung gegebene und das aus dem Öltopf abgezapfte Öl. Die Gewichte dieser beiden Mengen müssen einander gleich sein. Es wäre gut, wenn der Ölstand im Ölabscheider von außen erkennbar wäre. Fig. 301 enthält einige Vorschläge, die übrigens in das Kapitel III 23 gehören. Das Ammoniak kommt von oben durch das Mittelrohr herein und wirft das Öl senkrecht nach unten in den Ölsammler, der von dem Ölabscheider getrennt ist. Das gereinigte Ammoniak geht mit kleiner Geschwindigkeit wieder nach oben seitlich ab. Den Ölstand zeigt entweder ein Glasrohr an, das man aber nicht gerne verwendet, erstens wegen der leichten Verschmierung des Glases und weil beim Zerspringen eine erhebliche Gefahr droht. Jedenfalls sind Absperrventilchen vorzusehen und diese nur bei der Kontrolle zu öffnen. Oder es wird ein Schwimmer mit Zeiger so angebracht, daß der Zeiger außerhalb des Öles bleibt.

Ferner scheint geeignet als Ölstandszeiger der Vorschlag nach Fig. 305, wo dann das Außenrohr mit dem Öl, das Innenrohr mit dem Verflüssiger einerseits und der Saugleitung anderseits verbunden wird. Siehe weiter unten.

In der Fig. 301 ist weiter gezeigt die unmittelbare Verbindung des Ölsammlers mit dem Ammoniakaustreiber (Öl-

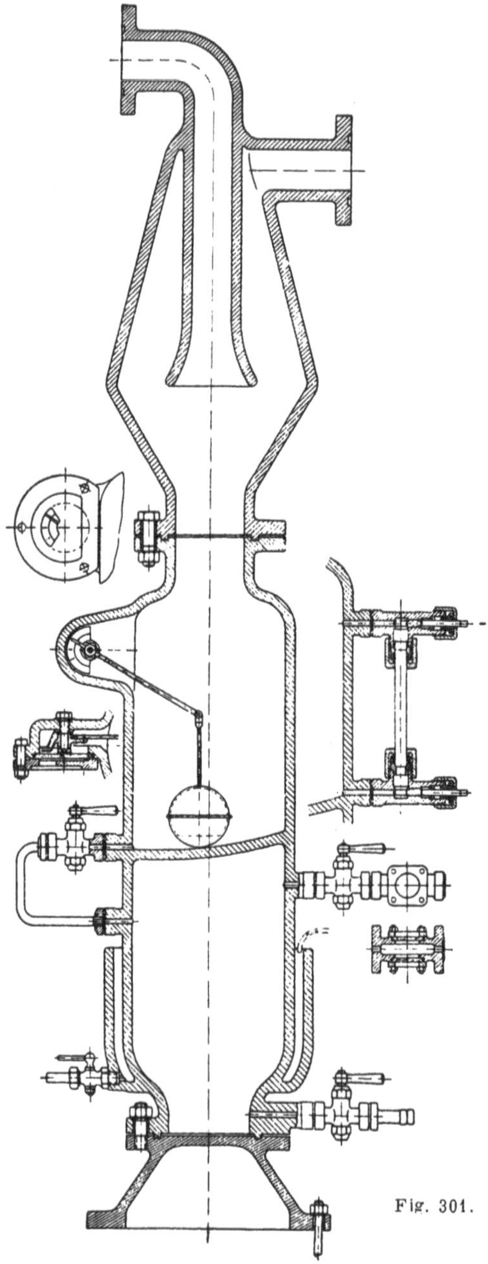

Fig. 301.

topf), der so oft zu entleeren ist, daß Durchgang von Öl durch die Absaugeleitung in dem auf beiden Seiten mit Durchblickglas versehenen Kontroller nie beobachtet wird. Ist dies doch einmal der Fall gewesen, so werden die Hähne vor und hinter dem Kontroller geschlossen und die Gläser herausgenommen und gereinigt. Auch ist (nach D. R. G.-M. 275 123 A. Freund-

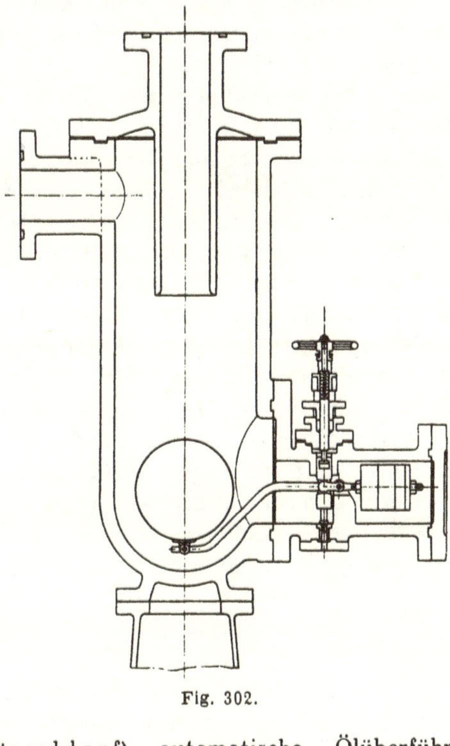

Fig. 302.

lich, Düsseldorf) automatische Ölüberführung mit Schwimmerventil (Fig. 302) vorgeschlagen worden.

Ventildeckel- und Flanschdichtungen sollen nach dem Öffnen der betreffenden Flanschen stets erneuert werden. Alte, hart gewordene Gummidichtungen dürfen nicht verwendet werden. Hat man Schwierigkeiten mit dem Dichthalten einzelner Flanschen, so muß untersucht werden, ob der Flansch schief angezogen ist, ob er undicht wird durch Bewegungen der Rohrleitung oder des Druckverdichters, oder ob die Flanschen und Schrauben zu schwach sind. Das übermäßige Anziehen der Schrauben ist gefährlich. Besser ist es, man hilft sich dadurch, daß man die Flanschen so nachdrehen läßt, daß eine recht schmale Dichtung herauskommt, damit diese einen hohen spezifischen Flächendruck erleidet. Man dreht die Feder des einen Flansches schmäler und legt in die Nut zu ihrer Verschmälerung einen Ring ein. Die Packung darf nicht zu dünn sein.

Die Druckverdichter-Ventile müssen ab und zu wieder eingeschliffen werden. Dies muß so geschehen, daß genau kreisrunde Flächen entstehen. Man erreicht dies durch ständiges Drehen beim Einschleifen und durch gute Führung des Ventilkegels. Dies gilt auch für die Kegel der Absperrventile. Die Führung der Kegel und Ventilstangen der selbsttätigen Ventile muß absolut sauber gehalten werden, leicht gehen und darf trotzdem nicht zu viel Spiel haben. Der Ventilsitz muß in den Gehäusen absolut sauber, dicht und gleichachsig sitzen. Die Federn dürfen nicht zu wenig Gewindegänge haben. Die Spannung der Federn soll bei vollem Hub des Kegels nur wenig zunehmen gegenüber der Vorspannung. Dies bedingt lange Federn mit vielen Windungen. Die Federn müssen aus naturhartem Stahl gemacht sein; am besten werden sie von Spezialfabriken nach Angabe bezogen. Die Federenden müssen so zugerichtet sein, daß zwei genau parallele Flächen entstehen, sonst kippen die Federn und bringen die Führung zum Klemmen. Etwaige Luftpuffer am Ventil müssen vom Ingenieur ausprobiert sein. Willkürliche Änderungen der Durchlässe daran darf der Maschinist nicht vornehmen. Zum richtigen Ausbalanzieren des Luftpuffers und der Feder gehört das Indizieren.

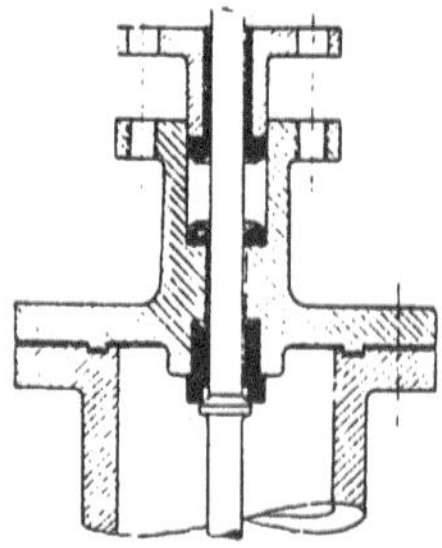

Fig. 303.

Die Stopfbüchsen der **Absperrventile und Hähne** sind sorgfältig dicht zu halten, und zwar richtiger durch gutes Verpacken mit passendem Material, statt durch zu scharfes

Anziehen. Bei den Absperrventilen fordere man, daß die Spindel so gemacht ist, daß bei vollständig geöffnetem Ventil ein Konusbund der Spindel sich gegen eine Dichtungskante legt und so die Stopfbüchse abdichtet, so daß deren Packung ohne jede Betriebsstörung erneuert werden kann (Fig. 303). Naßwerden der Spindeln von Schwefligsäureventilen muß vermieden werden, weil sonst die Spindeln bei Undichtheit zerfressen werden.

75. Die Bedienung des Regelventiles und der Absperrventile.

Die der Maschine beigegebene Betriebsanweisung muß sagen, ob die Maschine für nasses, trockenes oder überhitztes Arbeiten bestimmt ist. Hiernach hat sich der Maschinist zu richten. Die Kennzeichen für diese Arbeitsweisen muß die Betriebsanweisung der Maschine enthalten, desgleichen Anweisungen für das Verhalten beim Stillsetzen und beim Anfahren der Maschine nach kurzem oder langem Stillstand. Alle diese Anweisungen werden bei jeder Maschine etwas verschieden sein. Im allgemeinen gilt etwa folgendes:

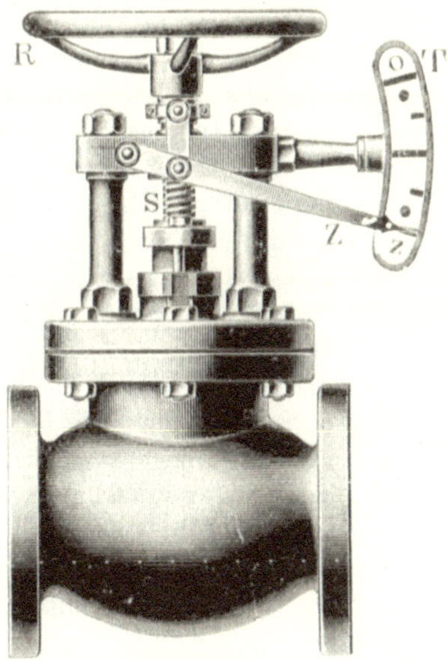

Fig. 304.

A n f a h r e n : Nachdem alle Öler nachgesehen und in Tätigkeit gesetzt sind, überzeugt man sich zunächst davon, daß die Absperrventile in der Druckleitung offen sind. Es ist nützlich, wenn die Ventile dies von außen erkennen lassen. (Fig. 304, Dreyer, Rosenkranz & Droop.) Sodann sind alle Kühlwasserleitungen in Tätigkeit zu setzen. Dann läßt man den Druckverdichter bei geschlossenem Hahn in der Flüssigkeitsleitung und geöffnetem Absperrventil der Saugleitung langsam und allmählich anlaufen.

Ist vermutlich viel Flüssigkeit im Verdampfer, z. B. wenn während des Stillstandes die Flüssigkeitsleitung offen war, so vermeidet man Ansaugen von Flüssigkeit durch Drosseln des Absperrventils der Saugleitung. Wird das Druckrohr am Verdichter allmählich warm, so wird das Absperrventil der Saugleitung allmählich ganz geöffnet. Es ist falsch, im normalen Betriebe dieses Ventil gedrosselt zu lassen. Das führt zu erheblichem Saugdruckabfall im Verdichter und Verminderung der Kälteleistung. Rechtzeitig, bevor der Verdichter zu heiß wird, ist die Flüssigkeitsleitung zu öffnen. Zum Schließen und Öffnen derselben bedient man sich zweckmäßig nicht des Regelventils, sondern eines neben diesem eingebauten Hahnes oder Ventiles, so daß das Regelventil immer in ungefähr gleicher Stellung stehen bleiben kann. Das Regelventil ist im weiteren Verlaufe so einzustellen, und zwar ohne große Hin- und Herbewegungen des Regelorganes, daß das Druckrohr die richtige Temperatur annimmt und die Manometer die zu den Temperaturen der Salzsole bzw. der Luft und des Kühlwassers gehörigen Drucke zeigen. Dabei muß sich die richtige Verflüssigerleistung einstellen, die bie Tauchverflüssigern aus der Menge (siehe S. 163) und der Temperaturzunahme des Kühlwassers berechnet wird. Stimmen diese Drücke und die Kälteleistung nicht zu den betreffenden Temperaturen, so ist die Maschine genau zu beobachten, um an Hand besonderer Anweisungen[1]) die Ursachen des anormalen Verhaltens der Maschine zu erkennen. Das Druckmanometer soll gewöhnlich in der Temperaturskala nur wenig Grade (4—5) über der Ablauftemperatur des Kühlwassers, das Saugmanometer etwa 7—10° unter der Temperatur des Salzwassers anzeigen. Doch können diesbezüglich andere Sondervorschriften für die betreffende Maschine gelten.

76. Füllungskontrolle.

Aus den Beobachtungen muß namentlich erkannt werden, ob die in der Maschine befindliche Menge an Kältemittel zu

[1]) S. Heinel, »Bau und Betrieb von Kältemaschinenanlagen«, S. 102 u. ff.

groß oder zu klein ist und ob Luft in die Maschine eingedrungen ist. Etwa notwendiges Nachfüllen geschieht vorsichtig in der Weise, daß die Flasche, aus der nachgefüllt wird, nachdem sie gewogen ist, an die Flüssigkeitsleitung (Fig. 92, Seite 126) angeschlossen wird. Das Regelventil *R* wird geschlossen. Nach starkem Sinken des Saugdruckes wird, wenn möglich, der Druckverdichter auf kleinere Umlaufzahl gesetzt und nun das Flaschenventil und Hahn 9 geöffnet. Glaubt man genug Kältemittel nachgesaugt zu haben (lieber zunächst zu wenig als zu viel), so wird das Flaschenventil und Hahn 9 geschlossen, das Regelventil geöffnet, die Maschine wieder auf normale Umlaufzahl gebracht und nun in normalem Betriebe die Untersuchung auf genügende Füllung wiederholt.

Ist als Grund der Minderleistung die Vermischung des Kältemittels[1]) mit Luft erkannt, so ist der Verdampfer bei geschlossener Flüssigkeitsleitung leerzusaugen, dann die Anlage einige Zeit stillzusetzen bei weiterarbeitender Verflüssigerkühlung.

Dann wird das am Verflüssiger befindliche Entlüftungsventil vorsichtig geöffnet. Diese ganze Hantierung wird so oft wiederholt, bis Anzeichen von Luftbeimischung nicht mehr zu erkennen sind. Ob aus dem Entlüftungsventil Luft entweicht, erkennt man bei Ammoniak am besten dadurch, daß man vom Ventil aus einen Schlauch in einen Eimer voll Wasser oder in das Verflüssigerbecken leitet. Das ausströmende Ammoniak wird vom Wasser absorbiert, die Luft steigt in Blasen hoch. Man scheue beim Entlüften einen geringen Verlust an Kältemittel nicht und fülle lieber wieder etwas nach.

Um den Flüssigkeitsstand im Verflüssiger zu erkennen, sind verschiedene Vorschläge gemacht worden. Einer derselben geht dahin (Fig. 305): Das Außenrohr aus Eisen ist mit dem unteren Ende am unteren Teile des Verflüssigers, mit dem anderen am oberen Teil desselben angeschlossen, so daß sich in dem Außenrohr der Flüssigkeitsspiegel in gleicher Höhe wie im Verflüssiger einstellt. Ein Innenrohr wird durch

[1]) Siehe Fußnote S. 386.

ein f e i n e s Regelventil mit dem unteren Teil des Verflüssigers in Verbindung gebracht, mit dem oberen an die Saugleitung angeschlossen. Im normalen Betriebe bleibt das Regelventil zu, weil sonst unnütze Verluste eintreten würden. Will man den Flüssigkeitsstand ablesen, so wird das Regelventil k u r z e Z e i t so weit geöffnet, daß etwas Flüssigkeit in das innere Rohr tritt und dort infolge des Verdampfungsdruckes verdampft. Dadurch wird die das Innenrohr umgebende Flüssigkeit unter 0° gekühlt, während das darüber stehende Gas diese Temperatur nicht annehmen kann, ohne zu verflüssigen. Das Außenrohr beschlägt sich dann mit Reif, und zwar von unten herauf bis etwa zum Flüssigkeitsspiegel, vorausgesetzt, daß dies nicht durch heftigen Kältemittelumlauf im Außenrohr gestört wird. Die Bedienung der Vorrichtung scheint etwas Gewandtheit zu erfordern.

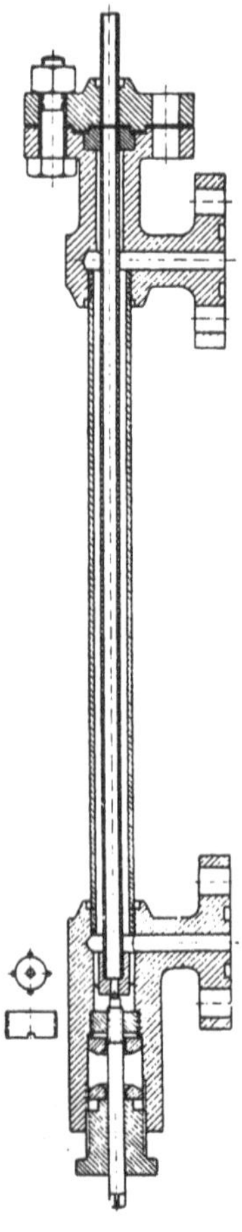

Fig. 305.

Der Reinhaltung der Füllung durch die Siebtöpfe (siehe S. 127) ist genügende Aufmerksamkeit zu schenken. Namentlich nach der ersten Inbetriebsetzung ist das Sieb baldigst, etwa nach 2 Wochen zum erstenmal, nach weiteren 3 Wochen zum zweitenmal, von da ab etwa alle halbe Jahre herauszunehmen und zu reinigen, wenn nötig zu erneuern. Verschwindet mit der Zeit zu viel Packung aus der Verdichter-Stopfbüchse, so ist zu vermuten, daß diese durch den Zylinder eingesaugt und in die Leitungen gedrückt ist. Dann ist gelegentlich auch der Ölabscheider zu öffnen und zu reinigen, vor allem ein neuer, gut an der Kolbenstange anschließender Grundring in die Stopfbüchse zu legen und der Siebtopf nachzusehen. Versäumnisse in dieser Hinsicht haben sich schon durch unangenehme längere Betriebsunterbrechungen und die Notwendigkeit einer durchgreifenden Reinigung aller Rohre und Schlangen gerächt. Manchmal sind zersprungene oder zu weite Grundringe die Ursache, manchmal auch Versäumnis in der rechtzeitigen Erneuerung der Stopfbüchspackung. Diese darf nie zerfasert sein[1]).

Ferner ist öfter die Füllung in bezug auf Wasser zu untersuchen (siehe S. 28), um ein allmähliches Einfrieren der Verdampferschlangen zu vermeiden.

Ab und zu muß der Verflüssiger als ganz geschlossenes Gefäß gebaut werden, damit das Kühlwasser durch dieses mit Druck in ein höher gelegenes Aufnahmegefäß gepumpt werden kann. Ähnlich sind meistens auch die Flüssigkeitsunterkühler (s. S. 165) gebaut. Die Wasserableitung muß hier immer oben sein, damit sich im Gefäß nicht Luft abscheiden kann, wodurch die vom Wasser benetzte Fläche vermindert und dadurch der Verflüssigerdruck in die Höhe getrieben würde, was zunächst das Vorhandensein von Luft in den Verflüssigerschlangen vortäuschen könnte.

77. Äußere Instandhaltung des Verflüssigers und des Verdampfers.

Beim Verflüssiger müssen die Schlangen gelegentlich nach Bedarf von Schlamm gereinigt werden, da dieser den Wärmeaustausch behindert und unter Umständen die Schlangen anfrißt. Kohlensäurehaltiges Wasser greift Eisenschlangen stark an, so daß sie unter Umständen schon nach einem Jahr durchlöchert sind. Von außen erkennt man manchmal beulenartige Ansätze, bei deren Entfernung das Loch zum Vorschein kommt. Auch andere Säuren im Wasser können Ähnliches bewirken. Wo man nicht sicher weiß, ob das Kühlwasser rein genug ist, verwende man lieber Berieselungsverflüssiger. Die Schlangen werden geschont, wenn sie mit einer Rostschutzfarbe gestrichen werden, die oft genug zu erneuern ist. Dieser Anstrich beeinflußt den Wärmedurchgang

[1]) Über die Erkennungsmerkmale von inneren Verstopfungen siehe Heinel, »Bau und Betrieb von Kältemaschinenanlagen«, S. 104, 114.

etwas, aber wenig. Gegen Wasser, das Kohlensäure und Luft mitführt, schützt nur Feuerverzinkung. Galvanische Verzinkung hat sich nicht bewährt! Bezüglich des Dichthaltens der Flanschen gilt das oben unter S. 383 Gesagte. Um die Schlangen reinigen zu können, stelle man Tauchverflüssiger stets so auf, daß man von oben aus genügend lange Stecken mit Bürsten hineinstecken kann. Bei Rührwerken ist darauf zu achten, daß die Zahnräder in richtigem Eingriff bleiben, man richte die Welle beizeiten nach, wenn sich die Stützung abgenutzt hat, sonst sind die Zahnräder in kurzer Zeit unbrauchbar. Sie müssen stets gut eingefettet sein. Die Flügel der Rührwerke müssen instand gehalten werden. Die auf Seite 163 erwähnten Überläufe müssen nach Inbetriebnahme geeicht werden.

Beim Verdampfer ist besonders auf Reinhaltung der Salzsole zu achten und darauf, daß die Salzsole das richtige spezifische Gewicht hat. Man mißt dies nach durch ein Aräometer mit Anzeige des spezifischen Gewichts größer als 1 (siehe S. 184). Bei größeren Anlagen und da, wo die Salzsole sich durch Aufnahme von Wasser verdünnt, ist die Aufstellung eines Selbstsättigers mit Reinigungsapparat zu empfehlen (Fig. 245, S. 304). (Balduin Weißer, Basel.) Auch am Verdampfer ist den Rührwerken genügend Augenmerk zuzuwenden. Unwirksamkeit des Rührwerkes verursacht geringere Leistung der Maschine.

Kapitel XIV.

Die Feststellung der Leistung von Kühlmaschinen.

Der immer schärfer werdende Konkurrenzkampf auf dem Gebiete der Kälte-Industrie hat neben mancherlei praktischen Übelständen, welche sich hauptsächlich auf die Zahlungsbedingungen erstrecken, doch entschiedene Fortschritte in der Ausführung der Kühlmaschinen zur Folge gehabt. Dies macht sich vor allem in der Präzision der in der Neuzeit angebotenen und — was die Hauptsache ist — meistens auch ohne Schwierigkeit eingehaltenen Garantien in bezug auf Leistung und Arbeits- bzw. Dampfverbrauch solcher Anlagen vorteilhaft geltend. Auch auf Nachweis dieser Garantien, der früher nur selten und dann auch vorwiegend durch Ingenieure der ausführenden Fabriken dem Besteller geliefert wurde, wird jetzt viel mehr Wert gelegt, und die Vornahme solcher Versuche trotz der damit notwendig verbundenen Kosten durch unparteiische Sachverständige bevorzugt. Im folgenden sollen nun die bei solchen Versuchen angewandten Methoden kurz besprochen und in bezug auf ihre Zuverlässigkeit einer Kritik unterzogen werden. Diese Erörterung dürfte um so notwendiger sein, als man sich mit der Versuchsanordnung dem praktischen Betriebe, der häufig nicht einmal auf kürzere Zeit, d. h. mehrere Stunden, unterbrochen werden darf, anpassen muß, auch wenn darunter die Genauigkeit der zu gewinnenden Ergebnisse etwas leiden sollte. Immerhin läßt sich bei einiger Sorgfalt und der mit der Zeit sich einstellenden Gewandtheit fast stets eine recht befriedigende Genauigkeit erreichen, welche die Beurteilung der wichtigsten Garantiewerte ermöglicht.

Von der Ermittelung der häufig auch der Garantie unterstellten Verdichterarbeit können wir an dieser Stelle absehen, da wir dieselbe schon in § 20 erörtert haben.

Die hier in Frage kommenden Versuche bezeichnet man, da ihr Hauptzweck die Ermittelung einer Wärmemenge, d. i. der Kälteleistung während der Zeiteinheit, und zwar unter vorgeschriebenen Temperaturverhältnissen, ist, im allgemeinen als kalorimetrische Versuche. Wärmemengen sind aber nur nachweisbar an ihren körperlichen Trägern, deren Natur, insbesondere deren Aggregatzustand demnach für den Versuch als maßgebend anzusehen ist.

78. Nachweis der Kälteleistung aus der Eiserzeugung.

Scheinbar am bequemsten gestaltet sich nun die Wägung fester Körper, also z. B. der Nachweis der Kälteleistung einer Maschine durch das gebildete Eis, dessen Schmelzwärme mit 80 WE pro 1 kg für atmosphärischen Druck als bekannt und unveränderlich angesehen werden darf. Wenn es auch keine Schwierigkeiten bietet, die Temperatur des Gefrierwassers vor seinem Einbringen in die Eiszellen des Eiserzeugers zu messen, so ist doch diejenige des erzeugten Eises, welche bei der langen Gefrierdauer wohl meist der mittleren Soletemperatur im Eiserzeuger gleich ist, weniger sicher, und schließlich darf man nicht übersehen, daß die Wägung nur mit einzelnen ausgehobenen Blöcken vorgenommen werden kann, da die vollständige Wägung ganzer Zellenreihen in gefülltem und leerem Zustande, insbesondere bei großen Eiserzeugern, zu zeitraubend ist. Das Ausbringen der Eisblöcke ist aber erst nach dem Eintauchen der gefüllten Zellen in ein Abtaugefäß möglich, also durch einen gewissen Schmelzverlust. Man behilft sich darum meistens mit der Abwägung einzelner Blöcke als Stichproben, wobei auf eine möglichst gleichartige Füllung der einzelnen Zellenreihen zu achten ist, und schätzt den Schmelzverlust auf etwa 3 bis 10%. Das Gesamtergebnis dieses Verfahrens kann demnach auch bei sorgfältigster Temperaturbestimmung nur sehr wenig genau ausfallen, weshalb die Ermittelung der Kälte aus der Eisleistung einer Maschine mit Recht auch als die ungenaueste Versuchsmethode angesehen werden muß. Einer Verbesserung ist dieselbe indessen dadurch fähig, daß man die Zellen mit Wasser möglichst gleichartig füllt und die Füllung selbst etwa durch Ausmessung der sog. Füllvorrichtung bestimmt. Diese Ausmessung geschieht bei unregelmäßiger Form des Gefäßes am einfachsten durch Einbringen einer vorher abgewogenen, zur Füllung sämtlicher Zellen einer Reihe hinreichenden Wassermenge, deren Spiegelhöhe alsdann durch eine Marke festgehalten wird. Bis zu dieser Höhe muß alsdann jedesmal nachgefüllt werden, um sicher zu sein, daß jede Zellenreihe dieselbe Wassermenge erhält. Ist das Füllgefäß mit einem Überlaufe versehen, so bildet die Unterkante desselben diese Marke, wodurch die Kontrolle der gleichmäßigen Füllung der Reihen sehr erleichtert wird. Um die Füllung der einzelnen Zellen braucht man sich dann ebensowenig zu kümmern wie um den Schmelzverlust beim Ausbringen des Eises. Diese Methode ist entschieden viel genauer als die mehrfach ausgeführte Entnahme von Stichproben einzelner Zellen, deren mittlere Füllung durch die Spiegelhöhe festgestellt wird. Immerhin darf man nicht vergessen, daß infolge der unsicheren Feststellung der wirklichen Mitteltemperatur der Eisblöcke eine Ungenauigkeit übrigbleibt, welche niemals ganz beseitigt, sondern nur durch ein etwas längeres Verweilen der schon fertigen Eisblöcke im Eiserzeuger, sofern dies zulässig ist, vermindert werden kann. Dieses Verweilen bringt nämlich einen Ausgleich der Temperatur im Innern der Blöcke mit derjenigen an der Außenfläche mit sich, der indessen bei der geringen Wärmeleitungsfähigkeit des Eises nur langsam sich vollzieht. Da die spezifische Wärme des Eises nahezu $= 0,5$ ist und die mittlere Soletemperatur der meisten Generatoren sich um -6^0 C bewegt, so entspricht die Abkühlung des Eises vom Gefrierpunkt auf die Soletemperatur einer Wärmemenge von $0,5 \cdot 6 = 3$ WE für je 1 kg. Wird jedoch der Block unmittelbar nach dem Ausfrieren des Kernes, der dann keine tiefere Temperatur als 0^0 C besitzt, ausgehoben, so kann man die Mitteltemperatur des Eises auf etwa -5^0 bis 4^0 C abschätzen, was einer Abkühlungswärme von 1,5 bis 2 WE pro 1 kg entspricht. Innerhalb der Differenz von höchstens 1,5 WE pro 1 kg bewegt sich demnach der bei dieser Methode in Frage kommende Fehler. Wird das Eis aus Wasser von $+10^0$ C gebildet, so erfordert 1 kg bis zum Gefrieren eine Wärme-Entziehung von $10 + 80 = 90$ WE, bzw. mit der Abkühlung des Eises 93 bzw. 91,5 WE, so daß der Fehler im ganzen noch nicht 2% beträgt. Damit aber kann man im allgemeinen zufrieden sein, da, wie wir später sehen werden, eine viel größere Genauigkeit auch mit anderen Methoden nicht erzielt werden kann.

Wenn sich somit das Ermittelungsverfahren der Kälteleistung von Eismaschinen dadurch verbessern läßt, daß man statt des gewonnenen Eises die zu seiner Bildung eingebrachte Wassermenge feststellt, so hat man immerhin nur die reine Nettoleistung der Maschine bestimmt. Vergleicht man dann dieselbe mit entsprechenden Werten an Kühlmaschinen, denen die Wärme durch eine zirkulierende Solemenge (wie z. B. bei der Kellerkühlung von Brauereien) zugeführt wird, so wird man diese meistens bei derselben Maschinenarbeit sowie denselben Temperaturen im Verdampfer und Verflüssiger größer, also günstiger finden. Den Aufschluß für diese Erscheinung liefert dann die Wärmebilanz, d. h. die gleichzeitige Feststellung der indizierten Verdichterarbeit und der Verflüssigerleistung. Zieht man das Äquivalent der ersteren (d. h. die Anzahl der Pferdestärken, multipliziert mit 632, der Zahl der Wärmeeinheiten, welche durch Vernichtung von 1 PS entstehen) von der letzteren ab, so erhält man die Bruttokälteleistung der Maschine, welche sich bei reinen Eismaschinen in der Tat meist bedeutend größer als die oben besprochene Nettoleistung herausstellt. Arbeitet nun der Verflüssiger unter Temperaturen, welche sich nur wenig von der Temperatur ihrer Umgebung unterscheiden, so kann man die auf denselben einwirkenden Nebenumstände vernachlässigen, und die Differenz der Brutto- und Nettokälteleistung stellt nichts anderes dar als die Verluste, welche durch Eindringen äußerer Wärme auf dem Wege der Leitung und Strahlung in dem Eiserzeuger entstehen. Bei Eiserzeugern ist nun wegen des erheblichen Raumes, den die Eiszellen mit der sie umgebenden Sole einnehmen, die diesen störenden Einflüssen ausgesetzte Oberfläche viel größer wie bei gewöhnlichen Verdampfern, womit die relativ bedeutenden Verluste hinreichend begründet erscheinen.

Zum Schlusse mag noch darauf hingewiesen werden, daß mit dem eben geschilderten Verfahren einigermaßen zuverlässige Ergebnisse nur dann erreichbar sind, wenn streng auf die Einhaltung des Beharrungszustandes geachtet wird, d. h. wenn die Temperatur der Salzsole infolge gleichmäßigen Ersatzes des entnommenen Eises durch eingebrachtes Wasser tunlichst in denselben Zeitabschnitten aufrecht erhalten wird. Insbesondere sollte die schließliche Temperatur der Sole, um alle mehr oder weniger ungenauen Umrechnungen zu vermeiden, stets mit der anfänglichen übereinstimmen. Bemerkt man gegen das Ende des Versuches ein Steigen der Soletemperatur, so wird man demselben durch ein- oder zweimalige Verlängerung der Periode der Eisentnahme vorbeugen können, während man beim Sinken der Temperatur die Entnahme etwas beschleunigt. Dabei darf aber keinesfalls übersehen werden, daß die etwa rascher entnommenen Reihen auch wirklich durchgefroren sind, da andernfalls leicht ein sehr bedeutender Fehler sich einschleichen kann.

79. Das Abkühlungsverfahren an Salzwasserkühlern.

Läßt sich bei einer Kühlmaschine ein Beharrungszustand überhaupt nicht erzielen, etwa infolge zeitweiliger Einschaltung von Süßwasserkühlern und Eiserzeugern im Brauereibetriebe, oder steht den mit der Untersuchung betrauten Personen keine Zeit zur Vorbereitung derselben bzw. zur Erzielung des Beharrungszustandes zur Verfügung, so bleibt meistens nichts anderes übrig, als unter Ausschaltung aller äußeren Wärmequellen auf kurze Zeit den Verdampfer allein mit seinem Soleinhalt von einer bestimmten oberen Temperatur auf eine tiefere herunterzukühlen. Dient der Verdampfer gleichzeitig als Eiserzeuger, so sind die Zellen aus demselben vorher zu entfernen und so viel Sole nachzufüllen, daß dieselbe ihre normale Höhe wieder besitzt. Bleibt alsdann das Rührwerk im Gange, so arbeitet die Maschine — abgesehen von der ständigen Tem-

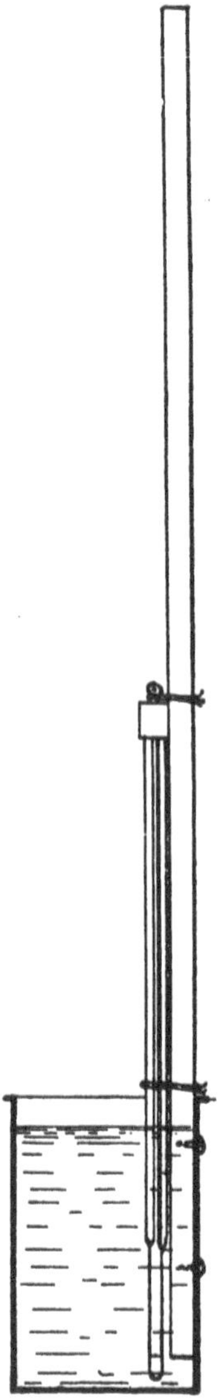

Fig. 306.

peraturabnahme im Verdampfer — unter normalen Verhältnissen. Es braucht wohl kaum hervorgehoben zu werden, daß man die Soletemperatur nicht nur in kurzen Intervallen, etwa alle 10 Minuten, sondern auch an mehreren Stellen im Generator ablesen sollte, um zuverlässige Mittelwerte für jeden Zeitpunkt zu gewinnen. Die hierbei entstehende Schwierigkeit der Feststellung der Soletemperatur in größeren Tiefen läßt sich leicht dadurch umgehen, daß man die Thermometer, wie in Fig. 306 angedeutet, in Blechbüchsen (zur Not sind alte Konservenbüchsen verwendbar) vermittelst eines langen Holzstieles befestigt und eventuell durch einige Bleigewichte beschwert in den Apparat versenkt. Beim raschen Herausheben bleibt alsdann das Thermometer in derselben Sole, die es unten umgeben hat, und zeigt außen ohne nennenswerten Fehler deren Temperatur an. Sind dagegen, wie z. B. an Lindeschen Luftkühlapparaten, seitliche in das Innere der Sole ragende, mit Glyzerin oder Sole gefüllte Thermometerhülsen vorhanden, so umwickelt man zweckmäßig die Kugel des Thermometers mit leichtem Stoff oder Putzwolle, damit nicht schon beim Herausziehen zum Zwecke der Ablesung der Faden infolge des Einflusses der Außentemperatur steigt.

Nach diesen geringfügigen Vorkehrungen verläuft der Versuch, bei dem man nicht verfehlen wird, wenn möglich den Druckverdichter zu indizieren und die Verflüssigerleistung (worauf wir weiter unten noch zurückkommen) festzustellen, ganz glatt und ist meistens, wenn man etwa bei einer Soletemperatur von 0° angefangen hat und die Abkühlung bis etwa — 7° bis 8° fortsetzt, in 1 bis 2 Stunden erledigt.

Die beobachteten mittleren Temperaturen trägt man zweckmäßig als Funktion der Zeit graphisch auf und erhält so ein Diagramm, wie es in Fig. 307 dargestellt ist. Die Temperaturkurve wird, wenn die Umdrehungszahl der Maschine während des Versuches keine erheblichen Schwankungen erlitten und auch sonst keine störenden Einflüsse dazwischengetreten sind, stets einen stetigen Verlauf nehmen, so zwar,

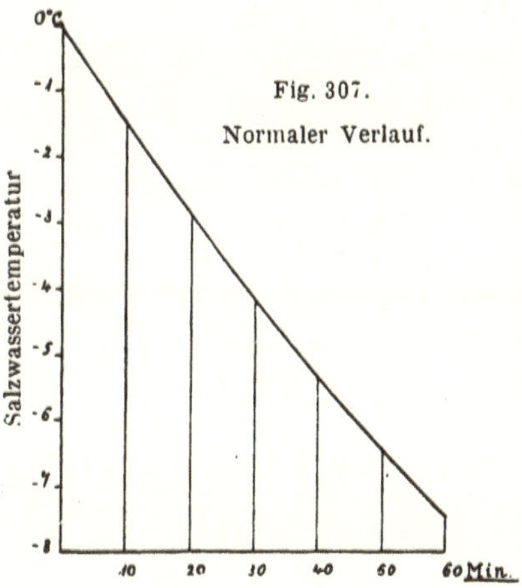

Fig. 307.
Normaler Verlauf.

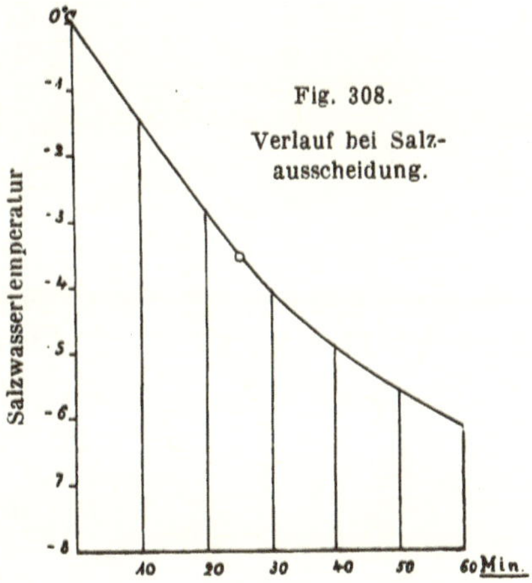

Fig. 308.
Verlauf bei Salzausscheidung.

daß die Temperatur anfänglich stärker, bei tieferen Soletemperaturen dagegen langsamer sinkt. Diese Stetigkeit bietet überdies Gelegenheit, etwaige fehlerhafte Ablesungen nachträglich zu korrigieren, weshalb man bei diesem Verfahren niemals die Aufzeichnung der Temperaturkurve während des Versuches versäumen sollte. Diese Aufzeichnung ist aber auch dadurch von großem Nutzen, weil sie geeignet ist, auf einen für diesen Versuch manchmal sehr störenden Umstand aufmerksam zu machen. Zeigt nämlich die Temperaturkurve eine auffallende Unstetigkeit an einer bestimmten Stelle, wie z. B. in Fig. 308 bei — 3,5°, so muß man auf das plötzliche Hinzutreten einer vorher unwirksamen Wärmequelle schließen.

Diese liegt nach den Erfahrungen des Verfassers stets im Ausscheiden von Salz aus der in diesem Falle zu schwachen Sole auf der Oberfläche der Verdampferrohre[1]).

Von der Richtigkeit dieser Vermutung kann man sich leicht durch den Vergleich der durch das Verdampfermanometer angezeigten Temperatur im Innern dieser Rohre mit der gleichzeitig in der Sole herrschenden überzeugen. Man wird in diesem Falle stets Differenzen von 8 bis 10° C feststellen, während unter normalen Verhältnissen, unter denen die Rohre nicht mit einer isolierenden Salz- und Eisschicht bedeckt sind, diese Differenz 4 bis 6° beträgt. Diese Erscheinung tritt besonders leicht bei Luftkühlapparaten auf, deren Sole mit der zu kühlenden Luft in Berührung kommt und dieser Wasser entzieht. Das Ausscheiden von Salz verursacht ein sehr unwirtschaftliches Arbeiten der Anlage. Man erkennt daraus, daß es durchaus nicht genügt, den Salzgehalt der Sole so hoch zu bemessen, daß er bei der tiefsten Soletemperatur dieselbe vor dem Gefrieren schützt, sondern daß hierfür ein der Temperatur im Innern der Rohre nahekommender Wert maßgebend ist[2]).

Fig. 309.

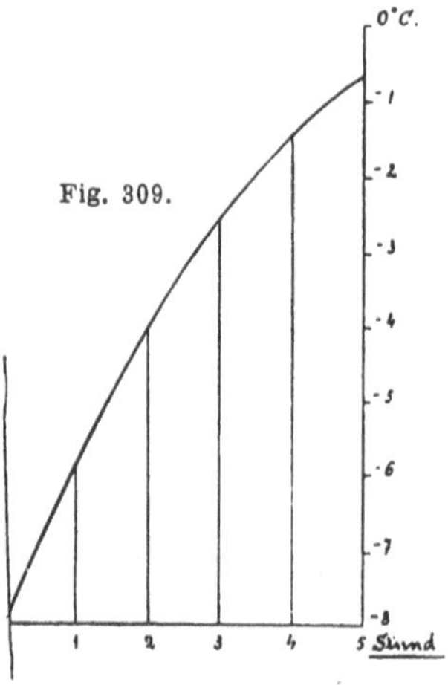

An den Abkühlungsversuch wird häufig, um den Einfluß der Umgebung des in Frage stehenden Apparates festzustellen, ein Erwärmungsversuch bei ausgeschaltetem Kompressor und geschlossenem Regulierventil, aber in Bewegung bleibendem Rührwerk angeschlossen und, wenn möglich so lange fortgesetzt, bis die anfängliche Temperatur wieder erreicht ist. Dies wird natürlich um so langsamer geschehen, je näher die übrigens als gleichbleibend vorausgesetzte äußere

[1]) Siehe Seite 184.

[2]) Siehe Seite 184.

Temperatur derjenigen in der Sole liegt und je besser der Apparat isoliert ist. Die diesem Versuch entsprechende Temperaturkurve wird demnach einen Verlauf etwa nach Fig. 309 annehmen. Sind die Rohre dagegen mit ausgeschiedenem Salz oder Eis bedeckt, so wird dieses zunächst wieder unter dem Einflusse der von außen eindringenden Wärme aufgelöst, so daß oft längere Zeit hindurch gar keine Temperaturzunahme bemerkbar ist. In diesem Falle hat der Erwärmungsversuch naturgemäß keinen Zweck, wie denn auch der vorhergehende Abkühlungsversuch wenigstens unterhalb der Unstetigkeitsstelle der Temperaturkurve Fig. 308 als unbrauchbar anzusehen ist.

Was nun die Verwendung dieser Versuchsergebnisse zur Ermittlung der Kälteleistung betrifft, so verfährt man gewöhnlich in der Weise, daß man zunächst aus der im Verdampfer befindlichen Solemenge und dem (meist aus der Versandfaktura oder der Konstruktionszeichnung zu entnehmenden) Metallgewicht des Gefäßes und der darin befindlichen Rohre mit Hilfe der spezifischen Wärmen dieser Größen den Wasserwert W der abgekühlten Masse bestimmt. Dabei bleibt die Isolation, deren Temperaturänderung sich durchaus der Beobachtung entzieht, während auch ihr Gewicht selten und ihre spezifische Wärme niemals genau bekannt sind, unberücksichtigt, was man damit begründet, daß dagegen die Abkühlung der Metallteile derjenigen der Sole gleich und darum zweifellos etwas zu hoch angenommen wurde. In dieser Vernachlässigung der Isolation einerseits und der Annahme über die Abkühlung der Metallteile liegt nun die Schwäche des ganzen Verfahrens, welche auch nicht durch einen darangeschlossenen Erwärmungsversuch, der für sich nur die mit derselben Ungenauigkeit behaftete äußere Wärme ergibt, beseitigt werden kann. Eine gewisse Kontrolle wird indessen ermöglicht durch die schon oben als zweckmäßig bezeichnete gleichzeitige Feststellung der Verdichter- und Verflüssigerleistung, aus denen sich die theoretische Kälteleistung Q ergibt. Hat man nun z. B. eine stündliche Abkühlung innerhalb des der Garantie entsprechenden Temperaturintervalles von t^0 gefunden und festgestellt, daß weiterhin beim Erwärmungsversuche bei den gleichen Mitteltemperaturen der Sole und Umgebung in derselben Zeit die erstere um $\varDelta t$ stieg, so muß die Gleichung

$$Q = W\ (t + \varDelta t) \quad . \quad . \quad . \quad . \quad . \quad . \quad . \quad (1$$

erfüllt sein. Hieraus kann man nun rückwärts W bestimmen und diesen Wert mit dem oben aus den Gewichten und der spezifischen Wärme berechneten vergleichen. Mit einer Übereinstimmung bis auf 4% muß man sich im allgemeinen begnügen und kann dann den Wert Wt als Nettokälteleistung aussprechen. Wenn auch dieses Verfahren hiernach eine ziemlich bescheidene Genauigkeit[1]) zuläßt, so wird es doch recht häufig angewandt, und zwar nicht allein aus den im Eingang erwähnten Gründen, sondern auch, weil es wenigstens gestattet, die verhältnismäßige Abnahme der Kälteleistung bei — sonst gleiche Zustände vorausgesetzt — immer tiefer sinkenden Verdampfertemperaturen festzustellen.

Die in der Unbestimmtheit des Wasserwertes W, welche insbesondere dann besonders schwer wiegt, wenn z. B. bei Verdunstungsverflüssigern die Ermittelung der Bruttokälteleistung und mit derselben die Kontrolle von Q nicht durchführbar ist, liegende Ungenauigkeit läßt sich übrigens durch einen zweiten Versuch beseitigen, den man nach Vergrößerung von W um einen bekannten Betrag vornimmt. Zu diesem Zwecke vermehrt oder vermindert man einfach die im Apparate enthaltene Solemenge und erhält alsdann, wenn w den Wasserwert des Zusatzes bedeutet, mit derselben Kälteleistung

$$Q = (W + w) \,.\, (t' + \varDelta t') \quad . \quad . \quad . \quad . \quad . \quad (2$$

Aus (1) und (2) folgt schließlich

$$W = \frac{w\,(t' - \varDelta t')}{t - t' + \varDelta t - \varDelta t'} \quad . \quad . \quad . \quad . \quad . \quad . \quad (3$$

Dieses Verfahren hat den großen Vorzug, daß man die Messung des Wasserwertes w an einem Körper von verhältnismäßig geringem Gewicht außerhalb des Verdampfers,

[1]) Natürlich darf man nicht auch noch den Wasserwert der Metallteile des Gefäßes vernachlässigen, der insbesondere bei mittleren und kleineren Verdampfern leicht bis zu 20% desjenigen der Sole ausmacht.

also mit beliebiger Genauigkeit, vornehmen kann. Es ist dies aber auch um so notwendiger, als alle Fehler, welche hierbei begangen werden, in gleichem Verhältnis zu der Größe W auftreten, wie aus (3) deutlich hervorgeht. Hat man z. B. durch den ersten Versuch eine Temperaturabnahme von $t = 3{,}5^0$ und eine nachherige Erwärmung von $\Delta t = 0{,}2^0$ pro Stunde bei derselben Mitteltemperatur gefunden, so ist

$$Q = W \cdot 3{,}7.$$

Nach dem Einfüllen von 1000 l Sole mit der spezifischen Wärme $c = 0{,}9$ (entsprechend der schon vorhandenen) pro 1 l, also eines Körpers vom Wasserwert 900, ergibt sich mit derselben Kälteleistung im zweiten Versuch $t' = 3{,}2^0$ und für die Erwärmung wieder $0{,}2^0$, also

$$Q = (W + 900) \cdot 3{,}4.$$

Dann ist nach dem Gleichsetzen

$$W = \frac{900 \cdot 3{,}4}{3{,}7 - 3{,}4} = 10\,200.$$

Die Genauigkeit hängt hiernach nicht allein von derjenigen ab, mit welcher W ermittelt wurde, sondern auch von der Temperaturmessung, auf die mithin die größte Sorgfalt verwandt werden muß. Gerade hierfür aber ist die oben erläuterte Aufzeichnung des Temperaturdiagramms von hohem Werte. Schließlich sei noch erwähnt, daß man nicht etwa nur Wasser in den Eiserzeuger zur Veränderung von W einfüllen sollte, da man hierdurch leicht eine zu schwache Sole erhält und Störungen, wie sie in Fig. 308 angedeutet sind, gewärtigen muß.

80. Feststellung der Kälteleistung bei gleichbleibender Temperatur durch Kondensation von Wasserdampf (Beharrungsversuch).

Bezieht sich die garantierte Kälteleistung auf eine bestimmte Temperatur (etwa -5^0) im Salzbade, so erlaubt die Abkühlungsmethode, wohl mit leidlicher Genauigkeit die Leistung innerhalb eines die erwähnte Temperatur als Mittelwert umfassenden Temperaturintervalles zu ermitteln, wenn die

Hinzufügung oder Entnahme einer gewissen Lösungsmenge zur Feststellung des wahren Wasserwertes der Gesamtmasse möglich bzw. zulässig erscheint. Dies letztere ist nun leider insbesondere bei Luftkühlapparaten kaum jedesmal der Fall, und deshalb konnten die mit der Abkühlungsmethode bisher erzielten Ergebnisse oft nur als recht rohe Annäherungen betrachtet werden. Daher dürfte der Vorschlag des früheren Oberingenieurs Preßel der Gesellschaft für Lindes Eismaschinen, durch Verflüssigung von Wasserdampf die entwickelte Kälteleistung zu vernichten und gleichzeitig durch Auffangen und Wägen des niedergeschlagenen Wassers zu messen, um so eher allgemeinen Anklang finden, als hierbei unmittelbar die wirkliche Nettokälteleistung unabhängig von den Strahlungs- und Leitungsverlusten festgestellt wird und der Zeitaufwand zur Gewinnung zuverlässiger Resultate im Beharrungszustand sehr gering ist. Verfasser hat diese Methode in den letzten Jahren wiederholt angewendet und recht befriedigende Ergebnisse mit derselben erzielt. Von der ganzen oder teilweisen Vernichtung der Kälteleistung durch Wasserdampf bei Versuchen unterscheidet sich das Verfahren durch die Messung der Kältemenge mit Hilfe des Kondensates. Diese Messung erfordert auch eine Anzahl von Vorsichtsmaßregeln, deren Nichtbeachtung leicht das Scheitern des ganzen Versuches zur Folge hat. Zunächst wollen wir das Versuchsverfahren schildern.

In den zu untersuchenden Apparat (Luftkühler usw.) wird senkrecht zur Soleströmung eine aus dünnwandigem, aber solid hergestelltem Kupferrohr[1]) gefertigte Spirale (siehe Fig. 310 und 311) eingehängt, deren beide Enden sich außerhalb des Salzbades befinden müssen und mit gewöhnlichen Flanschen versehen sind. Unmittelbar an das eine Ende wird ein Manometer und alsdann ein Dampfventil angeschlossen, während kurz vor demselben sich ein Wasserabscheider (Kondenstopf) befindet, der so einzustellen ist, daß er während des

[1]) Die Spirale ist demselben Probedruck wie der Kessel, welchem der Dampf entnommen wird, zu unterwerfen und auch mit Luft unter Wasser auf Dichtheit zu untersuchen.

Versuches nicht nur alles Wasser der Dampfzuführungsleitung sondern auch noch reichlich Dampf ins Freie läßt. Nur dadurch ist man sicher, daß in die Spirale wirklich trockener Dampf eintritt, dessen Temperatur sich aus den Manometerangaben ermitteln läßt. Manchmal drosselt man durch das Eintrittsventil den Dampf stark ab, wodurch derselbe eine leichte Überhitzung erfährt, die man durch ein in die Dampfleitung hinter dem Ventil eingeführtes Thermometer durch

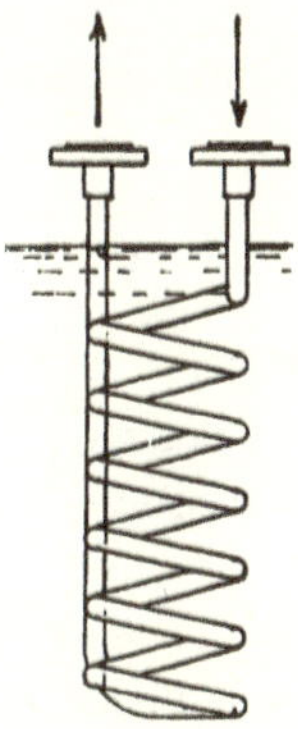

Fig. 310.

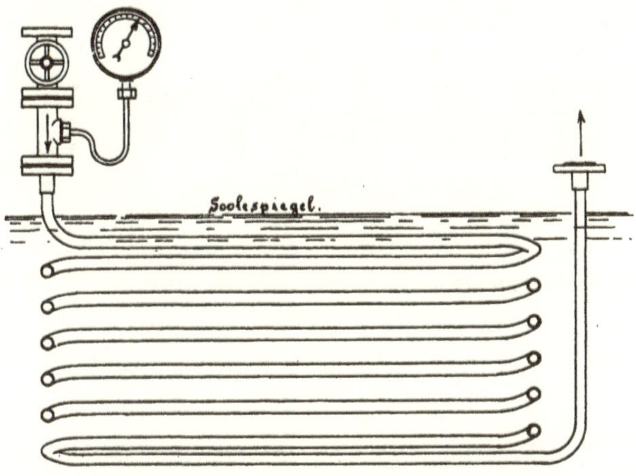

Fig. 311.

Vergleich mit der Angabe des Manometers feststellen kann. Um in der Spirale während des Versuches den Druck gleichmäßig aufrechtzuerhalten, befindet sich auch am anderen Ende derselben ein Ventil, dessen Öffnung gerade hinreicht, das gebildete Wasser unter dem inneren Drucke entweichen zu lassen. Es wird alsdann durch einen Gummischlauch dem möglichst nahe befindlichen Meßgefäß, welches zweckmäßig auf einer Wage steht, zugeführt. Während des Versuches werden nun die beiden Ventile an der Spirale so reguliert, daß einerseits der Wasseraustritt möglichst gleichmäßig, anderseits aber die Temperatur der Sole nahezu konstant bleibt. Ein vorher gut eingeschulter Monteur oder Maschinist muß, soll der Versuch gelingen, diesen Dingen seine volle Aufmerksamkeit dauernd zuwenden.

Für die A b m e s s u n g d e r S p i r a l e gilt folgendes: Zunächst erscheint es selbstverständlich, daß eine Bildung von Eis an irgendeiner Stelle im Innern der Spirale, welche in kürzester Zeit zum Einfrieren derselben führen muß, auf alle Fälle zu vermeiden ist. Dies setzt aber voraus, daß das Kondensat erstens nur einen kurzen Weg in der Spirale zurücklegen und zweitens eine gewisse Mindestgeschwindigkeit, die ich zu etwa 0,12 m pro Sekunde ermittelt habe, nicht unterschreiten darf. Mit dieser Geschwindigkeit ist aber bei gegebener (das heißt zu erwartender) Kälteleistung der größte Rohrdurchmesser bestimmt, während sich die Länge der Spirale aus dem Wärmedurchgang pro 1 qm der mittleren Heizfläche in der Stunde ergibt. Hält man den Dampfüberdruck in der Spirale auf etwa 3 kg/qcm (entsprechend einer Temperatur von $+ 143^0$), während im Salzbade eine Temperatur von $- 5^0$ herrscht, so darf man den stündlichen Wärmedurchgang durch 1 qm der beiderseits blanken Wandung von der Stärke 1,5—2 mm auf etwa 200 000 WE veranschlagen, was einem Wärmedurchgangskoeffizienten $k = 1350$ WE pro 1^0 Temperaturunterschiede entspricht.

Bei einer Kühlmaschine von ca. 50 000 WE stündlicher Leistung wird man beispielsweise einen sekundlichen Wasserniederschlag in der Spirale von 0,0280 l = 28 ccm erwarten dürfen, welche bei einer Geschwindigkeit von 0,14 m = 14 cm pro Sek. einen Querschnitt von 2 qcm oder eine Lichtweite von $d = 15$ mm erfordert. Bei 1,5 mm Wandstärke beträgt die mittlere Heizfläche des Rohres (d. i. Mittelwert zwischen der Innen- und Außenfläche) 0,055 qm pro lfd. m, so daß mithin die Spirale eine solebenetzte Länge von

$$\frac{60\,000}{200\,000} \cdot \frac{1}{0{,}055} = 6 \text{ m}$$

haben sollte.

Von größter Wichtigkeit ist für dieses Verfahren, daß die ganze Spirale bis zum Steigrohr für das Kondensat ein ausreichendes Gefälle besitzt und nirgends Gelegenheit zur Bildung von Wassersäcken, welche unfehlbar einfrieren würden, bietet. Das Steigrohr selbst soll das Kondensat so rasch wie möglich aus dem Bereich der abkühlenden Sole entfernen, wird also zweckmäßig ganz vertikal angeordnet. Bei Beginn des Versuches läßt man zunächst eine etwas größere Menge von Dampf, als es dem Beharrungszustande entspricht, hindurch-

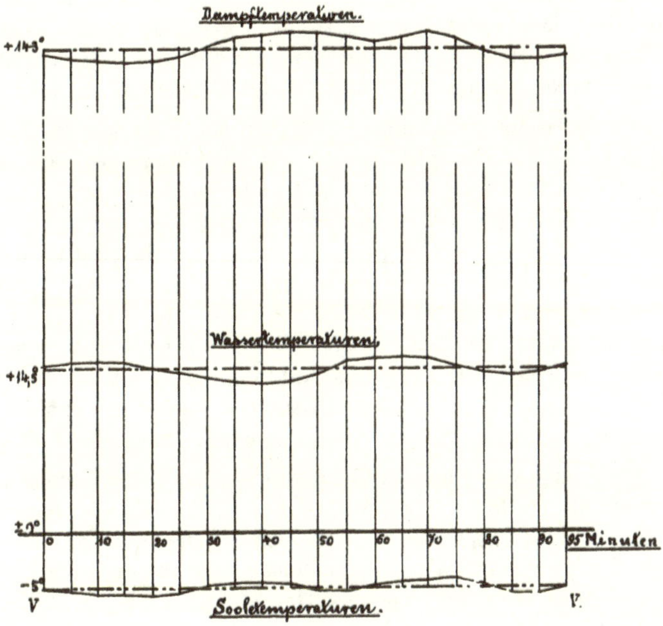

Fig. 312.

streichen und reguliert erst dann, wenn man sicher ist, daß keine Wasseransammlungen zu befürchten sind, den Dampfzutritt und damit die Spannung, so daß die Soletemperatur auf der gewünschten Höhe stehenbleibt und das austretende Wasser jedenfalls keine Dampfentwicklung mehr zeigt. Anfangs ist es auch nötig, die eintauchende Länge der Spirale etwas zu verändern. Wenn danach ein zu langes Ende aus dem Salzwasser herausragt, so ist es abzuschneiden. Die Temperatur der Sole wird so oft als möglich, am besten alle 5 Minuten, an mehreren Thermometern abgelesen und deren Mittelwert, wie auch beim Abkühlungsversuch, graphisch aufgetragen. Man erhält alsdann eine wie in Fig. 312 verlaufende Linie $V\ V$, deren Endpunkt (beim Versuchsschluß) dieselbe Höhe wie am Anfang besitzen muß, wenn man lästige und unzuverlässige Umrechnungen vermeiden will. Dies hat man übrigens durch die Regulierung des Dampfzutrittes vollständig in der Hand. Die mittlere Höhe dieser Linie bezeichnet dann sofort die mittlere Temperatur der Sole während des Versuches.

In dasselbe Diagramm kann man sodann noch die Temperaturen des Dampfes (nach den Manometerangaben der Dampftabelle zu entnehmen) und diejenigen des austretenden Wassers eintragen. Wenn auch der Verlauf dieser Temperaturkurven schon eine recht gute Übersicht über den Beharrungszustand gewährt, so ist es doch angebracht, auch die Wägung des Kondensats im Meßgefäß öfters, also etwa halbstündlich, vorzunehmen. Bei der niemals sehr ausgedehnten Versuchsdauer (welche meist durch die Aufnahmefähigkeit des Meßgefäßes auf der Wage) beschränkt ist, erscheint eine graphische Verzeichnung dieser Werte nicht angebracht.

Aus den der Fig. 312 entnommenen oder auch genügend genau als arithmetisches Mittel der Beobachtungsdaten berechneten Mitteltemperaturen berechnet sich nunmehr leicht die Leistung. Ist die der Verflüssigungstemperatur t_1 entsprechende Gesamtwärme des Dampfes λ, t_0 die Mitteltemperatur des austretenden Wassers, so hat man bei einem stündlichen Niederschlag von G kg desselben eine Nettokälteleistung von

$$Q = G\ (\lambda - t_0) \qquad (4$$

an der keinerlei Korrekturen anzubringen sind. Will man dazu noch die Bruttoleistung ermitteln, so kann man dies einfach durch nachträgliche Anstellung eines Erwärmungsversuches, wenn nicht die Differenz der Kondensatorleistung und des Äquivalentes der Verdichterarbeit hierüber hinreichenden Aufschluß gewährt.

Beträgt zum Beispiel die dem mittleren Manometerstande von 3 kg/qcm Überdruck entsprechende Temperatur $t_1 = 143^0$, so ist die Gesamtwärme des Dampfes nach der Zeunerschen Tabelle $\lambda = 650$ WE. Bei einer stündlichen Verflüssigung von $G = 92$ kg Wasser, dessen mittlere Austrittstemperatur hinter der Spirale zu $t_0 = 14{,}5^0$ festgestellt wurde, hätte man eine Nettokälteleistung von stündlich

$$Q = 92\ (650 - 14{,}5) = 58\,466 \text{ WE}.$$

81. Die kalorimetrische Untersuchung im Beharrungszustande bei Anlagen mit Salzwasserumlauf durch Pumpe.

Diese gibt erfahrungsgemäß die zuverlässigsten Resultate und setzt strenggenommen voraus, daß die Temperaturen aller einzelnen Beobachtungsstellen während der ganzen Versuchsdauer keine Veränderung erleiden, d. h. aber, daß die in jedem Zeitintervalle der Kühlmaschine zugeführte Wärme, vermehrt um das Äquivalent der gleichzeitig geleisteten Kompressorarbeit, mit der im gleichen Intervalle abgegebenen Wärme genau übereinstimmt. Das Verfahren erfordert zunächst die genaue Messung der die ganze Kühlanlage in der Zeiteinheit (Stunde) passierenden wärmeaufnehmenden Flüssigkeiten und die Beobachtung der Temperaturen vor und nach der Wärmeaufnahme. Die Indizierung des Verdichters dient alsdann wesentlich zur Kontrolle bzw. zur Aufstellung der Wärmebilanz. Die wichtigste Feststellung ist naturgemäß diejenige der Kälteleistung, welche hier — abgesehen von der Luftkühlung — stets in der Salzlösung zu messen ist. Zu diesem Zwecke muß dieselbe vor allem einen zuverlässigen Meßapparat passieren, am besten ein mit Ponceletmündungen, d. h. kreisförmigen und scharfrandigen Löchern, versehenes Gefäß, dessen Spiegelhöhe so oft wie möglich während des Versuches festgestellt wird. Das Meßgefäß wird am einfachsten zwischen die sogenannte Solerückleitung (d. h. für die Zurückführung der aus den Kellern oder Kühlhallen erwärmten Sole dienenden Rohrleitung) und den Verdampfer eingeschaltet, so zwar, daß es über den letzteren zu stehen kommt. Alsdann fließt die Sole aus den Ponceletmündungen unmittelbar in den Verdampfer. Um eine gleichmäßige Spiegelhöhe ungestört von dem Einflusse der eintretenden und austretenden Sole zu erhalten, empfiehlt es sich, in das Gefäß, Fig. 313, zwei Scheidewände, welche nur im unteren Teile eine Kommunikation der drei Abteilungen übriglassen, einzubauen. In den mittleren Abteilungen werden die Spiegelhöhen gemessen, und zwar am einfachsten mit einem gewöhnlichen Maßstab von einer oben angebrachten Marke aus, deren Höhen über den Mitten der Ponceletmündungen natürlich vor dem Versuch festzustellen sind.

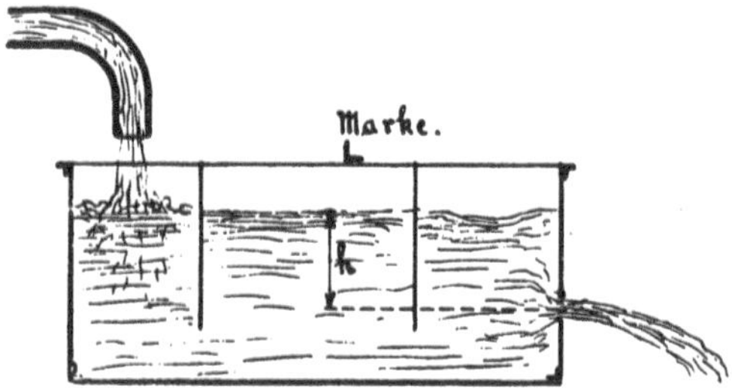

Fig. 313.

Die in der Münchener Versuchsstation[1]), in welcher das hier besprochene Verfahren für die Messung des Kondenswassers der Dampfmaschinen zur Anwendung kam, eingeführte Bestimmung der Spiegelhöhe durch eine von unten dem Wasserspiegel genäherte Spitze ist natürlich genauer als die Verwendung eines gewöhnlichen Maßstabes, da hierbei der Fehler infolge der Kapillarität wegfällt, ist aber nur nötig, wenn die Spiegelhöhe sehr klein (< 200 mm) ist. Ist man genötigt, das Gefäß und die Ausflußöffnungen erst an Ort und Stelle mit rohen Hilfsmitteln herstellen zu lassen, so müssen die Ausflußöffnungen bei mehreren Spiegelhöhen geeicht werden. Wirbelbildungen im Gefäß, besonders an den Ausflußöffnungen, beeinträchtigen die Genauigkeit der Messung bedeutend.

[1]) Schröter, »Untersuchungen an Kältemaschinen verschiedener Systeme«. II. Bericht 1890.

Zur Erleichterung dieser Kontrolle hat Prof. E. B a u e r[2]) vorgeschlagen, relativ kleine Öffnungen, aber in größerer Zahl und kreisförmiger Anordnung mit gleichen Abständen im Boden des zylindrisch ausgebildeten Meßgefäßes anzubringen, so daß bei axialem Wasserzutritt (siehe Fig. 314) alle Öffnungen symmetrisch dazu gelegen sind. Durch einen Trichter T, welcher der Bequemlichkeit halber um einen Zapfen drehbar ist, kann man nun die aus einer Öffnung austretende Flüssigkeit abfangen und vermittels eines Gummischlauches in ein volumetrisch

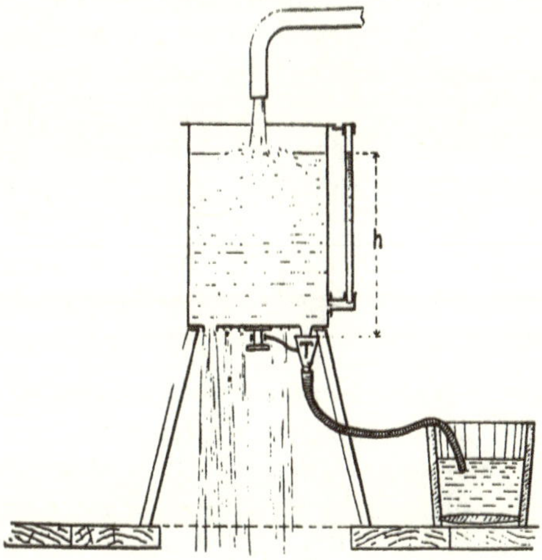

Fig. 314.

schon vorher ausgewertetes oder nachträglich zu wiegendes Gefäß leiten. Die Beobachtung der Füllungszeit, d. h. die zwischen Ein- und Abrücken des Trichters unter die zu prüfende Öffnung verflossene Zeit, wird um so genauer, je kleiner die durch eine Öffnung ausfließende Solemenge ist. Außerdem wird die Spiegelhöhe h an dem seitlich angebrachten Wasserstandsglase so oft als möglich, jedenfalls aber in gleichen Zeitabständen notiert. Führt man diese Messung jür jede Öffnung während des Versuches wenigstens einmal durch, so kennt man für alle die in der Zeiteinheit bei bestimmten Spiegelhöhen

[2]) Z. d. V. d. I. 1892.

durchfließende Solemenge und damit auch die sog. Ausflußkoeffizienten.

Das vorstehende Verfahren läßt sich naturgemäß auch zur Bestimmung der den Verflüssiger durchfließenden Wassermenge verwenden, nur wird man das Gefäß hier zweckmäßig mit dem Wasserabfluß des Verflüssigers verbinden, da für diesen stets hinreichendes Gefälle zur Verfügung steht und alsdann keine unter Druck stehenden Rohrleitungen für den Versuch demontiert werden müssen. Da die Feststellung der Verflüssigerleistung bei einigermaßen regelmäßigem Wasserzutritt ohnehin leichter ist sowie unter Zuhilfenahme der abgeschätzten Verdichterarbeit einen Schluß auf die Kälteleistung wohl zuläßt, so findet man häufig nach dem Vorgange der Gesellschaft für Lindes Eismaschinen derartige Ponceletmündungen unmittelbar mit dem Verflüssigerüberlauf (Fig. 123) verbunden. Dieselben können alsdann natürlich nur ziemlich roh ausgeführt sein, lassen sich aber doch mit Vorteil für die Messung der Verflüssigerleistung beim praktischen Versuche benutzen und ersparen so jedenfalls einen Teil der Vorbereitungen.

Bezüglich der Verwendung der Beobachtungsergebnisse begnügt man sich meist damit, der Berechnung der umlaufenden Menge das arithmetische Mittel h_m der beobachteten Spiegelhöhen sowie für diejenige der Kälteleistung die mittlere Temperaturdifferenz t_m beim Ein- und Austritte des Verdampfers zugrunde zu legen. Es erscheint nun zweckmäßig, über die dabei auftretenden Fehler sich vorher Rechenschaft zu geben. Zu diesem Zwecke sei c die spezifische Wärme der Flüssigkeit pro 1 l und φ der Ausflußkoeffizient[1]) der Mündungen, beide Werte können innerhalb der praktisch vorkommenden Intervalle als konstant betrachtet werden. Dann hat man, wenn

[1]) Für denselben habe ich durch eigene Beobachtungen in Übereinstimmung mit anderweitigen Ergebnissen an scharf geschnittenen Ponceletmündungen Werte von 0,620—0,635 gefunden, jedoch dürfte diese Zahl in gewissen Grenzen abhängig sein vom Durchmesser der Öffnung. Die spezifische Wärme der Sole bestimmt man nach Feststellung des spezifischen Gewichtes durch das Aräometer nach der Fig. 315 (Tafel).

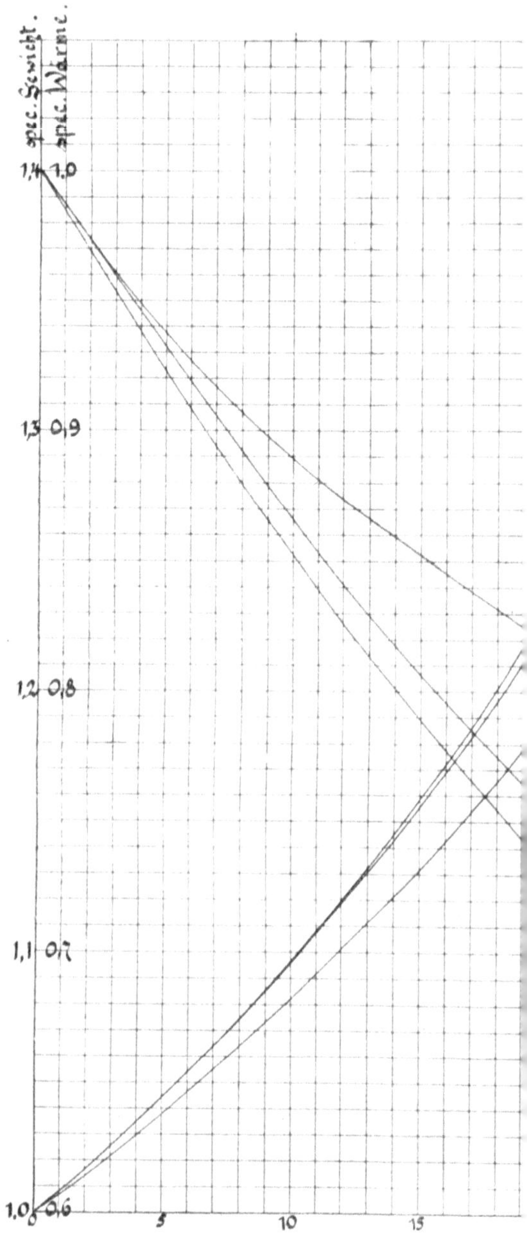
spec. Gewicht.
spec. Wärme.
1,4 1,0
1,3 0,9
1,2 0,8
1,1 0,7
1,0 0,6
0
5
10
15

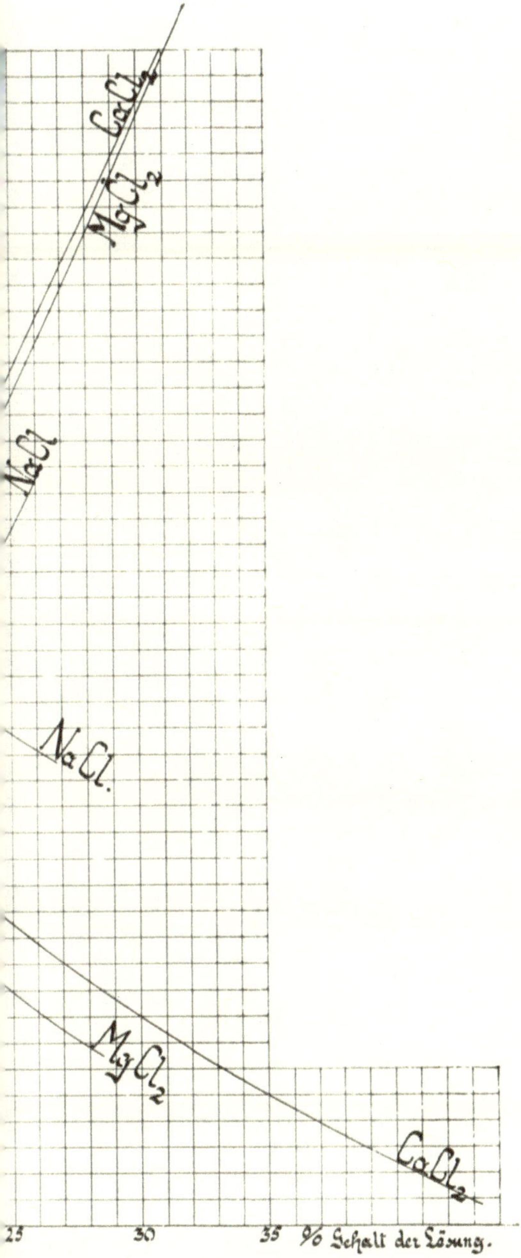

und Verlag von R. Oldenbourg in München und Berlin.

n die Zahl der Einzelbeobachtungen und F den Gesamtquerschnitt aller Mündungen bedeutet, die Kälteleistung Q bekanntlich aus

$$Q = \frac{\varphi \cdot c \cdot F}{n} . \Sigma (t \cdot \sqrt{2 g h}), \quad . \quad . \quad . \quad . \quad . \quad (5$$

worin t eine der beobachteten Temperaturdifferenzen, h eine entsprechende Spiegelhöhe ist und Σ die Summierung über alle n Einzelbeobachtungen andeutet. Setzen wir jetzt

$$t = t_m + \Delta t \text{ und } h = h_m + \Delta h,$$

worin Δt und Δh die bei einer Beobachtung festgestellten Abweichungen der Temperaturdifferenz t und des Gefälles h von den Mittelwerten bedeuten, so wird

$$Q = \frac{\varphi c \cdot F}{n} \sqrt{2 g} \Sigma (t_m + \Delta t) \sqrt{h_m + \Delta h}$$

$$= \frac{\varphi c F}{n} \cdot t_m \sqrt{2 g h_m} \Sigma \left(1 + \frac{\Delta t}{t_m}\right) \sqrt{1 + \frac{\Delta h}{h_m}}$$

Sind nun die Abweichungen vom Mittelwerte klein, so dürfen wir auch statt dieses Ausdruckes angenähert schreiben

$$Q = \frac{\varphi \cdot c F}{n} t_m \sqrt{2 g h_m} \Sigma \left(1 + \frac{\Delta t}{t_m} + \frac{1}{2} \frac{\Delta h}{h_m}\right). \qquad (6$$

worin einerseits das Produkt von $\Delta t : t_m$ mit $\Delta h : 2 h_m$ und weiter alle höheren Potenzen von $\Delta h : h_m$ vernachlässigt sind. Da aber t_m und h_m arithmetische Mittel darstellen sollten, so ist

$$\Sigma \Delta t = 0 \text{ und } \Sigma \Delta h = 0,$$

mithin reduziert sich der Summenausdruck bei n Beobachtungen auf

$$\Sigma (1) = n,$$

und wir haben statt (6)

$$Q = \varphi \cdot c F \cdot t_m \sqrt{2 g h_m} \quad . \quad . \quad . \quad . \quad . \quad . \quad (6a$$

d. h. b e i k l e i n e n A b w e i c h u n g e n d e r B e o b - a c h t u n g s d a t e n v o n i h r e m M i t t e l w e r t e oder, w a s a u f d a s s e l b e h i n a u s l ä u f t, b e i e i n e m s e h r g l e i c h m ä ß i g e n B e h a r r u n g s z u s t a n d e während des Versuches ist die Berechnung der Kälteleistung auf Grund der Mittelwerte zulässig.

Ist man sich über die Zulässigkeit dieses einfacheren Verfahrens nicht vollkommen klar, so bleibt natürlich nichts weiter übrig, als die in Gl. (5) eintretenden Produkte der einzeln beobachteten Temperaturdifferenzen mit den Wurzeln aus den entsprechenden Spiegelhöhen zu bilden und diese schließlich zu summieren. Daß es nützlich ist, alle Beobachtungsdaten wieder graphisch aufzutragen, ist nach dem Früheren wohl als selbstverständlich anzusehen. Man erhält dadurch insbesondere eine gute Übersicht über die Einhaltung des Beharrungszustandes.

Um über die Genauigkeit des soeben geschilderten Rechnungsverfahrens eine Übersicht zu gewinnen, wollen wir dasselbe an einer Beobachtungsreihe prüfen. Es seien in der folgenden Tabelle die beobachteten Höhen h, die daraus berechneten Wurzeln $\sqrt{h}$, die zugehörigen Temperatudifferenzen t und schließlich noch die Produkte $t \cdot \sqrt{h}$ eingetragen und die Mittelwerte hinzugefügt.

h	$\sqrt{h}$	t	$t \cdot \sqrt{h}$
249 mm	15,78	2,0° C	31,59
221 »	14,87	2,3 »	34,20
203 »	14,25	2,4 »	34,20
217 »	14,73	2,3 »	33,88
240 »	15,49	2,1 »	32,53
232 »	15,20	2,1 »	31,92
Mittelwert 227 mm	15,05	2,2° C	33,05

Berechnet man nun das für die Kälteleistung unter sonst gleichen Umständen maßgebende Produkt $t_m \sqrt{h_m}$ aus den Mittelwerten der ersten und dritten Spalte, so erhält man mit $\sqrt{h_m} = \sqrt{227} = 15,07$ (statt 15,05 aus der zweiten Spalte)

$$t_m \cdot \sqrt{h_m} = 2,2 \cdot 15,07 = 33,15,$$

während der genauere Wert, wie die letzte Spalte ergibt, 33,05 ist. Der Fehler beträgt aber in unserem Falle, in dem die Einzelbeobachtungen sowohl der Spiegelhöhen h wie auch der Temperaturdifferenzen t bis zu 10% von ihren Mittelwerten abweichen, nur etwa 0,3% und kann somit unbedenklich vernachlässigt werden, da bei allen derartigen praktischen Versuchen die direkten Beobachtungsfehler zweifellos höhere Beträge erreichen. Damit ist wohl die Anwendbarkeit des Rechnungsverfahrens auf Grund der Mittelwerte in ziemlich weiten Grenzen erwiesen. Angesichts der weiten Verbreitung desselben könnte die vorstehende Prüfung vielleicht als überflüssig erscheinen; indessen ist es immer nützlich, wenn der untersuchende Sachverständige sich in jedem Einzelfalle von der Zulässigkeit der Beobachtungsmethoden und der Verwendung der Beobachtungsdaten zur Bestimmung des Gesamtresultates wissenschaftlich Rechenschaft abzulegen vermag. Diese Vorsicht wird, wie ich aus Erfahrung weiß, nicht immer geübt und hat dann in der Praxis mitunter recht bedenkliche Folgen. Jedenfalls sollte man, wenn während des Versuches sehr große Schwankungen der Spiegelhöhen (also etwa bis zur Hälfte des Mittelwertes) auftreten, was bei ungleichmäßig fördernden Pumpen gar keine Seltenheit ist und dann auch meist erhebliche Schwankungen der Temperaturdifferenz zur Folge hat, die Berechnung mit Hilfe der Mittelwerte der Einzelbeobachtungen nicht anwenden, sondern die Produkte $t\sqrt{h}$ für jeden Posten bestimmen und erst aus diesen Werten die Kälteleistung ermitteln. Die schon erwähnte Aufzeichnung der Beobachtungsdaten, möglichst gleich während des Versuches, erleichtert die Übersicht dabei ganz außerordentlich.

Die Verwendung eines Meßgefäßes mit Ausflußöffnungen beruht, wie wir gesehen haben, auf der Möglichkeit einer während des Versuches jederzeit durchführbaren Bestimmung der Spiegelhöhe. Diese ist nun bei schäumenden Salzlösungen, wie sie mir hier und da begegnet sind, nicht mehr mit Sicherheit zu erkennen, und damit wird, wenn das Meßgefäß nicht mit einem seitlichen Wasserstandsglase, dessen Spiegel vom Schaume unberührt bleibt, versehen ist, das ganze Verfahren unbrauchbar. In solchen Fällen kann man sich manchmal durch Einführung eines Schwimmers, der über den Schaum herausragt, helfen, nachdem man dessen Tauchtiefe vorher in einem anderen mit derselben Sole (welche, zur Ruhe gekommen, keinen Schaum mehr aufweist) gefüllten Gefäße bzw. dem Meßgefäße selbst bei verschlossenen Mündungen ermittelt hat. Leider wird durch starke Blasenentwicklung der Schwimmer häufig derart in Bewegung erhalten, daß eine befriedigende Höhenbestimmung sehr er-

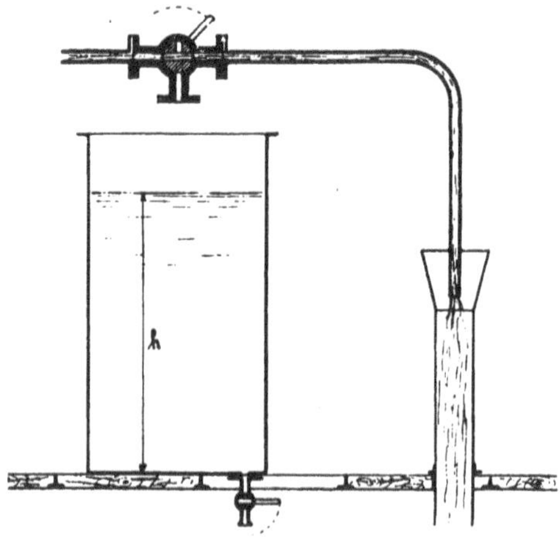

Fig. 316.

schwert, wenn nicht unmöglich gemacht wird, so daß man sich alsdann am besten nach einer ganz anderen Methode umsieht.

Als genauestes und nach jeder Richtung hin einwandfreies Verfahren bietet sich naturgemäß hier die Wägung der Sole unter Anwendung zweier auf Wagen stehender Gefäße. Diese müssen jedoch schon bei mittleren Kühlanlagen von so bedeutendem Fassungsvermögen sein, daß ihre Beschaffung sowie diejenige der Wagen fast immer unmöglich erscheint. Deshalb habe ich mich in allen solchen Fällen dazu entschlossen, die Flüssigkeitsmenge zeitweilig, d. i. etwa alle 20 Minuten, in einem Gefäß mit möglichst konstantem Querschnitt abzufangen und die Füllungszeit desselben durch ein Chronoskop festzustellen. In Brauereien, wo derartige Versuche am häufigsten vorkommen, sind solche Gefäße in Gestalt von zylindrischen Hopfenbüchsen von ca. 300 l Inhalt fast stets vorrätig. Nachdem man am Boden des Gefäßes (Fig. 316) einen gewöhnlichen Hahn befestigt hat, welcher zur Entleerung nach vollzogener Messung dient, stellt man dasselbe über dem Verdampfer so auf, daß die Solerückleitung sich gerade darüber befindet. In diese wird alsdann ein Dreiweghahn eingeschaltet, der es gestattet, die Sole entweder in den Verdampfer oder in das Gefäß treten zu lassen. Die Messung selbst erfordert einen mit Chronoskop ausgerüsteten Beobachter und einen Arbeiter zum Öffnen und Schließen des Dreiweghahnes. Dieses erfolgt auf Kommando des Beobachters, welcher gleichzeitig das Chronoskop ein- und ausrückt. Während der Füllung kann dann auch die Messung der Temperatur der eintretenden Sole erfolgen, während diejenige der Austrittstemperatur am besten unmittelbar vor der Messung vorgenommen wird. Der Grund hierfür liegt in der, wenn auch geringfügigen Störung des Beharrungszustandes des Verdampfers, welchem während der Füllung durch die Pumpe kontinuierlich Flüssigkeit entzogen wird. Da kein Zufluß stattfindet, so muß die Abflußtemperatur währenddessen eine kleine Senkung erfahren, welche die Kälteleistung höher erscheinen läßt, als sie in Wirklichkeit ist. Durch Ablesung dieser Temperatur vor der Flüssigkeitsmessung wird dieser Fehler vermieden. Nachdem das Gefäß gefüllt ist und der Schaum sich verzogen hat, bietet die Ermittelung der Spiegelhöhe keine Schwierigkeiten mehr. Kennt man durch vorherige oder nachträgliche Wägung des Gefäßes mit und ohne Inhalt sein Fassungsvermögen, etwa bei der mittleren Spiegelhöhe, so ergibt sich aus den Einzelwerten der Höhe h, dem Querschnitt F und der beobachteten Zeit τ das Volumen in der Zeiteinheit zu

$$V = F \cdot \frac{h}{\tau} \quad . \quad . \quad . \quad . \quad . \quad . \quad . \quad . \quad (7$$

oder, wenn wir wieder unter Einführung der mittleren Beobachtungswerte h_m und τ_m

$$h = h_m + \Delta\, h, \quad \tau = \tau_m + \Delta\, \tau$$

setzen angenähert bei kleinen Abweichungen Δh und $\Delta \tau$

$$V = F \cdot \frac{h_m}{\tau_m} \cdot \frac{1 + \frac{\Delta h}{h_m}}{1 + \frac{\Delta \tau}{\tau_m}} = F \frac{h_m}{\tau_m}\left(1 + \frac{\Delta h}{h_m} - \frac{\Delta \tau}{\tau_m}\right) \quad . \quad (8$$

Sind unter h_m und τ_m die arithmetischen Mittel verstanden, so verschwinden beim Summieren aller Beobachtungen die Werte $\Sigma \Delta h$ und $\Sigma \Delta \tau$, und es bleibt

$$V = F \cdot \frac{h_m}{\tau_m} \quad . \quad . \quad . \quad . \quad . \quad . \quad . \quad . \quad (8a$$

d. h. die zirkulierende Flüssigkeit kann bei kleinen Abweichungen der Füllungshöhe und Füllungszeit des Meßgefäßes von ihren Mittelwerten lediglich aus diesen bestimmt werden. Daß man auch für die Temperaturdifferenz sich mit dem Mittelwert begnügen wird, ist hier um so eher begründet, als deren Messung ja, wie wir schon sahen, zeitlich nicht genau mit derjenigen der Flüssigkeitsmenge zusammenfallen darf. Bezeichnet mithin wieder c die spezifische Wärme der Lösung pro 1 l, t_m die mittlere Temperaturdifferenz in Grad Celsius, ist ferner F in Quadratdezimeter, h_m in Dezimeter und τ_m in Sekunden gegeben, so folgt für die stündliche Kälteleistung

$$Q = 3600 \cdot F \cdot \frac{h_m \cdot t_m}{\tau_m} c \quad . \quad . \quad . \quad . \quad . \quad . \quad . \quad (9$$

ohne daß es notwendig ist, irgendeinen Koeffizienten einzuführen. Zur Beurteilung der Genauigkeit der eben erläuterten Berechnung der zirkulierenden Solemenge mit Hilfe der Mittelwerte möge die nachstehende Tabelle dienen. In derselben gibt die erste Spalte die beobachteten Höhen des Solespiegels im Meßgefäße in Dezimetern, die zweite die Füllungszeit in Sekunden wieder, während die dritte Spalte die Quotienten beider Werte enthält, welche sichtlich auf eine sehr konstante Pumpenleistung schließen lassen.

Berechnet man den Quotienten $h_m \cdot \tau_m$, so ergibt sich 0,3063 gegenüber dem exakteren 0,3058, d. h. ein Unterschied

h	τ	$h:\tau$
7,38 dm	24,2 Sek.	0,3050
7,22 »	23,6 »	0,3059
7,10 »	23,2 »	0,3060
7,51 »	24,4 »	0,3078
7,45 »	24,4 »	0,3053
7,26 »	23,8 »	0,3050
Mittelwert 7,32 dm	23,9 Sek.	0,3058

von 0,17%, welcher keinesfalls in Betracht gezogen werden kann. Der Beobachter hat es übrigens in der Hand, bei einigermaßen gleichbleibender Pumpenleistung durch Abgabe des Kommandos für den Hahnschluß nach Ablauf einer bestimmten Zeit die Abweichungen der Einzeldaten von ihrem Mittelwerte ziemlich klein zu halten. Dann aber ergibt dieses, einem Notbehelfe entsprungene Verfahren recht befriedigende Resultate.

Eine ähnliche Methode empfiehlt sich übrigens häufig zur Ermittelung der Verflüssigerleistung, wenn die Anwendung von Ponceletmündungen aus irgendeinem Grunde nicht zulässig erscheint. Man ermittelt dann in einem Bassin, welches das Kühlwasser vor seinem Übertritt in den Verflüssiger passiert, einfach nach Absperrung des Zuflusses die Spiegelsenkung innerhalb einer gewissen Zeit und erhält so einen brauchbaren Mittelwert. Ist kein Bassin vorhanden, so kann man sich oft dadurch helfen, daß man das Kühlwasser zunächst einem hochstehenden Reservoir, z. B. einem Süßwasserkühler, zuführt und in diesem, nach Absperrung des Zuflusses oder Ableitung desselben in ein anderes Reservoir, die Messung durchführt. Mit zwei derartigen, tunlichst gleich hoch stehenden Reservoiren läßt sich sogar eine fortlaufende Messung der ganzen Kühlwassermenge durchführen. Dieses Verfahren erfordert neben der genauen Kenntnis des Querschnittes der Reservoire eine sorgfältige Regulierung des Einlaßorgans am Verflüssiger mit Rücksicht auf die veränderliche Druckhöhe in den Reservoiren.

Zeigt sich bei einem Vorversuch, daß infolge zu großer Maschinenleistung gegenüber den Wärmequellen ein Beharrungszustand nicht erreichbar bzw. nicht aufrechtzuerhalten ist, so wird man versuchen, den Überschuß der Kälteleistung durch Einschalten einer neuen Wärmequelle auszugleichen. Hierzu bieten sich verschiedene Mittel dar, von denen als das einfachste die Verlegung einer Heizschlange, welche mit warmem Wasser oder Dampf gespeist werden kann, direkt in das Meßgefäß erscheint. Aus der Menge und Temperaturdifferenz des zu- und abfließenden Wassers bzw. des Dampfes unter Berücksichtigung der latenten Wärme des letzteren ergibt sich alsdann der im Beharrungszustande vorhandene Kälteüberschuß, wenn auf dessen Ermittelung überhaupt Wert gelegt wird. Ist keine brauchbare, d. h. hinreichend feste und dichte Heizschlange vorhanden, so kann man sich auch, wenigstens bei sehr großer, in den Leitungen und dem Verdampfer befindlicher Solemenge, durch direktes Einleiten von Dampf in das Meßgefäß helfen.

Da durch die Kondensation von je 1 kg Wasserdampf mehr als 600 WE frei werden, so genügt meist die Einführung einer so geringen Menge, daß hierdurch die spezifische Wärme der gesamten zirkulierenden Sole keine bemerkbare Änderung erfährt. Davon kann man sich übrigens leicht durch Bestimmung des spezifischen Gewichtes, welches eng mit der spezifischen Wärme zusammenhängt, vor und nach dem Versuche überzeugen. Hat man den Dampf, dessen Eintritt in die Sole selbstverständlich mittels eines Drosselventils unter Beobachtung der Temperaturen genau geregelt werden muß, etwa dem mittleren Raume des Meßgefäßes Fig. 313 zugeführt, so kann man durch gleichzeitige Beobachtung der Temperaturen der Sole beim Ein- und Austritt aus dem Gefäße die zugeführte Wärmemenge bestimmen. Der Dampfverbrauch selbst läßt sich allerdings nur angenähert angeben, da der Wassergehalt beim Eintritt in die Sole nicht als bekannt vorausgesetzt werden kann. Ein Ablassen des Leitungswassers wie beim Preßelschen Verfahren, lohnt sich hier nicht.

Sachregister.

W.

Z.

www.ingramcontent.com/pod-product-compliance
Lightning Source LLC
LaVergne TN
LVHW091040021026
849161LV00002BA/230